EDV-Anwendungen in Landschaftsplanung
und Freiraumgestaltung

Andreas Muhar

# EDV-Anwendungen in Landschaftsplanung und Freiraumgestaltung

Mit 241 Abbildungen

E.U.
VERLAG
EUGEN
ULMER

Adresse des Autors:
Univ. Doz. Dipl. Ing. Dr. nat. techn. Andreas Muhar
Institut für Landschaftsgestaltung
Universität für Bodenkultur Wien
Peter Jordan-Straße 82
A-1190 Wien
Österreich

Die Deutsche Bibliothek – CIP-Einheitsaufnahme

**Muhar, Andreas:**
EDV-Anwendungen in Landschaftsplanung und
Freiraumgestaltung / Andreas Muhar. – Stuttgart : Ulmer, 1992
ISBN 3-8001-5066-2


Wollgrasweg 41, 7000 Stuttgart 70 (Hohenheim)
Printed in Germany
Einbandgestaltung: Alfred Krugmann
Titelbild: Stephen Dedalus Inc., Cary, North Carolina;
reproduziert mit Genehmigung des Verlags Pennwell
Lektorat: Agnes Pahler
Herstellung: Dieter Kleinschrot, Katja Weiher
Satz: Georg Appl, Wemding
Druck und Bindung: Friedrich Pustet, Regensburg

# Inhaltsverzeichnis

# 1 Einführung

Die rapide Ausbreitung der elektronischen Datenverarbeitung in nahezu allen Bereichen unseres Lebens hat auch in der Alltagssprache ihren Niederschlag gefunden. Während sich die Insider mit Kürzeln wie CPU, RAM und WORM untereinander verständigen, fühlen sich diejenigen, die damit nichts anfangen können, ausgeschlossen und lehnen oft schon aus diesem Grunde die Beschäftigung mit der Materie EDV ab.

Im Bereich der „grünen" Disziplinen Landschaftsplanung und Freiraumgestaltung ist die Skepsis gegenüber der Beschäftigung mit Computern augenscheinlich größer als in anderen Fachbereichen, was wohl am ehesten damit zusammenhängt, daß sich viele Landschaftsarchitekten aus ihrer, die Natur bewahren wollenden Grundeinstellung heraus technischen Neuerungen gegenüber stets eher reserviert verhalten. Bestätigt sehen sich die Skeptiker bisweilen durch einige Computeranwender innerhalb der Branche, die in ihrer Begeisterung über die Möglichkeiten der EDV dem Werkzeug Computer mehr Zeit und Bedeutung einräumen als den Inhalten ihrer Planungen.

Ein Grund für die geringe Verbreitung der EDV im Bereich von Landschaftsplanung und Freiraumgestaltung liegt auch in den speziellen Anforderungen dieser Fachgebiete an die Leistungsfähigkeit der Computersysteme: Bis vor wenigen Jahren war die Verarbeitung der großen Datenmenge eines Landschaftsplanes oder die Berechnung perspektivischer Ansichten eines Freiraums großen und entsprechend teuren Rechenanlagen vorbehalten, heute ist die Anschaffung eines leistungsfähigen Personalcomputers eine vergleichsweise geringere Investition.

Das vorliegende Buch will aufzeigen, in welchen Bereichen innerhalb der Fachgebiete Landschaftsplanung und Freiraumgestaltung heute ein EDV-Einsatz möglich und sinnvoll ist. Neben der Erörterung des Status quo der heute bereits erprobten Systeme sollen aber auch die zu erwartenden Entwicklungen angesprochen werden, soweit sie sich aus heutiger Sicht bereits abschätzen lassen.

Der Autor selbst ist kein Informatiker, sondern Landschaftsplaner, daher richtet sich auch dieses Buch in erster Linie an Studenten und Praktiker aus dem eigenen Fachbereich. Es wurde versucht, sowohl von der Sprache, als auch vom Inhalt her einen allgemein verständlichen Text zu erarbeiten. Das Schwergewicht liegt dabei nicht in der Beschreibung bestimmter Programmpakete oder Computertypen, sondern der grundlegenden Prinzipien jener EDV-Anwendungen, welche für die Landschaftsplanung und Freiraumgestaltung von Relevanz sein können. In dieser Hinsicht bieten viele Programme leider nur wenig Informationen für ihre Benutzer; in mitgelieferten Handbüchern werden oft nur die einzelnen Befehle des jeweiligen Programmes beschrieben, nicht aber die Grundideen, die hinter diesen Befehlen stehen und deren Kenntnis gerade auch für ein rasches Erlernen notwendig erscheint. Neben der rein technischen Beschreibung bestimmter Anwendungen wurde weiterhin versucht, einige methodische und praktische Aspekte zu erörtern, die sich aus ihrem Einsatz im Berufsalltag ergeben.

Auch nach der Lektüre dieses Buches wird niemand darum herumkommen, sich im Zuge der Anschaffung von Hard- und Software ausführlich beraten und in das gewählte System einschulen zu lassen. Die Beteuerungen zahlreicher Erzeuger, der Umgang mit ihren Geräten sei in einer halben Stunde zu erlernen, erwecken fast immer falsche Erwartungen: Auch das komfortabelste System bietet noch nach Jahren der Beschäftigung immer wieder neue Überraschungen; je mehr ein System zu leisten imstande ist, desto komplizierter ist im allgemeinen auch der Umgang mit ihm.

Den inhaltlichen Schwerpunkt dieses Buches bilden drei Gruppen von Anwendungen, die für den Einsatz in der Landschaftsplanung relevant sind: Geographische Informationssysteme (GIS), Computergestütztes Entwerfen (CAD) und digitale Visualisierungstechniken. In einem Landschaftsplanungsbüro können neben diesen spezifischen Anwendungen noch viele weitere Programme eingesetzt werden: Textverarbeitung, Layout, Tabellenkalkulation, Datenbanksysteme, Finanzbuchhaltung und Präsentation gehören zur Standardbürosoftware, wie sie in jeder Branche verwendet wird; auf diese soll im vorliegenden Buch nicht näher eingegangen werden, einerseits, weil es den Rahmen sprengen würde und andererseits, weil zu diesen Anwendungen bereits zahlreiche Publikationen vorliegen.

Die spezifisch für das Arbeiten mit den beschriebenen Anwendungen benötigten Geräte werden in einem eigenen Kapitel behandelt, ebenso einige wirtschaftliche und organisatorische Aspekte, die mit der Anschaffung eines EDV-Systems in einem Landschaftsplanungsbüro verbunden sind. Den Abschluß des Buches bildet ein umfangreiches Glossar, in welchem die im Text verwendeten Fachbegriffe erläutert werden. Durch die Zusammenstellung dieses Glossars sollte es möglich sein, die einzelnen Hauptkapitel des Buches unabhängig voneinander zu lesen; aus diesem Grunde wurde auch versucht, die Zahl der Querverweise gering zu halten.

Daß diese Wunschvorstellung nicht gänzlich verwirklicht wurde, liegt am Aufbau des Buches: Die meisten der besprochenen Anwendungen sind dem Bereich der graphischen Datenverarbeitung zuzuordnen, für deren Verständnis bestimmte Grundkenntnisse Voraussetzung sind. Durch die Gliederung nach Anwendungen und nicht nach einer Systematik, wie sie etwa in einem Computergraphik-Lehrbuch vorgenommen wird, erfolgt die Beschreibung der Grundbegriffe jeweils bei ihrer ersten Erwähnung im Text.

Für die kritische Durchsicht des Manuskriptes und viele fachliche Anregungen danke ich recht herzlich meinen Kollegen Erich Buhmann (Bayerisches Landesamt für Wasserwirtschaft, München) und Thomas Proksch (Universität für Bodenkultur Wien) sowie meiner Frau Susanne.

Da es für die Vermittlung dieser für viele Außenstehende doch eher trockenen Materie sehr wichtig ist, praktische Anwendungsbeispiele in einem breiterem Ausmaß dazustellen, wurden die eigenen Abbildungen durch instruktive Illustrationen von Fachkollegen ergänzt. Ich möchte mich für die Überlassung dieser Abbildungen recht herzlich bedanken bei Markus Fries, Ottomar Lang und Felix Rutz (Institut für Landschaftspflege und Umweltschutz Ottomar Lang AG, Uster, Schweiz), Detlev Günther-Diringer (WWF-Auen-Institut, Rastatt), Siegfried Knoll und Peter Petschek (Landschaftsarchitekturbüro Knoll, Sindelfingen), Premyslav Prusinkiewicz (University of Regina, Saskatchewan, Kanada), Andreas Siebert (Gesellschaft für angewandte Fernerkundung, München), Bernd Sonne (Siemens AG, München), Lukas Weber und Peter Tschemernig (Universität für Bodenkultur Wien), sowie bei den Systemanbietern Stephen Dedalus Inc. (Cary, North Carolina) und Widemann Systeme (Wiesbaden).

Für die Unterstützung durch Programmierarbeiten danke ich Michael Grinner (Biozentrum, Universität Wien) und Homayoon Madjidi (Universität für Bodenkultur Wien).

Die Beispiele für digitale Photomontagen und Retuschen in Kapitel vier entstanden zum Teil auf Basis von Photographien, welche von Gerhard Aigner (Lichtbildstelle der Oberösterreichischen Landesbaudirektion), Christine Stadler und Lukas Weber (Universität für Bodenkultur Wien) zur Verfügung gestellt wurden.

Wien, im März 1991 Andreas Muhar

# 2 Geographische Informationssysteme (GIS)

## 2.1. Grundsätzliches zu Geographischen Informationssystemen

### Begriffe, Definitionen

Wenn die Einführung neuer Arbeitsgebiete oder Technologien durch viele verschiedene Anwender und an mehreren Orten gleichzeitig erfolgt, so ergibt sich daraus oft eine große Vielfalt an mehr oder weniger synonym verwendeten Begriffen und inhaltlichen Definitionen. Neben dem auch im englischen Sprachraum am häufigsten verwendeten Begriff „Geographisches Informationssystem" (GIS) werden in der Literatur Bezeichnungen wie „Raumbezogenes Informationssystem" und „Geoinformationssystem" genannt. Weitere Begriffe richten sich nach inhaltlichen Schwerpunkten konkreter Anwendungsprojekte: „Bodeninformationssystem", „Landinformationssystem", „Landesumweltinformationssystem", „Regionalstatistisches Informationssystem".

Ähnlich schwierig ist die Suche nach einer allgemein anerkannten Definition. Die folgenden Formulierungen erscheinen sinnvoll, um die einzelnen Begriffe gegeneinander abzugrenzen:

Ein **Informationssystem** besteht allgemein aus einer Datensammlung sowie auch aus Methoden, diese Daten miteinander zu verknüpfen (vgl. Lockemann 1978, Frank 1983).

Ein **Geographisches Informationssystem** (GIS) ist ein Computersystem zur Erfassung, Verwaltung, Analyse und Darstellung großer Mengen *räumlich* verorteter Daten und darauf bezogener thematischer Attribute (vgl. Guptill 1988, Dollinger u. Strobl 1989). Im alltäglichen Sprachgebrauch wird die Bezeichnung GIS jedoch oft auch nur auf die Programmpakete alleine oder auf bestimme Hard- und Software-Konfigurationen bezogen, mit welchen die Datenoperationen durchgeführt werden.

Ein **Landinformationssystem** (LIS) wäre dann die konkrete Anwendung der GIS-Technologie auf der Ebene von Verwaltungsbehörden oder vergleichbaren Institutionen (wie Versorgungsbetriebe, Leitungsträger). Die Internationale Geometer-Vereinigung FID definierte den Begriff sehr allgemein: Danach ist ein LIS „ein Instrument, um Entscheidungen in Recht, Verwaltung und Wirtschaft zu erleichterten sowie ein Hilfsmittel für Planung und Entwicklung. Es besteht einerseits aus einer auf Grund und Boden bezogenen Datensammlung für ein bestimmtes Gebiet und andererseits aus Verfahren und Methoden für die systematische Erfassung, Aktualisierung, Verarbeitung und auch Verbreitung dieser Daten. Die Grundlage eines LIS bildet ein einheitliches, räumliches Bezugssystem für die gespeicherten Daten, welches aber auch die Verknüpfung der im System gespeicherten Daten mit anderen bodenbezogenen Daten ermöglicht" (zit.n. Eichhorn und Wieser 1988).

### Grundlegende Konzepte der Landschaftsforschung als Basis für die Entwicklung Geographischer Informationssysteme

In einem geographischen Informationssystem werden räumlich verortete Daten digital abgespeichert und miteinander verknüpft. Ein Landschaftsausschnitt wird dabei in unterschiedlichen thematischen Ebenen erfaßt, welche über ihren gemeinsamen räumlichen Bezug, in der Regel sind dies geodätische Koordinaten, miteinander verbunden sind. Hinter dieser Vorgehensweise steht die Idee, daß es in der Regel sehr schwierig ist, alle Elemente der Landschaft bzw. des Naturhaushaltes simultan zu erfassen und in einer quasi ganzheitlichen Form wahrzunehmen, daß aber bei einer Überlagerung ausgewählter thematischer Ebenen wichtige Informationen gewonnen werden können, die über die Summe der Informationsgehalte der einzelnen Ebenen weit hinaus gehen (Gerstbach 1989).

Die typische Schichtenstruktur eines GIS bedeutet für Geographen oder Landschaftsplaner keine neue Betrachtungsweise. Die grundsätzlichen Konzepte dazu wurden schon in der ersten Hälfte dieses Jahrhunderts entwickelt (Hettner 1927, siehe dazu Dollinger 1989). Die gleichzeitige Betrachtung mehrerer thematischer Karten wurde vor der Einführung der EDV-Technologie recht einfach mit Hilfe von Transparentdarstellungen durchgeführt, welche mit Paßpunkten versehen und übereinander gelegt wurden. In der Landschaftsplanung und

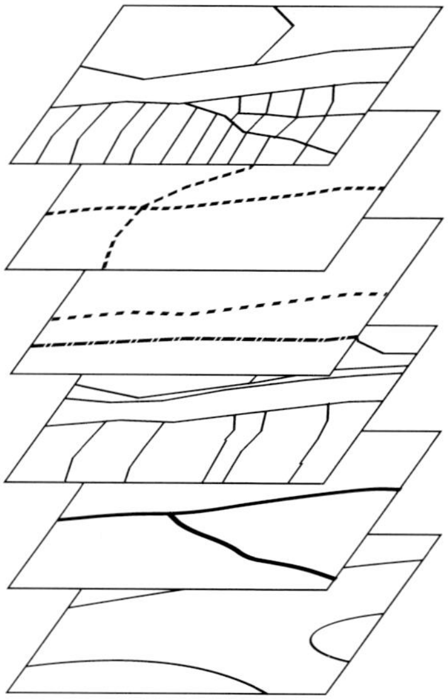


*Abb. 1. Konzept der thematischen Schichten eines Geographischen Informationssystems.*

vielen anderen planenden Disziplinen ist dies auch heute noch vielfach geübte Praxis.

Im Bereich der Geographie wurde die Schichtenkonzeption sehr wesentlich eingesetzt bei der Untersuchung von Landschaften im Hinblick auf die Ausscheidung homogener landschaftsökologischer Raumeinheiten (Bobek und Schmithüsen 1949, Burrough 1987, Finke 1986, Haase 1967, Leser 1978, Troll 1966, usw.). In der Landschaftsplanung lag der Schwerpunkt bei der Analyse der Nutzungseignung von Landschaftsausschnitten bzw. bei der Untersuchung räumlicher Auswirkungen anthropogener Eingriffe in das Landschaftsgefüge. Auf das umfangreiche und umfangreich kritisierte Methodenspektrum, welches in diesem Zusammenhang entwickelt wurde, soll hier nicht eingegangen werden, da es in der einschlägigen Literatur ausführlich beschrieben ist.

Der wesentliche innovative Beitrag der GIS-Technologie im Hinblick auf die wissenschaftliche und planerische Methodik der Landschaftsanalyse liegt darin, daß die Ergebnisse simultaner Betrachtungen mehrerer thematischer Ebenen mit Hilfe des EDV-Einsatzes nicht nur qualitativ, sondern auch quantitativ ausgewertet werden können: Alle digital erfaßten Elemente einer Karte (Einzelpunkte, Linien, Flächen) können somit auch im Hinblick auf ihre geometrischen Eigenschaften (Lage, Ausdehnung, Flächeninhalt, räumliches Verteilungsmuster usw.) beschrieben werden. Quantitative Aussagen waren bei manuellen Auswertungen über Planimetrierungen usw. zwar bisher prinzipiell auch möglich, wurden aber wegen des damit verbundenen Arbeitsaufwandes in der Praxis sehr selten durchgeführt.

Aus diesem Grunde bedeutet der Einsatz Geographischer Informationssysteme gerade im Bereich der Landschaftsplanung eine wesentliche Verbesserung der instrumentellen Basis für die Anwendung quantitativer Bewertungsmethoden. Nicht zuletzt wegen des Bedarfs an quantitativen Aussagen, der in der Landschaftsplanung schon lange Zeit bestanden hat, wurde die technische Entwicklung der GIS-Technologie stets auch maßgeblich von der Landschaftplanung beeinflußt. Damit steht der Bereich GIS im Gegensatz zu den anderen EDV-Anwendungen, die in diesem Buch vorgestellt werden, welche ursprünglich für andere Fachgebiete entwickelt worden sind und deren Adaption an die Ansprüche der Landschaftsplanung erst nachträglich erfolgte, so daß sie oft schon von der Grundkonzeption her für dieses Einsatzgebiet nicht optimal ausgelegt sind.

## Einsatzbereiche Geographischer Informationssysteme

GIS-Technologie wird heute in zahlreichen Fachdisziplinen angewendet: Raumplanung, Landschaftsplanung, Vermessungswesen, Forstwirtschaft u.a. Im Bereich der Landschaftsplanung findet man GIS-Anwender sowohl in der öffentlichen Verwaltung als auch in Planungsbüros. Während in der öffentlichen Verwaltung die Sammlung und Archivierung von Daten im Vordergrund steht, nutzen Planungsbüros meist eher die Fähigkeiten zur Datenauswertung und vor allem zur automatisierten Ausgabe von Kartendarstellungen.

Der Aufbau von Landesinformationssystemen oder großen Landschaftsdatenbanken im Bereich der öffentlichen Verwaltung, wie er schon seit einigen Jahren betrieben wird, erfordert nicht nur die Auseinandersetzung mit Maschinen und Programmen, sondern vor allem auch mit rechtlich-administrativen Problemen: Kommunikation zwischen Fachabteilungen, Verantwortung für die Richtigkeit von Daten, Aktualisierung, Datenschutz etc. (siehe Eichhorn und Wieser 1988).

Die folgenden Kapitel beschränken sich entsprechend den Zielsetzungen dieses Buches auf die Darstellung der technischen Grundlagen der GIS-Anwendung im Hinblick auf den Einsatz in Planungsbüros. Es muß dabei vorab darauf hingewiesen werden, daß die dargestellten praktischen Beispiele wirklich nur als unterstützende Illustrationen aufgefaßt werden dürfen: die Anschaffung eines GIS-Programmes enthebt niemanden von der Aufgabe, sich selbst in jedem Fall zu überlegen, welche methodischen Ansätze bei der jeweiligen Aufgabenstellung anwendbar sind. Im Gegenteil: Gerade durch die außerordentlich großen technischen Möglichkeiten eines GIS besteht die Gefahr, daß Daten und Methoden von Ungeschulten oder Fachfremden in fachlich unzulässiger Weise verwendet werden und somit zu falschen oder zumindest falsch begründeten Aussagen führen können.

## 2.2 Grundtypen digitaler Karten

Für die digitale Erfassung der Aussagen geographischer Karten wurden zwei grundsätzlich verschiedene Konzepte entwickelt: Vektor- und Rasterdarstellung. Bei der Vektordarstellung werden die Kartenelemente aus einzelnen Linienstücken zusammengesetzt, deren Koordinaten die digitale Grundlage der Karten bilden. Bei der Rasterdarstellung hingegen erfolgt eine Überlagerung der Kartenvorlage mit einem gleichmäßigen Linienraster („Tesselation"), den einzelnen Rasterelementen werden die abzubildenden Eigenschaften der Kartenelemente zugewiesen. Als Rasterzellen werden fast ausschließlich Quadrate verwendet, obwohl prinzipiell auch andere geometrische Figuren möglich wären (Dreiecke, Sechsecke; siehe van Roessel 1988).

*Abb. 2. Grundtypen digitaler Graphik.*

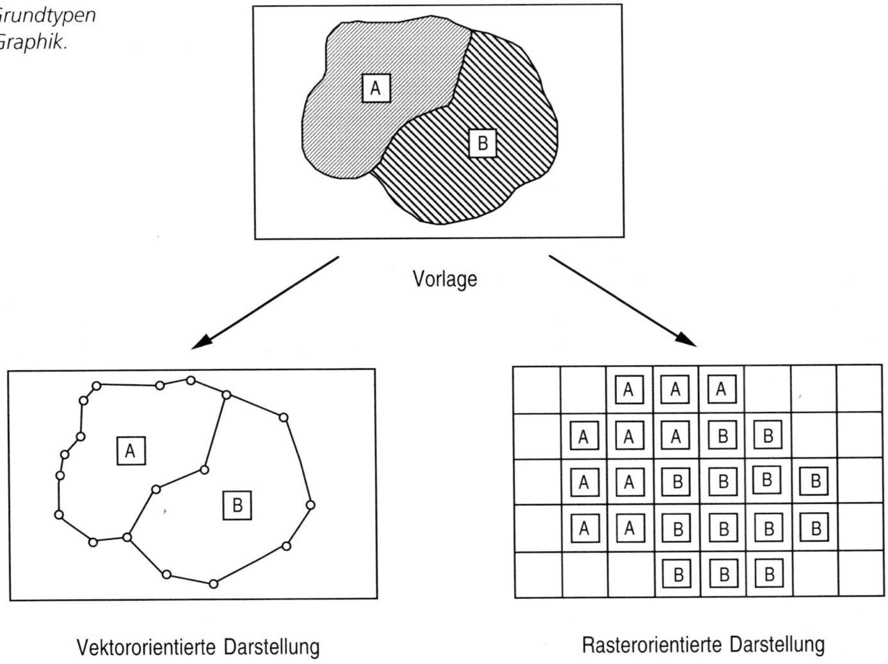

Diese prinzipielle Unterscheidung gilt für alle Anwendungsbereiche der Computergraphik. Die Art der digitalen Darstellung beeinflußt in hohem Maße die Möglichkeiten der rechnerischen Verknüpfung der gespeicherten graphischen Daten. In der Landschaftsplanung hat die Rastermethode historisch gesehen eine lange Tradition; sie wurde schon vor der Einführung digitaler Geographischer Informationssysteme angewendet, um Aussagen von Karten unterschiedlicher Inhalte miteinander zu verknüpfen.

Die meisten Landschaftsbewertungsmethoden, denen ein nutzwertanalytischer Ansatz zugrundeliegt, arbeiteten unabhängig vom EDV-Einsatz mit rechteckigen Bezugsflächen (Kiemstedt 1967, Arnold et al. 1977, Bachfischer et al. 1980 und zahllose weitere Beispiele). Die Kritik, die gegenüber diesem Ansatz vorgebracht wurde, bestand unter anderem darin, daß durch die Rasterung eine starke Verallgemeinerung der Aussagen sowie eine Abschwächung von Extremwerten erfolgt (Rip 1987). Auch entspricht das Erscheinungsbild einer Rasterkarte mit seinen Sägezahnkurven nicht dem natürlichen Verlauf von Grenzlinien in der Natur.

Die ersten Ansätze computergestützter Geographischer Informationssysteme mußten zwangsläufig mit Rastermethoden arbeiten, weil zu diesem Zeitpunkten von der Hardwareseite her noch keine Alternativen bestanden haben. So wurden zum Beispiel viele Computerkarten am Schnelldrucker ausgegeben, dessen Schriftgröße dann auch den Maßstab der Darstellung bestimmte.

Besonders massive Einschränkungen waren durch die damals noch recht geringe Speicherkapazität der verfügbaren Rechner gegeben. Die Einführung Geographischer Informationssysteme auf Basis der Vektorgeometrie war demgegenüber zunächst ein entscheidender Fortschritt, da es dadurch möglich wurde, Karteninhalte in ihrer jeweiligen Ausprägung abzuspeichern, ohne den Zwang, alle Informationen auf eine einzige Bewertungseinheit beziehen zu müssen.

Parallel dazu ergab sich allerdings auch bei den rasterorientierten Systemen eine Weiterentwicklung: Durch eine Verfeinerung der Maschenweite konnten die Probleme der Verallgemeinerung weitgehend reduziert werden. Theoretisch kann die Größe der Rasterzellen („Pixel") derart klein gewählt werden, daß diese mit freiem Auge nicht mehr erkennbar sind. Grenzen sind dann nur mehr durch die daraus entstehenden Datenmengen gesetzt, weswegen rasterorientierte Systeme trotz verschiedener Methoden zur Datenkompression stets einen sehr hohen Bedarf an Massenspeicherkapazität aufweisen. Sie werden heute vor allem dort eingesetzt, wo digitale Bilder die Grundlage des Arbeitens sind, also in erster Linie bei der Verwendung von Luft- oder Satellitenbildern.

Die derzeitige Trennung zwischen den beiden Systemtypen dürften sich in der nächsten Zeit wieder abschwächen, die Entwicklung geht hin zu hybriden Systemen, welche sowohl Raster- als auch Vektordaten verarbeiten können. Schon heute ist es auch bei manchen vektororientierten Systemen

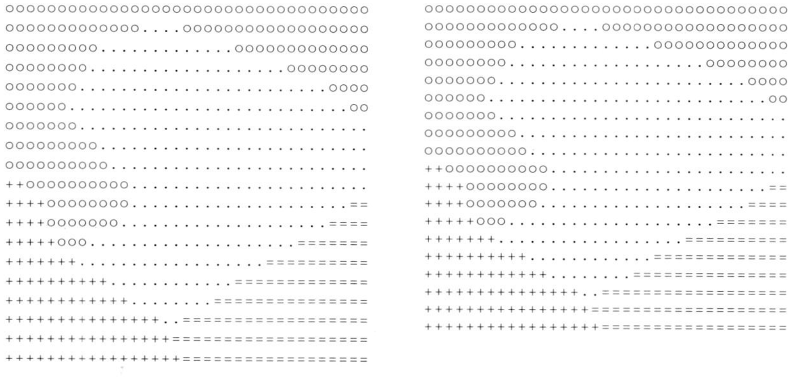

*Abb. 3. Typische Rasterkarten, erstellt auf nicht graphikfähigen Druckern. Maßstab und Längen–Breiten-Verhältnis werden von den verwendeten Geräten bestimmt.*

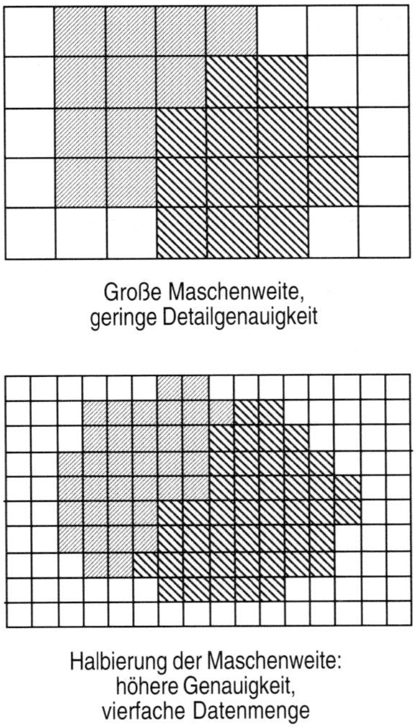


*Abb. 4. Zusammenhang zwischen Auflösungsgenauigkeit und Dateigröße bei Rastergraphiken.*

möglich, Vektorkarten am Bildschirm mit Luftbildern zu „hinterlegen", wodurch viele Arbeitsvorgänge komfortabler durchgeführt werden können.

In der Praxis der Landschaftsplanungsbüros dominieren derzeit die vektororientierten Systeme, vor allem deswegen, weil bei vielen landschaftsplanerischen Arbeiten parzellenscharfe Aussagen erwartet werden, was mit Hilfe rasterorientierter Systeme nur schwierig zu erreichen ist. Aufgrund dieser Bevorzugung in der Praxis wird auch in diesem Buch etwas mehr auf die Besonderheiten vektororientierter Systeme eingegangen.

## 2.3 Räumliche Dimensionen

Raumbezogene Planungen basieren praktisch immer auf einer zweidimensionalen Betrachtungsweise. Da es in der realen Landschaft nur selten über größere Bereiche hinweg senkrechte, überhängende oder überlappende Flächen gibt, ist die zweidimensionale Darstellung zur eindeutigen Verortung von Informationen in der Regel vollkommen ausreichend, die meisten GIS-Programmpakete arbeiten daher auch mit nur zwei Koordinatenachsen (x- und y-Koordinate).

Im Bedarfsfall kann allerdings jedem Koordinatenpaar eine zusätzliche Höhenangabe (z-Koordinate) beigefügt werden, so zum Beispiel, wenn die Berechnung von Hangneigung oder Exposition verschiedener Landschaftselemente durchgeführt werden soll.

Eine echte dreidimensionale Betrachtungsweise, bei der nicht Flächen, sondern räumliche Körper die Grundelemente darstellen, ist mit den meisten derzeit erhältlichen Programmen kaum erreichbar. Im Bereich der klein- und mittelmaßstäblichen Landschaftsplanung ist der Bedarf danach auch nicht sehr groß, während etwa für Geologie und Bergbau sehr sinnvolle Anwendungen dreidimensionaler GIS-Systeme möglich sind (Lagerstättenbeschreibung, Höhlenforschung usw.; siehe Heller 1986, Kavouras u. Masry 1987, Youngman 1988).

## 2.4 Vektororientierte Systeme

### 2.4.1 Grundlagen der Vektorgeometrie

**Elemente einer analogen Karte**

Zum Verständnis der Vektorgeometrie ist es sinnvoll, zunächst einmal die Struktur einer herkömmlichen analogen Kartendarstellung zu betrachten (s. Abb. 5); jeder Plan, jede Skizze ist aus geometrischen Elementen zusammengesetzt, die in ihrer Summe das charakteristische Bild der Karte ergeben: Punkte, Linien, Flächen; zur besseren Lesbarkeit und zur Vermittlung weiterer Informationen sind diesen Elementen meist noch Texte beigefügt.

Einen Sonderfall stellen die Punkte dar: Da ein Punkt als geometrisches Element ohne jede Ausdehnung nicht darstellbar ist, werden Informationen über Punkte stets mit Hilfe von Symbolen (Kreise, Kreuze usw.) wiedergegeben. Streng genommen gibt es in der realen Landschaft überhaupt keine punktförmigen Landschaftselemente, die Notwendigkeit der Einführung von Punkten in der Karte ergibt sich meist nur aus der verkleinernden Darstellung von Objekten geringer Ausdehnung (Brunnen, Vermessungszeichen, Gebäude usw.).

## Elemente einer digitalen Karte

Der Aufbau einer digitalen Karte erfolgt in ähnlicher Weise wie bei einer analogen, man muß sich jedoch ihrer Struktur eher bewußt sein. Diese sollte weitgehend schon zu Beginn der Bearbeitung festgelegt werden:

**Punkte.** Jede geometrische Information in einem GIS läßt sich letztendlich auf die Koordinaten einzelner Punkte und deren Zuordnung zurückführen. Es gibt Anwendungen, bei denen Punkte den einzigen Inhalt einer thematischen Karte darstellen,

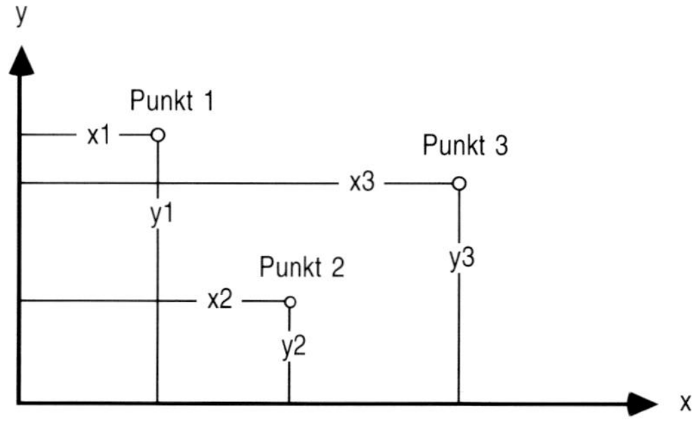


*Abb. 6. Zuordnung von Punkten zu den Koordinatenachsen.*

meist werden die einzelnen Punkte jedoch zu komplizierteren geometrischen Elementen vereint.

**Linienelemente**. Aus der kürzesten Verbindung zweier Punkte entsteht als einfachstes Linienelement eine Gerade. Sie ist eindeutig definiert durch die Koordinaten ihres Anfangs- und ihres Endpunktes. Da in der Landschaft gerade Linien eher selten anzutreffen sind, muß bei der digitalen Darstellung gekrümmter oder geschwungener Linien durch das Einschalten von Zwischenpunkten eine Annäherung durchgeführt werden.

Je höher die Zahl dieser Zwischenpunkte, desto wirklichkeitsnäher ist auch die Darstellung, wobei zu berücksichtigen ist, daß durch eine sehr große

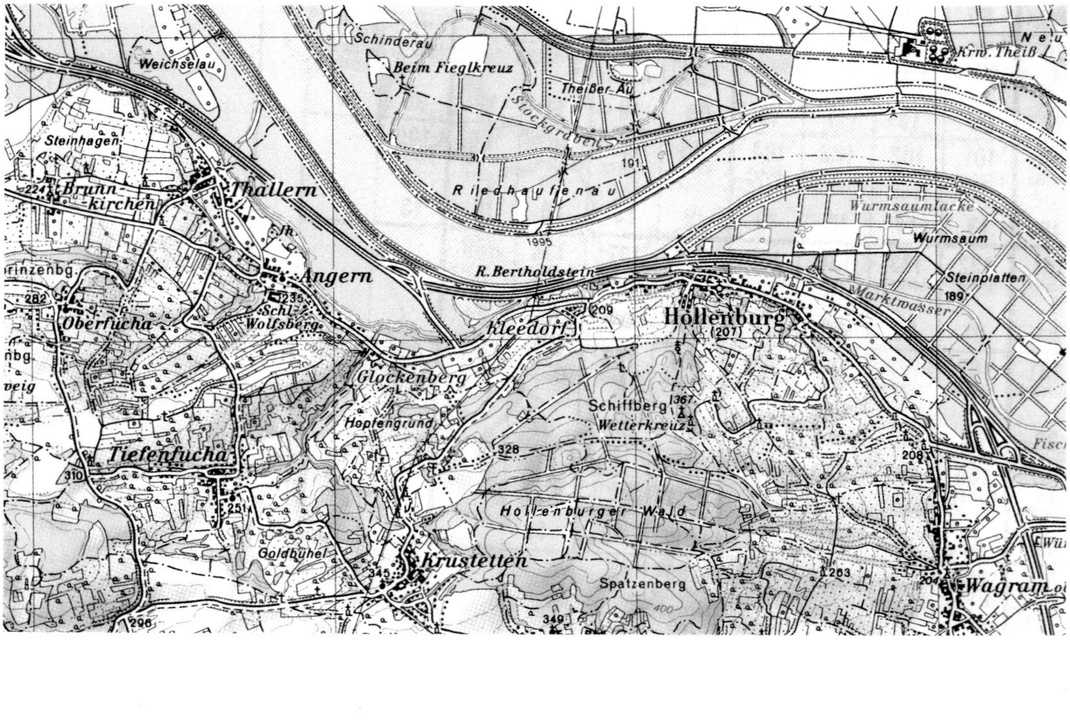


*Abb. 5. Ausschnitt aus der Österreichischen Karte 1:50.000, Blatt 38, Krems an der Donau. Vervielfältigt mit Genehmigung des Bundesamtes für Eich- und Vermessungswesen (Landesaufnahme) in Wien, Zl. L 72 937/90.*

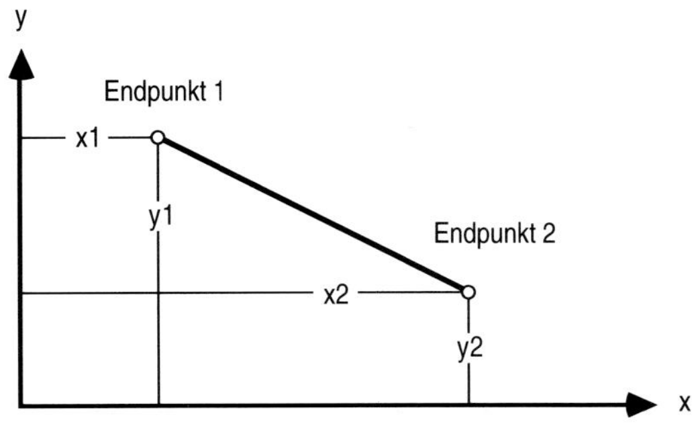


*Abb. 7. Koordinative Beschreibung einer Geraden.*

Zahl an Zwischenpunkten natürlich auch der benötigte Speicherplatz für diese Informationen wächst. Beim Digitalisieren muß daher immer ein Kompromiß zwischen Genauigkeit und Eleganz in der Darstellung auf der einen Seite und Speicherbedarf sowie Arbeitsaufwand auf der anderen gefunden werden. Aus den Abb. 8. und 9. ist zu entnehmen, daß es sich bei der digitalen Beschreibung gekrümmter Linien als vorteilhaft erweist, in Abschnitten mit engem Krümmungsradius eine höhere Anzahl an Zwischenpunkten zu setzen, während in weniger stark geschwungenen Bereichen die Abstände größer sein können.

*Abb. 8. Annäherung geschwungener Linienzüge durch kurze Geraden.*

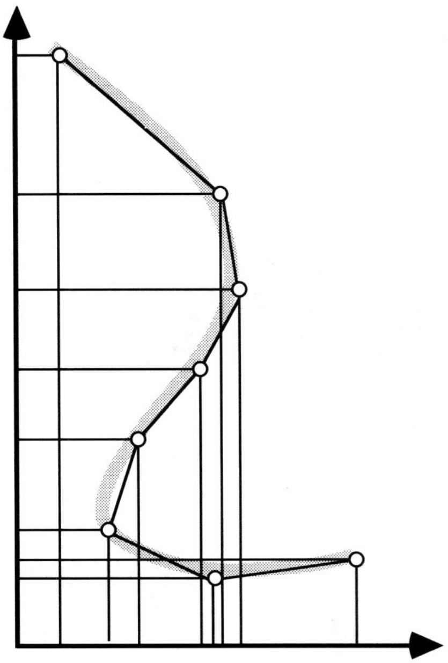

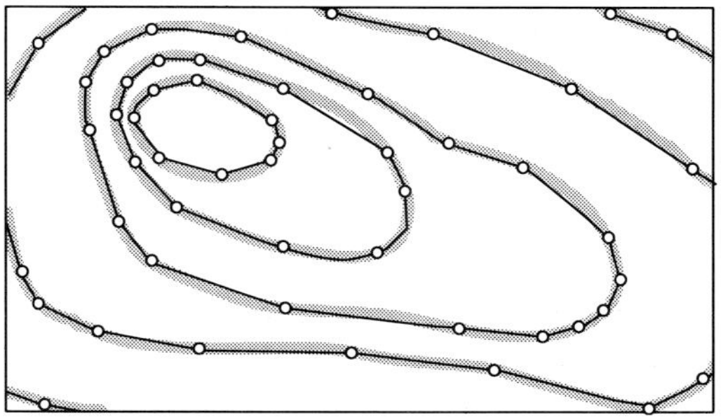

*Abb. 9. Beschreibung geschwungener Isoplethen aus Geraden.*

Nur bei wenigen Programmen ist es möglich, Linienelemente auch aus zweidimensionalen Kurven, etwa aus Kreisen oder Kreisbögen, zusammenzusetzen.

**Flächen.** Wenn bei Linienelementen die Beschränkung auf gerade Einzelelemente gegeben ist, müssen Flächen als Polygone dargestellt werden, die von geraden Linienelementen begrenzt werden.

*Abb. 10. Beschreibung unregelmäßiger Flächenelemente als Polygone.*

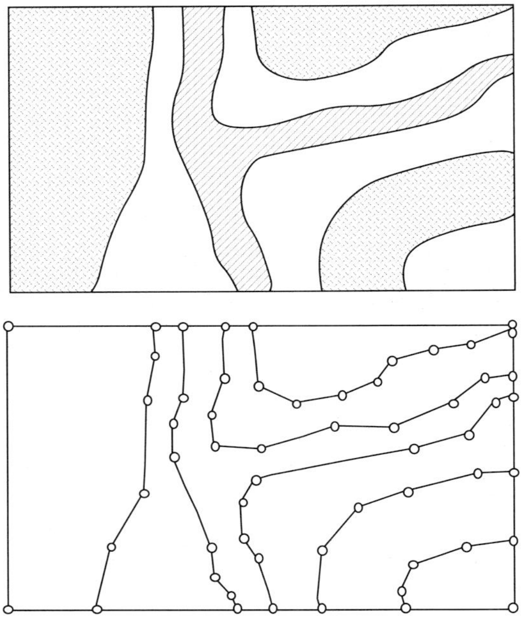

### 2.4.2 Topologie und Speicherung geometrischer Informationen

Die Topologie ist jener Zweig der Mathematik, der sich mit Zusammenhangs- bzw. Nachbarschaftsbeziehungen in der Raumstruktur beschäftigt. Die metrische Komponente spielt dabei keine Rolle.

Abb. 11 zeigt ein typisches Beispiel topologischer Fragestellungen: Die *Adjazenz*-(=Nachbarschafts-)verhältnisse sind in der linken und der mittleren Abbildung vollkommen gleich, obwohl die einzelnen Flächen in Form und Flächeninhalt erhebliche Unterschiede aufweisen. Die Graphentheorie spricht in diesem Fall von *isomorphen* Graphen (Wagner 1970). Die unauffällige Veränderung in der rechten Darstellung hingegen bewirkt einen Eingriff in die topologische Struktur: Die Fläche A grenzt jetzt nicht mehr an die Fläche D, dafür ergibt sich eine Nachbarschaft zwischen den Flächen C und E.

Im Zusammenhang mit dem Aufbau eines GIS wird der Begriff Topologie zur Beschreibung der Zuordnung der einzelnen geometrischen Elemente einer Karte zueinander verwendet. Bei der zweidimensionalen Betrachtungsweise werden lediglich drei Grundtypen, sogenannte Zellen, unterschieden: Alle flächigen Objekte werden als 2-Zellen zusammengefaßt und gleichwertig behandelt, alle linearen Objekte als 1-Zellen, die Punkte als 0-Zellen.

Auch wenn die Auseinandersetzung mit topologischen Problemen für viele Landschaftsplaner wohl eher trocken wirkt, so ist es beim Arbeiten mit GIS-Systemen doch notwendig zu wissen, auf welche Weise die geometrischen Elemente miteinander verknüpft und die entsprechenden Informationen abgespeichert werden, zumal die meisten Systeme die Daten nach topologischen Gesichtspunkten strukturieren. Die interne Verarbeitung der Daten ist bei den einzelnen Programmen jeweils unterschiedlich, prinzipiell können die nachfolgend beschriebenen topologischen Modelle bei fast allen Systemen gefunden werden:

**Punkttopologie**

Bei dieser einfachsten Variante ist keine weitere Verknüpfung der geometrischen Daten notwendig; die Abspeicherung erfolgt in einer Datei, deren Inhalte die fortlaufende Nummer des Punktes sowie seine beiden Koordinaten sind.

**Linientopologie und Kanten-Knoten-Struktur**

Für das Verständnis um den Aufbau einer Linientopologie ist die Einführung des Begriffs *Knoten* notwendig. Knoten liegen überall dort vor, wo Linienelemente aneinanderstoßen, im Falle eines Straßensystems sind dies die Kreuzungen, im Falle eines Gewässernetzes die Mündungen von Seitengerinnen. Meist werden auch die freien Enden eines Linienzuges als „baumelnde" Knoten bezeichnet. Die zwischen den Knoten liegenden Linienelemente werden als *Kanten* bezeichnet.

Für die Abspeicherung wird nun jeder Linienzug definiert aus seinem Anfangs- und seinem Endknoten sowie aus den jeweiligen Zwischenpunkten. Wenn aber ein Knoten für zwei zusammenhängende Linienelemente kennzeichnend ist, so kann eine Veränderung bei einer Linie auch Auswirkungen auf die andere verursachen. Deswegen erfolgt die Abspeicherung der Koordinaten der Knoten oft getrennt von den sonstigen Punkten des Linienzuges. Wenn sich im Zuge der Bearbei-

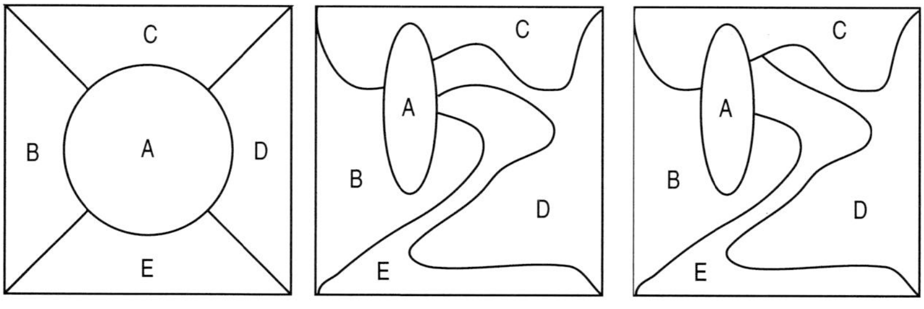


*Abb. 11. Beispiele für topologisch isomorphe und nicht isomorphe Graphen.*

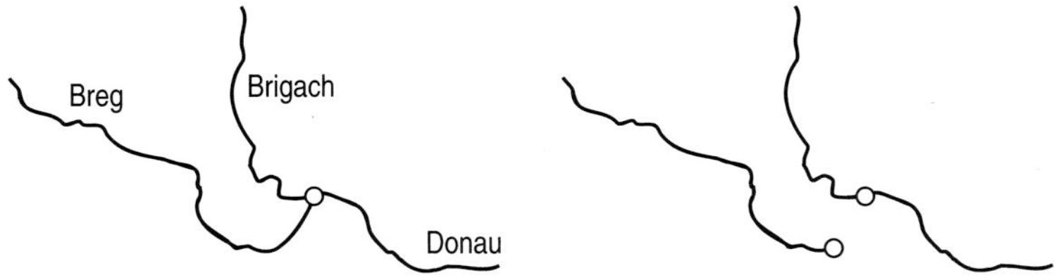


*Abb. 12. Beispiel für die topologische Struktur eines Gewässernetzes: Die Veränderung am Endpunkt eines Linienelementes wirkt sich auf die Struktur des gesamten Netzes aus.*

tung dann ein Knoten verschiebt, so wird dies automatisch auf alle mit den Knoten verbundenen Linienelemente angewandt.

Beim Aufbau der Linientopologie vergibt der Rechner für jeden Knoten eine eigene Nummer, für die einzelnen Linienelemente werden neben der eigenen Kennzeichnung die Nummern der dazugehörenden Knoten sowie die Kooordinaten der Zwischenpunkte gespeichert.

**Polygontopologie**

Die einfachste Möglichkeit zur Abspeicherung der Daten von Polygonen ist die Erfassung der Koordinaten der jeweiligen begrenzenden Linienelemente, wie dies vor allem bei Programmen aus dem CAD-Bereich angewendet wird (siehe Coven et al. 1986).

Ähnlich wie bei der topologischen Erfassung von Linienelementen kann auch hier eine beträchtliche Einsparung an Speicherplatz dadurch erfolgen, daß Kanten, die gleichzeitig zwei Polygone begrenzen, nur einmal abgespeichert werden. Die Verschiebung der Begrenzungslinie eines Polygons bewirkt daher stets auch eine Veränderung im unmittelbar benachbarten Polygon. Dadurch wird gleichzeitig vermieden, daß zwischen den einzelnen Polygonen „Löcher" auftreten, was bei GIS-Anwendungen sehr nachteilhaft wäre.

Bei der Abspeicherung der Koordinaten der einzelnen Eckpunkte der Polygone A und B in Abb. 13 ohne Berücksichtigung der topologischen Nachbarschaftsverhältnisse werden drei Punkte doppelt erfaßt. Bei der Erfassung nach der Knoten-Kanten-Topologie werden die drei Kanten in einer eigenen Datei abgespeichert, danach erfolgt eine Zuordnung der Kanten zu den beiden Polygonen. Die daraus resultierende Einsparung an Speicherplatz liegt auf der Hand. Je größer die Zahl der Polygone, desto mehr nähert sie sich dem Wert von 50 %, den sie allerdings niemals erreichen kann, da ja in jeder zweidimensionalen Karte Randlinien existieren, die nur ein Polygon begrenzen.

Diese Vorgangsweise macht es erforderlich, die Lage der Polygone zu den Linienelemente zu beschreiben, was mittels der Begriffe *links* und *rechts* erfolgt. Da diese beiden Begriffe immer nur relativ zu einer Blickrichtung festgelegt werden können, werden zu ihrer Definition die begrenzenden Knoten des Linienelementes herangezogen: Als Blickrichtung gilt die Strecke vom Knoten mit der niedrigeren Nummer zum Knoten mit der höheren.

*Abb. 13. Möglichkeiten der Beschreibung aneinander grenzender Polygone*
*Links: Getrennte Erfassung einzelner Polygone*
*Rechts: Erfassung nach der Kanten-Knoten-Struktur.*

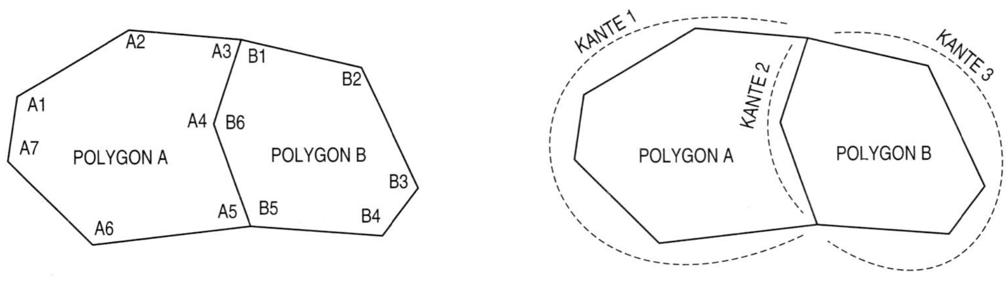

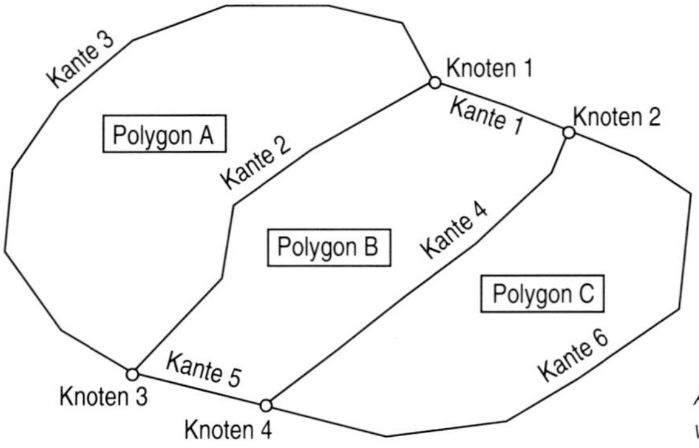


| Kante | Knoten | | Polygon | |
|---|---|---|---|---|
| | Anfang | Ende | links | rechts |
| 1 | 1 | 2 | Umgeb. | B |
| 2 | 1 | 3 | B | A |
| 3 | 1 | 3 | A | Umgeb. |
| 4 | 2 | 4 | C | B |
| 5 | 3 | 4 | B | Umgeb. |
| 6 | 2 | 4 | Umgeb. | C |

*Abb. 14. Links-Rechts-Orientierung bei der Zuordnung von Polygonen zu Kanten.*

**Berechnung der Topologie**

Die Vergabe von fortlaufenden Nummern für die einzelnen Elemente, der Aufbau der Kanten-Knoten-Struktur und die Ermittlung der Nachbarschaftsverhältnisse erfolgen in der Regel selbständig durch das Programm, wobei zwei unterschiedliche Vorgangsweisen möglich sind: Beim simultanen Aufbau der Topologie wird die Zuordnung der einzelnen Elemente jedes Mal während einer neuen Eingabe oder einer nachträglichen Veränderung durchgeführt. Dadurch sind auch die zu den Elementen gehörigen geometrischen Attribute wie Länge oder Flächeninhalt stets sofort abrufbar. Diese Vorgangsweise erfordert ständig einen hohen Rechenaufwand und ist daher nur bei leistungsfähigen Anlagen möglich.

Bei Programmen, die auch auf kleineren Geräten wie PCs laufen können, wird der Aufbau der Topologie meist in einem getrennten Arbeitsgang nach der Dateneingabe durchgeführt. Für das interaktive Arbeiten ist dies zwar nicht sehr komfortabel, es gestattet allerdings eine Aufteilung von Datenerfassung und -weiterverarbeitung. So ist es zum Beispiel möglich, Karten an einem PC zu erfassen und dann den Topologieaufbau an einem leistungsfähigeren Rechner durchzuführen. Diese Vorgehensweise ist vor allem auch dort sinnvoll, wo aus Kostengründen die Lizenz für das GIS-Programm auf einen Arbeitsplatz beschränkt ist, aber dennoch mehrere Mitarbeiter bei der Datenerfassung mit einem einfachen Digitalisierprogramm eingesetzt werden sollen.

**Abspeicherung von textlichen Informationen**

Kartographische Texte können auf GIS-Ebene in zweierlei Weise behandelt werden: Einerseits besteht die Möglichkeit, textliche Informationen unabhängig von allen anderen Elementen einer Karte im Kartenfeld zu positionieren. In diesem Fall genügt es, ein Koordinatenpaar abzuspeichern, das die geometrische Position des Textfeldes ausreichend beschreibt, also zum Beispiel die Koordinaten des linken unteren Eckpunktes des ersten Buchstaben. Weitere Spezifikationen erfolgen dann über die Angabe eines eventuellen Neigungswinkels des Schriftzuges, der Größe, des gewünschten Buchstabenabstandes etc. Wenn jedem Textfeld oder jeder Gruppe zusammengehöriger Textfelder ein eindeutiger Code beigegeben wird, so kann die Textgestaltung auch erst später bei der Ausgabe näher definiert und dann dem jeweiligen Ausgabegerät bzw. Ausgabemaßstab angepaßt werden.

Da textliche Informationen in einer Karte in der Regel nicht beliebig positioniert, sondern bestimmten Kartenelementen zugeordnet sind (z. B. Straßen- und Flußbezeichnungen), besteht bei vielen GIS-Programmen die Möglichkeit, diese Zuordnung auch bei der Abspeicherung zu berücksichtigen. Dadurch wird es möglich, den Verlauf eines Schriftzuges dem des zugeordneten Kartenelementes anzupassen. Bei Veränderungen am Kartenelement wird der Schriftverlauf dann automatisch mitverändert, wodurch umständliche Editierarbeiten vermieden werden können.

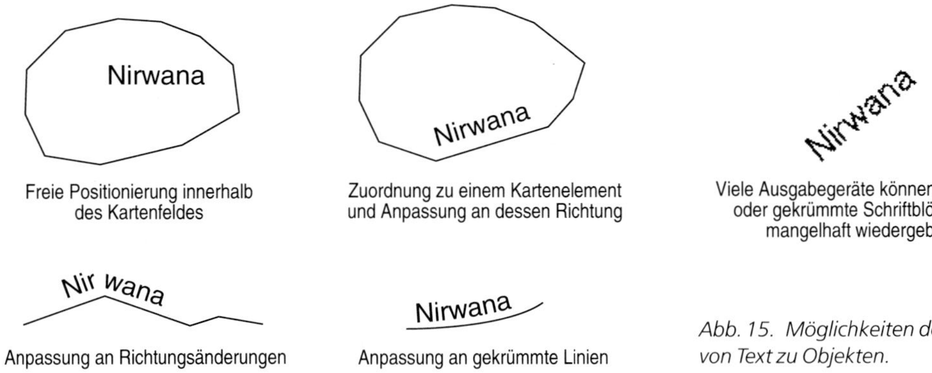


*Abb. 15. Möglichkeiten der Zuordnung von Text zu Objekten.*

Schon bei der Eingabe zu beachten ist allerdings, daß viele Ausgabegeräte nicht in der Lage sind, rotierte oder gekrümmte Schriften in ausreichender Qualität darzustellen. Dies gilt für einfache rasterorientierte Geräte wie z. B. Matrixdrucker, aber auch für viele Bildschirme.

### 2.4.3 Zuweisung von Attributen

Das wichtigste Motiv für die Erstellung eines GIS ist meist nicht die Erfassung geometrischer Elemente, sondern die Speicherung von Informationen über diese Elemente sowie deren weitere Verarbeitung. Solche Informationen werden in der GIS-Terminologie *Attribute* genannt. Die Verknüpfung zwischen den einzelnen Elementen und ihren Attributen erfolgt über die interne Kennzeichnung des jeweiligen Elementes.

**Geometrische und topologische Attribute**
Bei Linienelementen wird in der Regel schon beim Aufbau der Topologie die Länge der einzelnen Kanten errechnet und in einer Attribut-Datei abgelegt, für Polygone Umfang und Flächeninhalt. Auch topologische Attribute wie etwa die Kennzeichnung der durch ein Linienelement berührten Polygone werden dort verzeichnet.

**Thematische Attribute**
Alle weiteren Attribute können ebenfalls in derselben Datei abgespeichert werden, in der auch die

| Dateizeile | Anfangs-knoten | End-knoten | linkes Polygon | rechtes Polygon | Länge | interne Nummer | sonst. Kennzeichnungen (z.B. Farbcode) |
|---|---|---|---|---|---|---|---|
| 1 | 24 | 36 | 75 | 86 | 20,34 | 12 | 1 (=rot) |
| 2 | 36 | 38 | 75 | 97 | 32,75 | 13 | 2 (=blau) |
| 3 | 57 | 68 | 64 | 75 | 53,46 | 14 | 3 (=grün) |

*Abb. 16. Typische Inhalte einer Linien-Attribut-Datei.*

| Dateizeile | Fläche | Umfang | interne Nummer | sonst.Kennzeichnungen (z.B. Nutzungscodes) |
|---|---|---|---|---|
| 1 | 23,96 | 25,75 | 23 | 1 (=Grünland) |
| 2 | 35,22 | 30,85 | 24 | 2 (=Acker) |
| 3 | 50,82 | 32,45 | 25 | 3 (=Siedlung) |

*Abb. 17. Typische Inhalte einer Polygon-Attribut-Datei.*

geometrischen Attribute enthalten sind; bei der Benutzung relationaler Datenbanken (siehe Kap. 2.2) oder bei einer sehr großen Zahl an Attributen kann es jedoch sinnvoll sein, seltener benötigte Attribute in getrennten Dateien abzulegen, die über die interne Nummer des Elementes mit den übrigen Attribut-Dateien verbunden sind.

Die Benennung der Attribute kann über Zahlen (ganze Zahlen, Dezimalzahlen etc.), Buchstaben oder Zeichenfolgen („Strings") erfolgen, entsprechend den jeweiligen Anforderungen. Im allgemeinen sollte getrachtet werden, einen Datentyp zu wählen, der möglichst wenig Speicherplatz benötigt; so ist es oft sinnvoll, statt langer Bezeichnungen in Textform kurze Zahlencodes zu definieren.

**Attributzuweisung und Topologieaufbau bei Polygonen:**
Bei einer topologischen Datenstruktur wird die Attributzuweisung zu Polygonen meist durch das Setzen von Referenzpunkten an einem Ort innerhalb des Polygons vorgenommen. Die Dateneingabe erfolgt dabei vorteilhafterweise nicht durch die Erfassung einzelner Polygone, sondern so, daß zunächst die Linienzüge der Kartenvorlage in beliebiger Reihenfolge, also ohne Berücksichtigung der einzelnen Polygonabgrenzungen, erfaßt werden. In dieses ungeordnete Netz werden anschließend die Referenzpunkte der Polygone gesetzt, anschließend erfolgt der Aufbau der Topologie. Im englischen Sprachraum wird für diese Vorgangsweise die treffende Bezeichnung „Spaghetti and Meatballs" verwendet. Bei Systemen mit simultanem Topologieaufbau erfolgt die Vergabe der Referenzpunkte meist automatisch.

## 2.5 Rasterorientierte Systeme

Bei rasterorientieren GIS-Programmen ist die geometrische Grundstruktur im Gegensatz zu den vektororientierten von Anfang an vorgegeben. Durch die Zuordnung geometrischer Elemente und deren Eigenschaften zu Bildpunkten mit konstanter Größe sind viele analytische Operationen, wie sie in den nachfolgenden Kapiteln beschrieben werden, mit geringerem Rechenaufwand durchzuführen als bei Vektorsystemen.

### 2.5.1 Möglichkeiten der Datenkomprimierung

Rasterorienterte GIS-Programme werden heute sinnvollerweise dort eingesetzt, wo Bilddaten (Satellitenbilder, Luftbilder, gescannte Karten, usw.) die hauptsächliche Datenquelle darstellen. In diesen Fällen ist die Größe der Bildelemente (Pixel) sehr klein und deren Zahl entsprechend groß. Auch wenn die Entwicklung neuer Technologien im Bereich der Massenspeicher-Hardware, wie sie etwa die optischen und optomagnetischen Platten darstellen, dazu geführt hat, daß die Speicherung großer Datenmengen nicht mehr jene limitierende Bedeutung hat wie früher, so wird der Komprimierung von Bilddaten für die Speicherung und Verarbeitung in einem GIS doch hohe Priorität zugewie-

*Abb. 18. Objektbildung und Attributzuweisung bei Polygonen.*

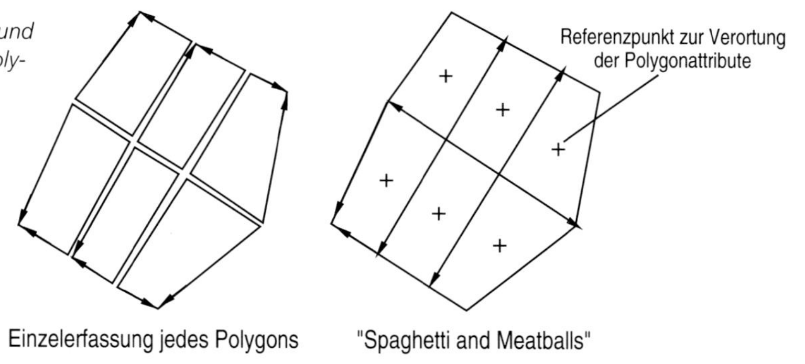

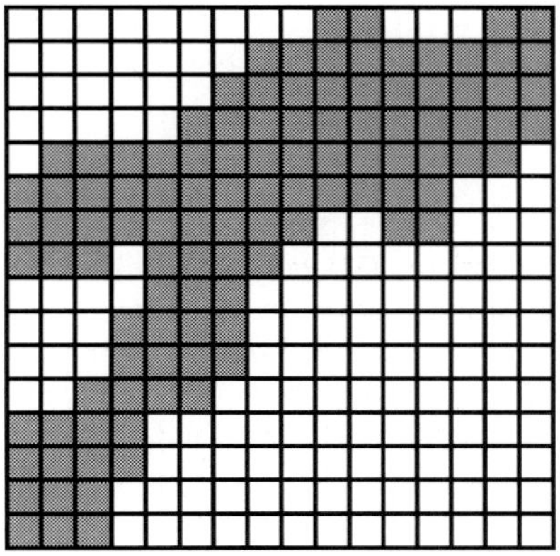

| Nicht komprimierte Matrix | Lauflängenkodierung |
|---|---|
| 00000000011000 | 0,9;1,2;0,3;1,2; |
| 00000001111111 | 0,7;1,9; |
| 00000011111111 | 0,6;1,10; |
| 00000111111111 | 0,5;1,11; |
| 01111111111111 | 0,1;1,14;0,1; |
| 11111111111110 | 1,13;0,3; |
| 11111111100110 | 1,9;0,2;1,2;0,3; |
| 11101111000000 | 1,3;0,1;1;4;0,8; |
| 00001110000000 | 0,4;1,3;0,9; |
| 00011110000000 | 0,3;1;4;0,9; |
| 00011110000000 | 0,3;1,4;0,9; |
| 00111100000000 | 0,2;1,4;0,10; |
| 11110000000000 | 1,4;0,12; |
| 11110000000000 | 1,4;0,12; |
| 11100000000000 | 1,3;0,13; |
| 11100000000000 | 1,3;0,13; |

Rasterbild — Nicht komprimierte Matrix — Lauflängenkodierung

*Abb. 19. Datenkomprimierung durch Lauflängenkodierung.*

sen. Aus diesem Grunde sollen auch hier einige wichtige Methoden zur Datenkomprimierung vorgestellt werden.

Bedingt durch die über ein Bild konstante Größe der Pixel ergibt es sich, daß benachbarte Pixel oftmals gleiche Attribute aufweisen. Je feiner die Auflösung eines Rasterbildes, desto geringer sind im allgemeinen die Unterschiede zwischen benachbarten Pixeln. Viele Ansätze zur Datenkomprimierung gehen daher davon aus, daß solche Zonen gleicher Attributsausprägung zu größeren Einheiten zusammengefaßt werden sollen.

### Lauflängenkodierung

Eine sehr einfache Form der Datenkomprimierung stellt die Lauflängenkodierung dar (Pratt 1978, Mitchell 1985). Bei diesem Ansatz wird dann, wenn innerhalb einer Zeile mehrere aufeinanderfolgende Pixel den gleichen Wert aufweisen, dieser Wert nur einmal gespeichert und dazu beigefügt, wie oft er sich in diesem Abschnitt wiederholt.

Bei der Lauflängenkodierung werden somit nicht Einzelpunkte, sondern Zeilenstücke, also eindimensionale Elemente, abgespeichert. Wenn untereinanderliegende Zeilenstücke ebenfalls gleiche Werte aufweisen, was in vielen Fällen zu erwarten ist, so kann das bei diesem Ansatz nicht berücksichtigt werden (s. Abb. 19).

### Quad-trees

Eine weitaus effizientere Form der Datenkomprimierung ist die Zusammenfassung benachbarter Elemente gleicher Attribute zu zweidimensionalen Elementen unterschiedlicher Größe. Diese Vorgehensweise kommt der räumlichen Verteilung topischer Eigenschaften viel näher als die Zeilenelemente bei der Lauflängenkodierung. Die Grundidee, zu der es mehrere Varianten gibt, besteht darin, daß ein Rasterbild sukzessiv in immer kleiner werdende Teile aufgegliedert wird, welche untereinander in hierarchischer Beziehung stehen (Klingler und Dyer 1976, Samet 1984). Dies geschieht am vorteilhaftesten durch den Aufbau sogenannter Quad-trees („Viererbäume"): Ein Bild wird zunächst in vier Quadranten zerlegt; wenn innerhalb eines Quadranten alle Pixel den gleichen Wert aufweisen, so wird dieser dem gesamten Quadraten zugewiesen. Quadranten mit inhomogenen Werten werden hingegen selbst wieder in vier Quadranten aufgeteilt und in ähnlicher Weise untersucht, solange bis jedes abgespeicherte Element in sich einheitliche Werte aufweist. Die Datei erhält dadurch eine Baumstruktur, bei der die einzelnen Verzweigungen unterschiedliche Längen aufweisen.

Die Datenstruktur eines Quad-tree ermöglicht es, nicht nur Daten zu komprimieren, sondern

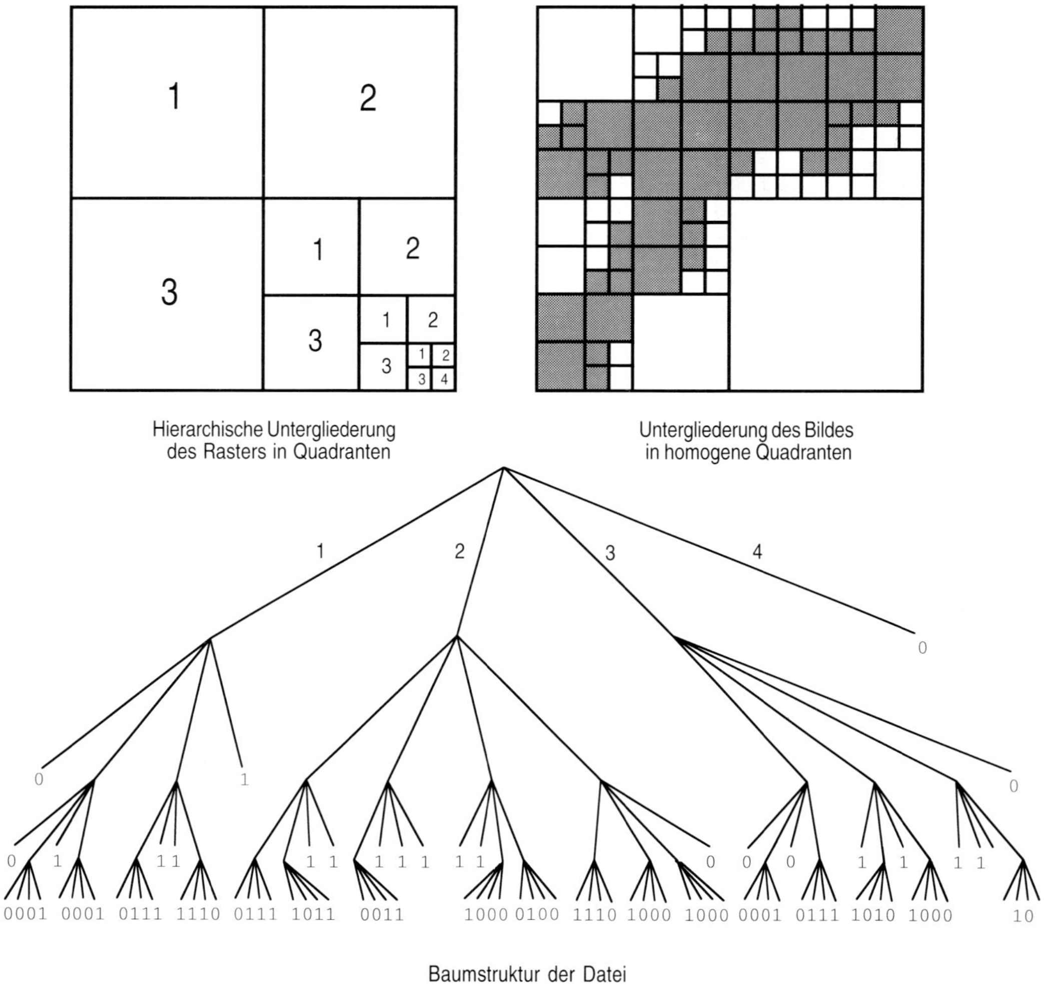


*Abb. 20. Datenkomprimierung durch Quad-tree-Strukturierung.*

auch mit diesen komprimierten Daten zu rechnen: Nahezu alle GIS Operationen (Überlagerung mehrerer Dateien, Bildung von Durchschnittsmengen etc.) lassen sich auf der Basis der Quad-tree-Datenstruktur durchführen (siehe Samet 1989, Shaffer et al. 1990).

Quad-tree-basierte GIS-Programme sind heute bereits über den Status von Pilotprojekten hinaus entwickelt, es befinden sich schon die ersten kommerziellen Systeme am Markt.

## Konturkodierung

Auch die Kontur- oder Freemankodierung geht von Objekten mit einheitlichem Grauwert aus. Während bei den beiden vorgenannten Methoden die Form der höheren Einheiten vorgegeben ist (Streifen bzw. Quadrate), werden bei der Konturkodierung Pixel, welche den gleichen Grau- oder Farbwert aufweisen, nach ihrer gemeinsamen Umfahrungslinie beschrieben (Freeman 1961). Bei einem quadratischen Raster läßt sich diese Kontur

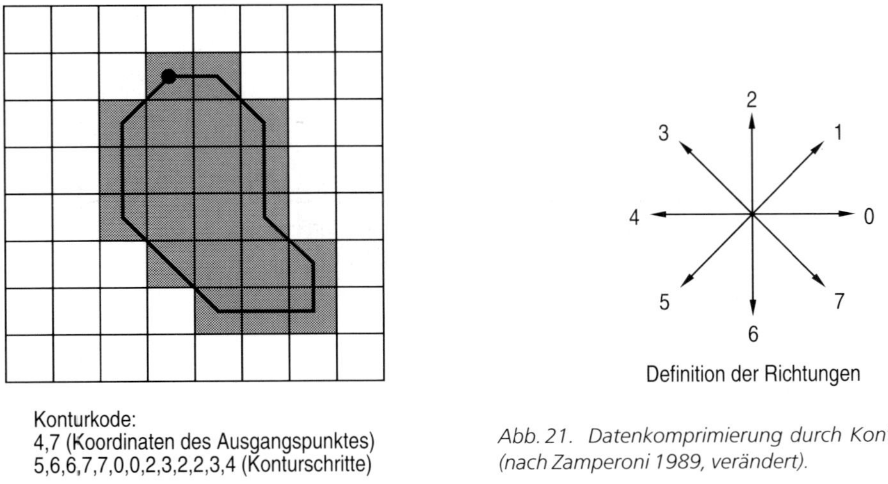


*Abb. 21. Datenkomprimierung durch Konturkodierung (nach Zamperoni 1989, verändert).*

als Verbindungslinie benachbarter Pixel beschreiben, deren Teilstücke nur acht verschiedene Richtungen aufweisen können (daher auch manchmal die deutsche Bezeichnung „Richtungsketten"; Haberäcker 1989). Der Freemankode besteht somit aus einem Koordinatenpaar, welches ein beliebiges Pixel der Konturlinie beschreibt, sowie einer Reihenfolge von Richtungsangaben, mit deren Hilfe das Objekt von dem verorteten Pixel ausgehend schrittweise umfahren werden kann.

**Erfassung lokaler Differenzen**

Wenn benachbarte Elemente einer Rasterdatei zwar ähnliche, aber nicht identische Attributwerte aufweisen, so kann eine Datenreduktion dadurch erreicht werden, daß zunächst nur die Attribute eines bestimmten Pixels in einer meist qudratisch definierten Nachbarschaft (z. B. 10 x 10 Pixel) erfaßt werden. Die Werte der anderen Pixel werden anschließend relativ dazu abgespeichert; da diese Differenzen meist geringer sind als die vollen Attri-

*Abb. 22. Mögliche Strukturierung einer Rasterdatei mit Hilfe der Differenzkodierung.*

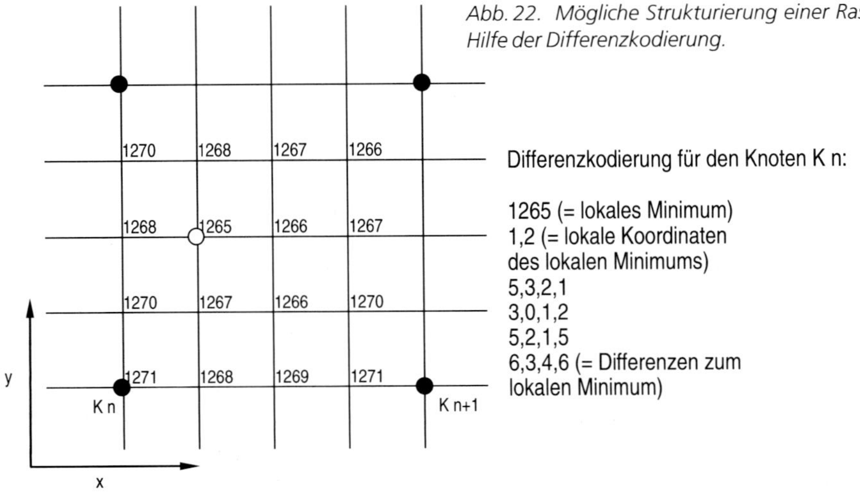

butwerte, muß zu ihrer Abspeicherung auch weniger Speicherplatz reserviert werden. Diese Methode wird vor allem dort eingesetzt, wo Attribute mit vielen Dezimalstellen erfaßt werden müssen, die aber lokal nur geringe Differenzen aufweisen. Dies ist etwa bei digitalen Geländedaten der Fall (siehe Kap. 2.8.3).

**Ausmaß der Datenkomprimierung – erforderliche Bildvorbereitung**

Der Faktor, mit dem Bilddaten durch die beschriebenen Verfahren komprimiert werden können, hängt stark von der Struktur des Bildes ab: Thematische Karten weisen im allgemeinen nur wenige verschiedene Attributwerte auf; bei der Anwendung von Quad-trees ist in diesen Fällen je nach der Auflösungsgenauigkeit des Bildes eine sehr hohe Datenreduktion bis unter 5 % des Wertes der Ausgangsmatrix möglich. Anders verhält es sich hingegen bei Satelliten- oder Luftbildern. Wird zum Beispiel ein SW-Luftbild in 256 Graustufen gescannt, so werden zwischen den einzelnen Pixeln immer wieder kleine Differenzen in den Grauwerten auftreten, so daß die Größe der homogenen Quadranten recht klein bleibt. In diesen Fällen kann eine Datenreduktion nur dann gute Werte erbringen, wenn das Bild vorher digital überarbeitet wurde, etwa durch ein Zusammenfassen nahe beieinander liegender Grauwerte zu Wertebereichen oder durch die Elimination einzelner Abweichungen in sonst weitgehend homogenen Flächen. Dabei ist jedoch zu unterscheiden zwischen Eingriffen, die nur zufällige Abweichungen von bestimmten Mittelwerten beseitigen, und solchen, die zu einer tatsächlichen Generalisierung der Information führen. Auch ist zu bedenken, daß in manchen Fällen gerade aus dem Wechsel zwischen verschiedenen Werten eine bestimmte Struktur definiert sein kann, wie dies etwa bei dem typischen Muster von Weingartenflächen in einem Luftbild gegeben ist. Für all diese Operationen ist somit ein entsprechendes Fachwissen und auch die dazugehörende Software aus dem Bereich der Bildverarbeitung notwendig.

### 2.5.2 Objektbildung und Attributzuweisung

Während bei vektororientierten Systemen schon bei der Eingabe geometrische Strukturen wie Linien oder Polygone definiert werden, ist dies bei Rasterbildern zunächst nicht der Fall. Attribute können somit nur einzelnen Bildelementen, nicht aber größeren Objekten zugeordnet werden.

Abb. 23 zeigt als Beispiel die Attributzuweisung für das Rasterbild einer Strichkarte, etwa einer Bodenkarte. Die gescannten Linien der Karte bilden

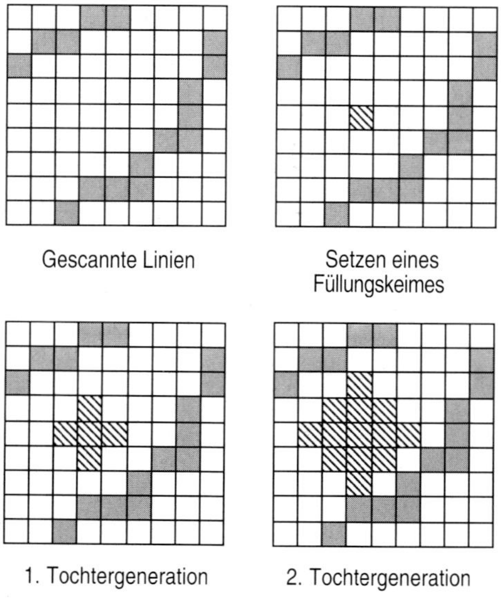


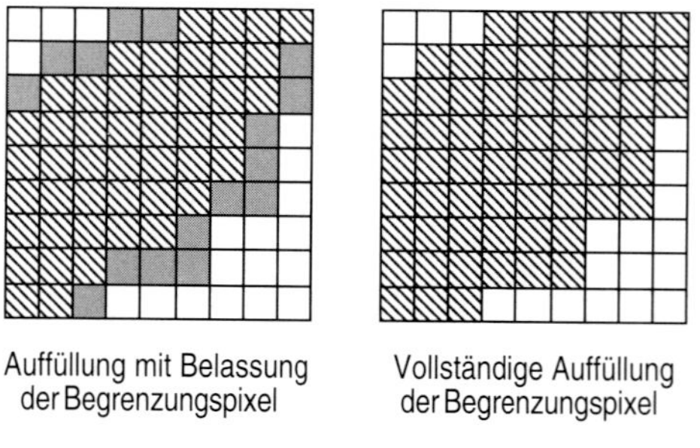


*Abb. 23. Attributzuweisung zu gerasterten Flächen über Füllungskeime.*

die Grenzlinien zwischen verschiedenen Bodentypen. Aufgrund des Fehlens von Objektbildung und topologischer Information können den dazwischenliegenden Flächen keine Bodentypen zugewiesen werden, da es für diese ja keine Referenzpunkte gibt, die die Information übernehmen könnten.

Die einfachste Möglichkeit ist das Setzen von „Keimen" an einer beliebigen Stelle innerhalb der Flächen, die sich solange in alle Richtungen ausbreiten, bis sie an eine Grenzlinie stoßen. Auf diese Weise werden alle Pixel, die miteinander verbunden sind, mit demselben Attribut versehen. Abschließend muß noch geklärt werden, wie die Pixel der Grenzlinien selbst behandelt werden sollen (zufällige Zuweisung von Attributen der jeweils angrenzenden Pixel oder systematische Festlegung entlang von Gradienten).

Voraussetzung für diese Vorgangsweise ist natürlich eine klare Erkennbarkeit der Zusammenhänge zwischen den einzelnen Pixeln, was bedeutet, daß lokale zufällige Fehler im gescannten Bild („Rauschen") vorher eliminiert worden sind und alle Linien auch in der Rasterdarstellung geschlossen erscheinen.

### 2.5.3 Bildverarbeitung für rasterorientierte Systeme

Auf das umfangreiche Spektrum an Methoden zur Verarbeitung von Rasterbildern für geographische Informationssysteme wird hier nicht näher eingegangen. Ein Überblick über die Möglichkeiten der digitalen Bildverarbeitung wird in Kapitel 4.2. gegeben; die dort im Hinblick auf Visualisierungsanwendungen vorgestellten Ansätze können zu einem großen Teil auch in rasterorientierten GIS-Systemen Anwendung finden.

## 2.6 Hybride Systeme

Hybride Systeme können Daten sowohl im Vektorals auch im Rasterformat bearbeiten und verbinden somit die Vorteile beider Typen. Da von der Datenstruktur her erhebliche Unterschiede bestehen, erfolgt auch in hybriden Systemen die Speicherung und Verarbeitung der beiden Formate weitgehend getrennt. Entscheidend für die weitere Verbreitung solcher Systeme ist daher die zukünftige Entwicklung im Bereich der Raster-Vektor-Umwandlung

*Abb. 24. Beispiel für die Bearbeitung einer Vektorgraphik vor dem Hintergrund eines Luftbildes.*

(Sonne 1990): Die rasche und einfache Überführung eines Rasterbildes in eine geometrisch-topologisch auswertbare Vektorstruktur und umgekehrt ist die wichtigste Voraussetzung für eine vollständige Integration beider Dateiformate.

Der entscheidende Vorteil hybrider Systeme am heutigen, kommerziell verbreiteten Entwicklungsstand liegt in der simultanen Darstellung von Raster- und Vektordaten am Bildschirm. Die interaktive Bearbeitung einer Vektordatei kann erheblich erleichtert werden, wenn im Hintergrund ein korrespondierendes Rasterbild (Luftbild, Satellitenbild) dargestellt wird. Bei allen Arbeiten im Zusammenhang mit der Erhebung oder Planung von Flächennutzungen ergeben sich daraus wesentliche Zusatzinformationen, welche den Arbeitsablauf beschleunigen und komfortabler gestalten.

## 2.7 Datenbanken in Geographischen Informationssystemen

### 2.7.1 Datenbankkonzepte

Die Organisation der Datenspeicherung und -verwaltung innerhalb eines GIS ist ein wesentlicher Faktor für die Effektivität der Arbeit. Viele Programmpakete unterscheiden dabei zwischen den rein geometrischen Daten und den thematischen Attributen: Oft wird bei der Entwicklung eines Systems nur für die geometrischen Strukturen eine eigene Datenbank entworfen, während die thematischen Attribute in einem der zahlreichen am Markt befindlichen Standard-Datenbanksysteme abgelegt werden. Dadurch wird den Anwendern auch die Möglichkeit gegeben, eventuell bereits vorhandene Datenbestände in eine neue GIS-Installation einzubinden.

#### Universelle Datenbankmodelle

Bei den marktüblichen Datenbank-Modellen können prinzipiell drei Typen unterschieden werden, deren unterschiedliche Konzeption die Arbeit jedes Anwenders beeinflussen. Es ist daher auch für Nicht-Informatiker notwendig, sich mit diesen Grundtypen auseinanderzusetzen und ihre Vor- und Nachteile zu kennen.

Ein **hierarchisches Datenbankmodell** strukturiert Daten nach der Form eines verzweigten Baumes. Die jeweils übergeordneten Objekte („Parents") weisen zu untergeordneten („Children"),

*Abb. 25. Struktur eines hierarchisch aufgebauten Datenbanksystems.*

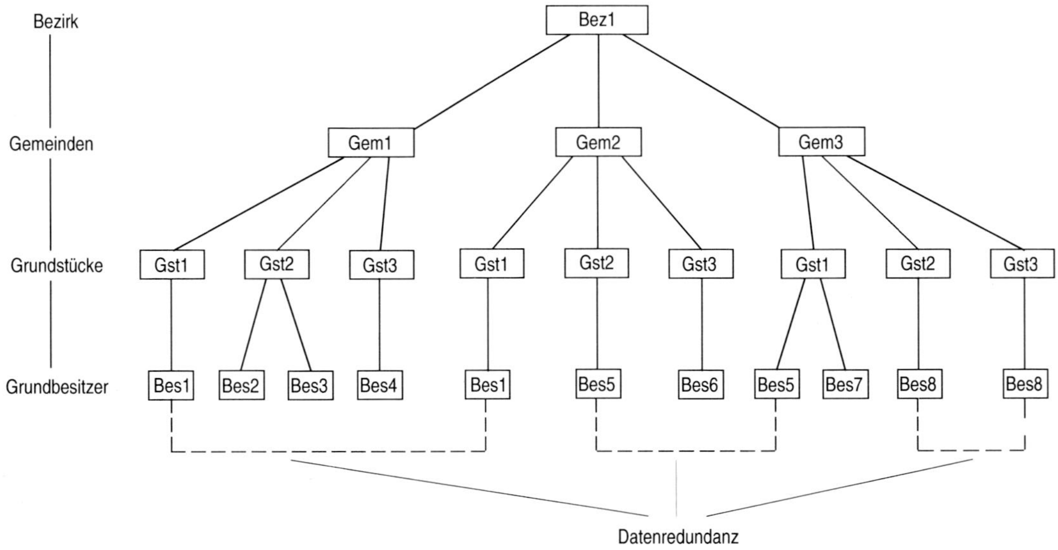

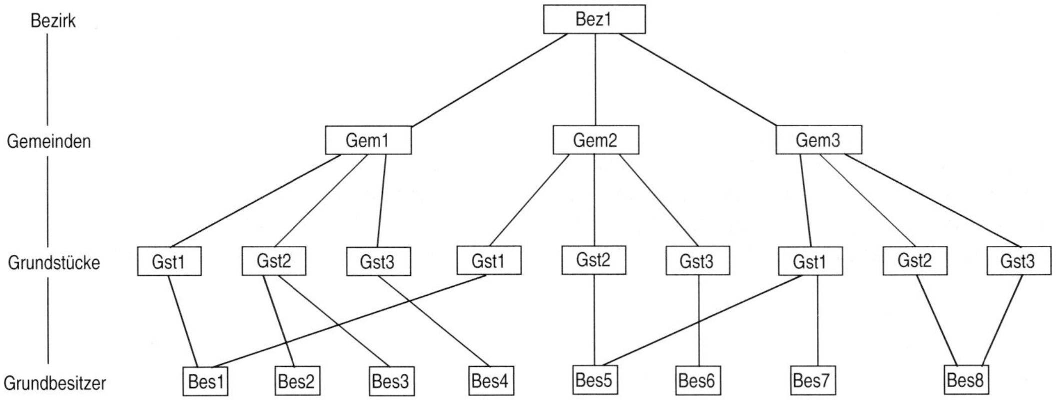


*Abb. 26. Struktur eines Datenbanksystems nach dem Netzwerkmodell.*

wobei jedes in der Datenbank abgelegte Objekt nur zu genau einem hierarchisch übergeordneten in Beziehung stehen darf, aber zu beliebig vielen untergeordneten.

Hierarchisch konzipierte Datenbanksysteme setzen eine recht genaue Kenntnis der zu erwartenden Daten voraus; die einmal vorgegebene Struktur läßt sich im nachhinein nur schwierig an veränderte Verhältnisse anpassen.

Ein weiterer Nachteil besteht in der oft unrationellen Aufzweigung zur hierarchisch untergeordneten Ebene und dem daraus resultierenden Speicherbedarf. GIS-Daten können durchaus in einer Weise strukturiert sein, daß ein untergeordnetes Objekt mehr als einem übergeordneten Objekt zugeordnet werden kann. In unserem Beispiel in Abb. 25. wäre dies etwa der Fall, wenn ein Grundstückseigentümer mehrere Flächen besitzt. Sein Name müßte für jede Fläche getrennt eingegeben und gespeichert werden. Diese mehrfache Speicherung wird in der Informatik als Datenredundanz bezeichnet.

Als wesentlicher Vorteil der starren Struktur hierarchischer Datenbankmodelle erweist sich neben der Übersichtlichkeit die Möglichkeit, Einzeldaten in sehr kurzer Zeit abzufragen, da die Verzweigungen eindeutig vorgegeben sind. Umfangreiche Suchläufe bei großen Datenmengen können dadurch relativ rasch durchgeführt werden.

Im Gegensatz zu der ausschließlich baumartigen Struktur einer hierarchischen Datenbank sind beim **Netzwerk-Modell** auch Verzweigungen in Richtung zu den hierarchisch höheren Ebenen gestattet. Dadurch kann die Datenredundanz hierarchischer Modelle vermieden werden, die Netze entsprechen eher den logischen Beziehungen, wie sie auch zwischen Objekten der physischen Landschaft oder in administrativ-sozialen Gliederungen existieren.

Netzwerkmodelle werden in GIS-Paketen häufig für die Abspeicherung der geometrischen Daten eingesetzt (Frank 1988). Der Vorteil der Vermeidung von Redundanzen ist hier besonders wichtig, da ja etwa bei Polygonkarten fast jede Kante zwei Polygonen zugeordnet wird. Das Prinzip der Modellstarrheit bleibt jedoch auch hiebei bestehen.

**Relationale Datenbanksysteme** stellen die jüngste Entwicklung innerhalb der universellen Modelle dar. Obwohl die Grundprinzipien relationaler Datenbanken schon Anfang der siebziger Jahre formuliert wurden (Codd 1970), haben sie sich erst in den achziger Jahren auf der Ebene der kommerziellen Programmpakete durchgesetzt.

Im Gegensatz zu den beiden vorgenannten Modellen werden relationale Datenbanksysteme nicht durch Baum- oder Netzwerkgraphen beschrieben, sondern durch eine zunächst mehr oder weniger unzusammenhängende Anordnung von Tabellen. Diese Tabellen können untereinander jeweils durch

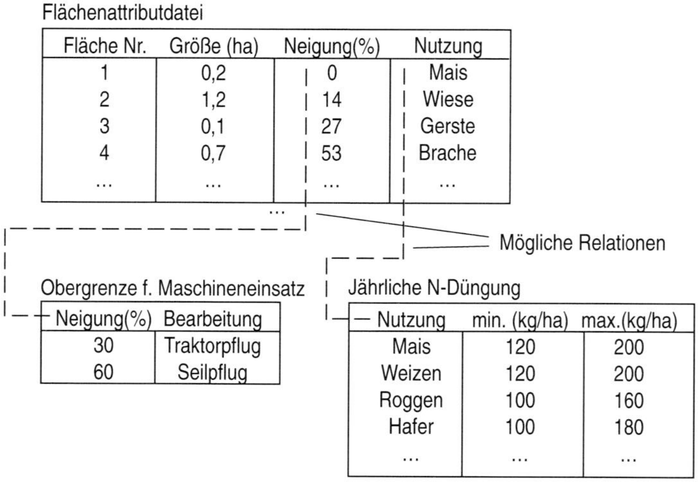


*Abb. 27. Typische Tabellenstruktur einer relationalen Datenbank.*

die Definition von „Relationen" verbunden werden, sofern sie gemeinsame Attribute aufweisen.

Die hohe Flexibilität relationaler Datenbanksysteme ist offensichtlich: Es können jederzeit neue thematische Aspekte in bestehende Datensätze eingebracht werden, eine exakte Vorstrukturierung der Dateien ist nicht unbedingt erforderlich (obgleich sie wohl, nicht zuletzt aus arbeitstechnischen Gründen, in jedem Fall sinnvoll erscheint).

Als nachteilig erweist sich dieses offene Konzept bei der Abfragegeschwindigkeit: Die zahlreichen Verweise auf korrespondierende Tabellen bremsen den Zugriff auf die jeweiligen Daten erheblich. Eine gewisse Beschleunigung kann über eine Vorsortierung der einzelnen Tabellen erreicht werden.

### Ausblick: GIS-spezifische Datenbankmodelle

Die meisten GIS-Pakete der mittleren und oberen Preisklasse benutzen in ihrem Datenbankteil heute relationale Datenbanksysteme. Ein Nachteil all dieser Systeme besteht darin, daß sie ursprünglich für die Verwaltung relativ einfacher Datenobjekte entwickelt worden sind (z. B. ganze und Dezimalzahlen, Buchstaben, Texte). Geographische Informationssysteme und vor allem auch CAD-Systeme behandeln im Vergleich dazu wesentlich komplexere Objekte (wie Polygone, Linienzüge). Es sind daher auch Datenbank-Modelle notwendig, die mit solch komplexeren Strukturen besser operieren können (Lammersdorf 1985, Frank 1988). Als vielversprechend sind Datenbanksysteme nach dem NF²-Modell (Schek und Pistor 1982) anzusehen. Die zunächst schwerverständliche Bezeichnung dieses Typs leitet sich aus der bewußten Negation einer Grundregel des relationalen Modells ab: Non first normal form. Die erste Normalform relationaler Datenbanksysteme fordert, daß in einer Zeile einer Tabelle nur ein einziger Wert je Attributspalte stehen darf. Da NF²-Relationen auch mehrfache und zusammengesetzte Werte als Tabelleneintragungen erlauben, können die in der Praxis häufig vorkommenden hierarchischen Abhängigkeiten zwischen Attributen einer Relation einfacher dargestellt und schneller bearbeitet werden (Höllriegel 1989; s. Abb. 28).

In NF²-Datenbanken können demnach komplexere Objektstrukturen innerhalb eines relationalen Modells geschaffen werden. Es ist zu erwarten, daß Mitte der neunziger Jahre die Entwicklung so weit gediehen sein wird, daß zahlreiche kommerzielle NF²-Programmpakete am Markt angeboten werden (Schrefl 1989). Im Bereich geographischer Informationssysteme sind bereits entsprechende Prototypen entwickelt worden, die allerdings vorläufig nur in Forschungsprojekten Einsatz finden (Lohmann et al. 1989).

Ein weiteres Problem für die Entwicklung zukünftiger Systeme stellt nicht nur die logische

Flächen

| FlächenNr. | Nutzung | Kanten Nr. |
|---|---|---|
| 1 | Acker | 41 |
| | | 42 |
| | | 43 |
| 2 | Wald | 42 |
| | | 44 |
| | | 45 |
| 3 | Wiese | 43 |
| | | 45 |
| | | 46 |

Kanten/Knoten

| KantenNr. | Knoten Nr. | | Zwischenpunkte | | |
|---|---|---|---|---|---|
| | Anfang | Ende | Nr. | x-Koord. | y-Koord. |
| 41 | 1 | 2 | 11 | 425,23 | 521,89 |
| | | | 12 | ... | ... |
| | | | 13 | ... | ... |
| | | | 14 | ... | ... |
| 42 | 2 | 3 | ... | ... | ... |
| | | | ... | ... | ... |
| 43 | 3 | 1 | ... | ... | ... |
| ... | ... | ... | ... | ... | ... |

*Abb. 28. Strukturierung geometrischer Daten in Relationen nach der NF²-Form (Beispiel nach Höllriegel 1989).*

Verknüpfung von Daten dar, wie sie in diesem Kapitel erörtert wurde, sondern auch die physikalische Abspeicherung der Daten auf einem Datenträger (Magnetplatte, Diskette). Es ist für die Arbeitsgeschwindigkeit von großer Bedeutung, daß Elemente, die zueinander in räumlicher Beziehung stehen und daher auch oft gleichzeitig abgefragt werden, auch auf dem Datenträger gemeinsam abgespeichert werden. Die Notwendigkeit einer solchen nach räumlicher Zuordnung und Nachbarschaftsbeziehungen organisierten Datenspeicherung besteht vor allem bei umfangreichen Landinformationssystemen, bei denen die Zahl der Einzelobjekte sehr groß sein kann (Davis und Chwang 1986, Frank 1988, McKeown und Lai 1988). Es können dabei teilweise auch räumliche Gliederungen eingesetzt werden, die dem in Kap. 2.5.1 erläuterten Prinzip des Quad-trees entsprechen (Samet et al. 1986).

Interessant scheint in dieser Beziehung auch der Ansatz der Verlagerung der Datensuche vom Rechner zur Speichereinheit (Wise 1988). Normalerweise wird bei einer Datenabfrage ein Teil der angesprochenen Datei vom Speichermedium (Platte, Diskette) in den Arbeitsspeicher des Rechners eingelesen und dort nach den spezifizierten Bedingungen getestet. Werden die gesuchten Daten nicht gefunden, wird die nächste Portion eingelesen, bis die gesamte Datei abgesucht worden ist. Der Datenaustausch zwischen Massenspeicher und Arbeitsspeicher ist abhängig von der erreichbaren Transferrate zwischen den beiden Geräten, bei Multi-User- oder Multi-Tasking-Systemen auch von der Auslastung des Arbeitsspeichers durch andere Aufgaben. Dieser zeitliche Aufwand für das Absuchen großer Dateien läßt sich erheblich verkürzen, wenn das Abtesten der Daten im Plattenlaufwerk selbst erfolgt und nur die selektierten Daten dann an den Hauptspeicher des Rechners weitergegeben werden. Dieser Ansatz setzt voraus, daß die Plattenlaufwerke mit eigener Intelligenz ausgestattet sind und diese auch durch die eingesetzte Software angesprochen werden kann.

### 2.7.2 Datenabfrage

Die Abfrage von Daten aus einem Geographischen Informationssystem ist die wichtigste Grundlage des quantitativen Arbeitens. Je nach Aufgabenstellung werden entweder einzelne Eintragungen (Welche Landnutzung ist auf dem Grundstück Nr. XX verzeichnet?) oder aggregierte Werte abgefragt (Wie groß ist die Summe der verbauten Waldränder in der Gemeinde Y?). Das Datenbanksystem eines GIS sollte daher auch imstande sein, einfache statistische Parameter zu ermitteln (Frequenzzählung, Mittelwertbildung usw.).

Die Selektion der jeweils gewünschten Daten aus dem Gesamtbestand kann über ihre thematischen Attribute oder über ihre räumliche Position erfolgen.

Da die Grundstruktur der Befehle zur Datenselektion von ihrer Funktion her bei allen gängigen Datenbank-Systemen ähnlich ist, wurde eine ein-

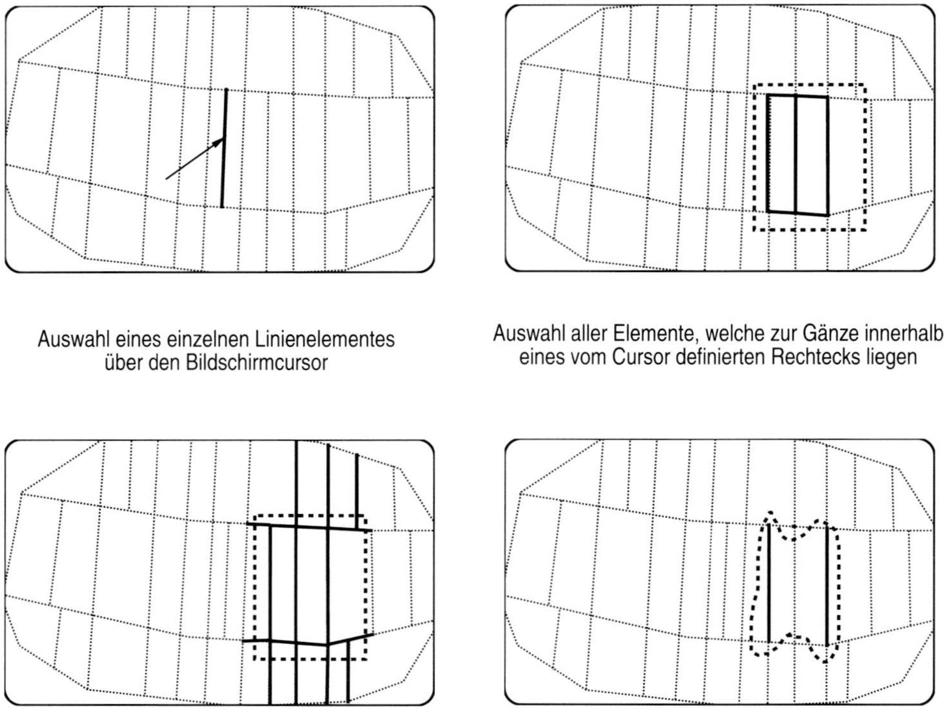

Auswahl eines einzelnen Linienelementes über den Bildschirmcursor

Auswahl aller Elemente, welche zur Gänze innerhalb eines vom Cursor definierten Rechtecks liegen

Auswahl aller Elemente, welche das definierte Rechteck berühren

Definition des Auswahlbereiches durch eine unregelmäßige Linie

*Abb. 29. Möglichkeiten der raumbezogenen Selektion von Objekten.*

heitliche Datenmanipulationssprache (SQL=Structured Query Language) entwickelt, welche zukünftig als Industriestandard in den Datenbanken Geographischer Informationssysteme erwartet werden kann (Ingram und Phillips 1987). Sie wird daher in diesem Kapitel als Demonstrationsbeispiel herangezogen.

SQL basiert im wesentlichen auf drei Wörtern: SELECT, FROM und WHERE. Mit SELECT wird der Objekttyp spezifiziert, der ausgewählt werden soll (Polygone, Linien usw.), FROM bestimmt die Datei, in der die Daten gesucht werden sollen, WHERE formuliert die logischen Bedingungen, denen die selektierten Daten genügen müssen. Eine Abfrage kann daher wie folgt lauten:

SELECT Polygon FROM Grundstücke
WHERE Nutzung = Wald

Damit werden alle Grundstücke ausgewählt, denen die Nutzung Wald zugeordnet ist. Für die weitere Bearbeitung ist es möglich, zusätzliche Attribute zur Einengung (z. B. Hangneigung > 45 %) oder Erweiterung (z. B. Wald + Wiesenflächen) des selektierten Datensets heranzuziehen.

Ein wesentliches Merkmal Geographischer Informationssysteme im Vergleich zu anderen Datenbankanwendungen ist die besondere Bedeutung von Abfragen in bezug zur räumlichen Position. Hier müssen entsprechende Erweiterungen der SQL-Grundbefehle vorgenommen werden, etwa im Hinblick auf Lage- und Nachbarschaftsverhältnisse (Ingram und Phillips 1987, Egenhofer und Frank 1988, Frank 1988, Peuquet

1988). Im oben genannten Beispiel könnte die Abfrage nach verbauten Waldrändern wie folgt lauten:

SELECT Polygon FROM Grundstücke
WHERE adjacent (Wald, Siedlung)

Die Definition des räumlichen Bezugs kann entweder durch die Eingabe bestimmter Koordinaten erfolgen oder über eine graphische Festlegung mit dem Bildschirmcursor, der mittels Maus, Digitizer o. ä. positioniert wird. Bei den meisten Systemen ist die Festlegung des Auswahlbereiches nur in der Form eines Rechtecks möglich (s. Abb. 29).

## 2.8 Datenerfassung und Datenquellen

Am Beginn jeder GIS-Arbeit steht die Akquisition der Daten, die später verarbeitet werden sollen. Prinzipiell können kartographische Daten auf drei Wegen in ein GIS-System gelangen: durch manuelle Eingabe über Tastatur oder Digitalisiertisch, durch automatische Digitalisierung im Scanner oder durch Übernahme bereits in digitaler Form vorliegender Daten aus anderen Computersystemen mittels Band, Diskette oder Datenfernübertragung. Die Auswahl der eingesetzten Methode richtet sich nach der jeweiligen Fragestellung sowie nach der Verfügbarkeit der Daten.

In den meisten Fällen ist die Dateneingabe die vom Zeitaufwand umfangreichste Phase des Arbeitens mit einem Geographischen Informationssystem, deswegen wird in den folgenden Kapiteln besonders auf die Probleme eingegangen, die sich bei der Anwendung der verschiedenen Methoden der Datenerfassung ergeben. Die dabei erwähnten Hardware-Komponenten werden in technischer Hinsicht im Glossar im Anhang dieses Buches beschrieben.

### 2.8.1 Manuelle Datenerfassung

Das zeitaufwendige Eintippen von Koordinatenwerten über die Tastatur wird meist nur dort eingesetzt, wo analoge Vermessungsdaten vorliegen, welche mit hoher Präzision in ein GIS eingebracht werden müssen.

Die wichtigste Form der manuellen Eingabe ist aber zweifelsohne das Arbeiten am Digitalisiertisch (Digitizer). Entsprechend der jeweiligen technischen Ausstattung des Gerätes sind verschiedene Arbeitsweisen möglich:

Beim punktweisen Digitalisieren („Point Mode") erfolgt die Ablesung der jeweiligen Position der Lupe auf dem Tisch über Tastendruck. Der Benutzer muß also selbst entscheiden, welche Einzelpunkte einer Kurve abgespeichert werden.

Beim Linienverfolgungs-Digitalisieren („Stream Mode") entfällt das Antippen der Tasten, die Ablesung der Koordinaten erfolgt entweder in regelmäßigen Intervallen („Time Mode"; z. B. 5mal pro Sekunde), oder dann wenn eine bestimmte Entfernung seit der letzten Ablesung überstrichen worden ist („Distance Mode"). Sehr komfortabel ist eine Kombination von Time Mode und Distance Mode: Die Ablesung erfolgt prinzipiell nach bestimmten Zeitintervallen, aber nur dann, wenn gleichzeitig auch der Cursor über eine Mindestdistanz bewegt wurde; in diesem Fall kann man während des Abfahrens längerer Linien Pausen einlegen, etwa zur Veränderung der Sitzposition, solange der Corsor auf derselben Stelle bleibt, wird die Datenabfrage ausgesetzt.

#### 2.8.1.1 Eingabehilfen

**Schnapp- oder Fangfunktionen**

Viele Kartenvorlagen, die im Bereich der Landschaftsplanung für eine digitale Erfassung in Betracht kommen, sind so strukturiert, daß sie in der Vektordarstellung aus geschlossenen Polygonen bestehen sollen (Katasterkarten, Flächennutzungskarten, Vegetationskarten usw.). Bei der Auflösungsgenauigkeit von Digitalisiertischen um 0,1 mm ist es aber nahezu unmöglich, eine Fläche derart exakt abzufahren, daß Anfangs- und Endpunkt tatsächlich identische Koordinaten erhalten, die Polygone verbleiben somit als nicht geschlossene Linienzüge.

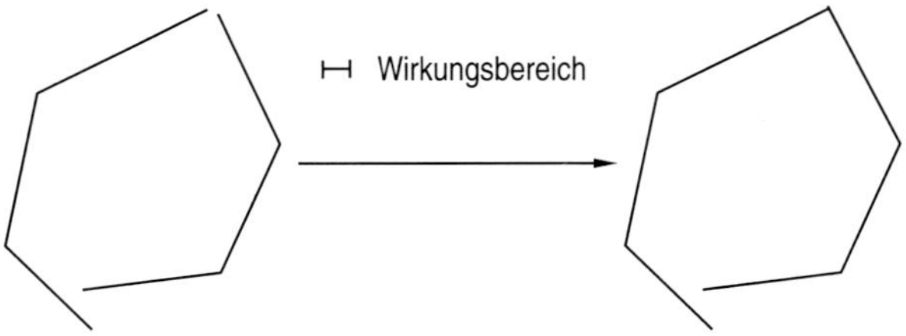


*Abb. 30. „Snapping": Neu digitalisierte Linien werden zu bestehenden hingezogen.*

Viele Programme bieten daher Eingabehilfen an, welche gewährleisten sollen, daß sich eine gewünschte Polygonstruktur schon beim Digitalisiervorgang von selbst ergibt: Durch das Festlegen einer Minimaldistanz zwischen Linienelementen oder zwischen Knoten kann erreicht werden, daß alle neu eingegebenen Elemente zu bereits existierenden hingezogen werden, sofern der Abstand zwischen ihnen und den nächstgelegenen Elementen diese Minimaldistanz unterschreitet.

Die Festlegung der Minimaldistanz richtet sich nach der Arbeitsgenauigkeit sowie nach der Struktur der Kartenvorlage. Im Hinblick auf die Arbeitsgenauigkeit beim zügigen Digitalisieren ohne hohe Genauigkeitsvorgaben kann als ein Erfahrungswert eine Minimaldistanz von 0,8 bis 1 mm empfohlen werden. Es kann sich jedoch ergeben, daß die Vorlage für diesen Wert zu feingliedrig ist: Wenn etwa zwei nebeneinanderliegende Linien im Abstand von 1 mm erfaßt werden sollen, so besteht die Gefahr, daß dann diese beiden Linien zusammengezogen werden.

**Hintergrundkarten**

Bei vielen Systemen ist es möglich, mehr als eine Karte gleichzeitig am Bildschirm darzustellen. Dadurch wird insbesondere die Orientierung erleichtert, und Zusammenhänge zwischen einzelnen Karten können schon bei der Eingabe besser wahrgenommen werden.

Der Vorgang des „Snapping" kann ebenfalls nicht nur zwischen den Elementen einer einzelnen Karte angewendet werden, sondern auch zwischen verschiedenen Karten: So richten sich zum Beispiel Grenzen einer Landnutzungskartierung

*Abb. 31. Aktive Hintergrundkarte als Hilfsmittel beim Digitalisieren von Karten mit teilweise identischen Linienelementen.*

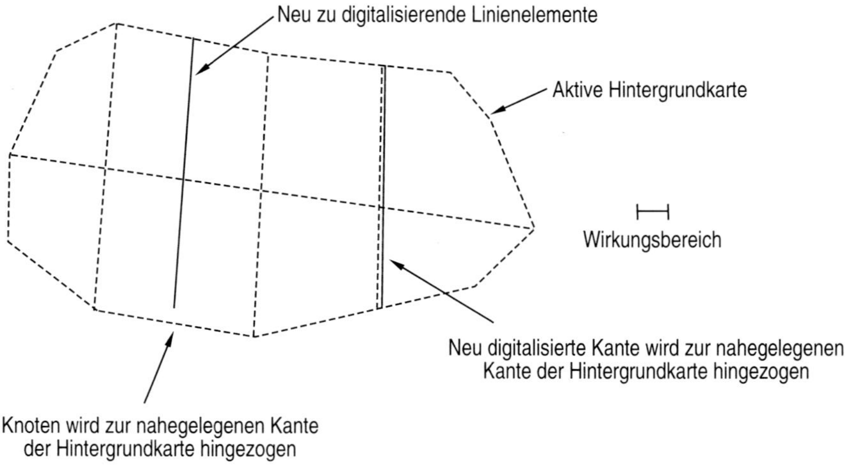

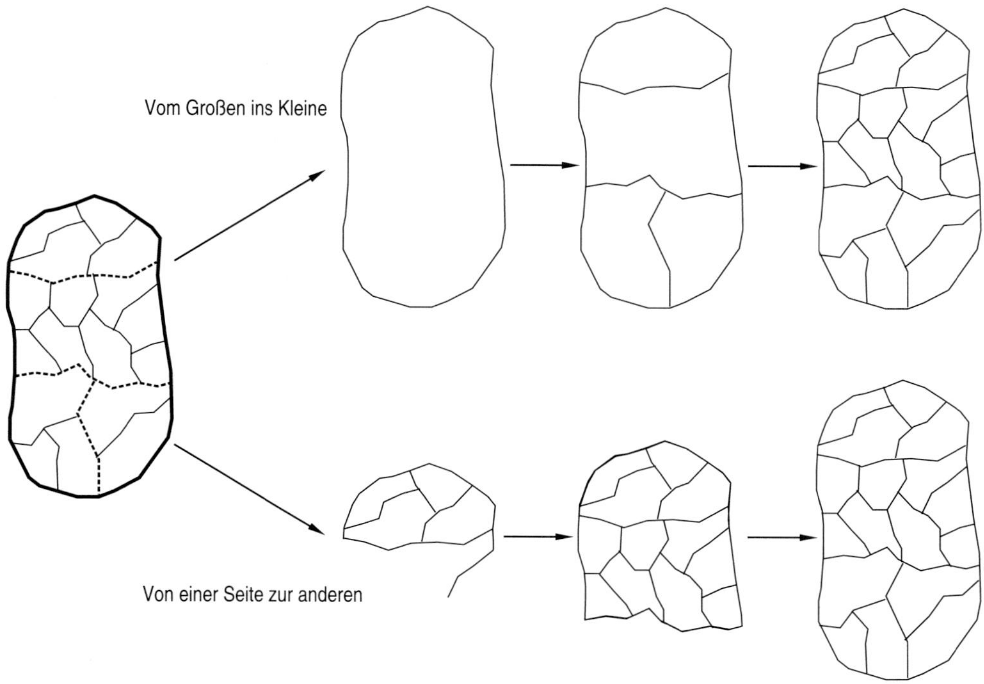


*Abb. 32. Mögliche Reihenfolgen bei der Übernahme einer analogen Kartenvorlage.*

meist nach den Grundstücksgrenzen. Wenn diese bereits digital vorliegen, so ist es möglich, die Grenzen der Landnutzung etwa aus einem schlechten Luftbild zu entnehmen, wobei die Linien der Landnutzungskarte dann zu jenen der Katasterkarte hingezogen werden. Auf diese Weise wird nicht nur die Genauigkeit des Datenbestandes verbessert, sondern auch die Datenkonsistenz, etwa im Hinblick auf eine spätere Überlagerung der beiden Karten „Grundstücksgrenzen" und „Landnutzung".

**Hintergrundbilder**
In hybriden Systemen besteht die Möglichkeit, gescannte Luftbilder als Bildschirmhintergrund darzustellen, wodurch ebenfalls die Orientierung am Schirm erheblich verbessert wird. Da dies einen besonderen Komfort bei der Bearbeitung darstellt, werden die entsprechenden Funktionen jetzt auch schon für sonst rein vektororientierte Systeme angeboten. In diesem Fall kann im Gegensatz zu hybriden Systemen das Bild selbst natürlich nicht weiterverarbeitet werden.

### 2.8.1.2 Probleme und Lösungsstrategien

Das manuelle Digitalisieren ist eine sehr zeitaufwendige Arbeit, es ist daher von großer Wichtigkeit, sich vor dem Beginn der Datenerfassung sorgfältig zu überlegen, in welcher Weise die einzelnen Elemente einer analogen Kartenvorlage digital erfaßt werden sollen.

Im folgenden Abschnitt werden einerseits prinzipielle Probleme erörtert, die sich beim Digitalisieren ergeben können, andererseits sollen auch einige Fragen der Arbeitsorganisation beleuchtet werden; jeder Bearbeiter wird sich im Laufe der Zeit aufgrund seiner eigenen Erfahrungen und Neigungen spezielle Arbeitsweisen zulegen, einige

Aspekte haben jedoch durchaus auch eine gewisse allgemeine Gültigkeit.

### Reihenfolge der Erfassung

Eine analoge Kartenvorlage ist durch ihre kartographische Gestaltung deutlich strukturiert, die meisten flächigen Elemente werden nicht durch ihre Begrenzungslinien, sondern durch Farbsignaturen, Schraffuren etc. hervorgehoben und auch vom Betrachter entsprechend wahrgenommen.

Beim Digitalisieren werden alle Flächenelemente nach ihren Begrenzungslinien erfaßt, die Flächen selbst werden in dieser Phase meist noch nicht mit Schraffuren etc. angefüllt. Das Bild, das sich auf dem Schirm ergibt, unterscheidet sich somit erheblich von dem der Kartenvorlage; es ist dabei oft nicht leicht, am Bildschirm zu erkennen, ob bereits alle Linien digitalisiert worden sind. Solche „Orientierungsprobleme" können vermieden werden, wenn man sich entsprechend dem Charakter der Vorlage eine geeignete Reihenfolge für die Erfassung der Elemente überlegt.

Wenn eine Karte deutlich sichtbare Hierarchien in den Linienelementen aufweist (z. B. Staatsgrenze, Landesgrenze, Gemeindegrenze), so ist es sinnvoll, vom Großen ins Kleine zu arbeiten. Ist eine solche Hierarchie nicht vorhanden, ist es vorteilhafter, die Arbeit in einer Ecke der Karte zu beginnen und von dort aus jeweils nur die unmittelbar angrenzenden Linien zu erfassen.

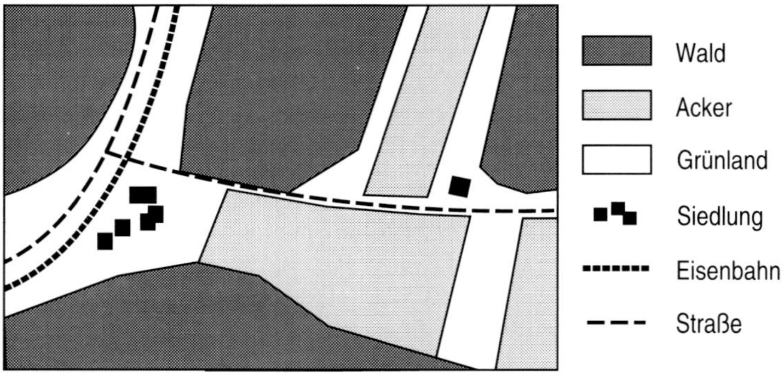


Digitalisiervorlage mit kartographischen Hervorhebungen

*Abb. 33. „Orientierungshilfen" beim Digitalisieren.*

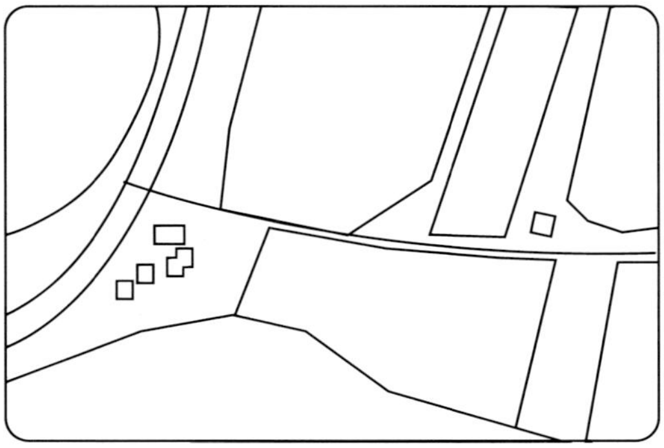

Neutrale Bildschirmdarstellung der Begrenzungslinien erschwert die Orientierung

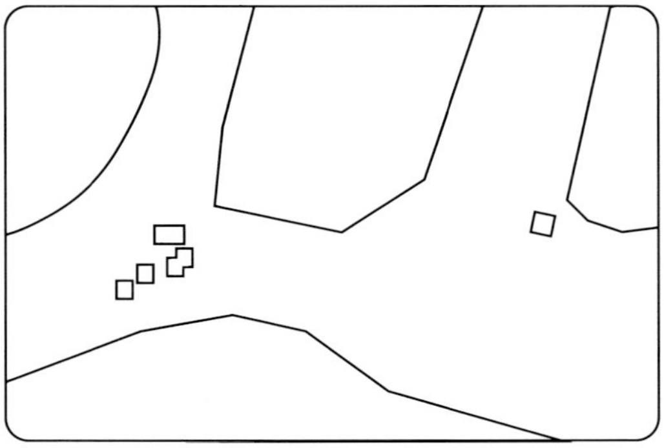

Digitalisierung in der Reihenfolge der optischen Auffälligkeit der Vorlage

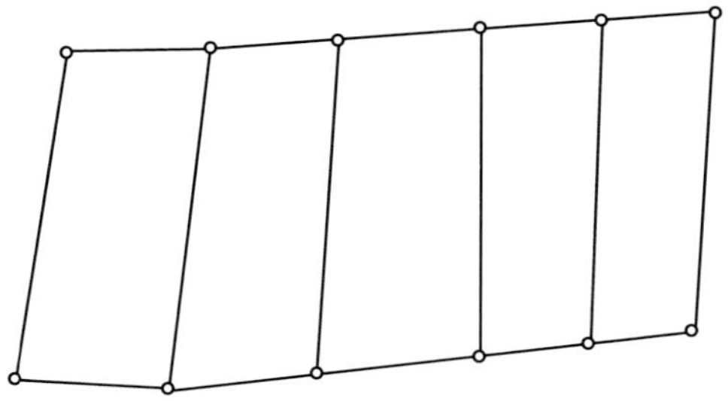

*Abb. 34. Grundstücksgrenzen als Anwendungsfall für punktweises Digitalisieren.*

Eine wesentliche Orientierungshilfe stellen die Farbsignaturen einer Kartenvorlage dar. Dunkle Farbtöne (z. B. Waldsignaturen einer topographischen Karte) prägen das mentale Bild der Karte im Betrachter. So erscheint es auch sinnvoll, beim Digitalisieren die Elemente in der Reihenfolge zu erfassen, wie sie sich aus der Auffälligkeit ihre Symbole ergibt (Abb. 33).

## Digitalisiermodus

Die Entscheidung, ob dem punktweisen oder dem Linienverfolgungs-Digitalisieren der Vorzug gegeben wird, hängt von der Aufgabenstellung ab: Während bei der Übertragung der Koordinaten von Grundstücksgrenzen eine punktgenaue Ablesung sinnvoll ist, kann die zeitgesteuerte Ablesung vorteilhaft vor allem beim Digitalisieren längerer geschwungener Linien (Isohypsen, Isohyeten usw.) eingesetzt werden.

Beim Time Mode kann mittels der Geschwindigkeit, mit welcher das Fadenkreuz über die Karte bewegt wird, die Datendichte gesteuert werden: In gestreckten Abschnitten sind weniger Zwischenpunkte erforderlich, dort kann das Fadenkreuz schneller bewegt werden, in stärker geschwungenen Abschnitten wird durch eine Verlangsamung eine Ablesung in kürzeren Abständen und somit eine größere Zahl an Zwischenpunkten bewirkt.

## Systematische Fehler beim Abfahren enger Kurvenradien

Beim Setzen der Zwischenpunkte entlang gekrümmter Linien muß beachtet werden, daß durch den Vorgang des Digitalisierens aus den Kurven Polygonzüge geformt werden. Wenn der Cursor genau entlang der Linie geführt wird, so liegen auch alle Zwischenpunkte auf ihr; die Geradenstücke, welche sich aus der Verbindung der Zwischenpunkte ergeben, sind somit Sehnen der Kurve. Die von den Sehnen abgeschnittenen Kurvensegmente werden vernachlässigt. Für die Ermittlung des Flächeninhaltes ergibt sich somit ein systematischer Fehler, der vor allem dann ins Gewicht fällt, wenn die Kurvenradien recht klein sind: Flächen mit überwiegend konvexen Begrenzungslinien (z. B. Waldinseln in einer Intensivlandwirtschaftszone) werden zu klein abgespeichert, Flächen mit konkaven Begrenzungslinien (in die-

*Abb. 35. Isohypsen als Anwendungsfall für Linienverfolgungsdigitalisieren.*

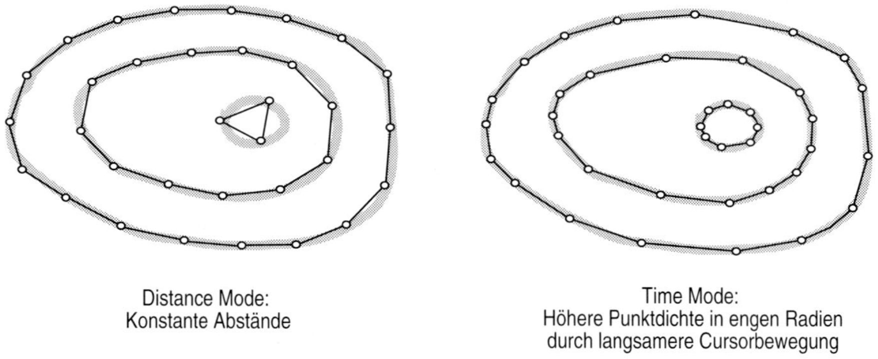

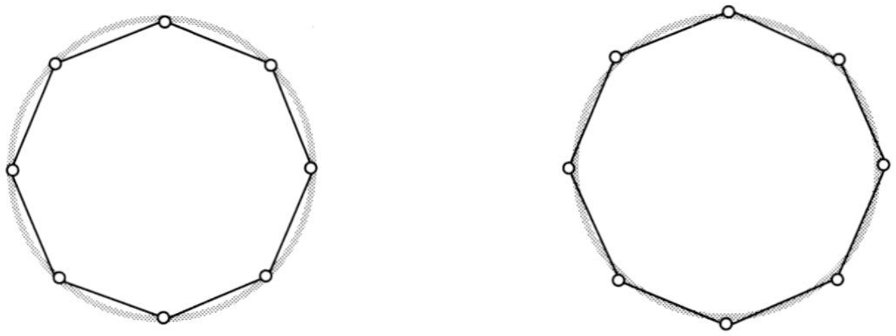


*Abb. 36. Systematische Fehler aufgrund enger Kurvenradien.*

sem Beispiel die Umgebung der Waldinseln) zu groß. Über die Summe aller Flächen gleicht sich dieser Fehler natürlich wieder aus.

Für die Praxis des Digitalisierens ergibt sich somit die Empfehlung, einerseits in Bereichen kleiner Krümmungsradien Zwischenpunkte in höherer Dichte zu setzen, andererseits den Cursor etwas außerhalb der Linie zu bewegen. Letzteres ist insbesondere beim Linienverfolgungs-Digitalisieren im Distance Mode notwendig.

### Maßstabsabhängige Zuordnung von Landschaftselementen zu geometrischen Elementen

Bei der analogen kartographischen Wiedergabe in kleinem Maßstab werden Objekte, welche in einer oder zwei Dimensionen nur geringe Ausdehnung aufweisen, oft vereinfacht dargestellt: Straßen werden zu Linien, kleine Gewässer zu Punkten. So werden zum Beispiel in der Österreichischen Karte mit dem Maßstab 1:50000 Gewässer bis zu einer Breite von 5 m als Linie, bis zu 20 m als enge Doppellinie und über 20 m Breite als Fläche eingezeichnet. Im Maßstab 1:1000000 hingegen werden alle Fließgewässer als Linien wiedergegeben.

Die Betrachtung eines Landschaftsausschnittes in Karten unterschiedlicher Maßstäbe zeigt deutlich die Generalisierungen, die in der Kartographie vorgenommen werden (Abb. 37).

Bei der digitalen Erfassung eines Gewässernetzes können daraus erhebliche Probleme entstehen: Soll ein Fluß nun als Linie oder als Fläche digitalisiert werden? Bei der Abspeicherung als Linie wird beim Aufbau der Topologie für die einzelnen

*Abb. 37. Maßstabsabhängige Generalisierung in kartographischen Werken.*

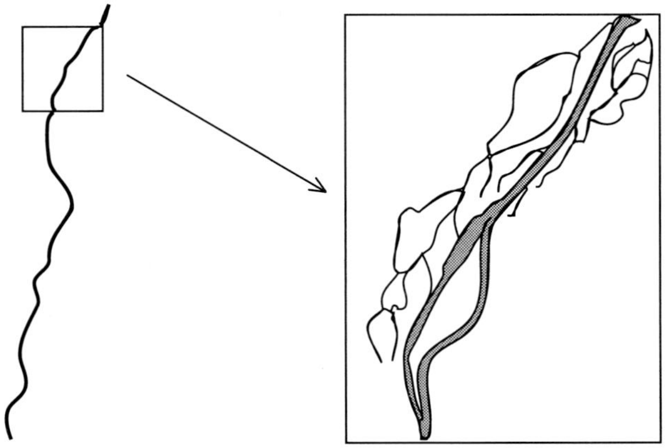

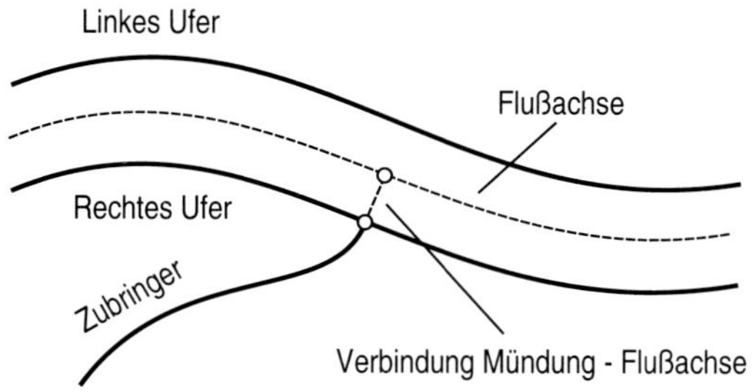


*Abb. 38. Erfassung eines Flusses als Linien- und Flächenelement. (Bei der Einmündung eines als Linienelement digitalisierten Seitengerinnes in einen als Fläche erfaßten Fluß muß die Achse des Seitengerinnes bis zur Flußachse verlängert werden, um einen durchgehenden Linienzug zu gewährleisten; bei der Darstellung der Flächen kann diese Linie dann ebenso wie die Flußachse selbst ausgeblendet werden.)*

Elemente als Attribut die Länge ermittelt, bei der Abspeicherung als Fläche der Umfang und der Flächeninhalt. Wenn nun bei einer späteren Auswertung die Lauflänge berechnet werden soll, so muß diese als geometrisches Attribut vorliegen und somit der Fluß als Linie digitalisiert werden. Falls aber Berechnungen durchzuführen sind, die sich auf die Wasserfläche beziehen (z. B. Sauerstoffeintrag, Fischbestand), so muß der Fluß als flächiges Element abgespeichert sein.

Es ist daher notwendig, schon zu Beginn der Arbeit die entsprechende Wahl zu treffen. Wenn zu diesem Zeitpunkt der Einsatzbereich der digitalisierten Daten noch nicht absehbar ist, etwa bei der Einrichtung landesweiter Datenbanken, so kann es durchaus sinnvoll sein, größere Flüsse sowohl entlang der Achse als Linien als auch entlang der Ufer als Flächen zu digitalisieren (Behr 1989).

Bei Anwendungen mit geringen Genauigkeitsansprüchen kann eine solche doppelte Erfassung durch Vereinfachungen umgangen werden. So entspricht nach einer Abspeicherung eines Flusses als Fläche die Lauflänge ungefähr dem halben Umfang, umgekehrt kann nach einer Abspeicherung als Linie aus einer angenommenen oder abschnittsweise gemessenen durchschnittlichen Gewässerbreite der Flächeninhalt der Wasseroberfläche ermittelt werden. In letzterem Falle kann über die Zuweisung der Gewässerbreite als Attribut auch eine automatische Umformung der Linien zu Flächen erfolgen. Dies ist natürlich nur dort sinnvoll, wo ein gestreckter Flußlauf mit wenig Einbuchtungen und Seitenarmen vorliegt (Abb. 39).

In der Landschaftsplanung sind Grenzfälle in der Zuordnung zu den einzelnen Typen geometrischer Elemente leider ziemlich häufig anzutreffen: Ähnliche Probleme wie beim beschriebenen Bespiel der Fließgewässer kann das Digitalisieren von Hecken und Feldgehölzen, von Tümpeln oder anderen Kleinbiotopen bereiten. Besonders unangenehm sind Situationen, in denen mehrere solcher Elemente aneinandergrenzen, z. B. ein schmaler Flußlauf mit Gehölzstreifen auf beiden Seiten.

Jede der in Abb. 40 aufgezeigten Lösungsmöglichkeiten hat ihre Vor- und Nachteile, eine Ideallösung kann nicht angegeben werden. Schließlich muß man in solchen Fällen auch bereit sein, die

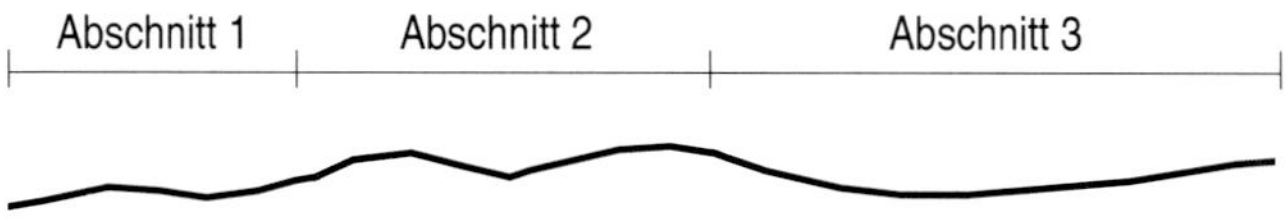


Breitentabelle

| Abschnitt | Breite(m) |
|---|---|
| 1 | 10 |
| 2 | 20 |
| 3 | 30 |

*Abb. 39. Umwandlung eines als Linienelement erfaßten Flusses zu einem Flächenelement.*

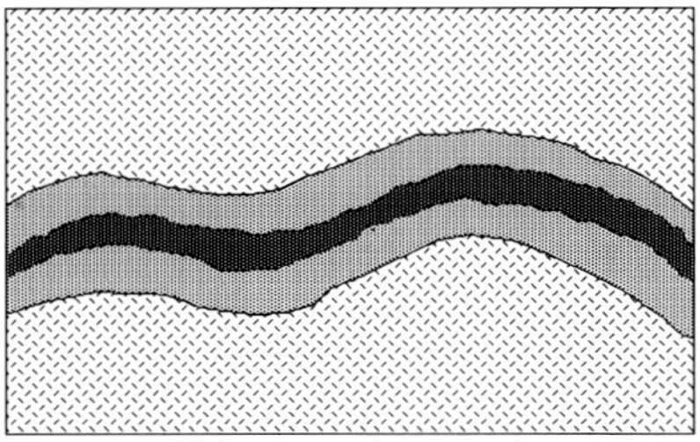

Ausgangssituation: Ein schmaler Fluß wird beiderseits von Gehölzstreifen geringer Ausdehnung mit dahinterliegenden Grünlandflächen begrenzt.

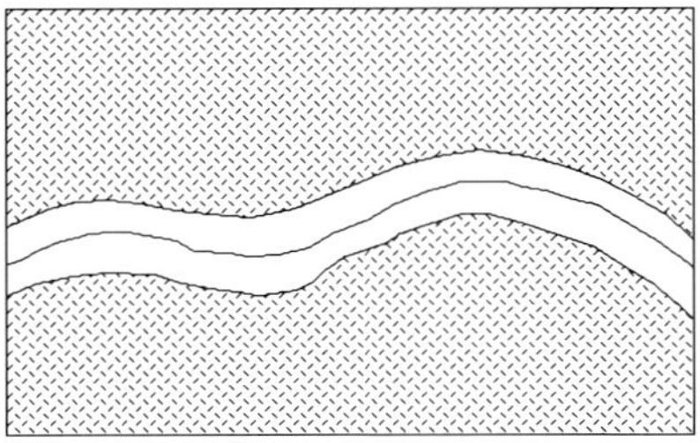

Digitalisierung von Gehölzstreifen und Fluß als Linienelemente: Welches Attribut der Flächennutzung soll dem Bereich zwischen den einzelnen Linienelementen zugeordnet werden?

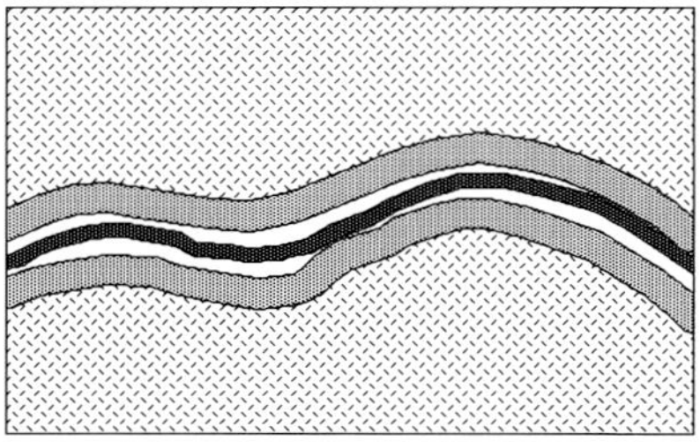

Umwandlung der Linienelemente zu Flächen konstanter Breite („Pufferung“) und Zuweisung der entsprechenden Flächenattribute: Bei zu kleiner Wahl der Breite bleiben größere Teilbereiche „ohne Nutzung“.

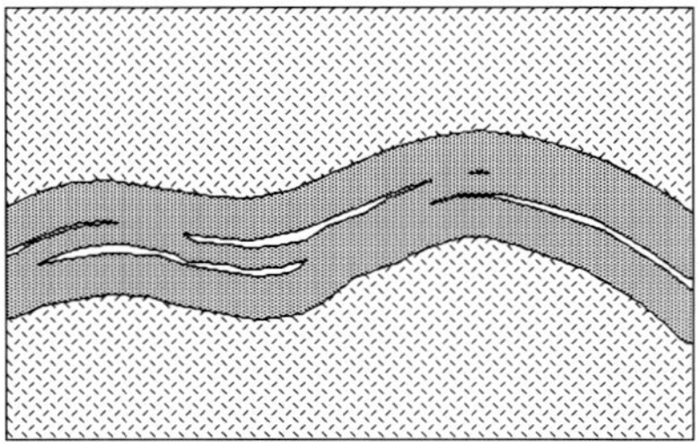

Bei zu großer Breite überlappen sich die Flächenelemente.

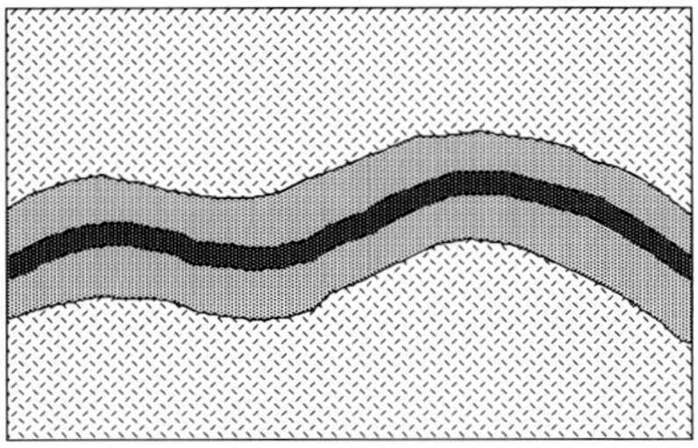

Digitalisierung eines Polygons, das von den äußeren Rändern der Gehölzstreifen begrenzt wird. Danach Umwandlung der Flußachse zu einer Fläche wie oben mit anschließender Überlagerung. Bei dieser Vorgangsweise verbleiben keine „weißen Flecken“ auf der Karte der Flächennutzung.

*Abb. 40. Möglichkeiten der Digitalisierung schmaler Flächenstrukturen.*

Grenzen der digitalen Verwertbarkeit von Daten anzuerkennen: Wenn eine Karte aufgrund ihres Maßstabs keine genaue Quantifizierung ausgewählter Objekte zuläßt, so muß eben entweder darauf verzichtet oder eine Detailaufnahme im Gelände durchgeführt werden.

Es zeigt sich hiermit, daß die Idee der maßstabsunabhängigen Speicherung räumlicher Daten in einem GIS nur mit erheblichen Einschränkungen zu verwirklichen ist: Die beiden Pole „Überregionales Inventar" und „Parzellenbezogene Klassifikation" haben schon von den Fragestellungen her unterschiedliche Grundstrukturen, welche natürlich auch die Datenstruktur entsprechend beeinflussen (Gersmehl et al. 1982).

### Aufteilung von Karteninhalten auf mehrere Schichten

Topographische, aber auch kompliziertere thematische Karten enthalten oftmals eine Vielzahl unterschiedlich strukturierter Informationen: Gewässernetz und Landnutzung zum Beispiel sind nach ihrer Differenzierung und ihrer topologischen Charakterisierung ziemlich heterogen und werden daher auch bei einer späteren Verarbeitung unterschiedlich behandelt werden. Daraus ergibt sich die Frage: Sollen solche Karten bereits bei der Dateneingabe auf mehrere Schichten aufgeteilt werden, oder soll diese Aufteilung erst im nachhinein erfolgen?

Beide Vorgehensweisen haben ihre Vor- und Nachteile: Bei der getrennten, monothematischen Bearbeitung kann es sich ergeben, daß Elemente doppelt erfaßt werden müssen; in dem genannten Beispiel wäre dies der Fall, wenn ein Bach gleichzeitig auch eine Grenze in der Landnutzung darstellt. Neben dem vergrößerten Zeitaufwand kann sich als weiteres Problem ergeben, daß bei dem zweimaligen Abfahren einer Linie ja wohl kaum jeweils genau die gleichen Koordinaten erfaßt werden. Bei einer späteren Überlagerung der beiden Auszüge können sich daher winzig kleine Verschnittflächen bilden, die zwar bei einer Flächenbilanz nicht ins Gewicht fallen, wohl aber bei einer Frequenzzählung oder bei der Ermittlung von Nachbarschaftsverhältnissen. Das genannte Problem tritt auch dann auf, wenn ein Teil der Daten aus bereits vorliegenden digitalen Beständen übernommen werden kann, besonders dann, wenn diese von verschiedenen Datenlieferanten stammen, die auf unterschiedlichen Systemen und mit unterschiedlichen Genauigkeitsanforderungen arbeiten.

Beim gleichzeitigen Erfassen aller Inhalte einer Karte müssen die einzelnen Typen durch Kodes so markiert werden, daß sie in einem späteren Arbeitsschritt voneinander abgetrennt werden können. Diese Vorgehensweise erfordert bei der Arbeit höhere Sorgfalt, liefert aber im Hinblick auf die räumliche Zuordnung konsistentere Ergebnisse (Abb. 41).

## 2.8.2 Automatisches Digitalisieren analoger Kartenvorlagen

Da das manuelle Abfahren von Linien eine sehr zeitaufwendige Beschäftigung darstellt, wird der Entwicklung automatischer Eingabemöglichkeiten große Bedeutung zugemessen. Durch verschiedene Typen von Scannern können analoge Kartendarstellungen zu digitalen Bildern umgewandelt werden, für einfache Zwecke genügen manchmal sogar Videokameras.

Das beim Scannen gewonnene Bild weist eine Rasterstruktur auf, wobei die Pixelgröße von der Qualität des Gerätes, von der Struktur der Vorlage sowie von der verfügbaren Speicherkapazität bestimmt wird.

Vor der Weiterverarbeitung des Bildes in vektororientierten GIS-Systemen muß eine Umwandlung der Rasterdaten zu Vektordaten vorgenommen werden. Die dazu notwendige Software ist in den letzten Jahren so weit verfeinert worden, daß die Genauigkeit der Darstellung nach der zweimaligen Umwandlung (analoge Kartenvorlage – digitale Rasterdaten – digitale Vektordaten) sehr hoch sein kann.

Ein Hauptproblem beim Einsatz von Scannern liegt in der Qualität der analogen Kartenvorlagen. Da es im Hinblick auf die spätere Erkennung einzelner Objekte unsinnig wäre, normale topographische Karten mit ihrer Vielzahl an Informationen (Gewässer, Isohypsen, Ortsnamen usw.) in einem

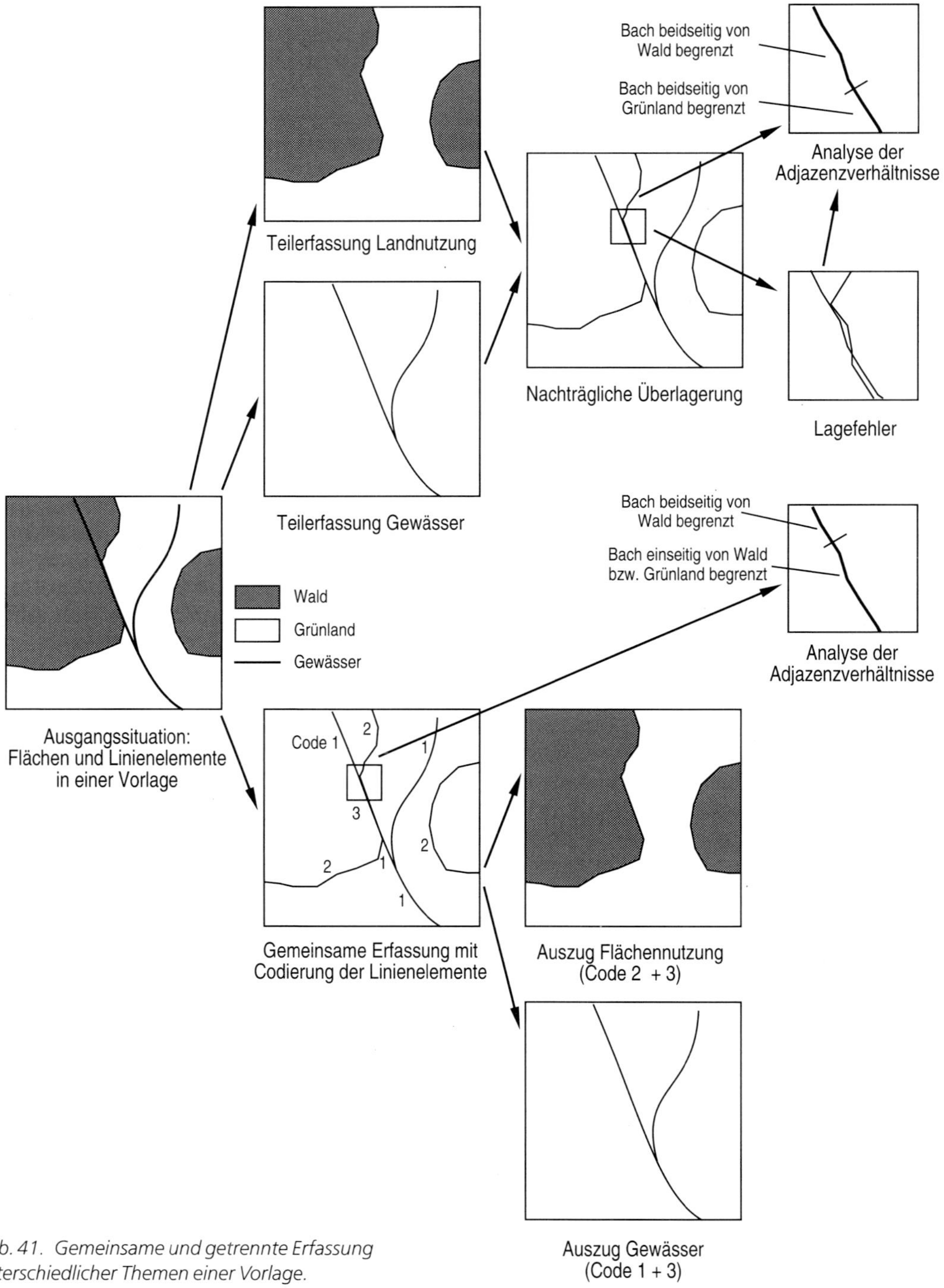


*Abb. 41. Gemeinsame und getrennte Erfassung unterschiedlicher Themen einer Vorlage.*

Arbeitsgang zu scannen, müssen monothematische Auszüge vorliegen. Die verwendeten Folien oder Papiere müssen eine sehr regelmäßige Oberfläche aufweisen, weil der Scanner Kratzer oder Unreinheiten nicht von den zu digitalisierenden Linienelementen unterscheiden kann.

Auch beim Vorliegen monothematischer Auszüge ergeben sich noch zahlreiche Schwierigkeiten: Solche Auszüge werden in der Regel entsprechend den Ansprüchen der Drucklegung von Karten angefertigt und enthalten daher meist alle Informationen, die einer Farbe wiedergegeben werden. Dadurch sind etwa in Isohypsen-Auszügen topographischer Karten fast immer auch die dazugehörenden Höhenangaben abgedruckt. Es ergibt sich somit die Notwendigkeit, die gescannten und vektorisierten Karten nachträglich am Bildschirm zu editieren: Gescannte Textangaben müssen entfernt, verbleibende offene Linien müssen geschlossen werden. Danach muß jede Linie selektiert und mit dem jeweiligen Attribut (z. B. Höhenangabe bei Isohypsen) versehen werden.

Schwierig zu verarbeiten sind außerdem unterbrochene (punktierte) oder zusammengesetzte Signaturen, wie sie in der Kartographie zur Kennzeichnung von Verwaltungsgrenzen oder Infrastruktur Verwendung finden. So sind zum Beispiel die für Autobahnen üblichen Doppellinien für eine Aufnahme in ein GIS nicht geeignet: Der Abstand der beiden Linien ist aus Gründen der kartographischen Lesbarkeit stets größer als die tatsächliche Trassenbreite.

Da derartige Probleme recht oft anstehen und die Nachbearbeitung in solchen Fällen einen besonders hohen Aufwand verursacht, wurden hierfür bereits Programme entwickelt, die die notwendigen Korrekturen mit Methoden der Mustererkennung durchführen: Aus Doppellinien wird eine Mittelachse generiert, strichlierte Linien werden geschlossen etc. Die Verarbeitung erfolgt über die Ermittlung der Ähnlichkeit zwischen den gerasterten Bildern und den vom Bearbeiter als Grundtypen vorgegebenen Mustern (Shea 1987, Weber 1989). Ein sehr wichtiges praktisches Anwendungsbeispiel dazu ist die Verarbeitung von Katasterplänen (Lichtner 1985, Lichtner und Illert 1989): In vielen Katasterwerken sind Vermessungspunkte durch Kreissymbole dargestellt, deren unsichtbarer Mittelpunkt die exakte Lage beschreibt. Wenn ein Programm in der Lage ist, die Kreissymbole zu erkennen und deren Zentrum zu ermitteln, so kann die Nachbearbeitung erheblich vereinfacht werden.

Es wurden auch bereits Programme für die Nachbearbeitung gescannter Isohypsendarstellungen entwickelt: Unterbrochene Linien werden geschlossen, die Vergabe der Höhenattribute zu den einzelnen Linien erfolgt weitgehend automatisch (z. B. Roubal und Poiker 1985).

Da in zweideutigen Fällen die Entscheidung über die richtige Korrektur oft nur für das menschliche Auge möglich ist, muß nach der maschinellen Überarbeitung noch eine sorgfältige kartographische Nachkontrolle erfolgen. In kommerziellen GIS-Paketen sind die beschriebenen Funktionen derzeit im allgemeinen noch nicht enthalten.

*Abb. 42. Nachbearbeitung eines gescannten Katasterplanes mit Methoden der automatischen Mustererkennung.*

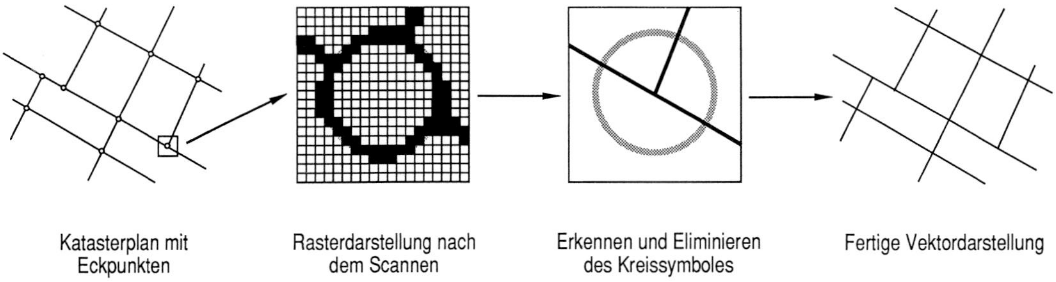

Aus den genannten Aspekten wird deutlich, daß die Anwendungsmöglichkeiten der Scanner-Technologie für die Praxis des GIS-Einsatzes in der Landschaftsplanung sehr stark eingeschränkt sind: Fast alle Grundkarten landschaftsplanerischer Arbeiten sind für das Scannen ungeeignet, weil für sie entweder keine verarbeitbaren monothematischen Auszüge erhältlich sind oder weil die Abbildungsqualität zu gering ist (z. B. Vegetationskarten, Feldskizzen auf Luftbildkopien oder topographischen Karten). Der Einsatz von Methoden der digitalen Mustererkennung erfordert meist eine recht aufwendige Justierungsphase, er lohnt sich somit im allgemeinen nur dann, wenn aus einem bestimmten Typ von Karten zahlreiche Blätter erfaßt werden sollen (Wilmersdorf 1988). In der Praxis der Landschaftsplanung sind allerdings in den meisten Fällen die Aufgabenstellungen so gelagert, daß von einem Gebiet mehrere verschiedene thematische Karten zu verarbeiten sind. Der Aufwand für die Justierung ergibt sich somit oft für jedes einzelne Blatt.

### 2.8.3 Digitale Datenquellen

#### 2.8.3.1 Technische und organisatorische Aspekte beim Datenaustausch

Am einfachsten wäre die Datenakquisition, wenn alle benötigten Informationen aus Beständen existierender Informationssysteme übernommen werden könnten. Es wäre dann möglich, ohne lange Eingabearbeiten unmittelbar mit der eigentlichen GIS-Analyse im Hinblick auf die jeweiligen Fragestellungen beginnen zu können.

Unabhängig von der Tatsache, daß für viele Themen bzw. für viele Planungsregionen noch gar keine digitalen Datenbestände vorliegen, besteht das Problem der mangelnden Kompatibilität zwischen den zahlreichen am Markt befindlichen Systemen zur Speicherung graphischer Daten.

Ein sehr wichtiges Kriterium bei der Auswahl eines GIS-Programmes ist daher die Fähigkeit, verschiedene Datenformate verstehen zu können. Prinzipiell ist es zwar möglich, aus fast jedem System Daten so zu exportieren, daß sie in einem beliebigen anderen System eingelesen werden können, doch sind solche Konversionen oft mit einem erheblichen Informationsverlust verbunden: So wird es meist gelingen, die Koordinaten der Linien thematischer Karten zu übertragen, die topologischen oder thematischen Informationen gehen dabei aber bisweilen verloren.

Zur Zeit wird intensiv an der Ausarbeitung verbindlicher Normen für den Austausch graphischer Daten gearbeitet, so ist zu hoffen, daß diesem Problem in Zukunft eine etwas geringere Bedeutung bekommt. Die Lösung wird nicht darin bestehen, daß alle Hersteller ihr eigenes Format für die interne Datenverarbeitung zugunsten eines allgemein verwendeten aufgeben werden; in diesem Fall würden ja viele spezifische Vorteile der einzelnen Systeme wegfallen. Es wird vielmehr angestrebt, ein allgemein verwendbares Austauschformat zu definieren, zu dem dann die einzelnen Hersteller ihre jeweiligen Schnittstellen entwickeln können, die nur dann aktiviert werden, wenn mit anderen Systemen kommuniziert werden soll (van Roessel und Fosnight 1985). Der Idealfall wäre somit ein einziges Austauschformat und pro System eine Schnittstelle zur Konvertierung des internen Formats zu diesem Austauschformat. Daß dieser Zustand wohl kaum erreichbar sein wird, zeigt sich daran, daß auch in früherer Zeit definierte Austauschformate nur wenig Beachtung fanden und auch heute noch bisweilen bei großen Landinformationssystemen öffentlicher Stellen Eigenentwicklungen vorgezogen werden.

In zahlreichen Gesprächen mit Landschaftsplanern mußte festgestellt werden, daß derzeit das manuelle Digitalisieren am Tisch in mehr als 90 % der Fälle die einzig mögliche Methode der Dateneingabe darstellt. Besonders zu bedauern sind jene gar nicht seltenen Fälle, in denen trotz Vorliegens digitaler Daten die manuelle Eingabe ein zweites Mal durchgeführt werden mußte, weil zwischen dem Lieferanten und dem potentiellen Abnehmer keine ausreichende (maschinentechnische bzw. oft auch zwischenmenschliche) Kommunikation möglich war. Nicht zu vernachlässigen ist außerdem die Kostenfrage bei digitalen Daten:

Bei der Überprüfung der Wirtschaftlichkeit der Anschaffung eines GIS-Systems wird oft nicht bedacht, daß für die Übernahme digitaler Daten laufend hohe Kosten anfallen können, einerseits für die Daten selbst, andererseits auch für die Schnittstelle zum Lesen des jeweiligen Formats, die oftmals nicht in der Grundausstattung eines Systems enthalten ist. Die Preisgestaltung der Datenanbieter ist derzeit oftmals noch etwas unübersichtlich: In der Einführungs- oder Testphase eines neuen Landinformationssystems werden erste Datensätze oft gratis oder zu sehr geringen Sätzen angeboten, bei späteren kaufmännischen Kalkulationen schlägt dies dann bisweilen ins Gegenteil um.

Es ist zu hoffen, daß sich dieser Marktbereich mit zunehmenden Erfahrungen aller Betroffenen in für beide Teile, Anbieter wie Abnehmer, sinnvolle Bahnen bewegen wird.

Eine wichtige Voraussetzung für den Datenaustausch ist eine entsprechende Dokumentation des Inhaltes. Es muß für jeden Abnehmer klar sein, welche Qualität die übernommenen Daten aufweisen: So werden z. B. Flächennutzungsdaten, die für eine regionale Bilanzierung erhoben worden sind und eine nur dem ursprünglichen Zweck ausreichende Genauigkeit aufweisen, für lokale Bearbeitungen kaum verwendbar sein. Die Dokumentation von Datenbeständen sollte daher zumindest folgende Punkte umfassen:

- Bezeichnung der Kartenvorlage (Autorenangabe bei thematischen Karten)
- Maßstab der Kartenvorlage
- Aktualität
- Geodätisches Bezugssystem (Kartenprojektion)
- Digitalisiergenauigkeit
- Auflistung der Attribute und ihrer Formatierung
- Legende der verwendeten Kurzbezeichnungen bzw. Kodes.

Es erweist sich als sinnvoll, wenn diese Dokumentation nicht nur als ein Begleitblatt einem Datenträger beigelegt wird; sie sollte vielmehr als Teil der Gesamtdatei mit den übrigen Daten in einer Weise verknüpft sein, daß bei jedem weiteren Kopiervorgang immer wieder auch die Dokumentation mitkopiert wird.

#### 2.8.3.2 Digitale Katasterwerke

Für die meisten großmaßstäblichen Aufgaben der Siedlungs-, Infrastruktur- und Verkehrs-, aber auch der Landschaftsplanung sind Katasterpläne eine wichtige Arbeitsgrundlage. Aufgrund des hohen Bedarfes an aktuellen Katasterplänen wurde die computergestützte Bearbeitung und Aktualisierung der umfangreichen Katasterwerke bereits Mitte der achziger Jahre in Angriff genommen. Der Aufbau digitaler Kataster ist mit unterschiedlichen Benennungen in der Bundesrepublik Deutschland („Automatisierte Liegenschaftskarte ALK“) und in Österreich („Digitale Katastermappe DKM“), in geringerem Ausmaß auch in der Schweiz bereits über die Konzeptphase hinaus gediehen, so daß zu erwarten ist, daß Mitte der neunziger Jahre zumindest für die dichter besiedelten Räume digitale Katasterdaten verfügbar sein werden (vgl. Didinger 1989, Miklau 1989, Spiess 1989, Zimmermann 1989).

#### 2.8.3.3 Digitale topographische Grundkarten

Topographische Karten, die im Bereich der Landschaftsplanung meist in den Maßstäben 1:25 000 oder 1:50 000 Verwendung finden, enthalten weitaus mehr Informationen als Katasterkarten: Höhenschichtenlinien, Landnutzung, Gewässer, Quellen, Denkmäler, Freileitungen usw. Diese sehr unterschiedlich charakterisierten Objekte einer topographischen Karte lassen sich daher auch nicht so leicht in digitale Strukturen einpassen wie jene einer Katasterkarte. In der BRD wird derzeit ein „Amtliches Topographisch-Kartographisches Informationssystem ATKIS“ konzipiert, das die Grundlage für die Erstellung digitaler Kartenwerke in den einzelnen Landesvermessungsbehörden werden soll (Harbeck 1988, 1989). Der Objektartenkatalog dieses Informationssystems weist allein etwa 200 Typen kartographischer Objekte auf, die noch durch zusätzliche Attribute differenziert werden können. Ein routinemäßiges Abfragen digitaler topographischer Daten durch Landschaftsplaner wird vermutlich nicht so bald zu realisieren sein.

Dies ist insofern bedauerlich, als topographische Karten nicht nur wichtige Daten für quantitative Analysen mit Hilfe eines GIS liefern können, sondern insbesondere auch die Lesbarkeit einer Plandarstellung durch ein topographisches Hintergrundbild günstig verbessert wird. Aus diesem Grunde ist es ja üblich, Landschaftspläne über Graukopien topographischer Karten zu drucken. Es besteht zwar die Möglichkeit, topographische Karten zu scannen und ihre Bilder der GIS-Darstellung am Bildschirm oder beim Ausdruck zu hinterlegen. Durch die dabei anfallenden Datenmengen kann dieser Weg jedoch nur auf leistungsfähigen Systemen eingeschlagen werden, auch werden höhere Ansprüche an die Ausgabegeräte gestellt. Somit verbleibt als praktikable Vorgangsweise der Ausdruck von Computerkarten auf topographisches Kartenmaterial oder umgekehrt der nachträgliche Aufdruck der topographischen Information in eine Computerkarte; in beiden Fällen sind drucktechnische Probleme zu bewältigen (Paßgenauigkeit, Anhaften der Druckfarben, Farbveränderungen durch Überdruck usw.).

### 2.8.3.4 Digitale Höhenmodelle

Das Vorliegen digitaler Geländedaten ist Voraussetzung für alle dreidimensionalen Landschaftsanalysen in einem GIS (Hangneigungsberechnung, Sichtbarkeitsermittlung usw.). Unter den meist synonym verwendeten Begriffen Digitales Höhenmodell (DHM) bzw. Digitales Geländemodell (DGM) ist eine Vielzahl von methodischen Ansätzen zur digitalen Beschreibung von Geländeverhältnissen zusammengefaßt.

Die Grundelemente eines DHM können Punkte, Linien, Flächen oder auch Körper sein; da aus der Verbindung einfacherer Bausteine kompliziertere erzeugt werden können und umgekehrt, ist eine systematische Trennung zwischen Punktmodellen, Linienmodellen usw. bei der Datenakquisition vorerst nicht notwendig.

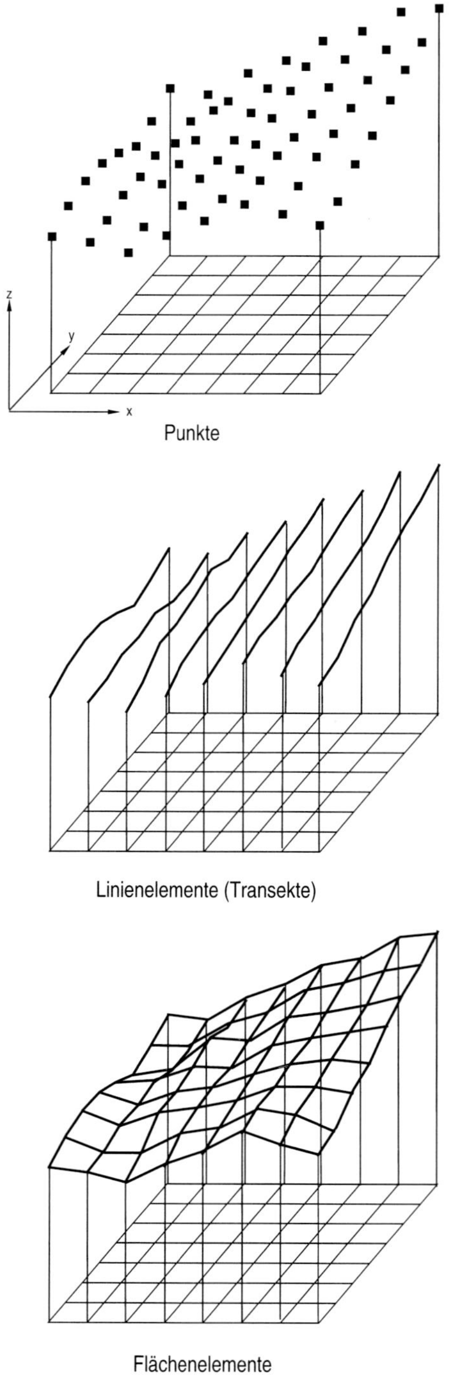


*Abb. 43. Möglichkeiten des Aufbaus digitaler Geländemodelle aus verschiedenen geometrischen Elementen.*

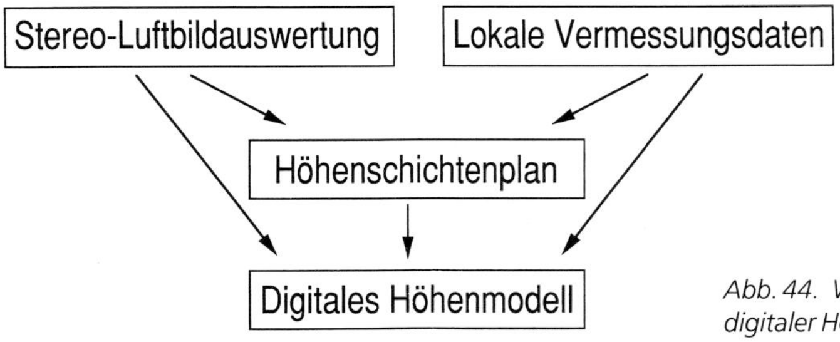


*Abb. 44. Wege der Erstellung digitaler Höhenmodelle.*

## Herkunft digitaler Geländedaten

Digitale Höhenmodelle sind ein Folgeprodukt der Luftbildauswertung, sie wurden ursprünglich in erster Linie zur Herstellung von Orthophotokarten benötigt (Allder et al. 1982, Kraus 1987). Heute besteht ein hoher Bedarf an digitalen Geländedaten für die verschiedensten Planungszwecke, der von den staatlichen Vermessungsbehörden zunehmend durch das Anbieten flächendeckender digitaler Höhenmodelle abgedeckt wird.

Wenn die Genauigkeit der verfügbaren Geländedaten für die zu bearbeitenden Fragestellungen nicht ausreicht, so können digitale Geländemodelle auch aus lokal erhobenen Vermessungsdaten generiert werden, manche GIS-Programme bieten hiefür entsprechende Module an.

Da der Import digitaler Datensätze oft mit Formatierungsproblemen verbunden ist, erscheint als einfachste Möglichkeit der Geländeerfassung für kleinere Bearbeitungsgebiete das Digitalisieren von Höhenschichtenlinien aus topographischen Karten mit anschließender Umwandlung in ein DHM nach verschiedenen Algorithmen (Finsterwalder 1975, Leberl und Olson 1982, Clarke et al. 1982). Dabei ist jedoch zu berücksichtigen, daß die Isohypsen einer topographischen Karte selbst nur ein Folgeprodukt der Luftbildauswertung oder terrestrischer Vermessungen sind und somit eine Interpretation der originalen Geländedaten darstellen. Da auch beim Digitalisieren selbst vom Bearbeiter wieder Vereinfachungen und Interpretationen vorgenommen werden, sind digitalisierte Isohypsen somit eine „Annäherung einer Annäherung der realen Welt" (Carter 1988).

## Rastermodelle

Im einfachsten Fall erfolgt die Geländebeschreibung mit Hilfe eines regelmäßigen Quadratrasters; es gelten dabei die gleichen Einschränkungen, die in den Kapiteln über die Rastergraphik erwähnt wurden: Rasterdarstellungen führen zu einer Kappung von Extremwerten; die Wahrscheinlichkeit, daß ein Berggipfel gleichzeitig ein Rasterpunkt ist, ist sehr gering, alle Aussagen zur Reliefenergie werden geglättet. Eine Verbesserung der Aussagegenauigkeit kann bei der Rasterdarstellung nur über eine Verkleinerung der Maschenweite des Rasters erreicht werden, was wiederum eine Vergrößerung des benötigten Speicherbedarfs zur Folge hat (siehe Abb. 45).

Bei der flächendeckenden Erstellung eines DHM für Österreich nach dem Rastermodell wurde diesem Problem durch eine regional differenzierte Maschenweite teilweise begegnet: In den Gebirgsregionen beträgt der Abstand zwischen den Rasterpunkten 30 m, im Flachland wurde er bis auf 200 m erweitert. Auf lokale Erfordernisse (z. B. Terrassenkanten in den Flußniederungen) konnte bei einem solchen flächendeckenden Projekt natürlich nicht Rücksicht genommen werden.

## Morphologische Modelle

Wenn ein Gelände konventionell vermessen wird, so erfolgt die Auswahl der zu bestimmenden Punkte meist nach der Geländeform: In gering reliefierten Geländeteilen werden nur einige wenige Punkte erfaßt, dafür wird besonderes Augenmerk auf eine genaue Beschreibung von Bruchlinien, Terrassenkanten, Hoch- und Tiefpunkten gelegt. Auf

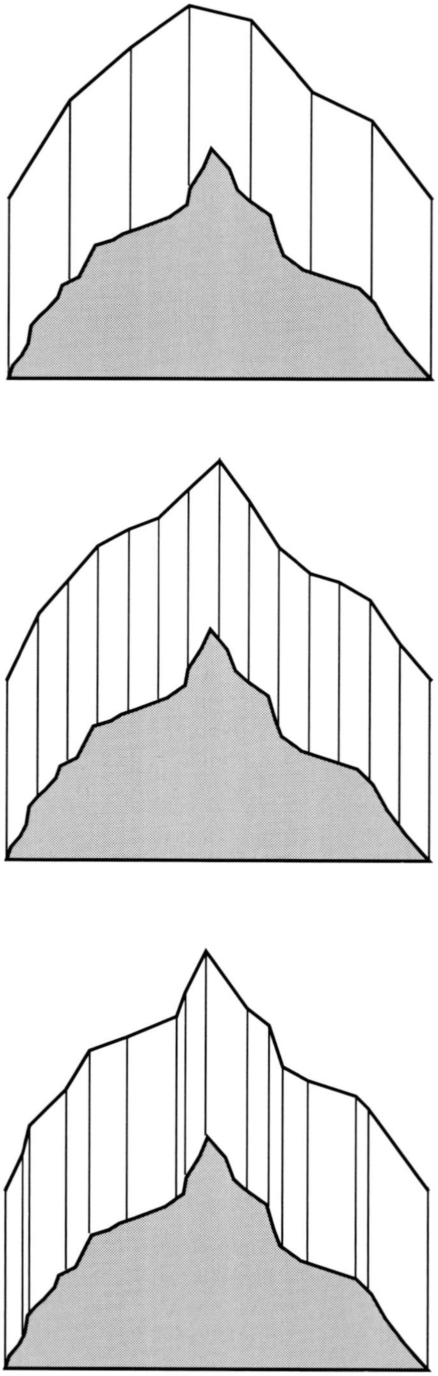

*Abb. 45. Verschieden strukturierte Höhenmodelle in Querschnittsbetrachtung.*

Durch die gleichmäßigen Abstände zwischen den Rasterpunkten werden Diskontinuitäten wie Gipfel, Grate und Terrassenkanten geglättet.

Eine Verkleinerung der Rasterzellengröße bringt zwar eine Verbesserung der Aussagegenauigkeit, die Halbierung der Abstände bewirkt allerdings eine Verdoppelung der Datenmenge und somit des Speicherbedarfs.

Durch die Einschaltung weniger zusätzlicher Punkte außerhalb des Rasters wird die Realitätsnähe der Darstellung beträchtlich verbessert.

diese Weise entsteht ein realitätsnahes Modell der Erdoberfläche, bei dem allerdings die einzelnen Punkte ein unregelmäßiges Verteilungsmuster aufweisen. Für die digitale Erfassung ergibt sich somit die Notwendigkeit, von jedem einzelnen Punkt alle drei Koordinaten abzuspeichern. Dies ist ein Nachteil gegenüber der Rasterdarstellung, bei welcher durch die Konstanz der Abstände ja pro Punkt nur die Höhenangabe gespeichert werden muß, während sich die x- und y-Werte aus der Reihenfolge innerhalb des Rasters ergeben.

### Kombinierte Modelle

Für viele Anwendungen ist eine Kombination der beiden beschriebenen Modelle am sinnvollsten: Das gesamte Gebiet wird zunächst flächendeckend mit einem Raster von Höhendaten überzogen, danach werden die Koordinaten für die außerhalb des Rasters liegenden kritischen Stellen erfaßt. Auf diese Weise werden die Vorzüge beider Ansätze kombiniert: Der größte Teil des Geländes wird speicherplatzsparend über Rasterdaten erfaßt, Maximalwerte und Bruchlinien werden dennoch nicht geglättet (Kraus 1987, Bartelme 1989).

### Vermaschung von Punkten eines DHM

Zur Interpolation von Zwischenpunkten sowie für alle weiteren Analysen wie Hangneigungsberechnung oder Sichtbarkeitsermittlung ist eine Verbindung zwischen den einzelnen Punkten eines DHM erforderlich. Bei Rastermodellen ergeben die vier Eckpunkte einer Gitterzelle ein Viereck, dessen Kanten nicht zwangsläufig in einer Ebene liegen müssen. Da die rechnerische Auswertung einer verwundenen Fläche recht aufwendig ist, für Überlagerungen mit anderen thematischen Karten aber flächendeckende Aussagen über Hangneigung oder Exposition erforderlich sein können, wird in GIS-Programmen meist der Ansatz der Dreiecksvermaschung gewählt: Aus der geraden Verbindung von je drei DHM-Punkten werden Dreiecke gebildet, die dann stets eben sind. Da dieser Ansatz auch bei unregelmäßig verteilten Ausgangsdaten einsetzbar ist, werden solche Modelle als Triangulierte Irreguläre Netzwerke (TIN) bezeichnet. TINs können aus beliebigen Grunddaten erzeugt werden, wobei in deren Struktur sinnvollerweise Veränderungen vorgenommen werden sollten: Ein aus Isohypsen generiertes TIN weist zahlreiche schmale Dreiecke auf; durch eine Generalisierung der Isohypsen in Bereichen großer Krümmungsradien kann die Datenfülle ohne großen Informationsverlust deutlich reduziert werden.

Auch bei sehr dichten Rasterdaten ist eine Generalisierung vor der Erzeugung eines TIN sinnvoll; es sollten vor allem jene Punkte selektiert werden, die nahe bei Bruchkanten oder ähnlichen kritischen

*Abb. 46. Datenstruktur eines kombinierten Höhenmodells (nach Kraus 1987, verändert).*

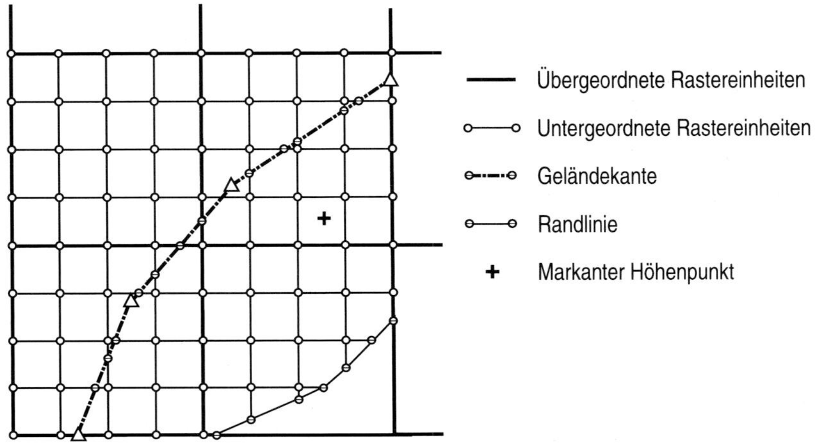

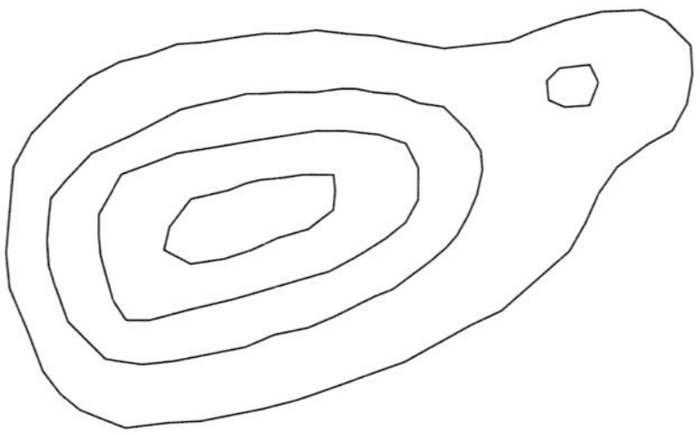

Digitalisierte Isohypsen

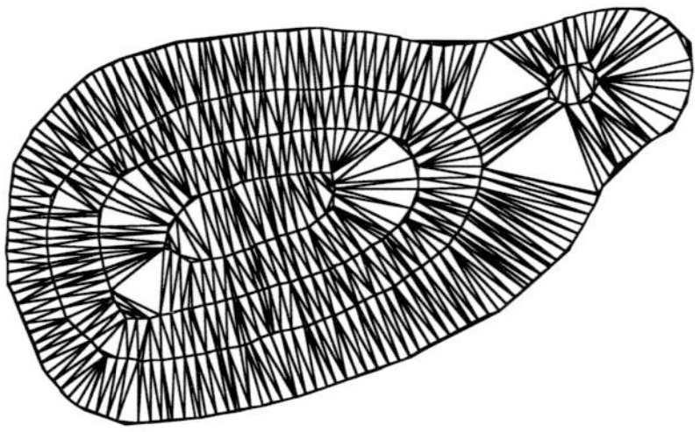

Trianguliertes irreguläres Netzwerk, generiert aus allen Einzelpunkten der Isohypsen

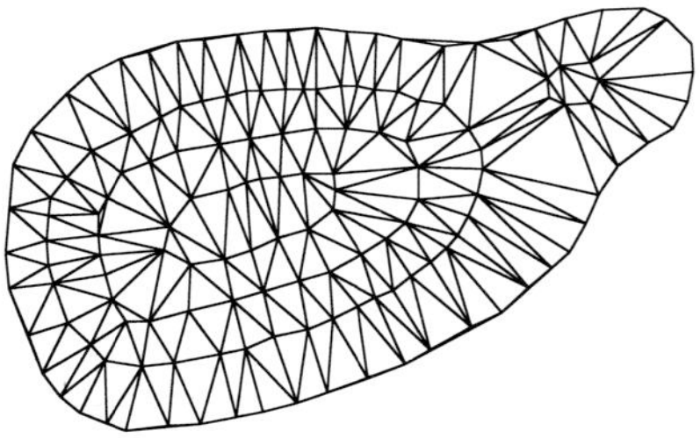

Trianguliertes irreguläres Netzwerk, generiert nach Punktreduktion

*Abb. 47. Dreiecksvermaschung aus Isohypsen.*

Stellen des Geländes liegen (Chen und Guevara 1987, Wolf 1988). Die diesbezüglichen Selektionsalgorithmen sind in kommerziellen GIS-Programmen allerdings nur selten enthalten und im Ergebnis bisweilen unbefriedigend.

Besondere Bedeutung kommt dem Algorithmus für die Gestaltung der Triangulierung zu; bei homogen verteilten Höhenpunkten ergeben sich dabei weniger Probleme als bei einer Dreiecksvermaschung aus Isohypsen: Die Abstände der digitalisierten Einzelpunkte einer Isohypse sind meist geringer als die Abstände zwischen benachbarten Isohypsen. Bei sehr bewegtem Relief, vor allem im Bereich von Gräben oder Rücken, kann es daher dazu kommen, daß drei Zwischenpunkte einer einzigen Isohypse miteinander vermascht werden; eine eventuell nachfolgende Auswertung der Hangneigungen erbringt in solchen Fällen dann oftmals vollkommen unzutreffende Ergebnisse, weil gerade bei besonders gewölbten Landformen horizontale Ebenen dargestellt werden. Vermieden werden können solche Fehler am besten durch die zusätzliche Eingabe von einzelnen Höhenpunkten an kritischen Geländestellen, was allerdings voraussetzt, daß das Programm in der Lage ist, Höhenschichtenlinien und Einzelpunkte parallel zu verarbeiten (Abb. 48).

Die Aspekte der Anwendung digitaler Höhenmodelle für die dreidimensionale Landschaftsanalyse werden in Kapitel 2.9. eingehend beschrieben.

### 2.8.3.5 Satellitendaten

Die Entwicklung von zivilen Fernerkundungssatelliten ist bereits so weit gediehen, daß Satellitenbilder kommerziell verwertet und als Planungsgrundlagen angeboten werden. Die Satelliten westlicher Länder arbeiten mit Multispektral-Scannern, welche die Erdoberfläche im Bereich des sichtbaren und des Infrarotlichtes abtasten. Die entstehenenden Bilder sind Rasterbilder, die nach entsprechender geometrischer Entzerrung in ein rasterorientiertes GIS eingelesen werden können. Die Fernerkundungssatelliten der ehemaligen UdSSR sind hingegen meist mit hochauflösenden photographischen Kameras ausgerüstet, deren Bilder vor einer Verwendung für ein GIS noch digitalisiert werden müssen.

Die Verwendbarkeit von Satellitenbildern in der Landschaftsplanung hängt von der Darstellungsgenauigkeit ab. Die amerikanischen Landsat-Satelliten der neueren Bauart (Landsat-4 und -5) sind

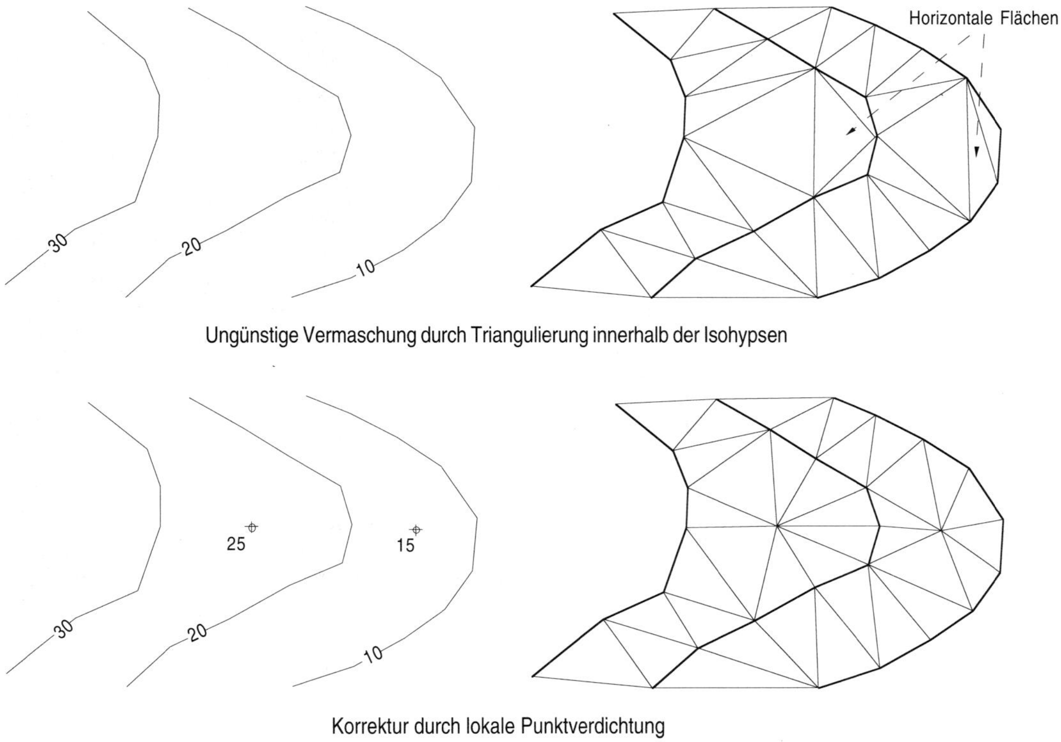


*Abb. 48. Dreiecksvermaschung an kritischen Geländepunkten.*

mit dem Scanner Thematic Mapper (TM) ausgerüstet, bei welchem die Größe der kleinsten Bildeinheit (Pixel) auf der Erdoberfläche 30 x 30 m beträgt.

Die französisch-belgisch-schwedischen SPOT-Satelliten erreichen demgegenüber im panchromatischen (Schwarzweiß-) Bereich eine Pixelgröße von 10 m, im Multispektral-(Farb-)Bereich von 20 m.

Die Qualität photographischer Satellitenbilder ist teilweise noch besser: Die auch im Westen kommerziell vertriebenen Bilder der Kamerasysteme, welche bei den Sojus- und Mir-Missionen sowie auch in unbemannten Satelliten mitgeführt werden, erreichen eine Bodenauflösung um 5 m (Konecny 1989).

Es ist anzunehmen, daß die nicht publizierten Bilder militärischer Systeme die Auflösung der zivilen noch bei weitem übertreffen, die heute technisch erreichbare minimale Bodenauflösung liegt bei etwa 15 cm (Kraus und Schneider 1988).

Für die Beziehung zwischen Aussagegenauigkeit und Größe des zu erkennenden bzw. zu beschreibenden Objektes bei der Verwendung von SPOT-Bildern gibt Beckel (1989) folgende Werte an:

| Objektgröße | |
|---|---|
| 10–30 m | Feststellbarkeit der Existenz ohne nähere Beschreibung |
| 20–40 m | Erkennbarkeit der Natur eines Objektes (z. B. Gebäude, Fahrzeug, Vegetation) |
| 60–180 m | Identifizierberkeit (z. B. Differenzierung Wohngebäude oder Betriebsgebäude) |
| 200–600 m | Beschreibbarkeit; genauere Darstellung eines identifizierten Objektes |

*Abb. 49. Vergleich der Auflösungsgenauigkeit von Satellitenbildern unterschiedlicher Herkunft (Landsat-TM, SPOT, Sojus KFA-1000). (Aus Siebert und Strathmann 1990; abgedruckt mit freundlicher Genehmigung des Verlags VCH).*

Aus den genannten Werten wird deutlich, daß Satellitendaten nur für großräumige, kleinmaßstäbliche Anwendungsfälle in Betracht kommen und daher, unabhängig von den technischen Problemen der Datenmanipulation, bei den häufigen Fragestellungen der Landschaftsplanung im lokalen Bereich eher selten Verwendung finden werden. Nach Konecny (1989) ist eine brauchbare Klassifikation der Landnutzung urbaner Gebiete mit Hilfe von Satellitendaten nur im Bereich des Maßstabs 1:100.000 oder bestenfalls 1:50.000 zu erreichen. Bei diesen mittelmaßstäblichen Anwendungen treten allerdings bereits relativ große Ungenauigkeiten auf, so daß Satellitenbilder auf lokaler oder regionaler Ebene kaum für genaue Aussagen als Grundlage für planerische Festlegungen in Parzellenschärfe eingesetzt werden können, sondern eher zur Erstellung von Flächenbilanzen, zur Analyse von Zeitreihen oder zur Aktualisierung von Kartenmatierial (Bähr und Baumgart 1989, Klaedtke et al. 1989, Siebert und Strathmann 1990).

Durch den Einsatz verfeinerter Methoden der Bildverarbeitung (wie Clusteranalysen, Mustererkennung) kann eine weitergehende Verfeinerung der Aussagen bewirkt werden, die auch den Einsatz bei differenzierten Vegetationsklassifizierungen ermöglicht (Wang 1988, s.a. Kerl 1989). Gerade in diesem Bereich besteht jedoch noch eine erhebliche Lücke zwischen dem theoretisch Machbaren und der Alltagspraxis der Planung.

### 2.8.3.5 Landschaftsdatenbanken, Landschaftsinformationssysteme

Viele öffentliche Verwaltungsbehörden und vermehrt auch private Unternehmen sammeln und verwalten landschaftsbezogene digitale Daten, teilweise in direktem Bezug zu GIS-Installationen, teilweise nur in Form von Dateien, die über bestimmte Schlüsselbegriffe in einen räumlichen Konnex gebracht werden können (z.B. über Grundstücksnummern oder Gemeindekennzahlen). Seit Anfang der achziger Jahre bestehen ehrgeizige Projekte zur landes- oder bundesweiten Erfassung von Umweltdaten und deren Abspeicherung in Landschaftsdatenbanken oder Landschaftsinformationssystemen (Koeppel und Arnold 1981, Eichhorn und Wieser 1988, Bogner 1989, Riedler 1989 u.a.). Die Notwendigkeit des Vorliegens thematisch verknüpfbarer Daten als Grundlage für politisch-planerische Entscheidungen hat auch bereits viele kommunale Verwaltungen dazu veranlaßt, gemeindeeigene Informationssysteme einzurichten (Lorber 1989, Bock 1989, Haslinger 1989, Seydich 1989 u.a.). Viele dieser Vorhaben sind heute erst in der Projektierungs- bzw. Einführungsphase, so daß es schwer fällt, die Praxis eines zukünftigen Routinebetriebes vorherzusagen.

#### Organisation von Landschaftsinformationssystemen

Die Einrichtung von Informationssystemen erweist sich in vielen Fällen weniger als technisches, sondern vor allem als organisatorisches Problem: Wer soll Daten liefern? Wer ist verantwortlich für die Richtigkeit von Daten? Wer hält sie aktuell?

Prinzipiell bieten sich dafür zwei Modelle an, ein zentraler und ein dezentraler Ansatz. Beim klassischen zentralen Ansatz übernimmt eine starke EDV-Abteilung die Daten von den Fachabteilungen und ist für die weitere Aufbereitung und Verwaltung zuständig. Aus der großen fachlichen Distanz zwischen den Fachabteilungen und den Datenverarbeitern und der daraus resultierenden mangelnden Kommunikation können sich bei diesem Ansatz viele Probleme ergeben, die bisweilen dazu führen, daß die ursprünglich interdisziplinär konzipierten Projekte zur zentralen Datensammlung ein Eigenleben entwickeln, das von den Ansprüchen der Fachabteilungen weitgehend abgekoppelt ist.

Demgegenüber wird in der letzten Zeit vermehrt versucht, kommunale oder landesweite Informationssysteme unter verstärkter Einbindung der betroffenen Fachabteilungen einzurichten. Dieser dezentrale Ansatz kann so weit führen, daß auch die technische Umsetzung, etwa das Digitalisieren von Plänen, nicht von einer zentralen EDV-Abteilung, sondern von den Fachabteilungen selbst vorgenommen wird. Auf diese Weise wird in vielen

Fällen eine weitaus intensivere Identifikation aller Betroffener mit der Idee der Einführung der GIS-Technologie erreicht.

### Informationen über digitale Datenbestände

Für die praktische Landschaftsplanung stellt sich die Frage, inwieweit bei Planungsprojekten auf bereits vorhandene digitale Datensätze zurückgegriffen werden kann. Dabei ist es oftmals gar nicht leicht, zu klären, welche Daten überhaupt digital vorliegen: Das Sammeln von „Daten über Daten" ist derzeit nur wenig institutionalisiert; einige Autoren bemühen sich, durch regelmäßige Fragebogenaktionen und persönliche Vorsprachen aktuelle Verzeichnisse für bestimmte Regionen oder Staaten bzw. für bestimmte Fachbereiche anzufertigen (von Klitzing und Irmen 1989, Weber und Gerstbach 1989). Oftmals besteht sogar innerhalb eines einzigen Verwaltungskörpers Unklarheit darüber, was in den verschiedenen Fachabteilungen an Daten vorhanden ist. In manchen Fällen ist es von Seiten einzelner Abteilungen auch gar nicht erwünscht, eigene Daten bekanntzugeben, weil diese durch eine Weitergabe ja auch auf ihre Richtigkeit und Relevanz überprüft werden könnten.

### Stellenwert landschaftsbezogener Daten in Landes- oder Gemeindeinformationssystemen

Die Einrichtung raumbezogener Informationssysteme nimmt meist einen längeren Zeitraum in Anspruch, daher muß vorab geklärt werden, welche Daten höhere Priorität aufweisen und in ihrer Bearbeitung vorzuziehen sind. Bei kommunalen Informationssystemen werden oftmals die Probleme der Koordination von Infrastukturtrassen (wie Straßenbau, Stromkabel, Gasleitungen, Kanal) höher bewertet als die Anliegen der Freiflächen- und Landschaftsplanung, weswegen letztere dann bisweilen hintangereiht werden. Die bevorzugte Bearbeitung von Infrastruktureinrichtungen hängt auch damit zusammen, daß die Leitungsträger (z. B. die Stadtwerke) oft wesentliche Beiträge zur Finanzierung kommunaler Informationssysteme leisten. Weiterhin zeigt sich in Zuge solcher Projekte oft, daß schon die analoge Datenlage für Zwecke der Landschaftsplanung nicht ausreicht ist und diese daher zunächst verbessert werden muß, bevor eine Digitalisierung erfolgen kann.

### Maßstabsprobleme

Für die Verwendbarkeit raumbezogener Daten aus regionalen Informationssystemen ist neben der Erhebungsgenauigkeit und der Aktualität besonders auch die Problematik des Erhebungsmaßstabes von Bedeutung: In vielen Fällen sind die für die Landschaftsplanung benötigten Daten in einem viel zu kleinen Maßstab abgespeichert; Daten, die in Maßstäben jenseits von 1:100.000 landesweit erhoben worden sind, werden für Planungsaufgaben auf kommunaler Ebene kaum sinnvoll verwendbar sein.

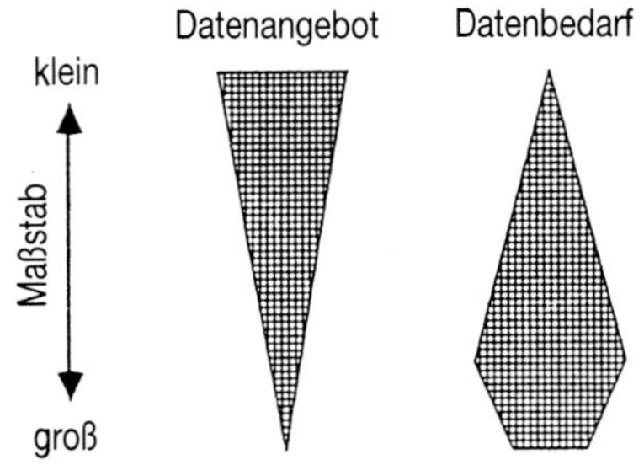


*Abb. 50. Angebot und Bedarf an digitalen raumbezogenen Daten für die Landschaftsplanung.*

### Praktische Verwertbarkeit raumbezogener Informationssysteme für die Praxis der Landschaftsplanung

Aus dem bisher Gesagten läßt sich entnehmen, daß die Datenlage derzeit als sehr mangelhaft zu bezeichnen ist. Es sind dem Autor nur wenige Projekte im deutschsprachigen Raum (im Gegensatz etwa zu den USA) bekannt, bei welchen es gelungen ist, Daten aus raumbezogenen Informationssystemen zu übernehmen und sinnvoll in landschaftsplanerischen Projekten weiterzuverarbeiten.

Es wird oftmals anläßlich der Einrichtung von Informationssystemen darauf hingewiesen, daß die zu sammelnden Daten später für vielfältige Planungszwecke eingesetzt werden könnten; für den

Bereich der Landschaftsplanung hat sich dies bis jetzt zumindest bei großmaßstäblichen Projekten als weitgehend unmöglich erwiesen. Es scheint daher die Frage berechtigt, inwieweit es überhaupt sinnvoll ist, weiterhin kleinmaßstäbliche Informationssysteme einzurichten; auch das derzeit im Aufbau befindliche EG-weite Informationssystem CORINE (Rhind et al. 1986, Mounsey und Briggs 1988) wird wohl vermutlich nur einigen wenigen Anwendern eine ausreichende Basis für Projektbearbeitungen liefern.

Kritisch zu beurteilen sind außerdem die Versuche, parallel mit der digitalen Erfassung von Daten auch gleich einheitliche Methoden zu ihrer Auswertung anzubieten. Die Analyse von Landschaftsdaten im Hinblick auf komplexe Fragestellungen wie Nutzungseignung oder Nutzungsempfindlichkeit erfordert ein umfangreiches methodisches Grundwissen. Ohne genaue Kenntnis der systematischen Schwachstellen und Aussageunschärfen von Landschaftsbewertungsmethoden bzw. ihrer regionalen Herkunft können auch die ermittelten Ergebnisse nicht richtig eingeschätzt werden. Nachdem nun die „Bewertungseuphorie", die in der Landschaftsplanung der siebziger und frühen achziger Jahre vorgeherrscht hat, nach umfangreichen Diskussionen etwas abgeebbt ist, sollten sich auch die Anbieter digitaler Daten darauf beschränken, Grundlagendaten zu vermitteln, und die fachliche Verantwortung für deren Verknüpfung und Auswertung den Anwendern überlassen.

### 2.8.4 Nachbearbeitung digitalisierter Daten

Das Ergebnis der manuellen Dateneingabe ist in der Regel eine fehlerbehaftete Rohkarte: Polygone sind nicht geschlossen, Attribute nicht vollständig vergeben, Linien irrtümlich doppelt digitalisiert usw. Die interaktive Nachbearbeitung am Bildschirm nimmt wie die Eingabe selbst oft viel Zeit in Anspruch, je nachdem wie sorgfältig beim Digitalisieren vorgegangen wurde.

Die für die Nachbearbeitung erforderlichen Editierfunktionen sind bei den meisten Systemen weitgehend ähnlich, unterschiedlich ist jeweils die Strukturierung der Kommandoeingabe. Eine Menüsteuerung kann gerade bei diesem Arbeitsabschnitt eine wesentliche Zeitersparnis bewirken, dadurch daß das aufwendige Eintippen von Einzelbefehlen oder Befehlskombinationen entfällt.

#### Operationen an einzelnen Kartenelementen

Digitalisierfehler treten sehr häufig bei linearen Elementen auf, deswegegen sind hier in der Regel auch die meisten Korrekturarbeiten erforderlich. Die von den verschiedenen Systemen angebotenen Editiermöglichkeiten beziehen sich auf ganze Linienelemente, auf einzelne Zwischenpunkte oder auch auf Knoten.

#### Operationen an Teilbereichen von Karten

**Randausgleich.** Wenn die Inhalte einer Karte auf mehrere aneinander anschließende Kartenblätter

*Abb. 51. Einfache Editieroperationen an Linienelementen.*

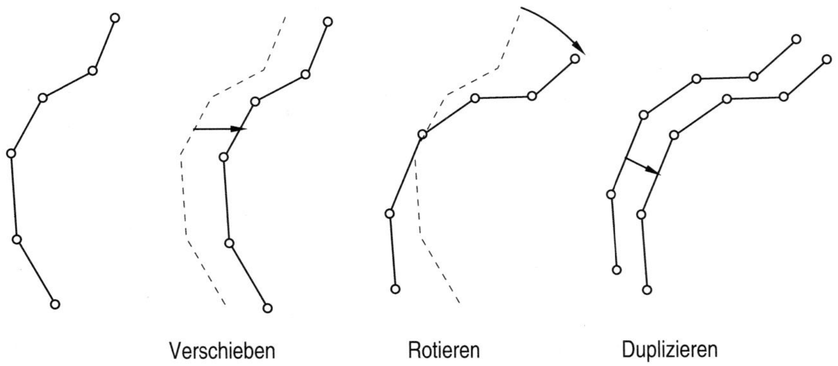

*Abb. 52. Operationen an Zwischenpunkten eines Linienelementes.*

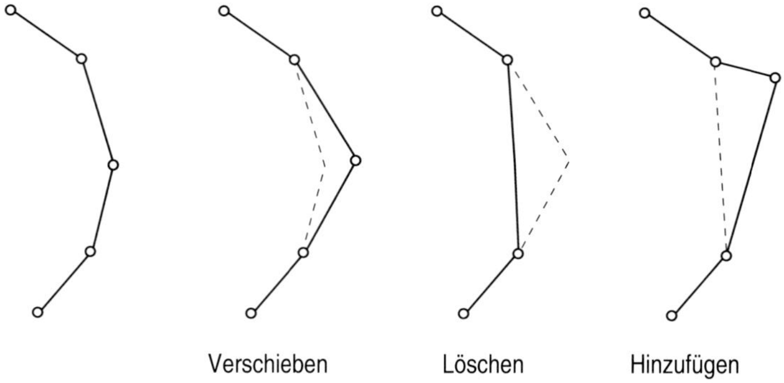


*Abb. 53. Verschiebungsoperation an einem Knoten unter Beibehaltung der topologischen Struktur.*

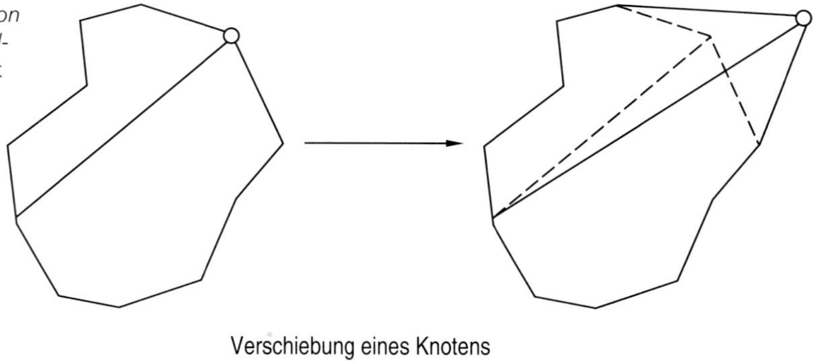


*Abb. 54. Operationen zur Herstellung einer geschlossenen Polygonstruktur.*

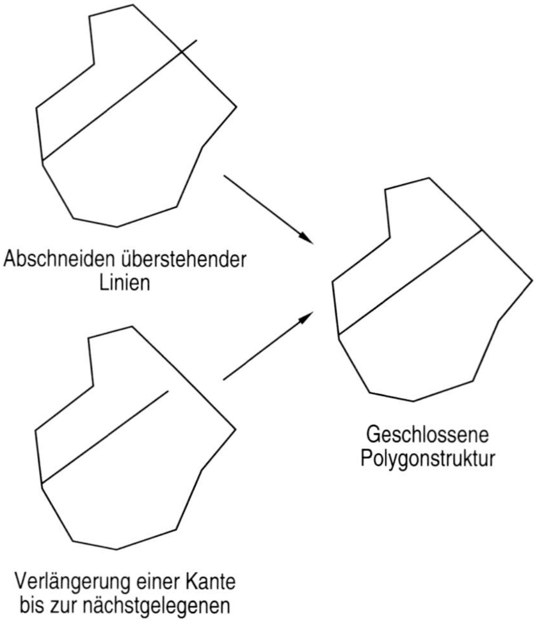

*Abb. 55. Randausgleich beim Zusammenführen zweier Kartenblätter.*

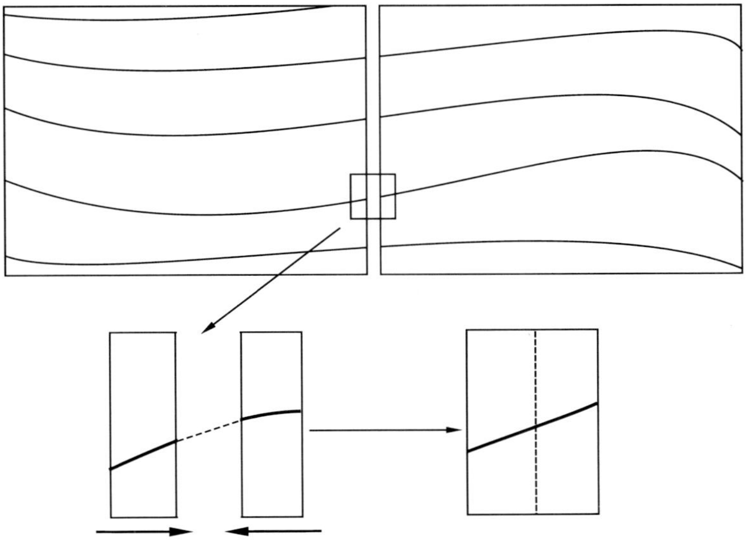

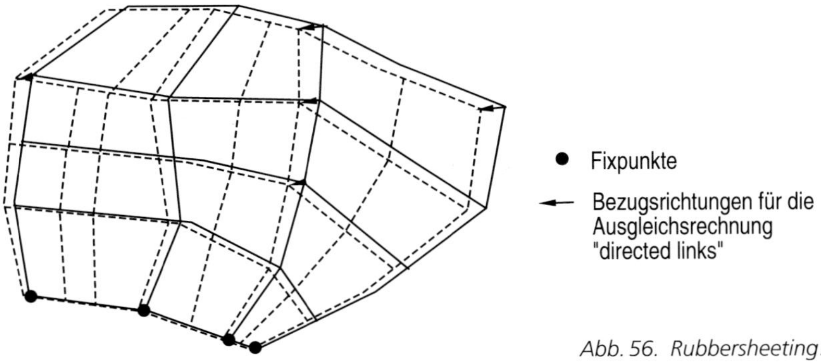


*Abb. 56. Rubbersheeting: Lokaler Fehlerausgleich.*

aufgeteilt sind, die digitale Information nach dem Digitalisieren der Einzelblätter aber blattschnittlos gespeichert werden soll, so ist im Rahmen des Zusammenführens dieser Blätter in der Regel ein Randausgleich durchzuführen: Die den Blattrand markierenden Linien werden gelöscht und die verbleibenden freien Enden der Linienelemente zusammengeführt. Sofern der Abstand der Linien voneinander größer ist als die Distanz zwischen den freien Enden auf beiden Seiten des Blattschnitts, kann dieser Vorgang weitgehend automatisch durchgeführt werden (Abb. 55).

**Lokale Entzerrungen („Rubbersheeting").** Wenn zwei digitale Karten zumindest teilweise identische Elemente aufweisen, diese aber in den Rohkarten aufgrund von Digitalisierfehlern oder nicht maßhaltigem Kartenmaterial voneinander abweichen, so kann eine nachträgliche Entzerrung („Rubbersheeting") vorgenommen werden. Falls die Fehler nur in einem kleinen Bereich der Karte auftreten, so kann auch die Ausgleichsrechnung auf diesen beschränkt werden.

Der Vorgang des Rubbersheeting erfolgt in der Regel halbautomatisch: Der Bearbeiter kennzeichnet den Bereich, der verändert werden soll, und definiert die lokalen Verzerrungsrichtungen über gerichtete Verbindungen („directed links") zwischen der zu überarbeitenden Darstellung und der stabilen Grundkarte. Die eigentliche Ausgleichsrechung erfolgt dann automatisch (Gillman 1985, Rosen und Saalfeld 1985, Lupien und Moreland 1987).

**Operationen an ganzen Karten**

**Lineare Transformation.** Beim Digitalisieren werden die Koordinaten der Vorlage abgelesen, wie sie sich aus der jeweiligen Lage am Digitalisiertisch ergeben und in den Koordinateneinheiten des Tisches (Millimeter oder Inches) abgespeichert. Diese Tischkoordinaten müssen in Bezug gebracht werden zu den tatsächlichen geodätischen Koordinaten, weil nur so die Angabe geometrischer Werte wie Flächeninhalte oder Distanzen ohne weitere Umrechnung bzw. ohne Berücksichtigung des Kartenmaßstabes möglich ist.

Diese Transformation umfaßt in der Regel eine Skalierung sowie eine Drehung der digitalen Rohdaten entsprechend den eingegebenen Werten für eine gewisse Zahl von Paßpunkten mit bekannten Koordinaten (Vermessungspunkte, Schnittpunkte eines Netzgitters auf der Karte).

**Veränderung der Kartenprojektion.** Insbesondere bei kleinmaßstäblichen Karten spielt die verwendete Kartenprojektion eine bedeutende Rolle. Geographische Informationssysteme ab der mittleren Preiskategorie bieten Routinen an, mit denen Karten von einer Projektion in eine andere übergeführt werden können. Die dazu notwendigen Algorithmen sind teilweise recht rechenintensiv, auch müssen die entsprechenden Grundinformationen über den jeweiligen Kartenentwurf vorhanden sein (z. B. Bezugsmeridiane; s. Abb. 58).

### 2.8.5 Datenkonsistenz und Plausibilitätskontrolle

Der Begriff Konsistenz wird im Zusammenhang mit Geographischen Informationssystemen für die Beurteilung der Widerspruchsfreiheit und somit auch der Qualität der gespeicherten Daten verwendet. Die Forderung nach Aussagegenauigkeit, Plausibilität und innerer Widerspruchsfreiheit kann einerseits durch sorgfältiges Arbeiten erfüllt werden, andererseits bieten viele Systeme Möglichkeiten zur Überprüfung von Daten, wodurch Digitalisier- und Maßstabsfehler sowie Fehler bei der Attributzuweisung aufgespürt werden können.

**Topologische Konsistenzbedingungen**

Entsprechend den jeweiligen Karteninhalten muß die topologische Struktur bestimmten Bedingungen genügen. So müssen etwa bei einer Bodenkarte die abgespeicherten geometrischen Elemente durchwegs geschlossene Polygone sein. Nach dem Aufbau der Polygontopologie darf eine solche Datei daher keine Knoten enthalten, die nur eine Kan-

*Abb. 57. Transformation einer digitalen Rohkarte in geodätische Koordinaten.*

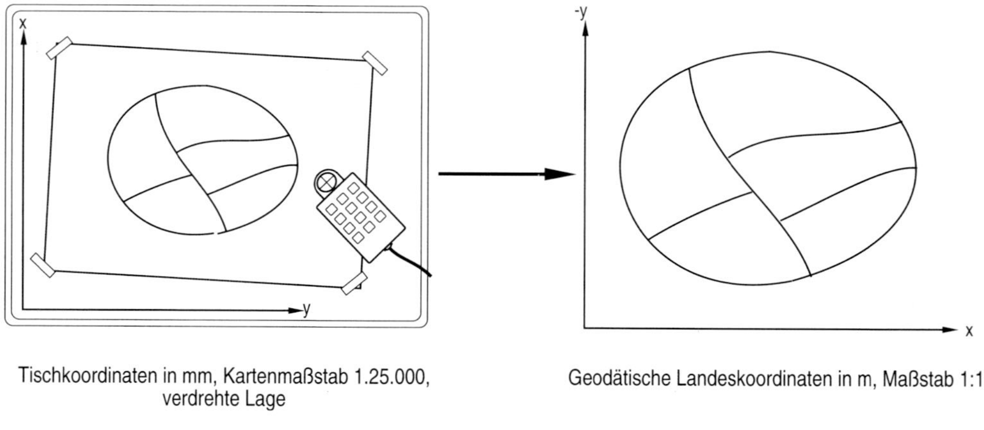

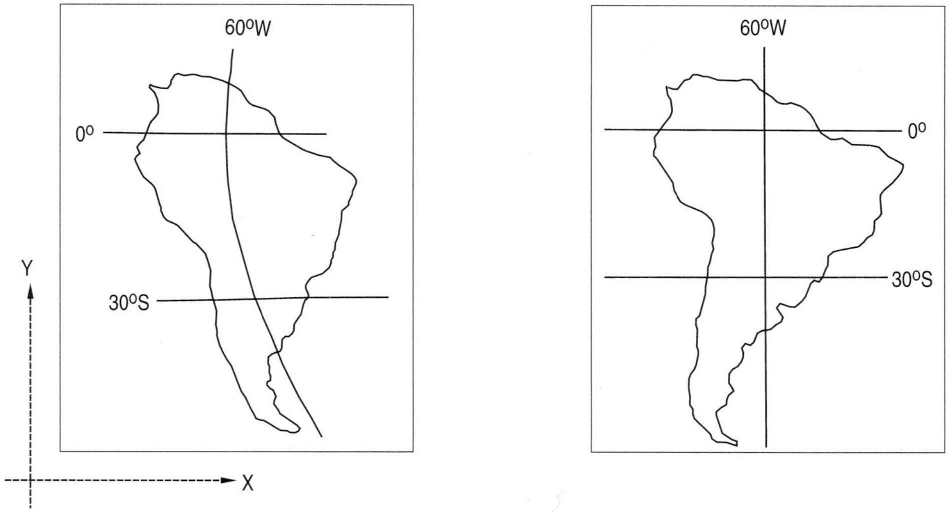


*Abb. 58. Beziehung zwischen Blattkoordinaten und geographischen Koordinaten.*
*Links: Hammersche Planisphäre mit Bezugsmeridian 0°.*
*Rechts: Mercatorprojektion.*

te begrenzen. Am Bildschirm oder im Ausdruck sind diese Fehler oft nicht erkennbar, weil sie in der Regel durch winzige Abweichungen beim Digitalisieren entstehen und daher nur unter starker Vergrößerung wahrnehmbar sind. Viele Programmpakete bieten daher entsprechende Routinen an, um solche „baumelnden" Knoten darzustellen, etwa durch Hervorhebung in einer bestimmten Farbe oder mit einem auffallenden Symbol.

Bei jenen Systemen, die für die Zuweisung von Attributen zu Polygonen Referenzpunkte verwenden, welche innerhalb eines Polygons liegen, ergibt sich die Forderung, daß in jedem Polygon genau ein solcher Punkt zu liegen kommt. Fehlt dieser Punkt, so können keine Attribute zugewiesen werden. Für den Fall daß irrtümlich zwei Punkte gesetzt wurden, wählt das System beim Aufbau der Topologie meist willkürlich einen davon aus und ignoriert den anderen, was später zu Fehlern führen kann. Ähnlich wie bei den Knoten ist auch das Auffinden von nicht oder überbestimmten Polygonen bei vielen Programmen der mittleren und oberen Leistungsklasse weitgehend automatisiert.

### Konsistenzbedingungen der geometrischen Struktur

Wiederum in Abhängigkeit von der jeweiligen Thematik können für geometrische Größen bestimm-

*Abb. 59. Graphische Hervorhebung topologischer Fehler.*

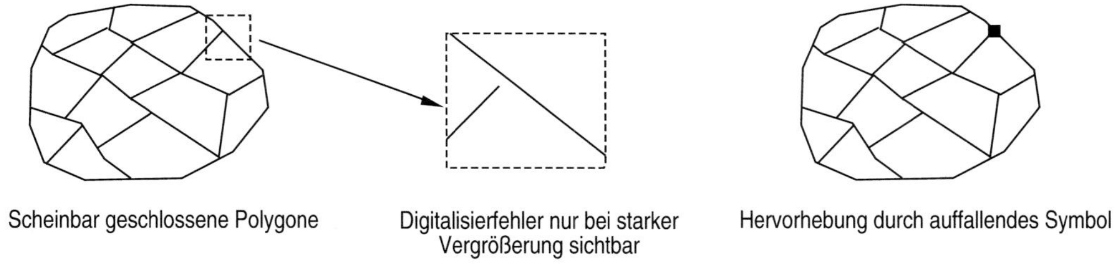

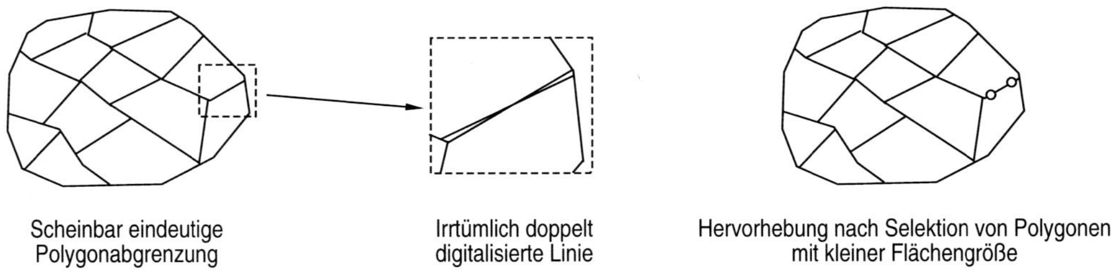


*Abb. 60. Anwendung von Wertebereichen für geometrische Attribute beim Auffinden von Digitalisierfehlern.*

te Bereiche formuliert werden, innerhalb derer die Werte liegen müssen. So kann etwa bei der Übernahme von geodätischen Koordinaten aus Datenbanken mit Hilfe von Übersichtskarten leicht überprüft werden, ob die Punkte überhaupt im gewünschten Kartenblatt liegen.

Die Koordinatenüberprüfung kann auch dann wichtig sein, wenn verschiedene Karten von Grundlagen digitalisiert werden, die auf unterschiedlichen Kartenprojektionen oder auch geodätischen Bezugsmeridianen basieren. In Österreich werden etwa die Koordinaten nach der Gauß-Krüger-Projektion auf drei verschiedene Meridiane bezogen; dadurch ergibt es sich, daß einige Bezirke von den Koordinaten zweier Meridianstreifen berührt werden.

Die Angabe von Wertebereichen kann auch für Flächengrößen sinnvoll sein: Wenn etwa die Überprüfung der Flächeninhalte einer neu digitalisierten Nutzungskarte zeigt, daß einige Flächen nur wenige Quadratmeter groß wären, so kann angenommen werden, daß eine Nutzungsgrenze irrtümlich doppelt digitalisiert worden ist und sich die extrem kleine Fläche aus dem Verschnitt der beiden Linien ergeben hat (Abb. 60).

### Konsistenzbedingungen der thematischen Attribute

Für manche Themenstellungen läßt sich die Forderung nach einer umkehrbar **eindeutigen Zuordnung** von Attributen aufstellen; so darf etwa innerhalb einer Gemeinde eine Grundstücksnummer nur ein einziges Mal vergeben werden, ähnliches gilt für Hausnummern entlang einer Straße.

Besser noch als bei den geometrischen Eigenschaften können für viele Attribute **Grenzwerte** formuliert werden, innerhalb derer die Werte liegen müssen. Wenn zum Beispiel in einer Baumdatenbank die Stammdurchmesser gespeichert werden, läßt sich anhand der Werte leicht feststellen, ob irrtümlich einige Angaben in Zentimeter und andere in Meter eingegeben wurden; Hausnummern werden nach den in Mitteleuropa üblichen Systemen kaum jemals vierstellig sein können, Bäume kaum höher als 70 m.

Nicht nur innerhalb der einzelnen Schichten einer Landschaftsdatenbank, sondern auch durch den **Vergleich der Aussagen** überlagerter Karten läßt sich die Plausibilität von Inhalten überprüfen: Wenn die Überlagerung einer Vegetationskarte mit Grundwasserdaten ergibt, daß im Bereich eines Trockenrasens der durchschnittliche Flurabstand nur 10 cm beträgt, so ist vermutlich eine der beiden Aussagen falsch. Auch sollte eine Hangneigungskarte im Bereich von Stillgewässern den Wert Null aufweisen.

Landnutzungskartierungen bieten umfangreiche Möglichkeiten der Plausibilitätskontrolle gegenüber den Ergebnissen anderer Fachdisziplinen, weil sich in der Landnutzung viele natürliche und anthropogene Einflußfaktoren manifestieren. Das Problem bei der automatisierten Plausibilitätskontrolle liegt darin, daß die Festlegung der Wertebereiche oft nicht eindeutig erfolgen kann und nach dem Aufspüren vermeintlicher Fehler die Beurteilung der Plausibiltät für den jeweiligen Einzelfall vom Bearbeiter selbst vorgenommen werden muß.

### Fehlerfortpflanzung

Viele der genannten Beispiele wirken für Außenstehende vielleicht banal. Es muß jedoch bedacht werden, daß beim automatisierten Aufsummieren von Einzelwerten mit anschließender Mittelwertsberechnung Fehler, die etwa durch eine falsche Kommasetzung bei der Eingabe verursacht werden, kaum jemals entdeckt werden. Gerade beim Arbeiten mit Geographischen Informationssystemen, in dessen Verlauf viele Verknüpfungs- und Aggregationsschritte vorgenommen werden, ist es wichtig, daß die Ausgangswerte plausibel sind. Fehler in der Datenbasis werden bei allen weiteren Arbeitsschritten mitgeschleppt, die Fehlerfortpflanzung kann dabei oft nicht richtig quantifiziert werden, so daß auch die Aussagegenauigkeit und Plausibilität des Endergebnisses kaum abgeschätzt werden kann. Dieser Bereich wurde auch von der theoretischen Seite bisher erst relativ wenig untersucht (siehe Bedard 1987, Chrisman 1982, Goodchild 1988, Robinson und Frank 1985).

## 2.9. GIS als Analyse- und Planungswerkzeug

Analyse und Verknüpfung raumbezogener Daten sind die wesentlichsten Einsatzgebiete Geographischer Informationssysteme im Bereich der Landschaftsplanung. In systematischer Hinsicht kann dabei unterschieden werden zwischen Analysen, die nur die Inhalte einzelner thematischer Ebenen betreffen, und solchen, die mehrere Ebenen miteinander verknüpfen. Als Ergebnis der Analysen können einerseits statistische Tabellen anfallen, andererseits aber auch neue graphische Dateien bzw. neue thematische Karten.

Ein GIS-Programm kann daher nur dann für Landschaftsanalysen eingesetzt werden, wenn es sowohl auf der Datenbankseite als auch bei der geometrischen Verschneidung bzw. Überlagerung graphischer Daten entsprechende Fähigkeiten aufweist.

Im folgenden Kapitel wird versucht, eine Typisierung der analytischen GIS-Operationen vorzunehmen und diese anhand möglicher Aufgabenstellungen beispielhaft zu beschreiben. In diesem Zusammenhang sollte wieder darauf hingewiesen werden, daß der Einsatz geographischer Informationssysteme bei analytischen Auswertungen voraussetzt, daß die methodischen Grundprobleme der Datenverknüpfung und die Aussageschärfe verwendeter Bewertungsansätze bekannt sind. Der GIS-Einsatz ermöglicht rasche Rechengänge mit hoher mathematischer Genauigkeit, die prinzipiellen Probleme etwa der Quantifizierung von Landschaftspotentialen werden dadurch allerdings nicht gelöst, im Gegenteil: Gerade weil heute die vielschichtige Verknüpfung raumbezogener Daten in technischer Hinsicht so leicht durchzuführen ist, ergibt sich eine viel stärkere Notwendigkeit nach konsistenten methodischen Ansätzen.

### 2.9.1 Operationen an einzelnen thematischen Ebenen

**Statistische Auswertungen**

In vielen Fällen werden Pläne nur deswegen digitalisiert, weil man genaue Informationen über geometrische Attribute einzelner Elemente (Flächeninhalt, Länge) oder Bilanzen zusammengefaßter Elementgruppen erhalten will.

Für die einzelnen Attribute oder auch deren Kombinationen werden in solchen Fällen meist Summenwerte, Durchschnittswerte, Extremwerte, Häufigkeitsverteilungen und ähnliche statistische Parameter abgefragt. Da bei den meisten GIS-Programmen diese Auswertung in einem eigenen Datenbankteil erfolgt, hängt es also in erster Linie von dem Befehlsschatz und der Benutzerfreundlichkeit dieser Datenbank ab, ob die Bearbeitung innerhalb des Programms selbst erfolgen kann oder ob die Daten in Tabellenform an spezielle Programme weitergegeben werden müssen, etwa für Cluster-Analysen oder andere komplexe statistische Auswertungen. Bei solchen Fällen zeigt es sich, daß nicht nur die Fähigkeit zum Austausch graphischer Daten mit anderen Systemen ein entscheidendes Kriterium für die Bewertung eines GIS-Programmes darstellt, sondern auch die Fähigkeit zum raschen Export alphanumerischer Daten.

Beispiele für mögliche Aufgabenstellungen: Wie groß ist der Anteil der Waldflächen an der Gesamtfläche eines Kartierungsgebietes? Welches ist das größte geschlossene Waldgebiet? Wie viele Feuchtbiotope wurden kartiert? Was ist die häufigste Flächengröße der Feuchtbiotope? Wie groß ist die Länge aller Gewässerränder im Untersuchungsgebiet?

Die Möglichkeiten für solche statistische Auswertungen werden in hohem Maße von der jeweiligen Datenstruktur bestimmt. In rasterorientierten Systemen z. B. lassen sich zwar Flächenbilanzen besonders einfach aus einer Multiplikation der Zahl der Pixel mit der Pixelgröße errechnen, dafür sind Längenermittlungen nur sehr umständlich möglich. In vektororientierten Systemen können manche Fragestellungen nur dann bearbeitet werden, wenn die graphischen Daten in einer topologischen Struktur vorliegen: Wie groß ist der Anteil der versiedelten Waldränder? (Das entspricht der Frage: Entlang welcher Linienelemente grenzen Polygone mit den Attributen „Wald" und „Siedlung" aneinander?) Wie viele Bäche münden rechtsufrig in den Fluß X?

### Generierung abgeleiteter graphischer Daten

**Abstandstransformierte.** Bei vielen Aufgaben der Landschaftsplanung spielen Distanzen eine wesentliche Rolle. Nahezu alle GIS-Programme sind in der Lage, Zonen konstanter oder variabler Abstände von bestimmten Kartenelementen zu generieren, die die Basis für weitere Auswertungen darstellen können.

Mögliche Aufgabenstellungen: Wie viele Einwohner können innerhalb von 10 Gehminuten eine öffentliche Grünfläche erreichen? Wie groß ist der Anteil der landwirtschaftlich genutzten Flächen, die innerhalb des Einflußbereiches von Windschutzpflanzungen liegen? Wo liegen verinselte Gehölzgruppen ohne Anschluß an Waldbereiche?

Abstandstransformierte können sowohl von Punkten, als auch von Linienelementen und Polygonen aus berechnet werden, wobei in den beiden letztgenannten Fällen bisweilen hohe Rechenzeiten nötig sind, um auftretende Überschneidungen der Abstandstransformierten der einzelnen Teilstücke aufzuspüren und zu eliminieren.

Die Abstände, in denen die neuen Linien zu generieren sind, werden in vielen Fällen konstant sein, es sollte jedoch auch die Möglichkeit bestehen, diese Abstände in Abhängigkeit von bestimmten Attributen zu definieren.

Als vorteilhaft kann es sich erweisen, wenn es möglich ist, Abstandstransformierte von Linienelementen an beiden Seiten mit unterschiedlichen Werten zu generieren. Beim Vorliegen einer topologischen Datenstruktur wäre es zum Beispiel möglich, Wege im geneigten Gelände so zu definieren, daß immer links die Talseite und rechts die Bergseite zu liegen kommt (zur Definition von „links" und „rechts" in der Kanten-Knoten-Struktur siehe Kap. 2.4.2). So könnten etwa arbeitstechnisch günstige Bringungsbereiche von Forststraßen hangauf und hangabwärts jeweils unterschiedlich breit definiert werden.

### Herstellung des Flächenbezugs punktförmiger Informationen

Felddaten können oftmals aus arbeitstechnischen oder finanziellen Gründen nicht flächendeckend

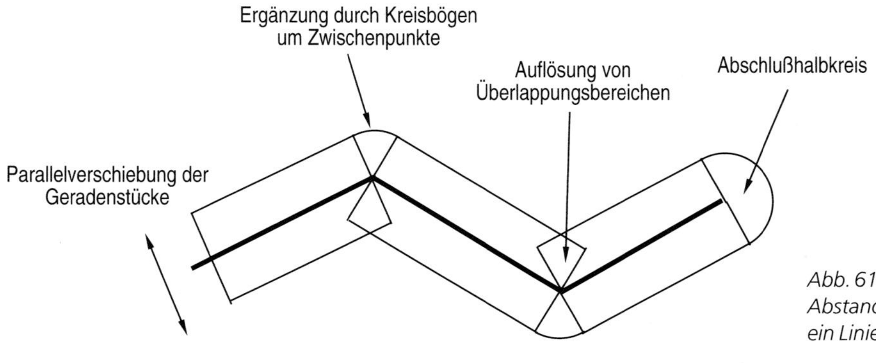


*Abb. 61. Generierung einer Abstandtransformierten um ein Linienelement.*

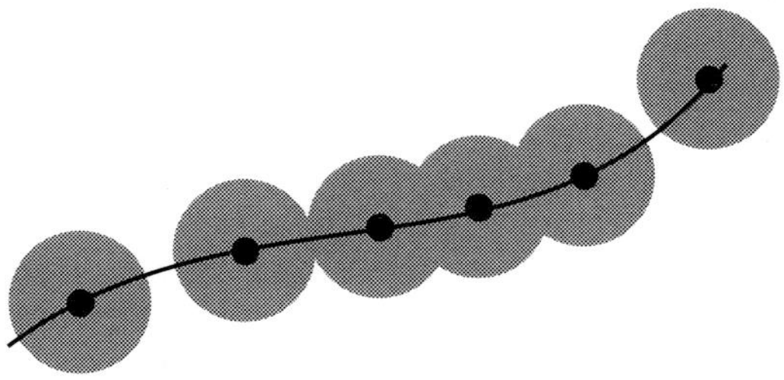

*Abb. 62. Abstandstransformierte aus Punktdaten (z. B. Einzugsbereiche von Haltestellen eines öffentlichen Verkehrsmittels entlang einer Straße).*

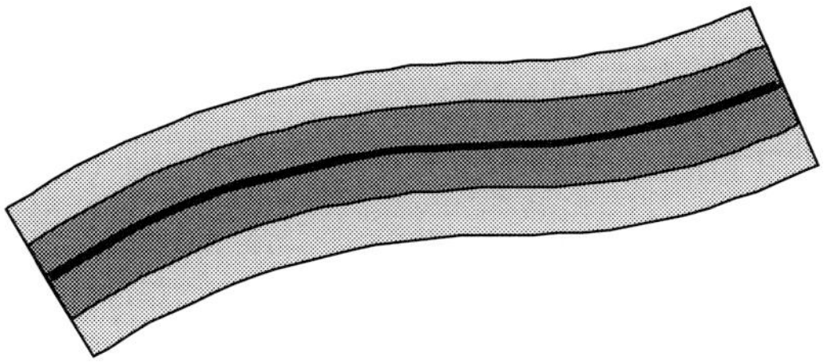

*Abb. 63. Abstandstransformierte aus Liniendaten (z. B. Verlärmungszonen entlang einer Schnellstraße; Überlagerung zweier Rechengänge zur Darstellung von Intensitätsstufen).*

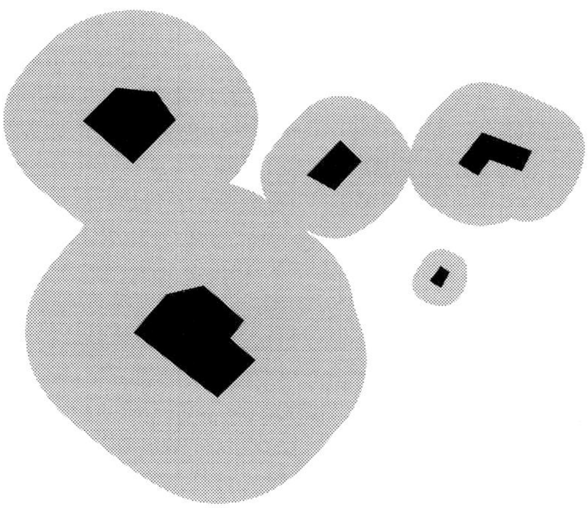

*Abb. 64. Wertabhängige Abstandstransformierte aus Polygondaten (z. B. Einzugsbereiche städtischer Grünanlagen, definiert proportional zu deren Fläche).*

aufgenommen werden, so daß sich die Notwendigkeit ergibt, aus punktuell erhobenen Informationen flächige Aussagen abzuleiten. Die Auswahl von Zahl und Abstand von Probenahmestellen richtet sich nach der jeweiligen Thematik (Bodenfauna, Grundwasser u. a.), wobei auch hier schon mit entsprechenden Computerprogrammen wichtige Vorentscheidungen getroffen werden können (Stein und Flacke 1988). Die Herstellung des Flächenbezugs punktförmiger Aufnahmen kann besonders dann schwierig sein, wenn der Verteilung der einzelnen Punkte kein regelmäßiges Muster zugrundeliegt, das eine rasterbezogene Auswertung ermöglichen würde.

Mögliche Aufgabenstellungen: Aus den Werten weniger Niederschlagsmeßstellen soll die Niederschlagsspende eines Einzugsgebiets ermittelt werden. Aus in konstanten Abständen durchgeführten Profilbohrungen soll eine Bodenkarte erstellt werden.

Die angesprochenen Beispiele machen deutlich, daß hier unabhängig vom EDV-Einsatz das Problem der Ausbreitung bzw. Differenzierung naturräumlicher Faktoren zu berücksichtigen ist. In vielen Fällen wird deren Ausprägung unmittelbar mit anderen, leichter zu erhebenden Gegebenheiten zusammenhängen, wie dies etwa bei der Differenzierung der Bodenfeuchte entlang eines Hanges der Fall ist; wenn ein solcher Bezug aber aufgrund der Datenlage oder der Schwierigkeit der Modellbildung nicht herstellbar ist, muß mit den vorhandenen Punktdaten allein gearbeitet werden.

Die beiden am häufigsten verwendeten Methoden, die Generierung von Isoplethen oder von Thiessen-Polygonen, können auch von einigen GIS-Programmen standardmäßig durchgeführt werden.

**Isoplethen-Darstellungen** sind dann anwendbar, wenn ein Attribut vorliegt, von dem angenommen werden kann, daß seine Differenzierung im Flächenbezug weitgehend kontinuierlich verläuft. Die geläufigsten Anwendungsbeispiele sind Höhenschichtlinien oder die Isohyeten einer Niederschlagskarte. Die Ermittlung der Isoplethen erfolgt aus einer Interpolation der Werte benachbarter

Punkte, für welche verschiedene Algorithmen herangezogen werden können. Wie auch bei der manuellen Konstruktion von Isoplethen üblich, sollten GIS-Programme den interpolierten Linien durch einen Glättungsprozeß einen weicheren Verlauf geben können; durch die Annahme eines kontinuierlichen Verlaufes der Attribute ist diese Glättung gerechtfertigt.

Im Gegensatz zur Isoplethen-Darstellung wird bei der Generierung von **Thiessen-Polygonen** nicht davon ausgegangen, daß zwischen den punktförmig erhobenen Werten ein systematischer Zusammenhang besteht. Thiessen-Polygone, die in der englischsprachigen Literatur auch oft als Voronoi-Polygone bezeichnet werden, ordnen einzelnen Punkten einen Gültigkeitsbereich zu, der in erster Linie aus ihrer räumlichen Verteilung definiert ist: Die Kanten der Thiessen-Polygone sind Streckensymmetralen der Verbindungslinien zwischen benachbarten Punkten, die Eckpunkte der Thiessen-Polygone entsprechen somit den Umkreismittelpunkten der Dreiecksvermaschung. Jeder Punkt der untersuchten Fläche wird dadurch jenem Punkt mit bekannten Eigenschaften zugewiesen, der ihm am nächsten liegt.

Beide besprochenen Ansätze erfordern in der maschinellen Durchführung einen erheblichen Rechenaufwand, so daß die entsprechenden Routinen oft nur in Programm-Versionen für leistungsfähigere Maschinen enthalten sind. Dies betrifft insbesondere die Generierung von Isoplethen. Spezielle Aspekte der Auswertung dreidimensio-

*Abb. 65. Interpolation von Isoplethen aus Punktdaten.*

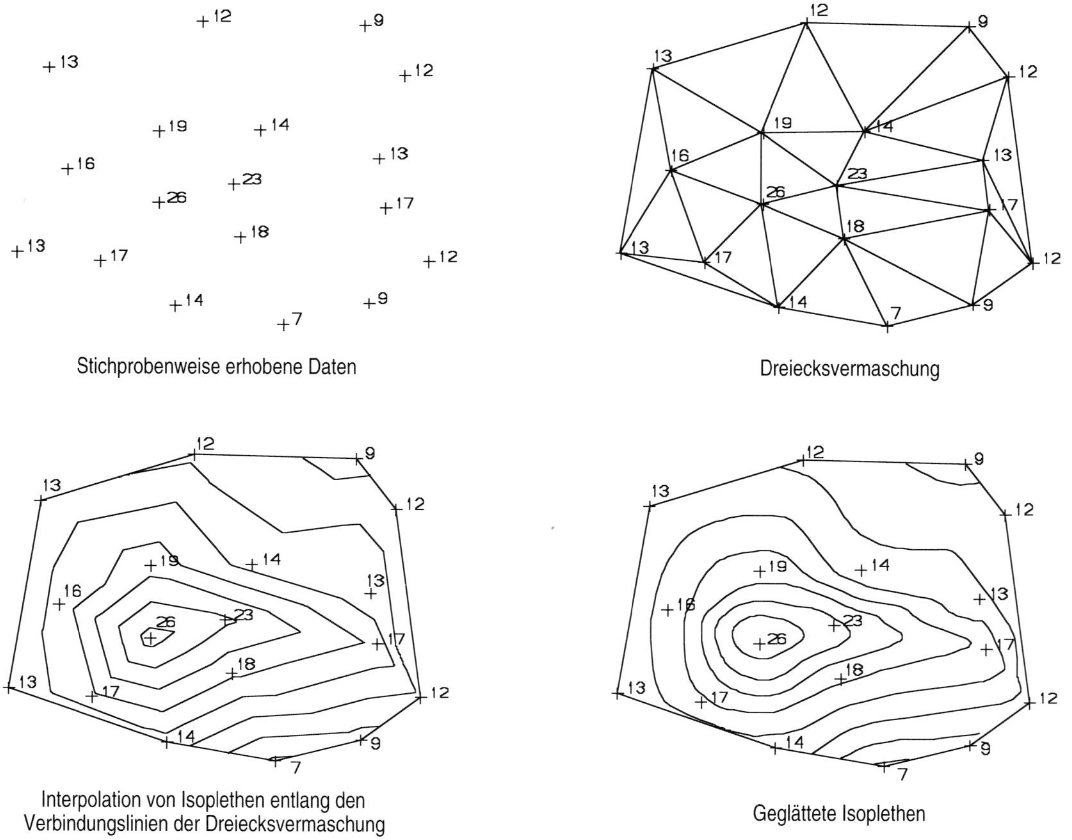

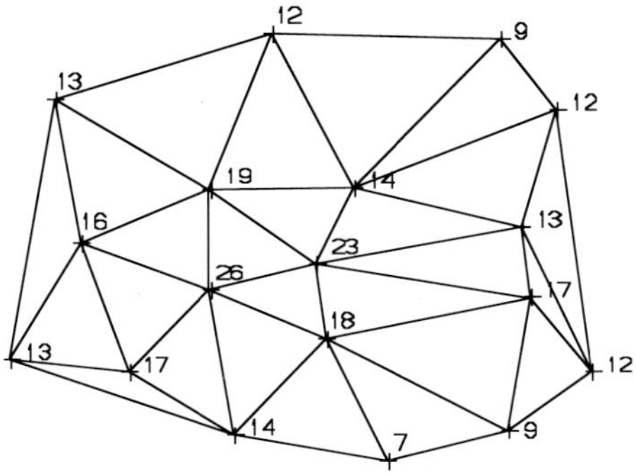


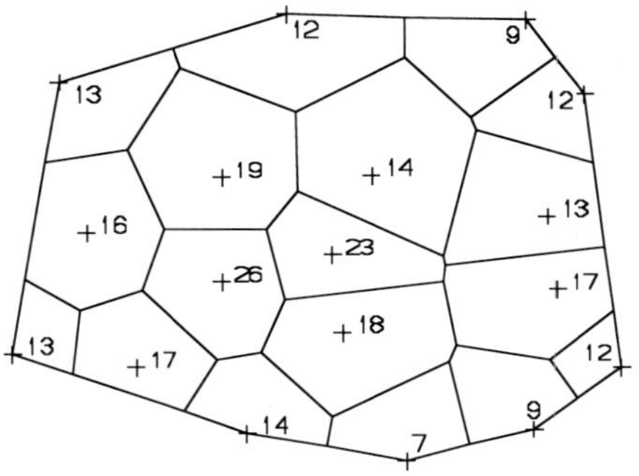


*Abb. 66. Generierung von Thiessen-Polygonen aus der Dreiecksvermaschung von Punktdaten.*

naler Daten, welche über die Generierung von Höhenschichtenlinien hinausgehen, werden in Kapitel 2.9.3 erörtert.

### Auflösung von Grenzlinien zwischen Flächen gleicher Attributausprägung

Es kann sich im Verlauf einer Bearbeitung ergeben, daß benachbarte Flächen in einzelnen Attributen gleiche Werte aufweisen; wenn nun für diese Attribute thematische Karten erzeugt werden sollen, ist es aus Gründen der Darstellung aber auch zur Reduktion der Datenmenge sinnvoll, die Grenzlinien zwischen Flächen mit gleicher Attributausprägung zu eliminieren. Voraussetzung dafür ist wiederum eine topologische Datenstruktur, die Nachbarschaftsverhältnisse ermitteln kann.

Mögliche Aufgabenstellungen: Aus einer Katasterkarte mit Landnutzungsangaben soll eine Landnutzungskarte erstellt werden; wie groß ist die größte zusammenhängende Waldfläche? Eine stark differenzierte Bodenkarte soll für eine kleinmaßstäbliche Darstellung durch Klassenbildung generalisiert werden.

Die Auflösung von Grenzlinien ist nur dann notwendig, wenn eine Neudefinition des Datenbestandes für statistische Auswertungen erforderlich ist; dies wäre bei der ersten der beiden obengenannten Aufgabenstellungen der Fall; beim zweiten Beispiel hingegen geht es nur um ein Darstellungsproblem, das sich einfacher dadurch lösen läßt, daß Grenzlinien zwischen Flächen mit gleichen Attributausprägungen durch eine spezielle

*Abb. 67. Elimination von Grenzlinien einer Katasterkarte über das Attribut der Flächennutzung.*

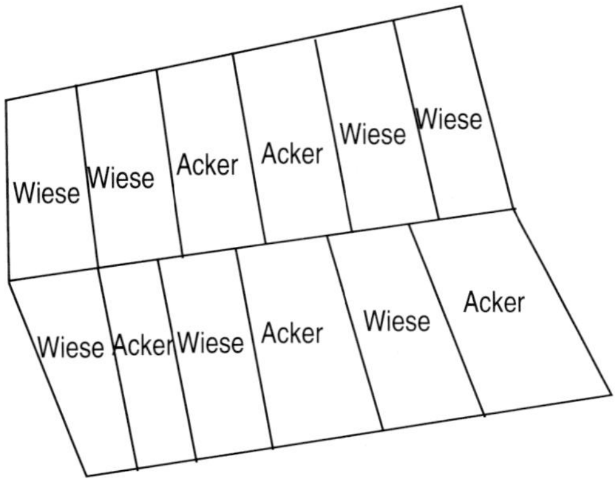


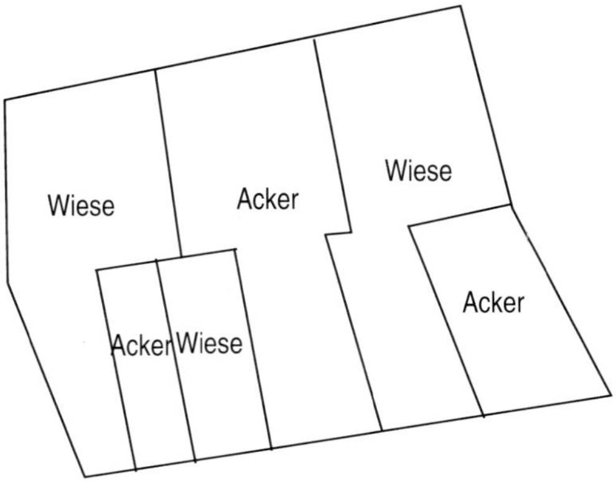

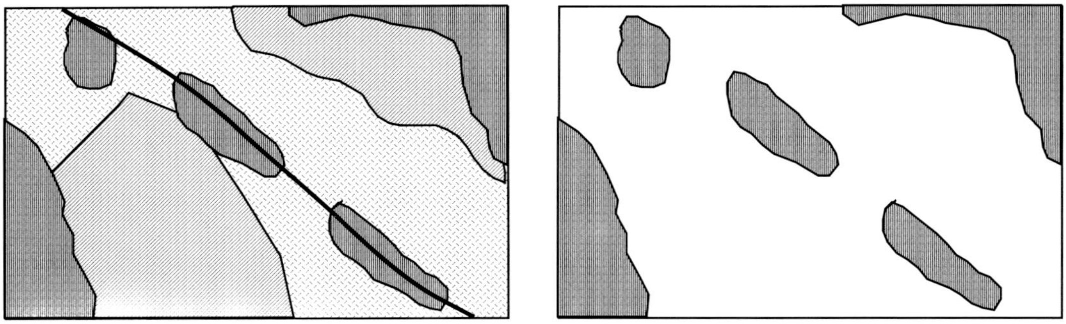

Abb. 68. Generierung einer Teilkarte aus einer umfassenden Ursprungsdatei.

Kodierung lediglich bei der Planerstellung unterdrückt werden („unsichtbare Linien"), ohne daß die Daten selbst verändert werden müssen.

**Generierung von Teilkarten**

Während in den folgenden Abschnitten die vielen Möglichkeiten der Überlagerung und Verschneidung graphischer Daten erörtert werden, kann es auch manchmal erforderlich sein, gerade das Gegenteil durchzuführen, nämlich aus einer Karte eine neue zu generieren, die nur einen ausgewählten Teil der Inhalte der Ausgangskarte umfaßt.

Mögliche Aufgabenstellungen: Aus einer Landnutzungskarte soll eine Karte erstellt werden, die nur die Waldflächen enthält. Aus der Darstellung eines Gewässernetzes soll eine Karte erstellt werden, die nur Gewässer höherer Ordnung enthält.

Das Arbeiten mit Teilkarten kann in vielen Fällen sinnvoll sein: Wenn sich eine Bearbeitung auf wenige, genau definierbare Elemente einer sehr umfangreichen Datei beschränkt, so kann die Generierung einer Teilkarte die Rechenzeiten erheblich verkürzen, da weniger Daten eingelesen, kontrolliert und verarbeitet werden müssen. Dies kann insbesondere dann der Fall sein, wenn die Hauptdatei in einer großen Rechenanlage abgespeichert ist, die Auswertung selbst aber auf einem kleineren Rechner ohne direkten Zugriff auf die Hauptdatei erfolgen soll.

Vorteilhaft ist diese Vorgehensweise auch dann, wenn Veränderungen am Datenbestand vorgenommen werden sollen, die Bearbeiter aber nur für einen bestimmten Teilaspekt kompetent sind und von der Seite des Systems keine Möglichkeit der Beschränkung von Zugriffsrechten auf bestimmte Teilaspekte besteht: In diesem Falle kann eine Teildatei überarbeitet und daran anschließend wieder in die Ursprungsdatei übernommen werden.

### 2.9.2 Operationen an mehreren thematischen Ebenen

Ein wesentlicher Fortschritt in der Anwendung Geographischer Informationssysteme gegenüber der manuellen Planbearbeitung liegt in den Möglichkeiten zur Verknüpfung von Inhalten verschiedener Einzeldarstellungen, sowohl im Hinblick auf die graphische Wiedergabe als auch auf die quantitative Auswertung. Auf einige Aspekte der Schichtenstruktur eines GIS wurde bereits eingegangen. Im folgenden Abschnitt soll die Vielfalt an Operationen beschrieben werden, mit welchen mehrere Kartenebenen miteinander in Beziehung gesetzt werden können.

Prinzipiell kann dabei unterschieden werden zwischen Operationen, bei welchen ausschließlich die geometrischen Verhältnisse einer Karte durch die Verknüpfung mit einer anderen beeinflußt werden, und solchen, bei welchen auch die thematischen Attribute beider Partner kombiniert werden.

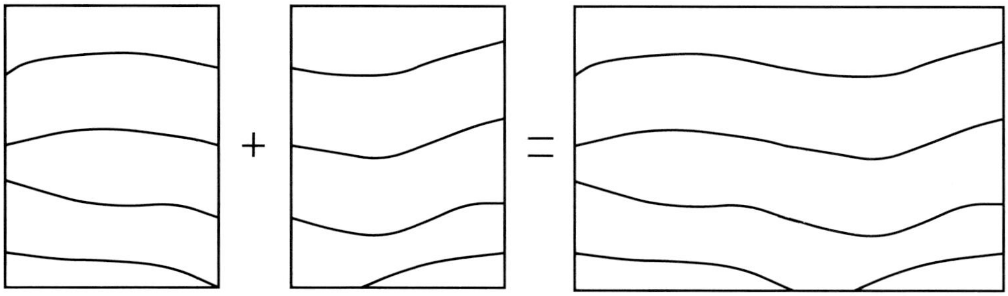

*Abb. 69. Zusammenfügung aneinander anschließender Teilkarten.*

**Geometrische Verknüpfungen ohne Veränderung der Attributstruktur**

Der einfachste Fall einer geometrischen Verknüpfung ist die **Zusammenfügung** zweier aneinander grenzender Kartenblätter zu einer einzigen zusammenhängenden Karte. Voraussetzung dafür ist, daß beide Karten die selbe Attributstruktur aufweisen. Bei manuell digitalisierten Einzelkarten können an den ehemaligen Blattschnittgrenzen lokale Abweichungen auftreten, welche nach der Zusammenfügung je nach der Struktur der Karten entweder automatisch für den gesamten Grenzbereich, oder einzeln interaktiv am Bildschirm bereinigt werden (siehe auch Abb. 55).

Als Gegensatz zur eben beschriebenen Operation kann oftmals eine **Blattschnitteinteilung** erforderlich sein: Eine große zusammenhängende Karte wird entsprechend einer Blattschnittvorgabe in selbständige Einzelblätter unterteilt.

Mögliche Aufgabenstellungen: Eine von einer kleinmaßstäblichen Vorlage digitalisierte geologische Karte soll für die Weiterbearbeitung in größermaßstäbliche Einzelblätter unterteilt werden. Eine Landnutzungskarte soll entsprechend der Einteilung einer kleinmaßstäblichen ornithologischen Rasterkartierung unterteilt werden.

**Generierung von Kartenausschnitten**. Im vorhergehenden Kapitel wurden die Möglichkeiten aufgezeigt, aus einer Karte über die Selektion bestimmter thematischer Attribute eine Teilkarte zu generieren. Diese Selektion kann auch durch die Darstellung der gewünschten geometrischen Abgrenzung der zu generierenden Karte erfolgen.

*Abb. 70. Aufteilung einer Karte in unabhängige Teilkarten.*

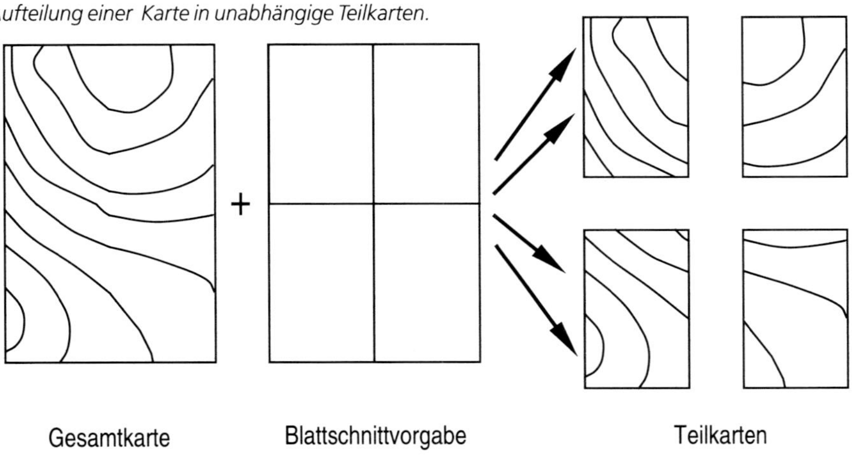

*Abb. 71. Selektion eines Kartenausschnitts durch Strukturen einer anderen Karte.*

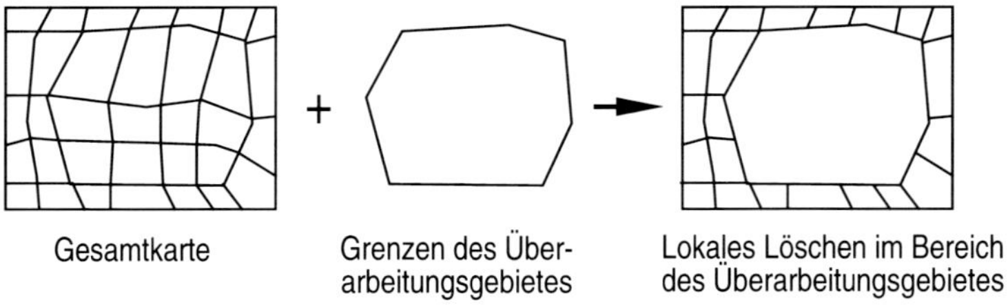


*Abb. 72. Löschen eines Kartenausschnittes durch Strukturen einer anderen Karte.*

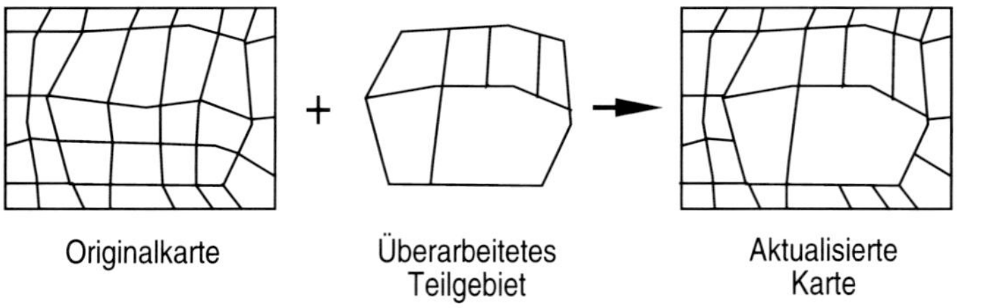


*Abb. 73. Aktualisierung eines Kartenausschnittes durch Strukturen einer anderen Karte.*

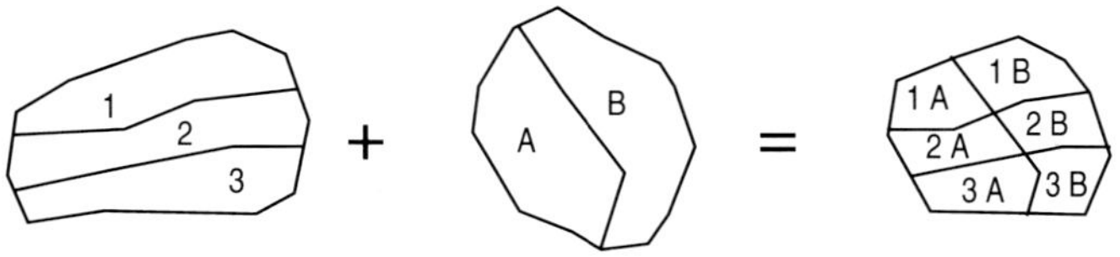


*Abb. 74. Verknüpfung zweier thematischer Karten mit Bildung des geometrischen Durchschnitts.*

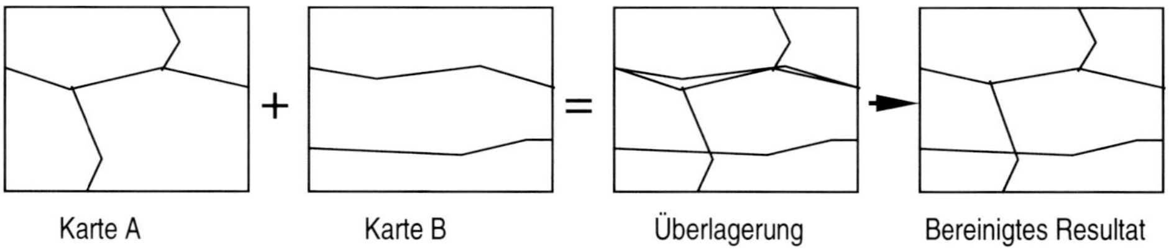


*Abb. 75. Verringerung der Schnittflächenzahl durch Elimination sehr kleiner Flächen.*

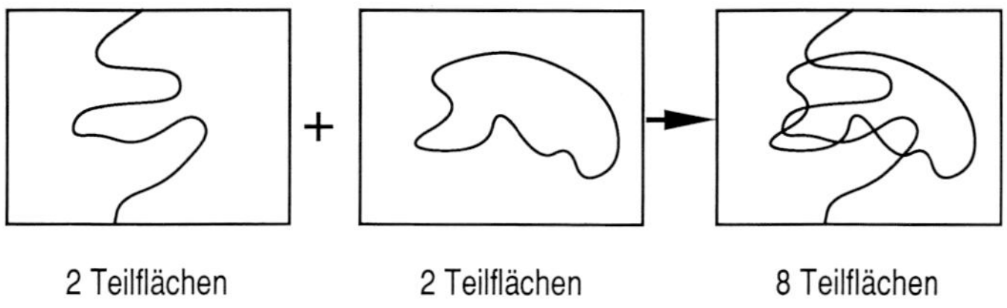


*Abb. 76. Überproportionale Datenvermehrung durch Kartenverschneidung.*

Mögliche Aufgabenstellung: Aus einer regionalen Niederschlagskarte soll eine Teilkarte generiert werden, welche nur ein Gemeindegebiet beinhaltet (Abb. 71).

**Löschen eines Kartenausschnittes.** Als Umkehrung zur vorgenannten Operation kann es im Hinblick auf Neubearbeitungen oftmals notwendig sein, Teilbereiche einer Karte, die sich aus der Verküpfung mit einer anderen Karte definieren lassen, selektiv zu löschen.

Mögliche Aufgabenstellung: Im Zuge der Überarbeitung eines Grünordnungsplanes sollen alle Festlegungen innerhalb des zu bearbeitenden Teilgebietes gelöscht werden (Abb. 72).

**Austausch von Kartenteilen.** Wenn für bestimmte Teile einer Karte aktualisierte Grundlagen vorliegen, so ist es sinnvoll, diese als eigene Karten zu digitalisieren und mit der „alten" Karte so zu verknüpfen, daß in jenen Bereichen, in welchen die Aktualisierung vorgenommen wurde, die ursprünglichen Informationen gelöscht und mit den erneuerten überschrieben werden.

Mögliche Aufgabenstellung: Die im Zuge von agrarischen Operationen erfolgten Grundzusammenlegungen im Teilgebiet einer Gemeinde sollen in den Flurplan übernommen werden (Abb. 73).

Bei derart überarbeiteten Karten läßt sich nachträglich oft nicht mehr feststellen, welche Teilbereiche unterschiedliche Aktualität aufweisen. Wenn mit diesen Operationen gearbeitet wird, so sollte daher immer auch ein Attribut mitgeführt werden, in welchem Informationen über das Datum der Eintragung sowie auch weitere Angaben (Arbeitsgenauigkeit, Erhebungsmaßstab usw.) abgelegt werden können.

### Geometrische Verknüpfungen mit Veränderung der Attributstruktur

Die wichtigsten Verknüpfungsoperationen sind jene, in denen die thematischen Aussagen mehrerer Einzelkarten miteinander in Bezug gesetzt werden. Sie ermöglichen die Realisierung der zentralen Aufgabenstellung des GIS-Einsatzes in der Raum- und Landschaftsanalyse, die simultane Betrachtung verschiedener räumlich verorteter Informationen und deren quantitative Auswertung. Sinnvoll ist eine solche Verknüpfung in erster Linie dann, wenn alle Ausgangskarten denselben Landschaftsausschnitt abdecken, deswegen wird im Zuge der Verknüpfung meist auch ein geometrischer Durchschnitt gebildet, bei dem jene Zonen ausgeschieden werden, die nicht von allen Ausgangskarten erfaßt werden (Abb. 74).

Durch die vollständige Überlagerung entstehen Einzelflächen, die in sich eine homogene Ausprägung aller Attribute aufweisen. Für diese Einzelflächen können die Ausprägungen der Attribute aller Ausgangskarten abgefragt werden.

Bei der Überlagerung vieler Einzelkarten im Zuge einer umfassenden Landschaftsanalyse (Geologie, Boden, Vegetation, Landnutzung) können auf diese Weise sehr kleine Einzelflächen entstehen, vor allem dann, wenn mehrere Faktoren gleichzeitig ihre Ausprägung wechseln (z. B. Boden und Vegetation entlang einer Terrassenkante), diese Übergänge aber in den einzelnen thematischen Karten nicht räumlich ident verortet sind. GIS-Programme sollten daher die Möglichkeit bieten, im Zuge der Überlagerung zweier Karten auch deren geometrische Struktur derart zu verändern, daß zwischen sehr nahe beieinander verlaufenden Grenzlinien zweier Karten ein Ausgleich erfolgt, etwa über die Definition eines minimalen Grenzlinienabstandes oder einer minimalen Einzelflächengröße für die resultierende Karte (Abb. 75).

### Veränderung der Datenmenge durch Verknüpfungen

Aus der Verknüpfung zweier Karten mitsamt ihrer thematischen Attribute können sehr große Folgedateien entstehen. So kann etwa im Falle der Vereinigung zweier Polygonkarten die Zahl der resultierenden Polygone weitaus höher sein als das Produkt aus der Multiplikation der Zahl der Ausgangselemente.

Neben dieser Vergrößerung der Zahl der Einzelflächen wird zusätzlich auch die Zahl der Attribute pro Einzelfläche vermehrt. Diese ergibt sich aus der Summe der Attribute der beiden Ausgangsdateien. (Zusätzlich fällt noch mindestens ein Attribut zur Kennzeichnung der einzelnen Schnittflächen an.) Aus der Multiplikation der Zahl der Schnittflächen mit der Zahl der Attribute läßt sich abschätzen, daß die Datenmenge, welche bei der Überlagerung zweier Karten anfällt, weitaus größer sein kann als die Summe der Datenmengen der Ausgangsdateien.

Bei der Verknüpfung von Dateien mit einer großen Zahl von Attributen kann es daher sinnvoll sein, nicht alle Attribute in die neu generierte Datei zu übernehmen. Bei der Verwendung relationaler Datenbanken bleibt in diesem Falle dennoch die Möglichkeit bestehen, die nicht übernommenen Attribute über definierte Verknüpfungsattribute aus den ursprünglichen Dateien abzufragen.

Vorteilhaft ist bei dieser Vorgehensweise auch die Tatsache, daß nach etwaigen Aktualisierungen in den Ausgangsdateien, sofern nur Werte der thematischen Attribute, nicht aber die geometrischen Elemente selbst verändert worden sind, keine neuen Verknüpfungen gerechnet werden müssen, da ja stets auf den jeweiligen Originalbestand der Attribute zurückgegriffen wird.

Als nachteilig erweist sich hingegen die Verminderung der Abfragegeschwindigkeit, da nach dem Absetzen eines Suchbefehls stets mehrere Dateien

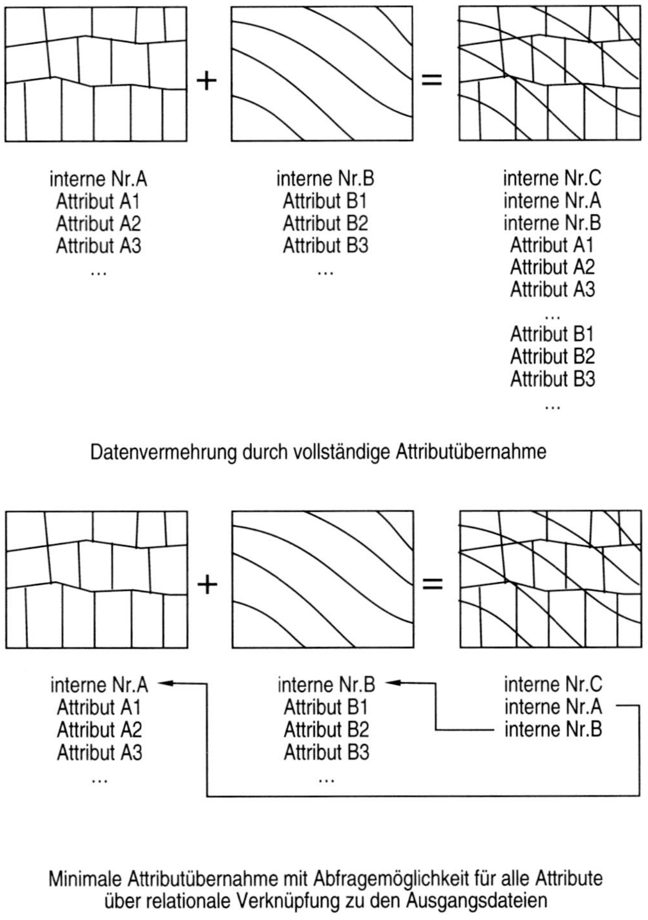


*Abb. 77. Gegenüberstellung von vollständiger Attributübernahme und relationaler Verknüpfung.*

durchlaufen werden müssen. Je nach der konkreten Aufgabenstellung kann es sich daher als praktikabel erweisen, Attribute, von welchen angenommen wird, daß sie häufig abgefragt werden, bei der Verknüpfung zu übernehmen und seltener benötigte Attribute über Relationen zu den Ausgangsdateien ansprechbar zu halten.

### 2.9.3 Dreidimensionale Geländeanalysen

Die Analyse von Geländesituationen ist ein wichtiger Arbeitsschritt in der Landschaftsplanung. Viele Aspekte der Nutzungseignung, aber auch der Abschätzung von geomorphologischen Gefahrenpotentialen (wie Lawinen, Steinschlag, Rutschungen) müssen im Zuge von Landschaftsplanungen berücksichtigt werden. Die in Kapitel 2.8.3.4 erörterten digitalen Höhenmodelle sind eine wichtige Grundlage für diese Aufgabenstellungen. Sie ermöglichen eine eingehende Untersuchung von Geländesituationen, die bei manueller Bearbeitung nur mit erheblichem Aufwand durchzuführen wären. Einige GIS-Pakete bieten auch die Möglichkeit der dreidimensionalen Visualisierung digitaler Geländedaten, was im Hinblick auf die Beurteilung landschaftsästhetischer Auswirkungen von Eingriffen in die Landschaft vorteilhaft sein kann.

#### Geländeauswertungen

Aus digital gespeicherten und untereinander in Beziehung gebrachten (vermaschten) Geländedaten können mit relativ geringem Aufwand die wichtigsten Aussagen über Geländeverhältnisse ermittelt werden: Angaben über Hangneigung und Exposition, lokale Maxima und Minima, Gesamtreliefenergie usw. Anspruchsvollere Algorithmen sind hingegen notwendig, wenn aus digitalen Höhendaten etwa Gewässernetze, hydrologische Einzugsgebiete oder morphologische Typen (wie Grate, Kuppen) ermittelt werden sollen, da hierfür umfangreiche Sortier- und Vergleichsdurchgänge erforderlich werden (Hutchinson 1988).

Bei der in Kapitel 2.8.3.4 besprochenen Struktur eines triangulierten irregulären Netzwerks (TIN) ist es besonders einfach, für jede Einzelfläche die entsprechenden Neigungs- bzw. Expositionswerte als Attribute abzulegen und auch weiterzuverarbeiten.

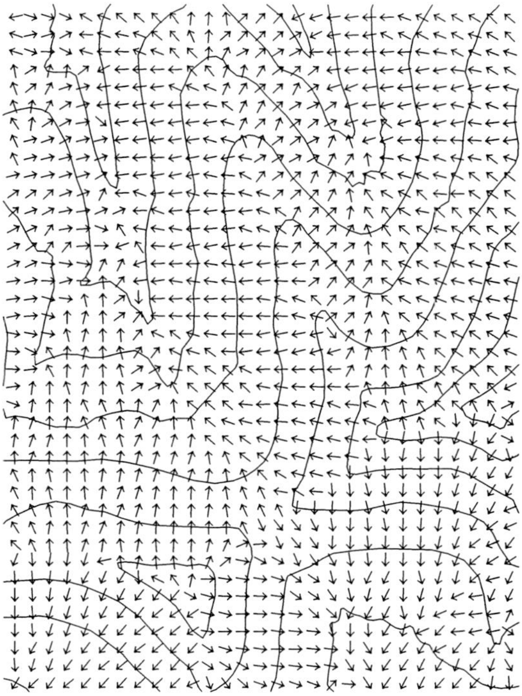

*Abb. 78. Beispiel für die Generierung einer Expositionskarte aus einem Digitalen Höhenmodell.*

Aus methodischer Sicht erscheint es dabei wichtig, die Relation zwischen Datenmenge und Aussagegenauigkeit im Auge zu behalten, dies vor allem unter dem Gesichtspunkt, daß bei einer größeren Zahl an Datenpunkten im digitalen Höhenmodell der Rechenaufwand rasch ansteigt; eine Reduktion der Datenmenge führt jedoch wiederum zu einer Abminderung lokaler Extremwerte, so daß die Wahl der Punktabstände aus der jeweiligen Aufgabenstellung definiert werden muß: Für großflächige Erhebungen etwa der Siedlungseignung eines Gebietes reichen allgemeine Aussagen über die Hangneigung meist vollkommen aus, für die Analyse möglicher Erosionsherde hingegen können gerade die sehr kleinräumig differenzierten Geländeformen hohe Bedeutung aufweisen.

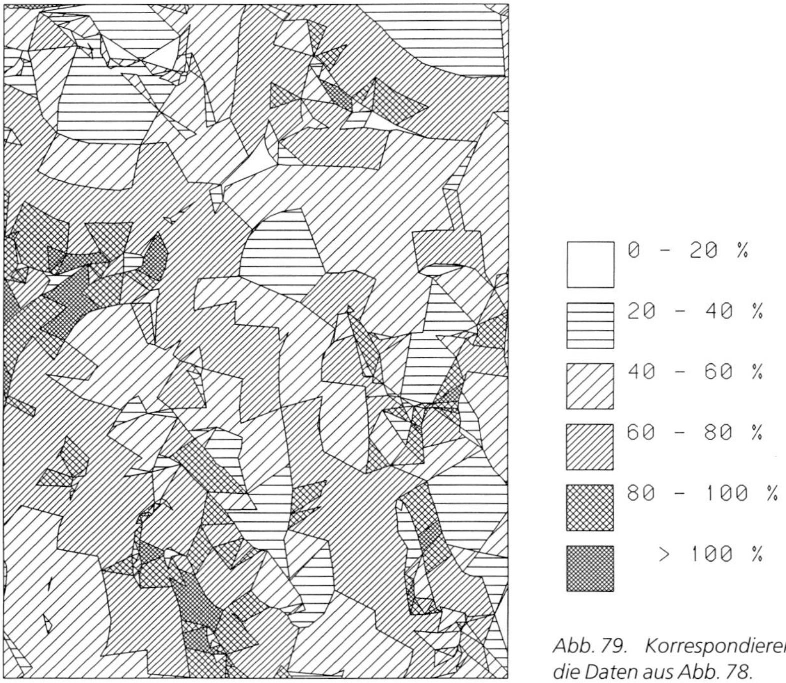


*Abb. 79. Korrespondierende Hangneigungsklassen für die Daten aus Abb. 78.*

**Sichtbarkeits- und Beleuchtungsuntersuchungen**

In GIS-Programmen kann am einfachsten über die Generierung von Querprofilen aus digitalen Höhenmodellen festgestellt werden, ob zwei Punkte in der Landschaft mit einander in Sichtbeziehung stehen. Wenn nun von einem bestimmten Untersuchungspunkt aus in alle Richtungen solche Profile gelegt werden, ist es möglich, daraus eine Karte zu erstellen, in welchen der gesamte Aussichtsbereich dieses Punktes wiedergegeben wird. Bei entsprechender Definition der gewünschten Auflösungsgenauigkeit (Winkel zwischen den einzelnen Sehstahlen) ist es leicht möglich, die Generierung der einzelnen Profile automatisch durchführen zu lassen (Abb. 80).

Sichtbarkeitskarten sind sehr gut geeignet, um zu ermitteln, wie weit sich der visuelle Wirkungsbereich einer geplanten Baumaßnahme erstreckt (siehe Hadrian et al. 1988, Hilger 1990).

Einschränkend muß jedoch hinzugefügt werden, daß sich die derart erstellten Sichtbarkeitskarten nur für große und mittlere Maßstäbe eignen. Bei kleinmaßstäblichen Untersuchungen ergibt sich einerseits das Problem der mangelnden Berücksichtigung der Erdkrümmung, andererseits spielen bei größeren Distanzen im allgemeinen auch die atmosphärischen Bedingungen eine bedeutendere Rolle (wie Luftfeuchtigkeit, Staubgehalt). Diese beiden Aspekte bei der Modellierung zu berücksichtigen, ist zwar prinzipiell möglich, erfordert allerdings wiederum einen höheren Arbeitsaufwand.

Eine weitere sehr wichtige Anwendung digitaler Höhenmodelle ist die Ermittlung von Licht- und Schattenzonen, welche häufig für die Beurteilung potentieller Wohnstandorte benötigt wird (Vonderohe und Clark 1982). Aus Sonnenstandsdiagrammen kann für jedes Datum und jede Tageszeit der Sonnenstand und die Einfallsrichtung abgelesen werden. Aus dem rechnerischen Verschnitt des Geländes mit Lichtstrahlen, die aus den genannten Parametern definiert sind, läßt sich ermitteln, inwieweit sich ein Landschaftsausschnitt im Eigen-

Aussichtsbereich eines Testpunktes

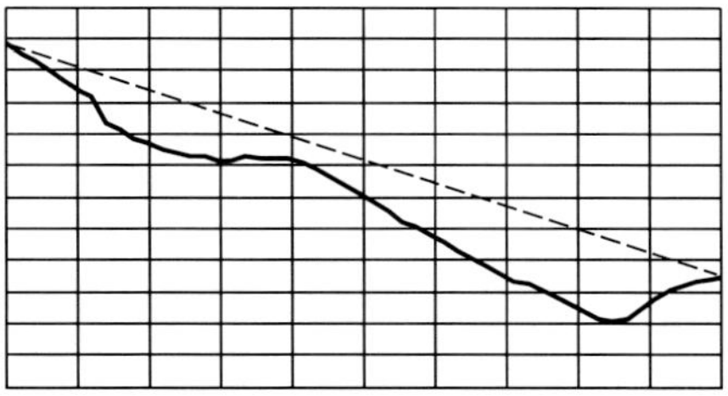

Sichtprofil Testpunkt - Gipfel

*Abb. 80. Sichtbarkeitsermittlungen auf Basis eines digitalen Höhenmodells.*

schatten oder im Schlagschatten eines anderen Landschaftsteiles befindet. Voraussetzung dafür ist jedoch, daß die Geländedaten über den eigentlichen Untersuchungsbereich hinausreichen, damit auch der Schlagschatten berücksichtigt werden kann, der von Geländeteilen ausgeht, welche sich außerhalb des Untersuchungsgebietes befinden.

### Dreidimensionale Geländedarstellung

Unabhängig von quantitativen Aspekten kann eine ansprechend gestaltete dreidimensionale Geländedarstellung wesentlich zur Vermittlung

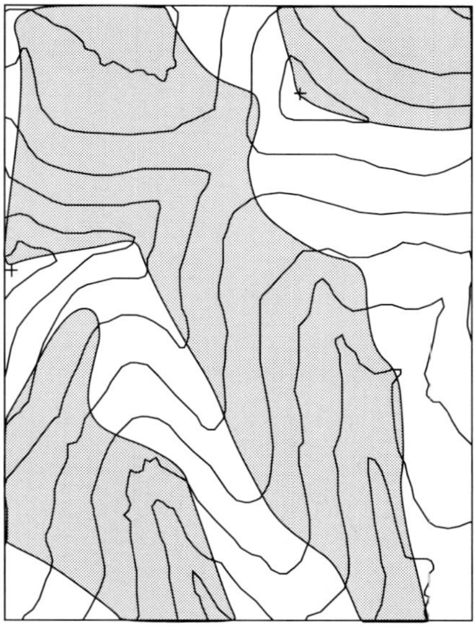

Schattenzonen am 4.November um 15 Uhr (Sonnenstand 14$^{o}$, Einfallsrichtung SW)

*Abb. 81. Ermittlung von Schattenzonen für eine gegebene Beleuchtungsrichtung.*

planerischer Aussagen beitragen. Auf der Basis digitaler Geländemodelle ist es möglich, bestehende Geländesituationen und geplante Veränderungen zu visualisieren, insbesondere im Hinblick auf Sichtbarkeitsverhältnisse (Gimblett 1990).

Grundsätzlich ergibt sich bei einer solchen Visualisierung das Problem der Darstellung dreidimensionaler Daten auf einem zweidimensionalen Medium wie Bildschirm oder Planpapier. Einfache geometrische Körper wie Quader oder Zylinder können anhand ihrer Kanten oder ihres Umrisses in einer 3D-Darstellung leicht erkannt werden, bei wenig strukturierten Geländeformen wie Mulden oder Kuppen ist dies nur schwer möglich. Es müssen daher über das darzustellende Gelände regelmäßige Strukturen gelegt werden, aus deren Veränderung durch die Reliefierung der Landschaft der Betrachter die Gestalt des Geländes wahrnehmen kann. Im Prinzip ist dies der gleiche Vorgang wie bei Isohypsendarstellungen in Grundrissen, es ist daher auch möglich, Isohypsen in isometrischer oder perspektivischer Projektion wiederzugeben,

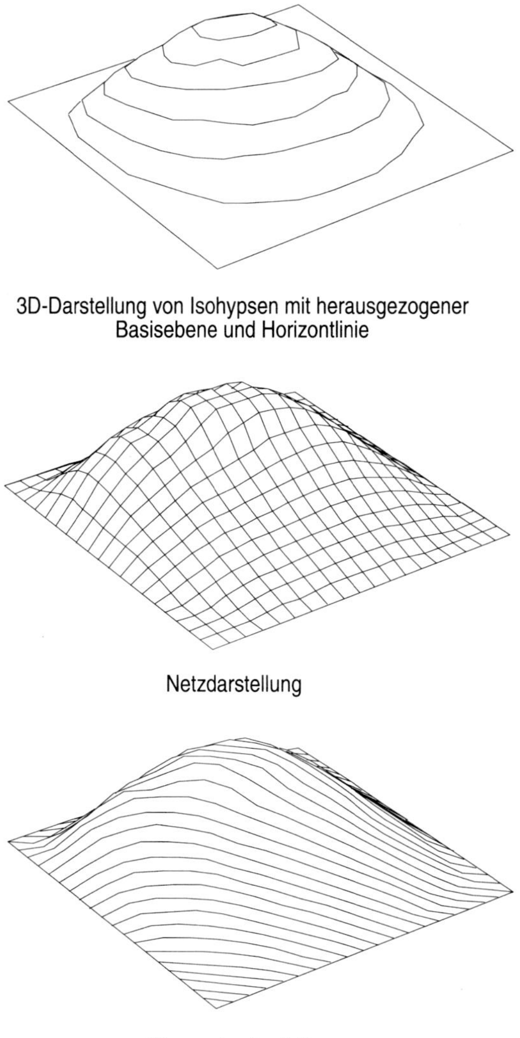


*Abb. 82. Möglichkeiten der dreidimensionalen Visualisierung von Geländedaten.*

eventuell in Kombination mit den Umrißlinien. Vorteilhafter erscheint allerdings die Visualisierung mit Hilfe eines regelmäßigen (Quadrat-)Netzes oder auch über Diagonalschraffuren.

Als besonders günstig erweist es sich, daß durch die einmal erarbeitete digitale Datenbasis mit relativ geringem Zusatzaufwand zahlreiche verschie-

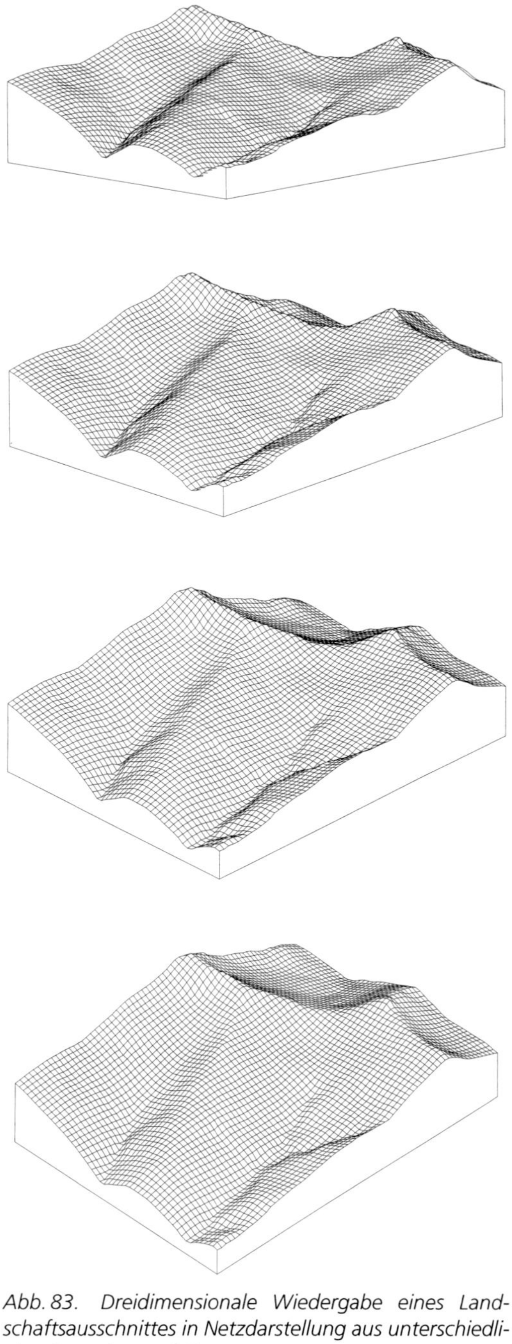

*Abb. 83. Dreidimensionale Wiedergabe eines Landschaftsausschnittes in Netzdarstellung aus unterschiedlichen Betrachtungshöhen.*

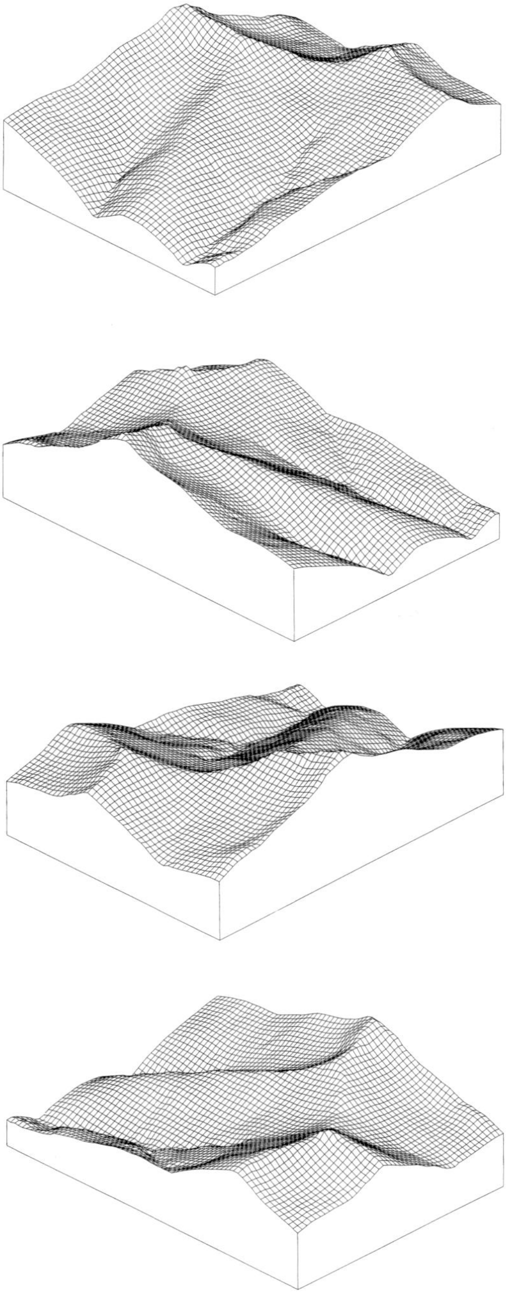

*Abb. 84. Dreidimensionale Wiedergabe eines Landschaftsausschnittes in Netzdarstellung aus unterschiedlichen Betrachtungsrichtungen.*

dene Darstellungen erstellt werden können, etwa mit unterschiedlichen Blickrichtungen oder Blickwinkeln (Abb. 83 und 84).

Auf der Basis der dreidimensionalen Geländedarstellung können auch Inhalte thematischer Karten räumlich visualisiert werden (Abb. 85). Dies ist dann vorteilhaft, wenn Landschaftsveränderungen simuliert werden sollen (für den Bau von Straßen, Eisenbahnen, Schipisten), wobei vor allem bei großmaßstäblichen Untersuchungen darauf geachtet werden muß, daß die Geländedaten eines digitalen Höhenmodells ja nur die jeweilige Höhenlage der Erdoberfläche wiedergeben, nicht aber visuell wirksame Strukturen wie Bauten oder Gehölze. In solchen Fällen müssen dann die Geländedaten entsprechend überarbeitet werden; bei Gebäuden könnte dies etwa durch die Annahme durchschnittlicher Höhen auf der Grundlage eines Bebauungsplanes erfolgen, bei Waldbeständen aufgrund einer Altersklassenkartierung usw.

Problematisch ist die Berücksichtigung von Bauwerken, da viele GIS-Programme mit Flächenmodellen arbeiten, die einem Grundrißpunkt nur eine Höhenkoordinate zuordnen können, nicht aber zwei, wie dies bei senkrechten Elementen (Mauern) erforderlich wäre. Für großmaßstäbliche Visualisierungen von Bauwerken muß daher eher auf Datenstrukturen zurückgegriffen werden, wie sie in CAD-Programmen gegeben sind (siehe Kap. 4.3.).

### 2.9.4 Netzwerkanalysen

Topologisch strukturierte Netzwerke aus Linienelementen und Knoten bieten vielfältige Ansatzpunkte für planerische Analysen. So können insbesondere Fragen aus dem Verkehrswesen mit Hilfe digitaler Netzwerkanalysen untersucht werden.

Allgemein betrachtet handelt es sich bei den meisten Netzwerkanalysen um Anwendungen der Flußtheorie: Zwischen den einzelnen Knoten eines Netzwerks fließen Ströme, welchen beim Durchlaufen der Kanten unterschiedliche Widerstände entgegengesetzt werden. Bezogen auf das Beispiel einer Verkehrsanalyse entsprechen die Kanten den

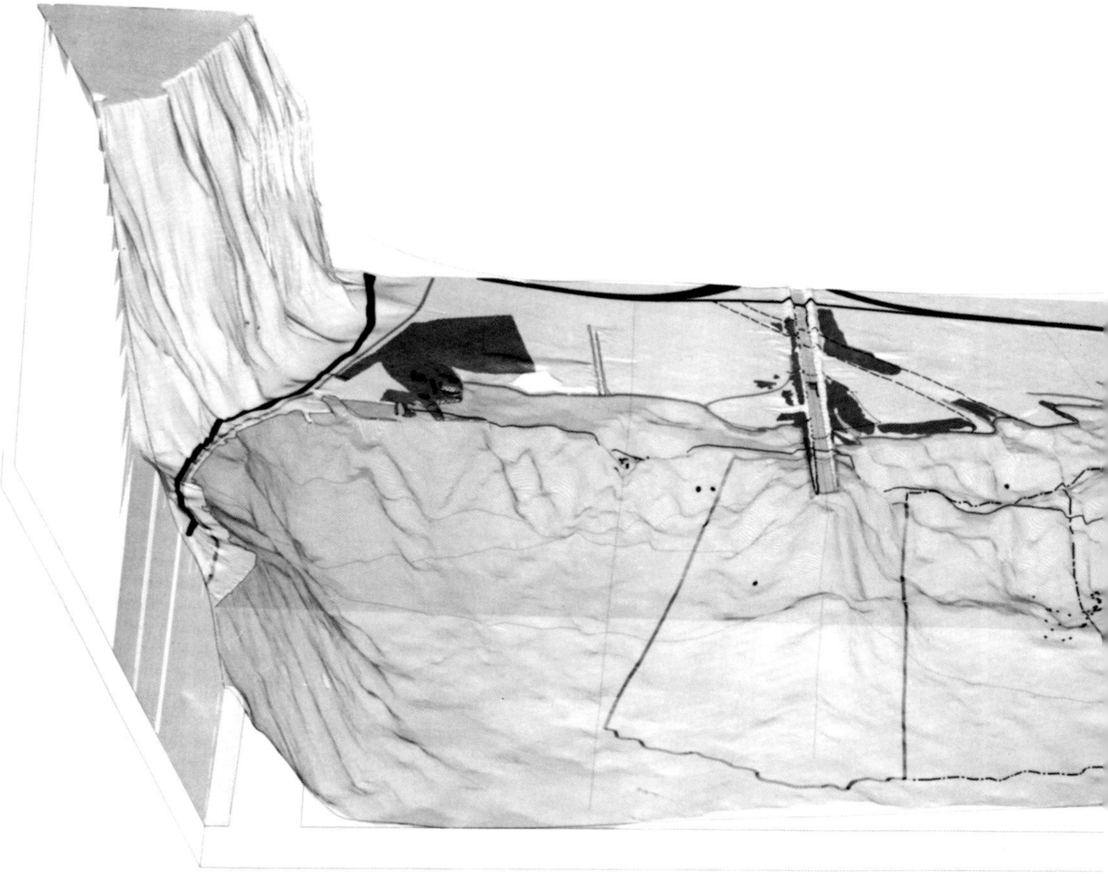

*Abb. 85. 3D-Darstellung des Reussdeltas am Vierwaldstättersee mit planerischen Informationen (Institut für Landschaftspflege und Umweltschutz, Uster, Schweiz).*

Verkehrswegen und die Knoten den Kreuzungen. Der Flußwiderstand innerhalb einer Kante beschreibt dann die Geschwindigkeit, mit welcher ein Straßenabschnitt durchfahren werden kann. Aus der Kenntnis der Länge dieses Abschnitts ergibt sich die aufzuwendende Fahrzeit. Zur praktischen Arbeit mit Netzwerkmodellen sind einige Verfeinerungen vorteilhaft (Lupien et al. 1987): Einerseits sollte es möglich sein, ein und derselben Kante zwei unterschiedliche Widerstände entsprechend den möglichen Flußrichtungen zuzuweisen, andererseits sollten auch an Knoten nähere Spezifikationen vorgenommen werden können (z. B. Wartezeiten, Bewegungseinschränkungen entsprechend den Abbiegeverboten, siehe Abb. 86).

Typische Fragestellungen, welche mit Netzwerkanalysen gelöst werden können, betreffen meist das Auffinden der kürzesten Verbindung zweier oder mehrerer Punkte innerhalb des Netzes, also die optimale Routenwahl („Traveling Salesman Problem"). Die hiefür eingesetzten Algorithmen sind meist sehr rechenzeitaufwendig, insbesondere dann, wenn sämtliche kombinatorischen Möglichkeiten einer Routenführung durchgetestet werden sollen. So ergeben sich etwa für die Gestaltung einer Rundfahrt über neun Stationen, welche alle direkt untereinander verbunden sind, insgesamt über 20 000 verschiedene mögliche Routen (Jungnickel 1987), von denen natürlich die meisten sinnlos sind; letzteres schon vor der Berechnung mit Hilfe von Sortieralgorithmen o. ä. zu erkennen, stellt ein erhebliches methodisches Problem dar. Die Ermittlung der kürzesten Verbindung nur zweier Punkte innerhalb eines Netzes läßt sich demgegenüber relativ leicht durchführen.

Eine zweite Gruppe von Fragestellungen stellt die Ermittlung von Fahr- oder Gehzeit-Isochronen (Versorgungsbereiche) um bestimmte Zentren dar. Diese Isochronen ergeben sich als die Umhüllen-

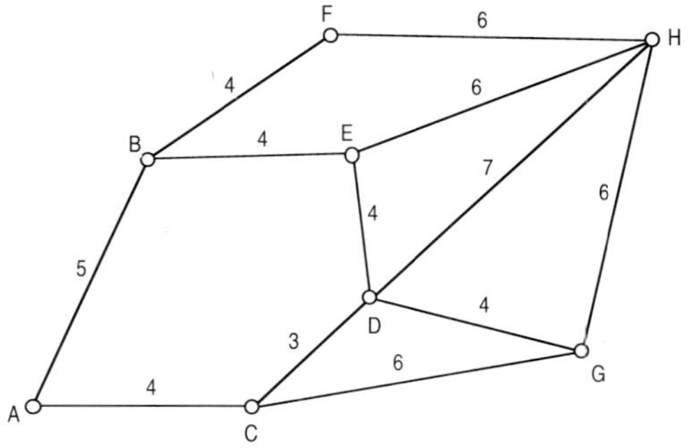


Definition eines Netzes aus Kanten und Knoten mit Angabe der Kantenwiderstände(z.B. Fahrzeiten zwischen verschiedenen Stationen)

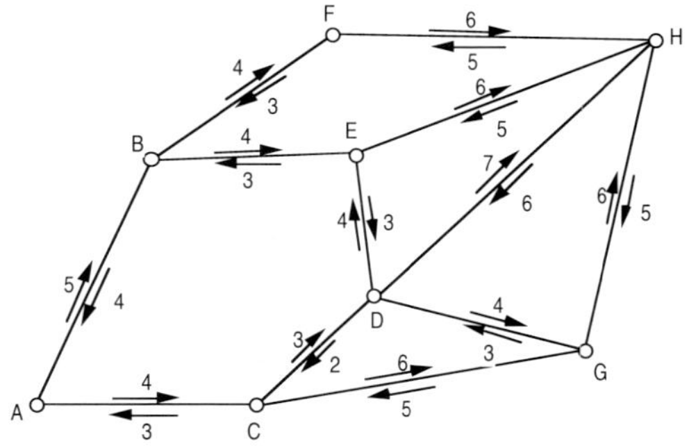


Erweiterung des Modells durch Berücksichtigung richtungsabhängiger Widerstände(z.B. Gehzeiten in geneigtem Gelände)

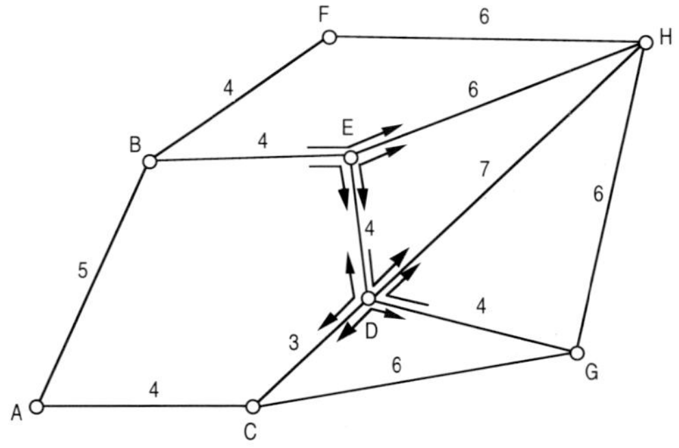


Einschränkung möglicher Richtungsänderungen in einzelnen Knoten(z.B. Abbiegeverbote bei Kreuzungen)

*Abb. 86. Grundstrukturen eines Netzwerkmodells für Flußanalysen.*

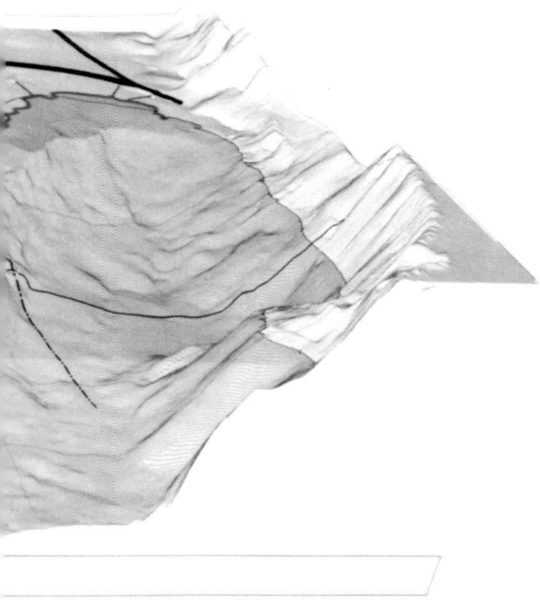

den aller Punkte eines Netzes, welche von einem gewählten Zentrum ausgehend in einer bestimmten Zeit zu erreichen sind.

In die Entwicklung von Netzwerk-Analysesystemen werden derzeit international sehr hohe Geldbeträge investiert, weil sie die Basis für automatische Verkehrs-Navigationssysteme darstellen sollen. Mit Hilfe dieser Systeme, so hoffen zumindest manche Vertreter der Autoindustrie, sollte es möglich sein, den Fluß des Individualverkehrs innerhalb städtischer Agglomerationen entsprechend der aktuellen Verkehrssituation zu optimieren. Wenn in einem Fahrzeug einerseits alle Daten über das Verkehrsnetz eines Gebietes digital verfügbar sind, andererseits aktuelle Meldungen über Verkehrsfunk eingespielt werden, so kann ein mit dem Autoradio verbundener Bordcomputer optimale Routenvorschläge errechnen.

Auch wenn der Sinn und Nutzen solcher Navigationssysteme prinzipiell in Frage gestellt werden kann (Was passiert, wenn alle Fahrzeuge mit dem gleichen Computer ausgerüstet sind und alle den gleichen Schleichweg wählen?), so verbleiben doch zahlreiche sinnvolle Anwendungen von Netzwerkanalysen, die auch für die Landschaftsplanung relevant sind.

Abb. 88 zeigt ein typisches Anwendungsbeispiel der Netzwerkanalyse in der städtischen Grünordnungsplanung: Der Einzugsbereich städtischer

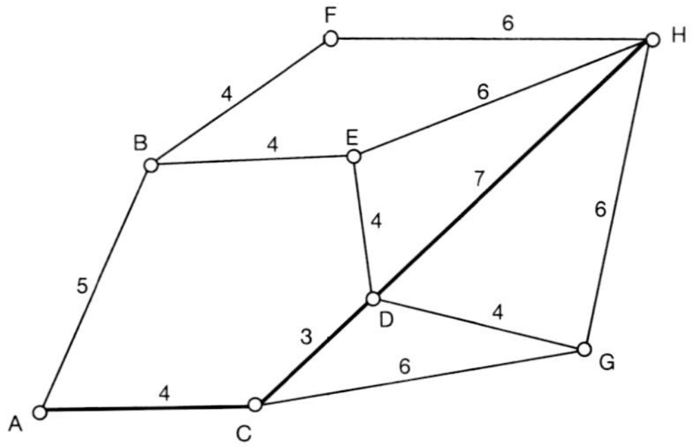


*Abb. 87. Ermittlung der kürzesten Verbindung zweier Punkte eines Netzes.*

Grünanlagen wird häufig aus dem Zeitaufwand ermittelt, der zum Erreichen der Grünanlage vom Wohnquartier aus aufgewendet werden muß. Aus der Annahme bestimmter Gehgeschwindigkeiten und -zeiten läßt sich dieser Einzugsbereich relativ einfach ermitteln. In vielen Planungsarbeiten wurde hierfür lediglich eine Abstandstransformierte um die Grünanlage ermittelt, deren Radius der ermittelten Gehdistanz entspricht. Durch die Anwendung der Netzwerkanalyse ist es nun möglich, für jedes Quartier die kürzeste Gehstrecke zu bestimmen und dabei auch Zeitverluste, wie sie etwa durch Verkehrsampeln bewirkt werden, zu berücksichtigen. Je nach der Detaillierung des Modells lassen sich dabei auch unterschiedliche Verhaltensweisen von Fußgängern simulieren; so sind zum Beispiel ältere Personen nicht nur mit einer geringeren Geschwindigkeit unterwegs, sie sind auch beim Überqueren stark befahrener Straßen vermehrt auf geregelte Übergänge angewiesen. Aus Abb. 88 ist zu entnehmen, wie groß der Unterschied zwischen der über eine Abstandstranformierte ermittelten und der über eine Netzwerkanalyse berechneten Erreichbarkeitszone sein kann.

*Abb. 88. Ermittlung der Erreichbarkeitszone um eine Grünfläche im sechsten Wiener Gemeindebezirk mit Hilfe einer Netzwerkanalyse im Vergleich zu einer undifferenzierten Abstandstransformierten (Tschemernig 1991).*

[Man muß sich dabei bewußt sein, daß selbst bei einer verfeinerten Modellierung letztendlich viele Unsicherheiten bestehen bleiben. Daher lassen sich anhand dieses Beispiels auch die Grenzen der Modellierbarkeit demonstrieren: So finden etwa individuelle Präferenzen bei der Wahl eines Weges (wie gezieltes Aufsuchen eines ruhigen Weges, Konsumangebote) keine Berücksichtigung].

## 2.10 GIS als kartographisches Werkzeug

Die äußere Gestaltung von graphischen Darstellungen im Bereich der Landschaftsplanung hat eine große Bedeutung für den Informationsfluß zwischen Planern, Auftraggebern und Betroffenen, die kartographischen Fähigkeiten eines GIS spielen somit in dieser Branche oftmals eine sehr wichtige Rolle bei der Systemauswahl.

Beinahe jedes GIS-Programm ist gleichzeitig auch ein Programm zur automatischen Kartenerstellung; die Übergänge zwischen den Begriffen „Digitale Kartographie" und „GIS" sind daher in der Praxis fließend. Ein weiterer wesentlicher Vorteil liegt in der zumindest theoretisch gegebenen Freiheit des Ausgabemaßstabs: Aus einem Datensatz können ohne großen Mehraufwand Pläne in unterschiedlichen Maßstäben erstellt werden.

### 2.10.1 Überarbeitung graphischer Daten vor der Ausgabe

Digital gespeicherte Daten können in vielen Fällen direkt zur Herstellung von Karten verwendet werden, beim Vorliegen hoher kartographischer Ansprüche kann es jedoch notwendig sein, die Daten vor der Kartenerstellung noch weiter zu bearbeiten.

#### Glättung

Digitalisierte Linien sind in einem GIS, sofern es sich um Vektordarstellung handelt, als Polygonzüge abgespeichert. Das daraus resultierende „eckige" Erscheinungsbild etwa von Höhenschichtenlinien auf einer Computerkarte wird oftmals als unschön empfunden. Es kann daher aus ästhetischen Gründen in manchen Fällen sinnvoll sein, solche Linien nachträglich zu glätten. Innerhalb von GIS-Programmen erfolgt eine Glättung meist durch das Einschalten von Zwischenpunkten, das heißt die Polygonstruktur wird so weit verfeinert, daß sie nicht mehr so deutlich sichtbar ist. Die Positionierung der Zwischenpunkte erfolgt entlang von Ausgleichskurven, wobei es möglich sein sollte, einen gewünschten Abstand zu definieren.

Für die Ermittlung der Ausgleichskurven können verschiedene Algorithmen herangezogen werden, in der Regel handelt es sich um Splines oder Beziér-Kurven. Nähere Erläuterungen hiezu sind in Kapitel 3.4.1. zu finden.

Es erscheint wichtig, darauf hinzuweisen, daß durch das Glätten der Linien der Informationsgehalt im allgemeinen nicht erhöht wird, da es sich bei den zusätzlichen Zwischenpunkten ja lediglich um sekundäre Werte handelt, welche aus den ursprünglich digitalisierten abgeleitet werden.

Außerdem ist zu bedenken, daß je nach der Wahl des Abstandes der interpolierten Punkte die Datenmenge und damit der Speicherbedarf gewaltig ansteigen kann, und zwar dann, wenn das Programm nicht die Funktionen selbst abspeichert, sondern nur die daraus generierten Zwischenpunkte, wie dies bei GIS-Programmen im Gegensatz zu CAD-Programmen häufig der Fall ist. Geometrische Überlagerungen, die mit geglätte-

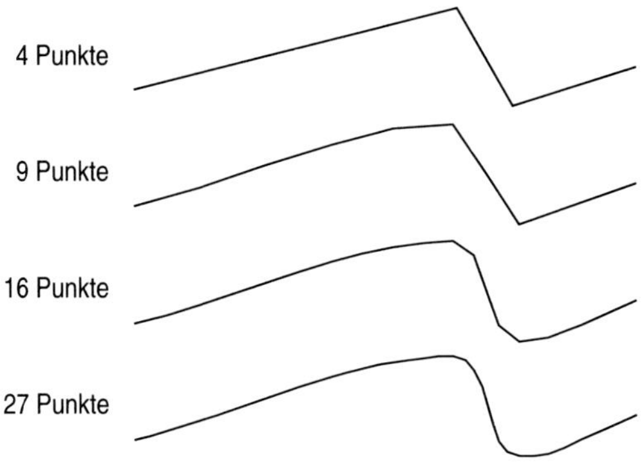


*Abb. 89. Glättung durch Punktverdichtung.*

ten Linien durchgeführt werden, erfordern dann weitaus höhere Rechenzeiten als solche mit Rohdaten. Glättungen sollten daher im allgemeinen nur im Hinblick auf die Ausgabe vorgenommen werden, während für analytische Berechnungen und Verschneidungen besser die nicht verdichteten Daten heranzuziehen sind.

#### Generalisierung

Nicht nur eine zu geringe Elementdichte kann das optische Erscheinungsbild einer Karte beeinträchtigen, sondern auch eine zu hohe: Wenn Kartenelemente in einem großen Maßstab digitalisiert und dann in einem viel kleineren ausgegeben werden sollen, so muß in vielen Fällen eine Vereinfachung vorgenommen werden.

Dies betrifft einerseits die Form der Elemente selbst, andererseits aber auch deren Darstellung und Positionierung. Wesentlich ist in beiden Fällen, daß der Informationsgehalt der Karte möglichst wenig beeinträchtigt wird: Wenn zum Beispiel die Umrißlinien einer Fläche generalisiert werden sollen, so wäre es unzulässig, die Auswahl der zu entfernenden Punkte rein statistisch vorzunehmen. Generalisierungsfunktionen müssen daher stets die „Wichtigkeit" eines Kartenelementes bzw. seiner Einzelteile berücksichtigen.

Da die Generalisierung von Linien für die Automatisierung der Kartographie eine wesentliche Bedeutung hat, ist die Zahl der diesbezüglich entwickelten Algorithmen sehr groß (Clarke 1987,

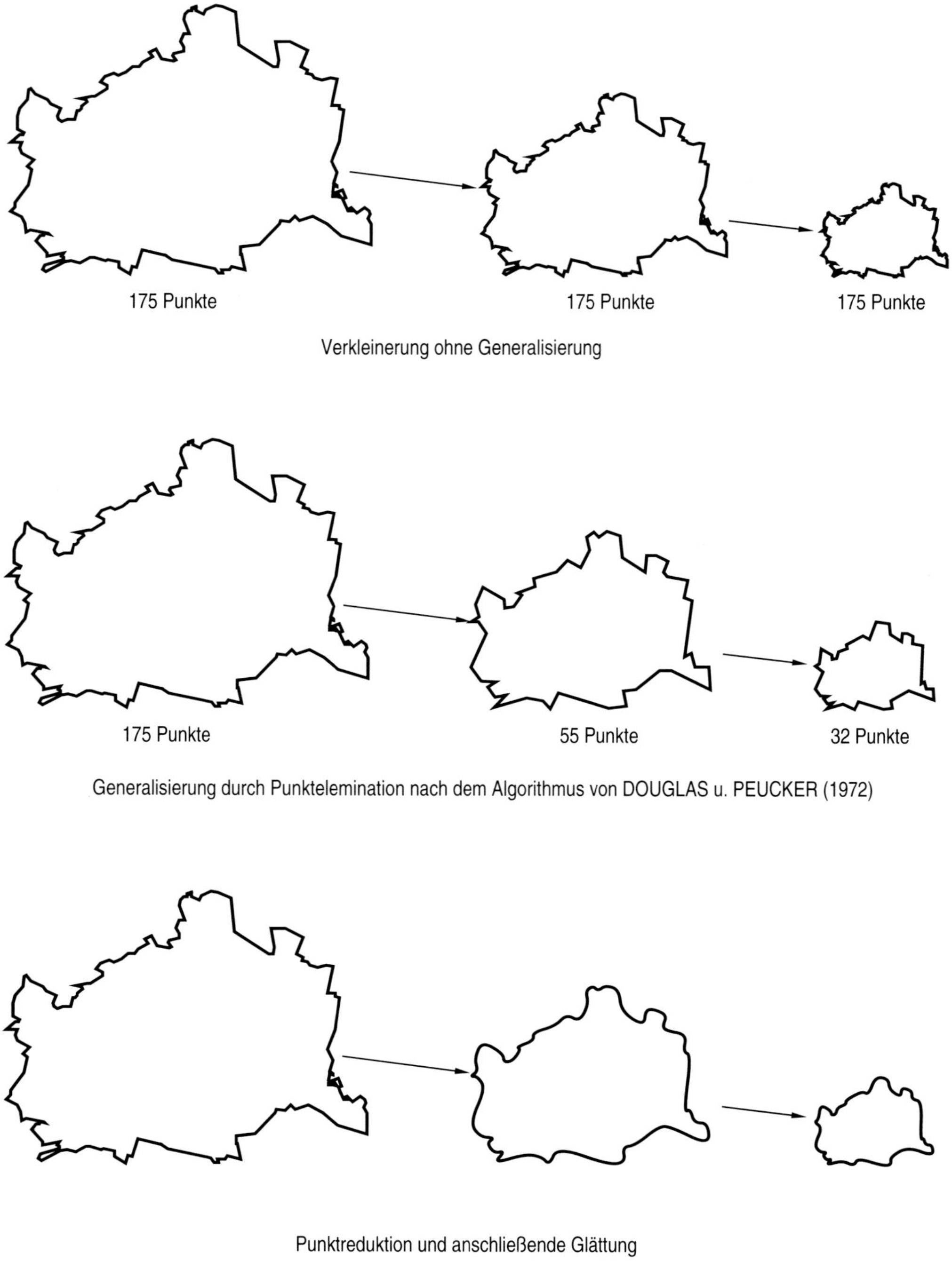


*Abb. 90. Maßstabsverkleinerung und Generalisierung am Beispiel der Stadtgrenze von Wien.*

Douglas und Peucker 1973, van Horn 1985, Müller 1987, Wolf 1988, Cromley 1988 etc.). Bisweilen wird allerdings eingewendet, daß diese Algorithmen zumindest in mittlerer Zukunft die Berufserfahrung eines sensiblen Kartographen nicht ersetzen können.

Noch schwieriger ist die Automatisierung bei der Auswahl der Objekte, die nach einer Maßstabsverkleinerung nicht mehr oder in anderer Form aufscheinen sollen, etwa wenn Flächen durch Symbole ersetzt oder mehrere Elemente zu einem einzigen zusammengefaßt werden sollen. Auch hier ist es schwierig, eine Selektion lediglich nach bestimmten Mindestflächengrößen vorzunehmen, ohne die Bedeutung der einzelnen Elemente zu berücksichtigen.

Es kann sich daher bei der Ausgabe als vorteilhaft erweisen, wenn schon in Zuge der Dateneingabe eine Diffenzierung in der Kodierung im Hinblick auf die spätere Ausgabe vorgenommen wird.

In Abb. 91 ist eine solche Anwendung dargestellt: Durch eine geeignete Kodierung ist es möglich, bei kleinmaßstäblicher Darstellung nur Grenzlinien mit höherer hierarchischer Bedeutung wiederzugeben.

Als letztes Problem bei der Generalisierung ist die Verdrängung von Kartenelementen zu nennen: Wenn aus Gründen der Lesbarkeit Kartenelemente mit Signaturen dargestellt werden, die unter Berücksichtigung des Kartenmaßstabes größer sind als das Element selbst, wie dies etwa bei Straßensignaturen gegeben ist, in deren unmittelbarer Nähe aber weitere Elemente vorhanden sind, welche nicht überdeckt werden dürfen (z. B. Häuser neben Straßen), so müssen Veränderungen an der geometrischen Struktur vorgenommen werden.

Auch dieser Vorgang ist nur schwierig zu automatisieren, da ja nicht nur die unmittelbar betroffenen Elemente, sondern die gesamte Umgebung berücksichtigt werden müssen (Nickerson und Freeman 1986, Mackaness et al. 1987).

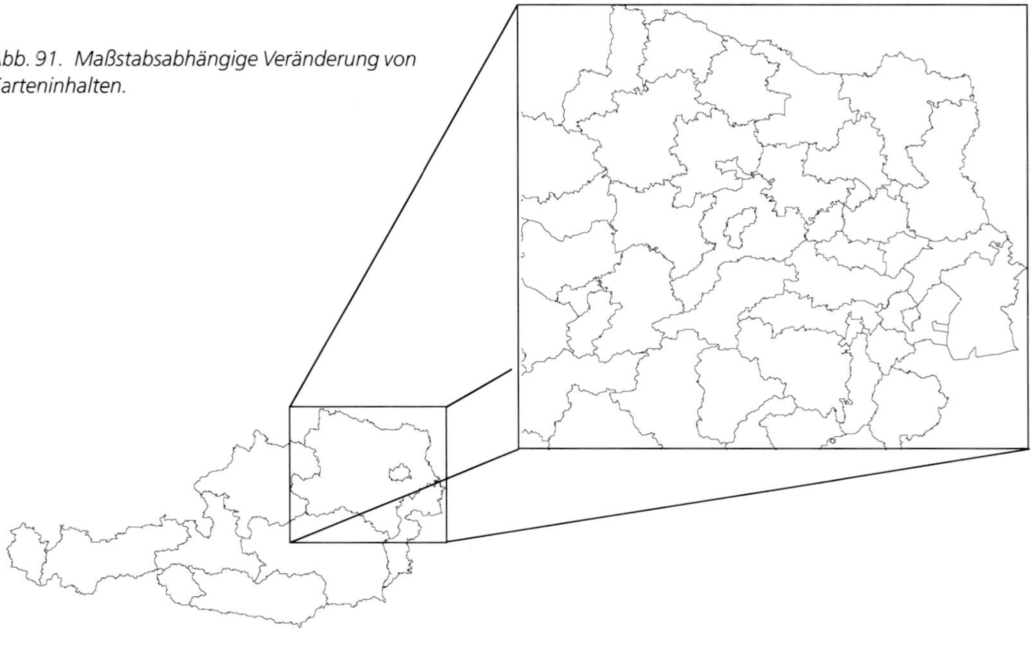

*Abb. 91. Maßstabsabhängige Veränderung von Karteninhalten.*

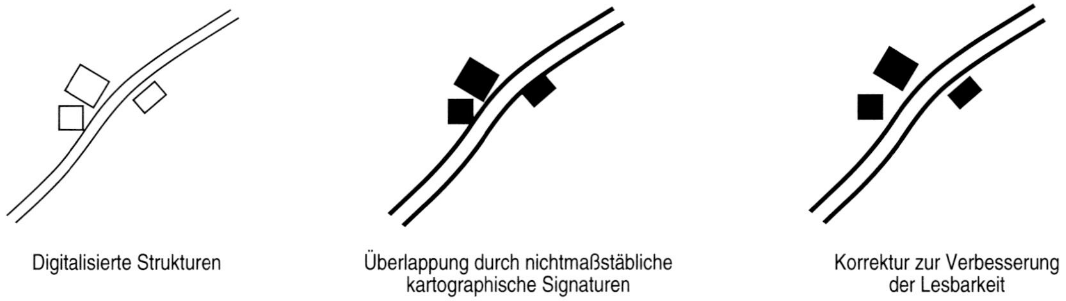


*Abb. 92. Objektfreistellung: Verdrängung geometrischer Elemente durch übergroße kartographische Signaturen.*

## 2.10.2 Kartenkomposition

### Ausgabegeräte

Die Ausgabe graphischer Darstellungen erfolgt prinzipiell entweder auf dem Bildschirm oder auf jenen Geräten, die die verschiedensten Typen von „Hardcopies" herstellen: Drucker, Plotter, Filmbelichter usw.

Als besonderer Vorteil der meisten dieser Geräte erweist sich die Tatsache, daß die Ausgaben in mehr oder weniger beliebiger Zahl wiederholbar sind. Die Kosten der Herstellung kleiner Serien von Farbdarstellungen können auf diese Weise gegenüber den herkömmlichen Verfahren des Farbdrucks deutlich reduziert werden. In vielen Fällen kann sich dadurch die oftmals gegebene Beschränkung auf nur in Schwarzweiß vervielfältigbare Darstellungen erübrigen.

Die Vorgehensweise bei der Plangestaltung richtet sich weitgehend nach dem Funktionsprinzip des Ausgabegerätes: Während z. B. bei einer Bildschirmdarstellung flächenfüllende Farbsignaturen in vielen verschiedenen Farbtönen möglich sind, beschränkt sich ein Strichplotter meist auf wenige Farben und den Einsatz von Schraffuren. Die Festlegung der Parameter für die Ausgabe erfolgt daher in der Regel unabhängig von der Speicherung der eigentlichen Karteninhalte, das heißt zu einem Datensatz werden mehrere verschiedene Ausgabeprozeduren eingerichtet, die je nach dem verwendeten Gerät eingesetzt werden.

### Erzeugung von Symbolen und Signaturen

In jedem GIS-Programm werden vordefinierte Signaturen angeboten, die für die kartographische Ausgabe eingesetzt werden können. Daneben besteht die Möglichkeit, eigene Symbole aus vorgegebenen Bausteinen zusammenzusetzen und in Symbolbibliotheken abzuspeichern (Abb. 93). Dies ist vor allem dort sinnvoll, wo Pläne mit einheitlichen Signaturen erstellt werden sollen, wie dies etwa beim Vorliegen einer Planzeichenverordnung der Fall ist.

Die Zuordnung der thematischen Attribute zu den verschiedenen Plansignaturen wird meist über Tabellen definiert, in denen den Attributwerten die Signaturen gegenübergestellt werden. Als vorteilhaft erweist es sich dabei, wenn in diesen Tabellen nicht nur eine Zuordnung zu bestimmten Werten, sondern auch zu Wertebereichen vorgenommen werden kann (Abb. 96).

*Abb. 93. Generierung von kartographischen Symbolen aus einfachen geometrischen Elementen*

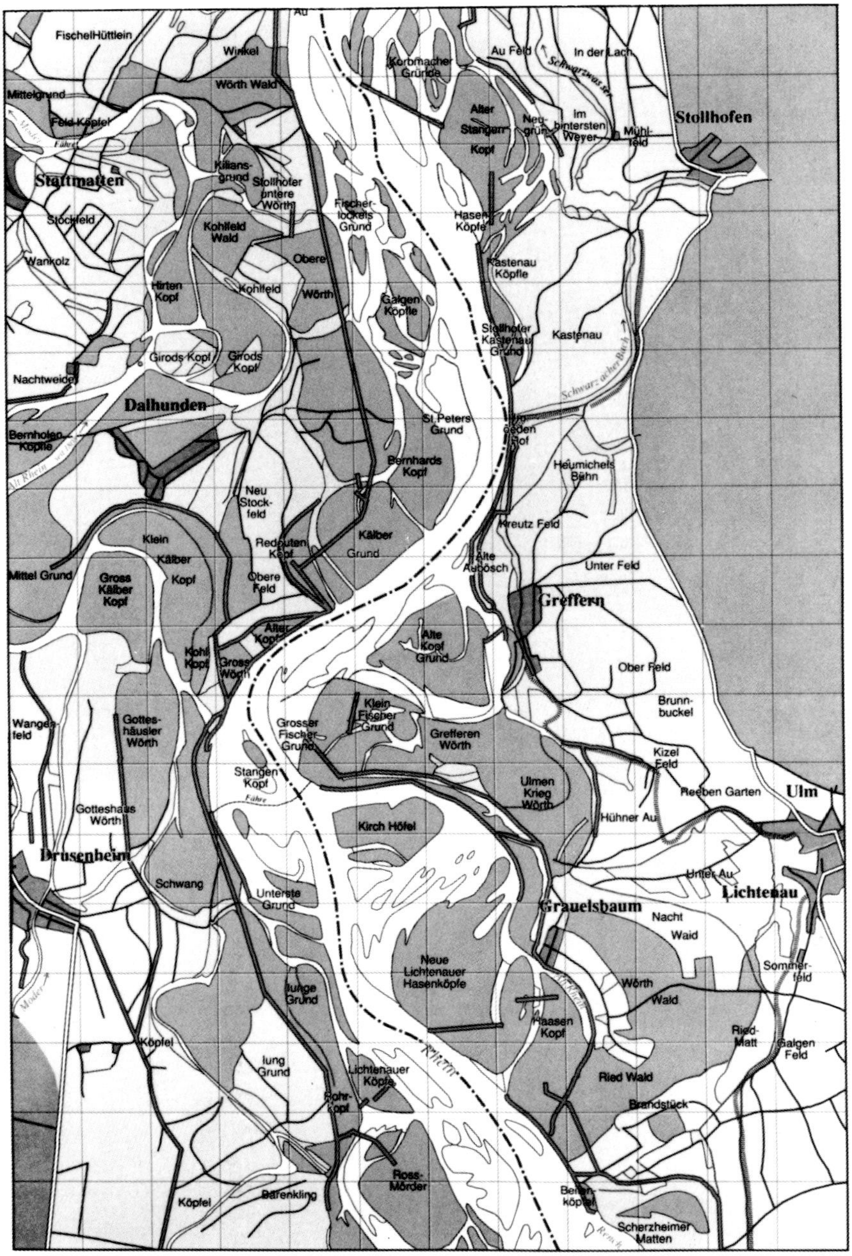


*Abb. 94. Beispiel für eine professionelle Kartenausgabe auf einem Filmbelichter. Die digitalisierten Daten wurden in einem Farb-Graphikprogramm aufbereitet und in vier Farbauszüge getrennt. Die auf einem Filmbelichter ausgegebenen Druckfolien wurden anschließend auf herkömmliche Art übereinandergedruckt. (D.Günther-Diringer, WWF-Auen-Institut Rastatt)*

*Abb. 95. Beispiel für die Ausgabe auf einem Farb-Elektrostatplotter (Institut für Landschaftspflege und Umweltschutz, Uster, Schweiz).*

## Gestaltung und Plazierung von Texten

Analog der Verknüpfung zwischen thematischen Attributen und Plansignaturen kann auch die Auswahl verschiedener Schrifttypen bzw. -größen erfolgen: Je nach dem eingesetzten Ausgabegerät wird zwischen unterschiedlichsten Formen ausgewählt. Die Plazierung von Texten erfolgt entweder durch eine interaktive Eingabe am Bildschirm während der Kartenkomposition oder aber über die Verknüpfung mit anderen Kartenelementen, entsprechend den Zuordnungen, wie sie bei der Dateneingabe festgelegt worden sind (siehe Abb. 15).

## Planköpfe und Legenden

Das rahmende Beiwerk einer Karte kann in der gleichen Art erstellt und abgespeichert werden wie die eigentlichen Karteninhalte. Keinesfalls sollten

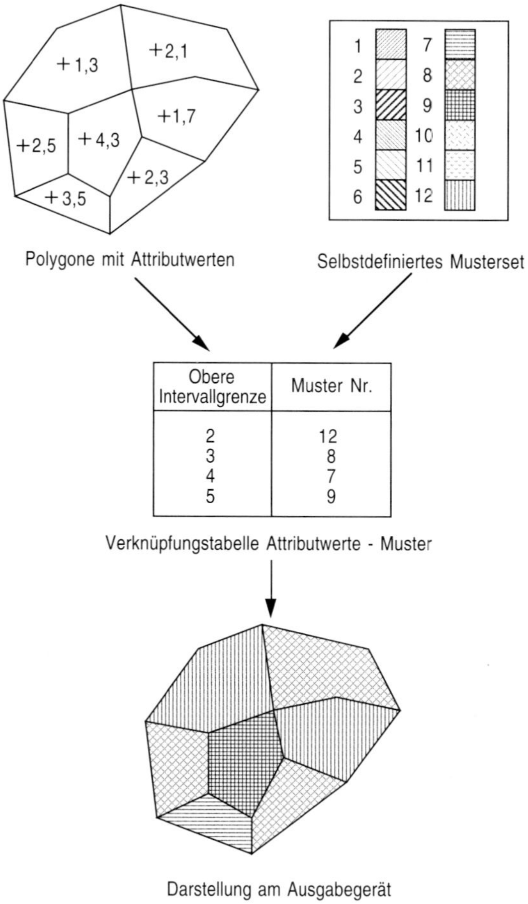


*Abb. 96. Zuordnung zwischen thematischen Attributen und Plansignaturen*

sie jedoch in derselben Datei abgelegt werden, da es sich ja um von der Struktur her unterschiedliche Daten handelt.

Bei der Gestaltung von Planköpfen und Legenden ist ein hoher Grad an Rationalisierung zu erreichen, wenn häufig wiederkehrende Elemente in einer allgemeinen Form abgespeichert werden und im konkreten Fall dann nur mehr entsprechend modifiziert werden müssen.

### Interaktive Kartenkomposition

Aus den zahlreichen thematischen Ebenen eines GIS, den Symbolbibliotheken und Signaturendateien sowie den kartographischen Hilfsstrukturen wie Planköpfen, Legenden und Maßstabsleisten erfolgt am Bildschirm die Vorbereitung der Karten für die Ausgabe. Entsprechend der Schichtenstruktur eines GIS können die Inhalte mehrerer Karten in einer einzigen Darstellung überlagert werden; dies ist auch möglich, wenn vorher keine rechnerische Überlagerung durchgeführt worden ist (Abb. 97).

Im Zuge der interaktiven Bearbeitung ist es möglich, auf die gestalterischen Aspekte einer Plandarstellung näher einzugehen und durch Verschieben und Skalieren einzelner kartographischer Elemente ein ansprechendes Ergebnis zu erzielen. Die fertige Komposition wird dann für die eigentliche Ausgabe an dem jeweiligen Peripheriegerät vom Rechner noch zu einer Ausgabedatei weiterverarbeitet. Ausgabedateien für rasterorientierte Geräte (wie Matrixdrucker, Thermotransferplotter) können sehr umfangreich sein, besonders dann, wenn komplizierte flächige Signaturen verwendet werden. Es empfiehlt sich daher, für Probedrucke und Arbeitskarten auf einfachere Darstellungsweisen zurückzugreifen, um einen unnötig hohen Verbrauch an Massenspeicherkapazität zu vermeiden.

### Möglichkeiten der Automatisierung der Kartenkomposition

Die einzelnen Schritte der Kartenkomposition können in Makrobefehlen zusammengefaßt und somit von einem konkreten Anlaßfall ausgehend zu allgemein einsetzbaren Routinen erweitert werden. Dies ist insbesondere dann sinnvoll, wenn Inhalte verschiedener Karten zu einem großen Teil identisch oder zumindest ähnlich strukturiert sind, wie es etwa gegeben ist, wenn eine Karte in mehreren Teilblättern herausgegeben wird.

Wie weit die Möglichkeiten einer vollständigen Automatisierung kartographischer Produktionsabläufe in Zukunft gehen werden, läßt sich derzeit noch nicht abschätzen. Dabei muß auch unterschieden werden zwischen den Ansprüchen, wie sie im Planungsalltag etwa eines Landschaftsplanungsbüros bestehen, und jenen eines kartographischen Verlages: Im Planungsbüro stehen Geschwindigkeit und Flexibilität im Vordergrund,

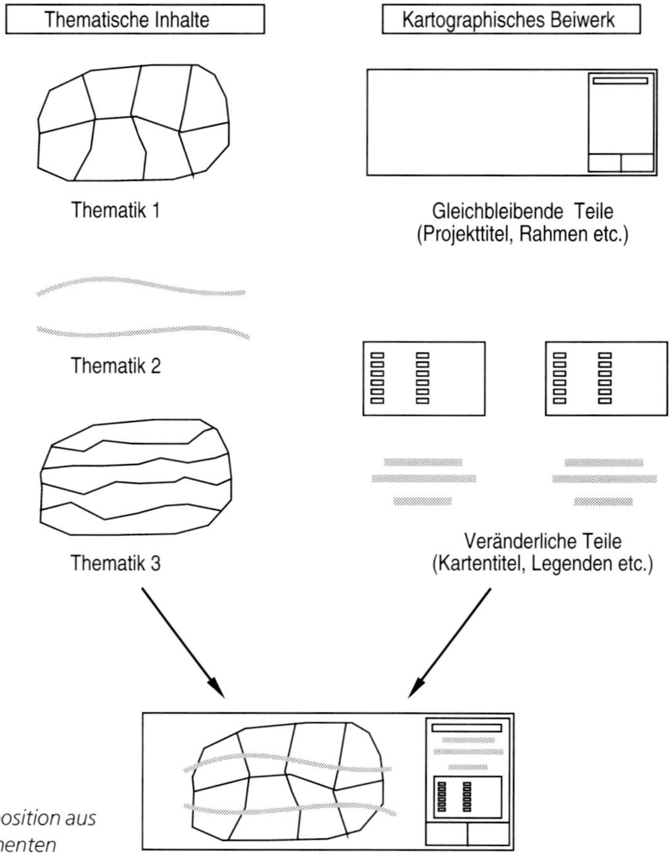


*Abb. 97. Kartenkomposition aus zahlreichen Einzelelementen*

während im kartographischen Verlagswesen die Anforderungen im Hinblick auf Genauigkeit und Lesbarkeit sicherlich höher liegen.

Anhand Abb. 98 sollen diese Unterschiede verdeutlicht werden: Aus einem digitalen Datensatz mit Polygonstruktur soll eine Karte generiert werden, aus der die zu den einzelnen Polygonen gehörenden Zahlenwerte direkt ablesbar sind. GIS-Programme können eine solche Ausgabe automatisch erstellen: Es muß lediglich definiert werden, welches Attribut ausgedruckt werden soll, sowie die gewünschte Schrifttype und -größe. Bei der Darstellung werden dann in bestimmten Abständen von den jeweiligen Referenzpunkten der Polygone die entsprechenden Werte wiedergegeben. In der oberen Abbildung zeigt sich, daß eine sture Anwendung dieser Vorgehensweise zwar durchaus die gewünschte Information vermittelt, die ästhetischen Ansprüche eines Betrachters werden aber nicht befriedigt: Die Zahlendarstellung nimmt keinerlei Rücksicht auf andere Kartenelemente, so daß teilweise eine Überlagerung zwischen Texten und Linien erfolgt; auch ist die Zuordnung nicht immer klar erkennbar.

In der unteren Abbildung wurde die automatische Darstellung nachträglich überarbeitet; es mußten nur einige wenige Verschiebungen vorgenommen werden, um zu einem befriedigenden Ergebnis zu kommen.

Viele Autoren arbeiten derzeit an Lösungsansätzen, die es ermöglichen sollen, Prozesse, wie sie hier vereinfacht dargestellt wurden, ebenfalls zu

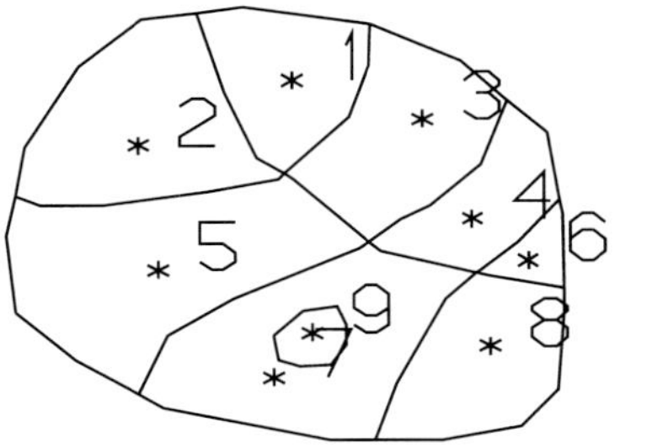


Automatische Textplazierung ohne Rücksichtnahme auf andere Kartenelemente

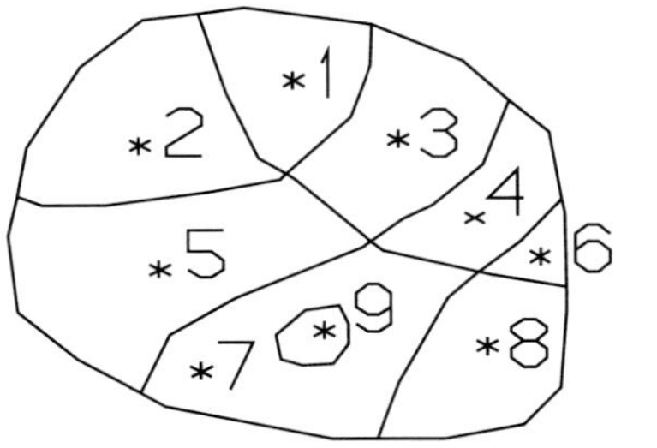


Automatische Textplazierung mit kartographischer Nachbearbeitung

*Abb. 98. Kartographische Ansprüche bei der Plazierung von Texten*

automatisieren. Dazu bedarf es lernfähiger Systeme, die die Erfahrungen kartographischer Experten in Entscheidungsabläufe einarbeiten können (Freeman 1984, Jones 1990, Mackaness und Fisher 1987, Mover 1986, Robinson et al. 1985, Zoraster 1987). Solche Expertensysteme, die ein wichtiges Anwendungsgebiet der Forschung auf dem Gebiet der künstlichen Intelligenz darstellen, werden natürlich nur dort rationell einsetzbar sein, wo der entsprechende Bedarf gegeben ist, also eher in kartographischen Verlagen oder im Zuge von Großprojekten und nur selten in Planungsbüros.

Für die zuletzt genannte Anwendergruppe ergibt sich die Forderung, daß ein GIS in der Lage sein sollte, Kartenentwürfe zwar automatisch zu generieren, aber in einer Weise, daß es möglich bleibt, die Entwürfe nachträglich noch interaktiv am Bildschirm weiter zu bearbeiten. Dies ist leider bei manchen marktführenden Paketen nur eingeschränkt möglich.

### Kartographische Anforderungen an die Benutzer eines GIS

Die umfangreichen kartographischen Fähigkeiten leistungsfähiger GIS-Programme stellen die Benutzer vor die Aufgabe, aus einem nahezu unbeschränkten Angebot an Signaturen, Strichstärken, Farben usw. die passenden auszuwählen. Man darf dabei allerdings nicht vergessen, daß die Grundprinzipien der thematischen Kartographie auch für Computerkarten Gültigkeit haben: Viele solcher Karten, vor allem die Werke euphorischer Einsteiger, sind geprägt von einem Übermaß an Variabilität in den verwendeten graphischen Elementen. Ein Plan, der mit zehn verschiedenen Schrifttypen gestaltet wurde, beeindruckt vielleicht beim ersten Hinsehen; die Botschaft, die er vermitteln soll, ist in einer solchen Vielfalt oft nicht so leicht zu begreifen.

Im Rahmen der Aneignung eines Systems zur digitalen Kartographie sollte daher durchaus auch auf Erkenntnisse und Empfehlungen zurückgegriffen werden, welche aus der Zeit vor der Einführung der graphischen Datenverarbeitung stammen und in den „klassischen" Lehrbüchern zur thematischen Kartographie dargestellt sind (z. B. Imhof 1972, Arnberger 1966). Dies gilt insbesondere für die Auswahl geeigneter Farben für Wertstufenskalen, die Festlegung von Schrift- und Symbolgrößen in Abhängigkeit von Inhalt, Kartenmaßstab und Blattgröße oder die Gestaltung rahmender Kartenelemente wie Plankopf und Legenden.

# 3 Computergestütztes Entwerfen (CAD)

## 3.1 Einleitung

### Begriffsbestimmung

In der Anfangszeit der Entwicklung graphischer EDV-Systeme wurde CAD als Abkürzung für den englischen Begriff „Computer-Aided Drafting", also „Computergestütztes Zeichnen", eingeführt. Heute spricht man aufgrund der bisweilen weit über das einfache Zeichnen hinausgehenden Anwendungsbereiche eher von „Computer-Aided Design", was im Deutschen meist mit „Computergestütztes Entwerfen" oder „Computergestütztes Konstruieren" übersetzt wird. Bisweilen wird auch die Bezeichnung CADD als Zusammenfassung beider Bedeutungen gewählt („Computer-Aided Drafting and Design").

In der EDV-Fachsprache kursieren viele Akronyme, die mit den Buchstaben C und A beginnen, weswegen hier ein Überblick über einige weitere CA-Techniken und ihre Definitionen gegeben werden soll:

- CAM Computer-Aided Manufacturing; Computergestützte Fertigung: Umsetzung der Ergebnisse des CAD in die Maschinensteuerung
- CAE Computer-Aided Engeneering; Computergestütztes Ingenieurwesen: Allgemeine Bezeichnung für Computeranwendungen im Ingenieurwesen; Integration von CAD und CAM
- CAP Computer-Aided Planning; Computergestützte Projektplanung
- CIM Computer-Integrated Manufacturing; Computerintegrierte Produktion: Umfassende Integration von CA-Techniken in die industrielle Produktion vom Entwurf bis zur abschließenden Qualitätskontrolle
- CAC Computer-Aided Cartography; Computergestützte Kartographie (früher auch als CAM = Computer-Aided Mapping bezeichnet, wegen der Verwechslungsmöglichkeit mit dem oben beschriebenen Begriff CAM aber nicht sinnvoll)

Während es in dem vorangegangenen Kapitel über Geographische Informationssysteme (GIS) noch halbwegs möglich war, eine detailliertere Begriffsabgrenzung vorzunehmen, ist dies im Bereich CAD viel schwieriger: Der Anwedungsbereich ist viel breiter, und es befinden sich heute zahlreiche sehr unterschiedliche Systeme am Markt, welche unter der Bezeichnung CAD angeboten werden.

Koller (1989) unterscheidet im Rahmen dieser Vielfalt zwischen drei grundlegenden Anwendungsbereichen:

**Zeichnen.** Die einfachste Gruppe der CAD-Programme erfüllt in etwa die Anforderungen, wie sie an einen technischen Zeichner gestellt werden; sie sind daher oft auch als „Zeichenprogramme" klassifiziert. In einem solchen Programm werden digitale Zeichenwerkzeuge zur Generierung geometrischer Formen mit unterschiedlichen graphischen Symbolen angeboten, die weitgehend mit den klassischen Werkzeugen der manuellen Planausfertigung vergleichbar sind (Lineale, Zirkel, Kurvenschablonen; Tuschfüller unterschiedlicher Strichstärken, Klebefolien).

**Darstellen.** Der Begriff „Darstellen" geht in seinem Umfang über das einfache „Zeichnen" hinaus. So kann unter Darstellen zum Beispiel die Generierung mehrerer verschiedener Ansichten eines Objektes auf der Basis einer einzigen Modellbeschreibung gemeint sein. Unter diesen Begriff fällt etwa auch die automatische Erzeugung perspektivischer Ansichten aus zwei Parallelprojektionen (z. B. Grund- und Aufriß).

**Konstruieren.** Die graphische Wiedergabe eines Entwurfs ist nur ein, wenn auch sehr wichtiger Teil des Konstruktionsprozesses. Höherentwickelte CAD-Programme sind in der Lage, aus den im System erfaßten geometrischen Grunddaten eines Objektes noch zahlreiche weitere Informationen abzuleiten. Ein einfaches Beispiel hierfür wäre etwa die Ausgabe von Bemaßungen oder die Ermittlung von Flächeninhalten, Kubaturen, Gewichten usw. bestimmter Bauteile. Konstruktionssysteme können aber auch über die Ermittlung bestimmter Objekteigenschaften hinaus die Einhaltung vorgegebener Konstruktionsregeln überprüfen und im Extremfall sogar eigene Vorschläge zur Optimierung generieren.

### Einsatzbereiche

Die CAD-Technologie wurde ursprünglich für Anwendungen im Maschinenbau konzipiert. In Branchen wie der Automobil- oder Flugzeugherstellung ist daher auch der Entwicklungsstand am höchsten. CAD-Systeme anbietende Firmen haben sich zwar stets an den spezifischen Anforderungen der jeweils nachfragenden Branchen orientiert und ihre Konzepte dementsprechend modifiziert, dennoch weisen manche CAD-Systeme heute noch so manche spezifischen Eigenheiten ihrer maschinenbautechnischen Abstammung auf.

Der CAD-Einsatz hat sich im Laufe des vergangenen Jahrzehnts auf viele verschiedene Fachgebiete ausgedehnt, die Vielfalt reicht von der Gestaltung von Schaltplänen in der Mikroelektronik über die statische Dimensionierung von Bauwerken bis zum Schnittentwurf in der Textilindustrie.

In der Architektur, insbesondere im Hochbau, hat sich CAD erst gegen Ende der achziger Jahre durchgesetzt, viele Architekturbüros arbeiten heute bereits häufig zumindest in Teilschritten einer Projektbearbeitung mit dem Computer. In der Praxis der Freiraum- und Landschaftsarchitektur hingegen ist zumindest im deutschsprachigen Raum derzeit erst ein geringer Verbreitungsgrad festzustellen.

Die Begründung dafür liegt in mehreren Aspekten: Zum einen ist die Branche relativ klein, für fachspezifische Anwendungen gibt es aus der Sicht der Programmentwickler, etwa im Vergleich zum Hochbau, nur einen sehr engen Markt, so daß mit hohen spezifischen Entwicklungskosten gerechnet werden muß. Zum anderen ergeben sich gerade in der Freiraumgestaltung Ansprüche an CAD-Systeme, die nicht so leicht abzudecken sind: CAD basiert in geometrischer Sicht auf relativ einfachen Grundelementen (wie Punkt, Gerade, Kreis), in der Freiraumgestaltung wird hingegen oft mit geometrisch schwierig beschreibbaren freien Formen (z. B. in der Wegeführung) bzw. mit recht komplexen Strukturen (Bäume, Sträucher) gearbeitet. CAD in der Freiraumgestaltung führt daher oft entweder zu graphisch unbefriedigenden Ergebnissen oder, im Falle einer detailreichen geometrischen Modellierung, zu einem hohen Rechenaufwand mit entsprechenden Zeit- und Maschinenkosten.

Erst mit dem rapiden Preisrückgang im Bereich hochleistungsfähiger PCs und Graphik-Workstations hat CAD für die kleine Branche der Freiraumgestaltung an Attraktivität gewonnen, so daß jetzt auch immer mehr Büros den Einstieg in diese Technologie überlegen.

Da zwischen CAD und GIS, den beiden wichtigsten Anwendungen graphischer EDV in der Landschaftsplanung, Überlappungsbereiche existieren und Systemanbieter bisweilen ein und dasselbe Produkt in zwei verschiedenen Marktsektoren plazieren wollen, ist in diesem Buch am Ende des CAD-Teiles ein kurzes Kapitel (3.8) eingefügt, in welchem Unterschiede und Gemeinsamkeiten der beiden genannten Technologien erörtert werden.

### Produkt- und Branchenspezifität eines CAD-Systems

Aus der oben beschriebenen Vielfalt an Einsatzbereichen des CAD ergibt sich eine ebenso große Vielfalt unterschiedlicher am Markt angebotener Systeme; als ein erstes Klassifizierungsmerkmal kann hier die Produkt- bzw. Branchenspezifität eines Systems herangezogen werden: Produkt- bzw. branchenspezifische CAD-Systeme werden für einen genau definierten Verwendungszweck entwickelt; sie genügen diesen spezifischen Anforderungen meist in einem sehr hohen Ausmaß, sind aber für andere Verwendungsbereiche nur sehr beschränkt einsatzfähig. Ein Beispiel für diese Gruppe wären etwa Konstruktionssysteme für elektronische Leiterplatten.

Produkt- oder banchenneutrale Systeme hingegen orientieren sich an den „durchschnittlichen" Anforderungen vieler verschiedener Anwender und sind somit im Vergleich zur erstgenannten Gruppe oft flexibler. Da sie aufgrund eines breiteren Anwendungsbereiches in höheren Stückzahlen verkauft werden können, sind sie meist auch preislich günstiger.

Für die oft notwendige nachträgliche Anpassung an besondere Anforderungen einzelner Branchen ist es vorteilhaft, wenn solche branchenneutrale Systeme über eine „offene Architektur" verfügen. Dies bedeutet, es sollte für Anwender oder Programmentwickler möglich sein, aufbauend auf einem Standardpaket spezifische Erweiterungen vorzunehmen. In einfachen Fällen kann sich diese Anpassung auf eine Veränderung der Benutzeroberfläche beschränken (Gestaltung nutzerspezifischer Menüs usw.), prinzipiell sollte es aber auch möglich sein, weitergehende Modifikationen vorzunehmen (z.B. Einbau zusätzlicher Funktionen). Viele CAD-Pakete untersützen solche Erweiterungen durch eigene, benutzerfreundliche Programmiersprachen.

Für die Ansprüche der Freiraumgestaltung werden aufgrund des bereits erwähnten geringen Marktvolumens nur sehr wenige branchenspezifische Systeme angeboten. Die Mehrzahl der Anwender greift daher eben eher auf branchenneutrale Programme zurück und modifiziert sie gegebenenfalls entsprechend den eigenen Bedürfnissen.

## 3.2 Datenstrukturen in CAD-Systemen

### 3.2.1 Räumliche Dimensionen

Eine sehr grundlegende Klassifizierungsmöglichkeit bei CAD-Systemen ist die Zahl der darstellbaren räumlichen Dimensionen:

**2D-CAD**
In einem 2D-System können entsprechend seiner Bezeichnung nur zweidimensionale Daten bearbeitet und dargestellt werden. Wenn etwa von einem dreidimensionalen Objekt mehrere Ansichten erstellt werden sollen, so muß, wie bei der manuellen Zeichnung, die Modellierung für jede dieser Ansichten getrennt durchgeführt werden.

**3D-CAD**
Im 3D-CAD werden die abzubildenden Objekte in einer darstellungsunabhängigen Weise modelliert, was bedeutet, daß aus einer einzigen 3D-Datei beliebig viele Ansichten generiert werden können. 3D-CAD-Systeme werden daher auch als „werkstückorientiert" bezeichnet, im Gegensatz zu den „zeichnungsorientierten" 2D-CAD-Systemen. Je nach der Mächtigkeit des Programmes gehen die Darstellungsmöglichkeiten über die Parallelprojektion (Grundriß, Seitenriß, Axonometrie) hinaus in den rechnerisch aufwendigeren Bereich der Zentralprojektion (Perspektive).

Wesentliches Merkmal einer echten 3D-Modellierung ist die gleichzeitige Editierbarkeit in mehreren Darstellungen. Dreidimensionale geometrische Objekte können auf einem Bildschirm ja immer nur zweidimensional abgebildet werden, so ist es zum Beispiel bei der Selektion einer Kante in einer Grundrißdarstellung eines Würfels nicht möglich festzustellen, ob es sich um eine Kante der Deck- oder der Grundfläche handelt; wenn aber gleichzeitig mit der Grundrißdarstellung ein Seitenriß am Bildschirm abgebildet ist, so ist die Bestimmung eindeutig. Änderungen, welche in einer einzelnen Ansicht vorgenommen werden, führen zu einer Aktualisierung in allen anderen Ansichten. Aus arbeitstechnischen Gründen ist hierfür natürlich ein entsprechend großer und hochauflösender Bildschirm vorteilhaft (Abb. 100).

**„2 1/2 D-CAD"**
Diese etwas eigenartig erscheinende Bezeichnung bezieht sich auf Systeme, welche zwar prinzipiell in der Lage sind, dreidimensionale Darstellungen zu generieren, allerdings nur auf der Basis zweidimensionaler Grunddaten. Das bedeutet, daß es etwa möglich ist, ein Rechteck durch Hinzufügung einer Höhenangabe zu einem Quader umzuformen. Der wesentliche Unterschied zu „echten" 3D-CAD-Systemen liegt in der mangelnden Editierbarkeit der erzeugten 3D-Objekte. Somit ist das Spektrum modellierbarer Objekte meist auf einige wenige geometrische Grundelemente (Würfel, Platten, Zylinder) beschränkt.

**Anforderungen aus der Sicht der Freiraumgestaltung**
Es ist klar, daß 3D-Systeme gegenüber 2D-Systemen zahlreiche Vorteile aufweisen, vor allem dann, wenn von einem Objekt verschiedene Ansichten gezeichnet werden müssen, wie dies vor allem bei technischen Details der Fall ist. Andererseits erfor-

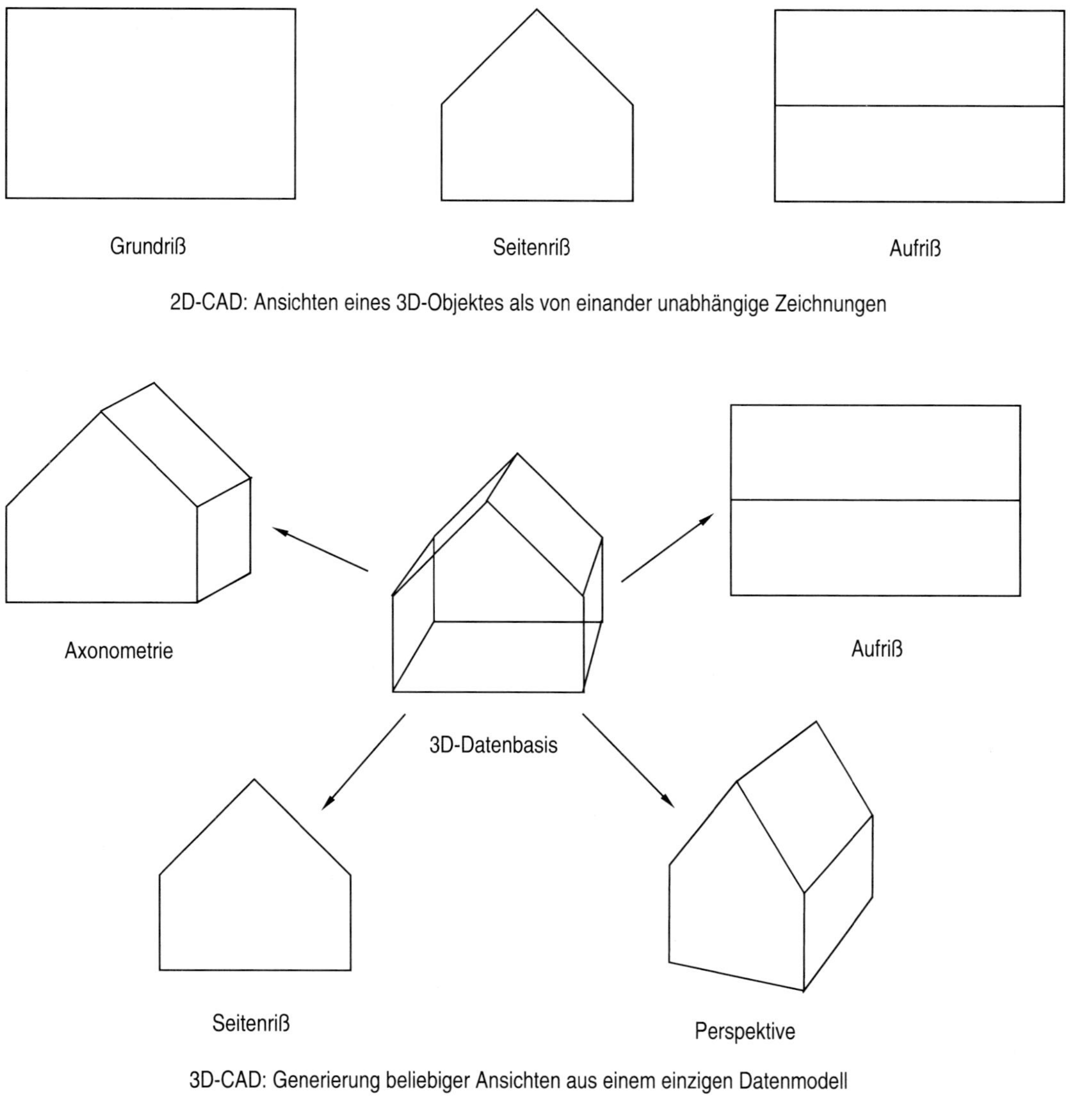


*Abb. 99. Räumliche Dimensionen in CAD-Systemen.*

dern 3D-Systeme sehr leistungsfähige Rechner, so daß sich auch entsprechend höhere Anschaffungskosten ergeben.

Es sollte daher nicht übersehen werden, daß für viele Aufgaben in der Praxis eines Planungsbüros 2D-Systeme durchaus ausreichend sein können: Nach wie vor ist im Planungsalltag die Grundrißdarstellung der Regelfall, während 3D-Ansichten (wegen des hohen Zeichenaufwandes bei manueller Erstellung) meist nur in Einzelfällen konstruiert werden. Für viele typische Aufgaben, wie etwa die Erstellung von Bepflanzungs- oder Be-

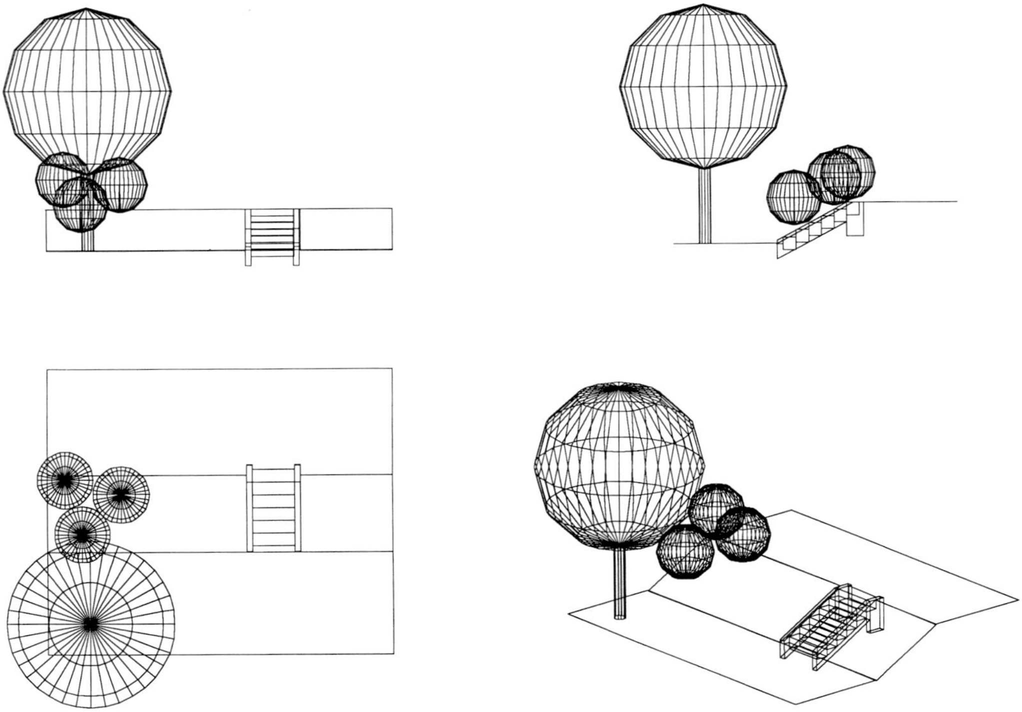

*Abb. 100. Typische Konfiguration der simultanen 3D-Bildschirmdarstellung.*

wässerungsplänen, wird kaum jemals eine Perspektive erstellt. Somit können bei der Anwendung eines 2D-CAD vor allem die Routinearbeiten, die an den eigentlichen Entwurf anschließen, weitgehend rationalisiert werden. Ein einfaches 2D-CAD- oder Zeichenprogramm stellt auch einen relativ leicht vollziehbaren Einstieg in den Bereich der graphischen EDV-Anwendungen dar, wobei der finanzielle Aufwand dafür relativ gering ist.

Mit diesen Aussagen soll hier keinesfalls gegen die Anschaffung eines 3D-CAD argumentiert werden: Sicherlich ist ein solches System für ein Landschaftsplanungsbüro anzustreben. Wenn aber ein 3D-Programm angeschafft wird, ohne gleichzeitig auch die entsprechende Rechnerleistung vorzusehen, so werden die langen Wartezeiten am Bildschirm bald zur Ablehnung der Auseinandersetzung mit diesem System führen.

### 3.2.2 Datenmodelle

Entsprechend der in Kapitel 2.2. getroffenen Unterscheidung zwischen raster- und vektororientierten Graphik-Systemen ist CAD eindeutig den vektororientierten zuzurechnen. Alle in einem CAD-System zu beschreibenden Objekte sind in geometrischer Sicht aus Grundelementen zusammengesetzt, welche jeweils unterschiedliche räumliche Dimensionen aufweisen können: Punkte (0D), Linien (1D), Flächen (2D), Körper (3D). Entsprechend diesen Unterschieden in der Dimension ergeben sich auch unterschiedliche Modelle zur Beschreibung räumlicher Objekte; da diese Modelle in Hinblick auf die Darstellungs- und Auswertungsmöglichkeiten jeweils ihre eigene Charakteristik aufweisen, soll im folgenden näher darauf eingegangen werden, zumal dies auch eine

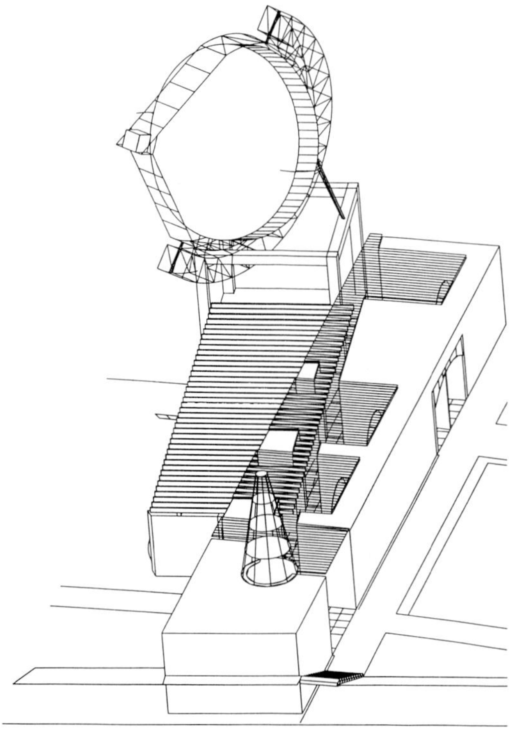

*Abb. 101. 3D-Darstellung einer Detailplanung zur Landesgartenschau Pforzheim 1992 (P. Petschek, Landschaftsarchitekturbüro Knoll, Sindelfingen)*

wichtige Grundlage für Kaufentscheidungen sein kann.

### Eckenmodell

In diesem einfachsten Modell werden nur die Koordinatentripel der einzelnen Eckpunkte eines Körpers erfaßt. Da die Werte unabhängig voneinander abgespeichert werden, ist es in diesem Falle zunächst nicht möglich, festzulegen, auf welche Weise die einzelnen Punkte miteinander verbunden sind; es können also unmittelbar keine Kanten abgeleitet werden.

Die Anwendung des Eckenmodells, das im Hinblick auf den benötigten Speicherplatz sehr sparsam ist, wird wegen der mangelnden Auswertungsmöglichkeiten in den meisten Anwendungsfällen nicht sinnvoll sein. Es ist nur dann zweckmäßig, wenn es darum geht, Körper zu beschreiben, die eine sehr hohe Zahl an Einzelpunkten aufweisen, und wenn deren Verbindung untereinander über einen einfachen Algorithmus hergestellt werden. Dies ist etwa bei digitalen Geländemodellen der Fall: Wenn zum Beispiel definiert ist, daß der zu beschreibende Geländeteil mit einem Raster überzogen wird, welcher eine bestimmte Zahl an Zeilen und Spalten mit konstanten Maschenabständen aufweist, so ist es leicht, die einzelnen Punkte untereinander zu räumlichen Vierecken zu verbinden (vgl. dazu Kap. 2.8.3.4.).

### Kantenmodell

Das Kantenmodell (Wireframe Modeling) beschreibt ein Objekt mit Hilfe der begrenzenden Kanten, wobei natürlich vorausgesetzt werden muß, daß eine solche Beschreibung möglich ist: Körper mit gekrümmten Oberflächen, etwa eine Kugel, lassen sich auf diese Weise nur approximativ darstellen, zum Beispiel über die Kanten eines in die Kugel eingeschriebenen regelmäßigen Polyeders oder über einzelne Meridiane der Kugel.

Das Kantenmodell bietet so wie das Eckenmodell nur wenig Auswertungsmöglichkeiten. So können bei einer dreidimensionalen Darstellung am Bildschirm sichtbare und unsichtbare Kanten eines Körpers nicht unterschieden werden, weil die Information über die Körperoberfläche fehlt. Ebenso fehlen Auswertungsmöglichkeiten im Hinblick auf Flächeninhalte oder Volumina.

Ein großer Vorteil dieses Modells liegt hingegen im geringen Rechenaufwand zur Generierung dreidimensionaler Bildschirmdarstellungen aus unterschiedlichen Blickrichtungen. Deswegen ist es auch bei CAD-Systemen, die mit einem der beiden nachfolgend beschriebenen Datenmodelle arbeiten, üblich, für die schnelle Bildschirmdarstellung auf die Kantendarstellung zurückzugreifen.

### Flächenmodell

Bei CAD-Systemen der unteren und mittleren Preisklasse ist das Flächenmodell (Surface Modeling) das am weitesten verbreitete. Es beschreibt Objekte nach ihrer Oberfläche, im Regelfall durch ebene Polygone, in Sonderfällen auch durch gekrümmte Oberflächen (Zylinder, Kalotten, „Frei-

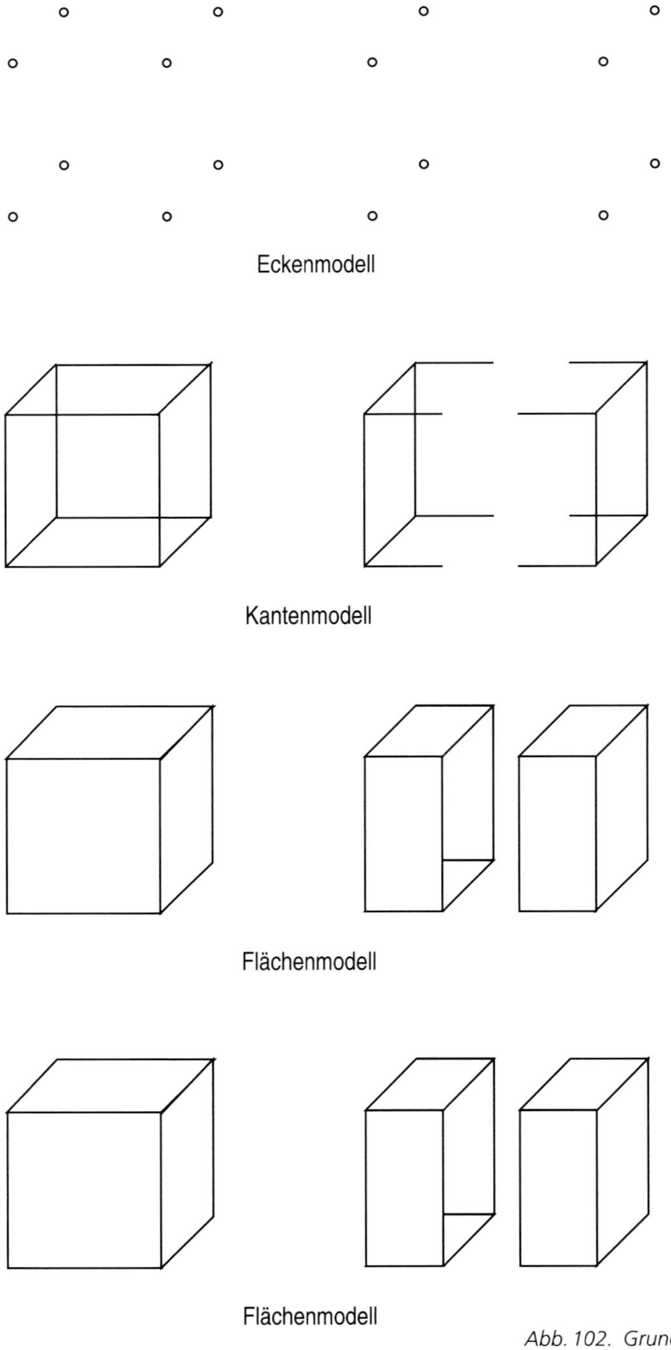


*Abb. 102. Grundmodelle zur Erfassung dreidimensionaler Objekte.*

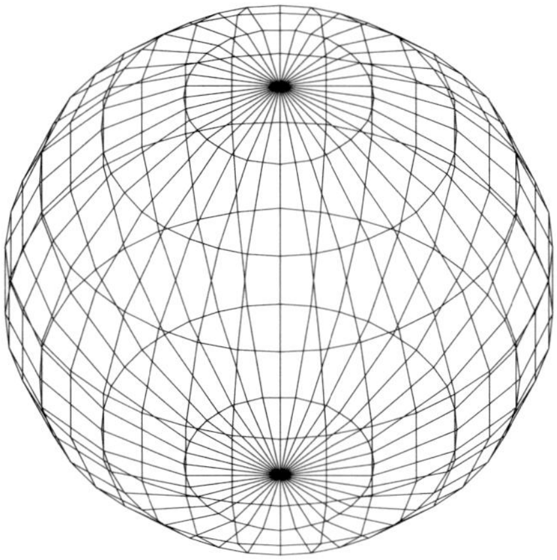

*Abb. 103. Approximation einer Kugel im Kantenmodell.*

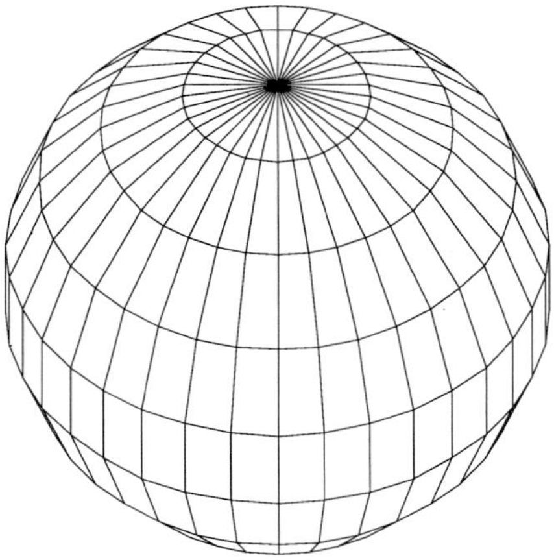

*Abb. 104. Approximation einer Kugel im Flächenmodell mit Ausblendung verdeckter Teile.*

formflächen", siehe Kap. 3.5.1.). Die Vorteile des Flächenmodells gegenüber dem Kantenmodell sind offensichtlich: Für die Darstellung ergibt sich die – allerdings rechenintensive – Möglichkeit der Ausblendung unsichtbarer Teilflächen, für die analytische Auswertung die Möglichkeit der Erfassung von Flächeninhalten. Nicht gegeben ist hingegen die Generierung von Schnitten durch ein Objekt, weil dieses ja stets nur als „hohler" Körper erfaßt wird; ebensowenig bestehen unmittelbare Möglichkeiten zur Volumenermittlung.

**Volumenmodell**

Das Volumen- oder Körpermodell (Solid Modeling) schließlich beschreibt einen Körper in allen seinen Eigenschaften inklusive des Volumens, so daß es als das umfassendste zu bezeichnen ist. Die Modellierung erfolgt in der Regel über ein Zusammenfügen einfacher Grundkörper (wie Quader, Polyeder, Zylinder; siehe Kap. 3.5.1.).

Bei der Anwendung des Volumenmodells ist es möglich, beliebige Schnitte durch ein Objekt zu legen, Volumsberechnungen und daraus Gewichtsermittlungen durchzuführen, Durchschnittsmengen mehrerer Körper zu bilden etc.

**Umwandlung zwischen verschiedenen Datenmodellen**

Es ist offensichtlich, daß die Umwandlung von Daten aus einem hierarchisch höher stehenden Modell in ein tiefer stehendes, also zum Beispiel von einem Flächen- in ein Kantenmodell, keine Probleme verursachen wird. Programme zur Volumenmodellierung (Solid Modeler) bieten daher meist auch alle Funktionen einer Flächenmodellierung (Surface Modeler).

Für den umgekehrten Weg ist es erforderlich zu definieren, in welcher Weise die geometrischen Teilelemente niedrigerer Dimension in ein Element höherer Dimension umgewandelt werden sollen. Im Falle der Umwandlung von einer Kantenbeschreibung in das Flächenmodell ist es zum Beispiel notwendig, alle Kanten eines Körpers interaktiv am Bildschirm zu selektieren, die zu einem Polygon zusammengefaßt werden sollen.

In manchen Fällen kann es ausreichend sein zu definieren, daß es sich bei dem Körper um einen bestimmten geometrischen Grundtyp handelt: Wenn zum Beispiel vorgegeben ist, daß die zu vereinigenden Kanten einen vollen Quader beschreiben, dann ist es auch für die Modellierung klar, wie die Kanten zu jenen, den Quader begrenzenden Rechtecken zusammengefaßt werden müssen, weil es in diesem Fall für die zwölf Kanten eines Quaders nur eine einzige Lösungsmöglichkeit gibt. Handelt es sich bei dem Objekt hingegen um einen einseitig offenen, hohlen Quader, so ergeben sich gleich sechs verschiedene Lösungsmöglichkeiten

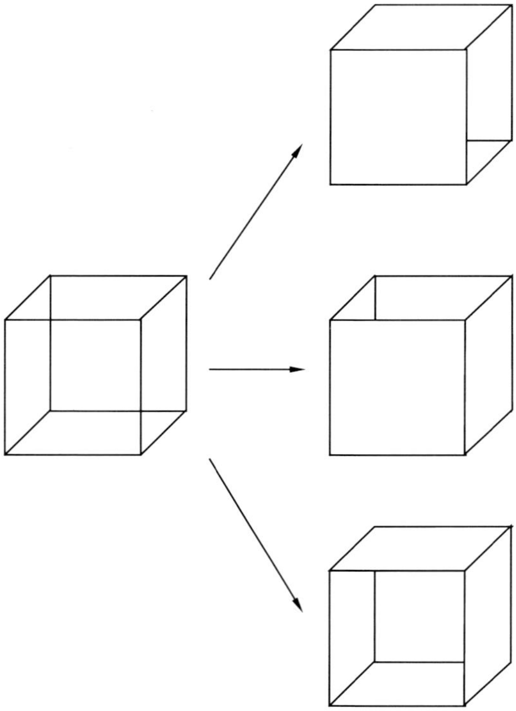

*Abb. 105. Mehrdeutigkeit der Umwandlung aus einem Kanten- in ein Flächenmodell am Beispiel eines einseitig offenen Quaders.*

für die Zusammenfassung der Kanten, die Umwandlung in das Flächenmodell ist dann nicht mehr eindeutig. Die Probleme bei der Umwandlung von einem Flächen- in ein Volumenmodell ergeben sich analog.

**Anforderungen aus der Sicht der Freiraumgestaltung**

Aus dem bisher Gesagten geht hervor, daß das Volumenmodell das vielseitigste und im Hinblick auf die Auswertungsmöglichkeiten mächtigste ist. Andererseits ist jedoch der mit einer Volumenmodellierung verbundene Rechenaufwand erheblich. Solid-Modeling-Programme erfordern besonders leistungsfähige Rechner und sind daher eher im Workstation-, als im PC-Bereich angesiedelt.

Für die meisten Darstellungsaufgaben in der Freiraumgestaltung reicht das Flächenmodell sicherlich aus, deswegen wird in der Praxis im Hinblick auf das Preis-Leistungs-Verhältnis fast ausschließlich mit derartigen Programmen gearbeitet. Der hauptsächliche Anwendungsbereich des Solid Modeling liegt heute im Maschinenbau, vor allem im Zusammenhang mit der Steuerung von Robotern zur Werkstückbearbeitung.

Als nachteilig erweist sich das Flächenmodell bei der in der Freiraumgestaltung häufig gestellten Aufgabe einer Kubaturenermittlung, etwa im Zusammenhang mit Erdbewegungen. Auf die Möglichkeiten, solche Berechnungen auch unter Verwendung des Flächenmodells durchzuführen, wird in Kapitel 3.5.3. näher eingegangen.

### 3.2.3 Datenaustausch

CAD-Systeme laufen auf unterschiedlichsten Hardware-Plattformen vom Supercomputer bis zum PC, entsprechend groß ist auch die Vielfalt der angebotenen Programme und der von diesen verwendeten Dateiformate.

Im Bereich der Freiraumgestaltung kann der Bedarf nach einem Datenaustausch auf CAD-Basis recht groß sein: Bei Bauprojekten ist es leider immer noch der Regelfall, daß zunächst ein Architekt den Hochbauentwurf durchführt und dann erst ein Landschaftsarchitekt zur Gestaltung des Freiraums herangezogen wird. Dies bedeutet, daß ein CAD-System für die Freiraumgestaltung mit Architektenprogrammen, aber auch mit Programmen aus dem Bereich des Vermessungswesens kommunizieren können muß.

Zahlreiche nationale und internationale Normungsorganisationen und Herstellerverbände bemühen sich um die Definition von Austauschformaten im CAD-Bereich. Einmal definierte Standards verlieren bald an Aktualität, wenn neue Typen graphischer Daten entwickelt werden, und müssen dann entsprechend erweitert werden. So kann es durchaus passieren, daß zwei Systeme zwar das gleiche Austauschformat lesen können, aber jeweils in unterschiedlichen Versionen.

Der wichtigste Standard im Bereich des gehobenen CAD ist derzeit das Format IGES (Initial

Graphics Exchange Specification). Im Rahmen der internationalen Normungsorganisation ISO wurde ebenfalls ein Standard erarbeitet, dem sich die Hersteller der meisten europäischen Länder anschließen wollen.

Im unteren Leistungsbereich des CAD, auf PC-Ebene, ist nach wie vor das Format DXF (Drawing Exchange Format) das am weitesten verbreitete Kommunikationsformat, welches auch von den meisten in diesem Bereich marktdominierenden Produkten unterstützt wird. Da im Bereich der Freiraumgestaltung die Anforderungen im Hinblick auf die Komplexität von Datentypen in Vergleich zu industriellen Entwicklungsprozessen eher gering sind, wird mit diesem Format, welches im 3D-Bereich auf die Flächenmodellierung beschränkt ist, meistens das Auslangen gefunden.

## 3.3 Daten- und Befehlseingabe

Im folgenden Kapitel soll der Dialog zwischen Mensch und Maschine in Zusammenhang mit der CAD-Anwendung näher erörtert werden. Im Verlauf eines computergestützt durchgeführten Entwurfsprozesses werden grundsätzlich zwei verschiedene Arten von Daten verarbeitet: einerseits jene Grunddaten, welche die Ausgangssituation vor Beginn der Planungen beschreiben, andererseits jene Daten, welche im Zuge des Entwerfens interaktiv generiert werden.

Bei den Grunddaten handelt es sich im Bereich der Freiraumgestaltung in erster Linie um Bestandespläne (Grundstücksgrenzen, Geländesituation, Bausubstanz und Gehölzbestand usw.). Während in vielen anderen Einsatzbereichen des CAD vor einem weitgehend leeren Bildschirm zu arbeiten begonnen wird, ist es in dieser Branche also zunächst erforderlich, die Grundlagendaten in das System einzubringen. Eine numerische Eingabe von Lagekoordinaten ist sehr zeitaufwendig. Diese Art der Dateneingabe wird daher nur dann sinnvoll sein, wenn sich die Vorgaben zum Beispiel auf wenige Grenzpunkte beschränken.

### 3.3.1 Digitalisieren

Sofern nicht von seiten eines Auftraggebers oder eines sonstigen Datenlieferanten digitale Daten direkt übernommen werden können, ist das Digitalisieren der Bestandespläne meist der erste Schritt einer Projektbearbeitung. Alle modernen CAD-Systeme bieten Schnittstellen zu Digitalisiertischen an, so daß der Fortschritt der Eingabe auch gleich am Bildschirm mitbeobachtet werden kann.

Als vorteilhaft erweist es sich, bereits zu Beginn der Digitalisierarbeit eine Strukturierung der Daten im Hinblick auf spätere Teilfolien (siehe Kap. 3.4.6.) vorzunehmen. So ist es zum Beispiel sinnvoll, schon bei der Dateneingabe etwa den Pflanzenbestand eines Grundstückes getrennt von der vorhandenen Bausubstanz abzulegen.

Die vom Digitalisiertisch kommenden Daten werden im System zunächst als „Tischkoordinaten" abgespeichert, also als Rohdaten ohne Bezug zu Maßstab bzw. Orientierung. Die genaue Orientierung erfolgt nachträglich über die Eingabe von Paßpunkten mit bekannten geodätischen Koordinaten oder durch Maßstabsangaben.

Während bei kleinmaßstäblichen Bearbeitungen im Rahmen der Landschaftsplanung die Einnordung einer Karte sehr wichtig erscheint, wird in der Objektplanung meist eher eine Orientierung nach der günstigsten Lage am Bildschirm vorgenommen. Es ist wenig sinnvoll, ein schmales, in Nord-Süd-Richtung verlaufendes Grundstück für die Bearbeitung an einem querformatigen Bildschirm einzunorden; dies kann, wenn erforderlich, vor der Ausgabe erfolgen, wobei dann allerdings auch auf die entsprechende Ausrichtung aller Texte zu achten ist.

### 3.3.2 Übernahme digitaler Vermessungsdaten

Viele Vermessungsgeräte sind heute bereits mit Vorrichtungen zur automatischen Datenablesung und -speicherung ausgestattet. Die digital vorliegenden Daten können bisweilen direkt von CAD-Programmen eingelesen und weiterverarbeitet

| Punkt Nr | X | Y |
|---|---|---|
| P1 | 3217,11 | 1205,47 |
| P2 | 3216,93 | 1241,45 |
| P3 | 3223,81 | 1241,46 |
| P4 | 3223,46 | 1261,21 |
| P5 | 3249,21 | 1261,28 |
| P6 | 3249,39 | 1205,12 |

Datenbestand der örtlichen Vermessungsbehörde

| Standpkt | Bezug | Richtung | Distanz |
|---|---|---|---|
| P1 | P2 | 13° 47′ | |
| | Baum 1 | 24° 36′ | 13,67 |
| | Baum 2 | 28° 21′ | 27,32 |
| | Baum 3 | 45° 39′ | 32,43 |
| | Baum 4 | 57° 13′ | 7,66 |
| | Brunnenring | 70° 24′ | 35,67 |

Feldprotokoll der tachymetrischen Aufnahme

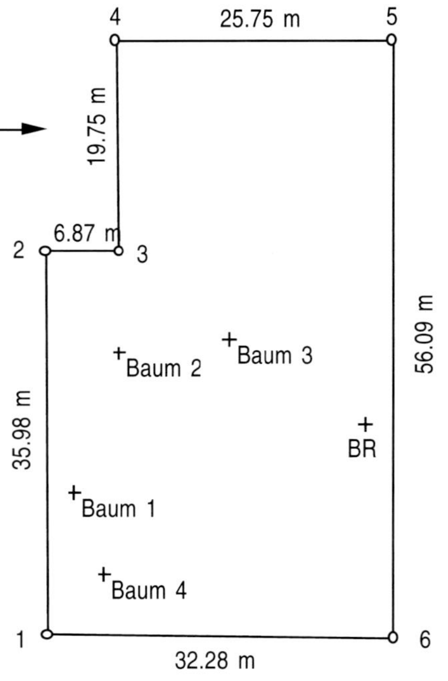


Bestandesplan

*Abb. 106. Erstellung eines Grundplanes aus digitalen Vermessungsdaten und Feldprotokollen.*

werden, meist ergibt sich die Notwendigkeit einer Zwischenbearbeitung mit Hilfe von entsprechenden Übertragungsprogrammen.

Mit der Einführung selbstablesender Geräte haben sich viele zeitraubende Arbeitsschritte der Vermessung erübrigt: die Ermittlung von Distanzen aus Richtungswinkeln, die Ausarbeitung von Lageplänen aus Feldprotokollen usw. Auch wenn keine selbstablesenden Geräte zur Verfügung stehen, kann mit geodätischen Auswertungsprogrammen eine erhebliche Zeiteinsparung gegenüber der manuellen Berechnung erzielt werden.

### 3.3.3 Interaktive Bildschirmeingabe

Die Eingabe der Koordinaten für die im Zuge der Bearbeitung zu generierenden Objekte erfolgt nahezu ausschließlich über das Eingabegerät Maus, in selteneren Fällen auch über ein kleines Digitalisiertablett unmittelbar neben dem Bildschirm. Rändelschrauben, wie sie häufig im Bereich des Maschinenbau-CAD Anwendung finden, sind beim Entwerfen in der Freiraumgestaltung eher unüblich.

Das Führen einer Maus erfordert gegenüber dem Führen eines Bleistiftes oder eines Tuschfüllers eine erhebliche Umstellung, letztendlich ergibt sich mit der Zeit auch das entsprechende Geschick.

Beim Arbeiten mit einem Digitalisiertablett besteht die Möglichkeit, mit einem digitalen Bleistift zu zeichnen, dessen Form der eines herkömmlichen Schreibgerätes entspricht, neuere Geräte kommen sogar ohne Kabelverbindung zwischen Stift und Tablett aus. Einige Hersteller bieten Stifte an, die auch mit einer Schreibmine ausgestattet sind, so daß auf einem am Tablett fixierten Blatt Papier entworfen werden kann.

Welche Variante vorgezogen wird, hängt von individuellen Präferenzen ab; dem Autor dieses Buches erscheint es sinnvoller, die Eingabe in erster Linie vom Betrachten des Bildschirms aus zu steuern, weil dort ja auch der Entwurf entstehen soll; beim Arbeiten mit einem Schreiber am Tablett hingegen wird die Aufmerksamkeit auf das Papier gelenkt, und die Bildschirmdarstellung gerät zu einem Nebenprodukt.

In den meisten kreativen Disziplinen ist das Entwerfen zumindest in den ersten Phasen eines Projektes mit der Tätigkeit des Zeichnens verbunden, beginnend mit den Anfängen während der Ausbildung. Es ist daher für viele Kolleginnen und Kollegen unvorstellbar, ihre Ideen ohne direkten stofflichen Kontakt zu Schreibgerät und Papier zu konkretisieren. Die Computertechnologie hat im Bereich der Graphik-Eingabe zwar schon bedeutende Fortschritte gemacht, doch ist die örtliche Trennung zwischen dem Steuergerät für die Eingabe und dem Bildschirm sicherlich ein Erschwernis für das kreative Arbeiten: Die Hand bewegt die Maus oder den Tablettstift auf einer horizontalen Ebene am Arbeitstisch, während ihre Bewegung nur am mehr oder weniger senkrecht stehenden Bildschirm kontrolliert werden kann. Es bleibt zu hoffen, daß die neuen Bildschirmtechnologien (flache Schirme, hochauflösende Plasmaschirme) auch zu ergonomischen Verbesserungen bei der interaktiven Eingabe führen. So meint etwa Schaub (1989), daß es für die Entwurfsarbeit vorteilhafter wäre, auf einem horizontal, also in der Ebene des Arbeitstisches liegenden Display zu arbeiten, welches gleichsam Digitalisiertablett und Bildschirm zu einem Gerät vereinigt, das dann wie ein Zeichenbrett zu verwenden wäre. Die derzeit vereinzelt in den obersten Preisklassen angebotenen Systeme mit horizontal gestellten Bildschirmen entsprechen dieser Vorstellung nur teilweise, weil sie aufgrund der Tiefe des Gerätes keine angenehme Sitzposition ermöglichen.

### 3.3.4 Kommandoeingabe

Neben der Eingabe graphischer Daten ergeben sich viele Dialoge zwischen Mensch und Maschine im Zuge der Spezifikation von Befehlen. Die klassische CAD-Konfiguration bestand daher auch aus zwei nebeneinander aufgestellten Bildschirmen, einem großen Farbschirm für die Graphik und einem kleinen Textschirm für die Kommandoeingabe. Bei Einschirm-Systemen wurde am oberen oder unteren Rand des Graphikschirmes ein kleines Textfeld eingeblendet, so daß Graphik und Text gleichzeitig dargestellt werden konnten.

Moderne, im Sinne der Software-Ergonomie gestaltete CAD-Systeme weisen heute fast ausschließlich eine menügesteuerte Benutzeroberfläche auf; häufig benutzte Befehle müssen nicht mehr über die Tastatur eingetippt, sondern können durch das Anklicken bestimmter Symbole oder Textfelder am Bildschirm mit Hilfe einer Maus aktiviert werden. Unter diesen Aspekten erscheinen Einschirm-Konfigurationen heute zumindest gleichwertig, zumal bei gleichzeitiger Einblendung von Text und Graphik die Konzentration meist leichter zu bewahren ist als beim häufigem Wechsel der Blickrichtung, wie es sich bei Zweischirm-Systemen ergibt.

Für Programme mit sehr umfangreichem Befehlsschatz, wie dies bei CAD-Systemen meist der Fall ist, ist die Anordnung der Menüs am Bildschirm bisweilen recht umständlich. Wenn es nicht möglich ist, alle Befehle am Bildschirm ständig sichtbar oder über Pull-Down-Menüs abfragbar anzuordnen, führt dies manchmal zu mehrfach verschachtelten Menükonfigurationen, die schlecht zu überblicken sind.

Als Alternative bietet sich die Befehlseingabe über ein kleines Digitalisiertablett an: Durch ein auf das Tablett gelegtes bedrucktes Blatt werden Felder definiert, die, wenn sie vom Digitalisierstift berührt werden, die Durchführung bestimmter Befehle auslösen. Da in diesem Fall die gesamte Fläche des Tabletts zur Verfügung steht, können auf diese Weise viele Hundert Befehle ständig abrufbar gehalten werden.

## 3.4 2D-CAD

### 3.4.1 Modellierung zweidimensionaler Objekte

Für das Generieren zweidimensionaler Objekte stehen in einem CAD-System zahlreiche Werkzeuge zur Verfügung, die je nach der Form der zu erzeugenden Objekte eingesetzt werden können. Der einfachste Fall liegt dann vor, wenn das zu modellierende Objekt einem der unmittelbar vom Programm generierbaren geometrischen Grundelemente (Primitive) entspricht. Für unregelmäßige Formen besteht die Möglichkeit der Eingabe als (offene oder geschlossene) Polygonzüge sowie als „Freihandlinien", denen aufgrund ihrer Bedeutung für die Freiraumgestaltung ein eigener Abschnitt in diesem Kapitel gewidmet ist.

#### Einfache Geometrische Grundelemente

In jedem Zeichenprogramm werden einfache geometrische Grundelemente angeboten, die leicht abrufbar sind; dabei handelt es neben den eindimensionalen Geraden um einfache zweidimensionale Formen wie Rechtecke, Quadrate und Kreise. Meistens werden auch weitere regelmäßige Polygone (Sechsecke, Achtecke usw.) sowie Kreissektoren und Ellipsen angeboten (Abb. 107).

Zunächst erscheint die auch bei mächtigen CAD-Programmen meist geringe Zahl unterschiedlicher Grundelemente als eine starke Einschränkung, bei näherer Betrachtung zeigt sich jedoch, daß sich die Formensprache sehr vieler Freiraumentwürfe tatsächlich auf wenige verschiedene Module zurückführen läßt. Solche Entwürfe werden oft mit der semantisch sehr unglücklichen Charakterisierung „architektonisch" versehen, im Gegensatz zu „freien" Entwürfen.

Es ist offensichtlich, daß CAD-Systeme gerade bei „architektonischen" Entwürfen ihre größte Wirksamkeit im Hinblick auf die Zeitersparnis bei der Zeichenarbeit aufweisen.

#### Geschwungene Linien

Eine Beschränkung der Zeichenwerkzeuge eines CAD-Systems auf einfache, geometrisch klar definierbare Grundelemente wäre für die Verwendung in der Freiraumgestaltung nicht akzeptabel. In diesem Falle würde dann das Werkzeug selbst die Grundstruktur eines Entwurfs vorgeben, was zwar manchmal zu recht interessanten Lösungen führen kann, aber nicht der Regelfall sein sollte. CAD-Systeme werden sich in der Praxis nur dann durchsetzen können, wenn sie den gewohnten Entwurfsgrundsätzen der Anwender entgegen kommen (Lindhult 1988). Wenn ein CAD-System den Benutzer dazu bringt, bestimmte Gestaltungselemente nur deswegen nicht einzusetzen, weil sie mit diesem System nicht darstellbar sind, so wurde offensichtlich der falsche Weg eingeschlagen. Gerade in der Freiraumgestaltung ist es daher notwendig, sich mit der Modellierung geschwungener Linien in einem CAD-System auseinanderzusetzen.

Schon auf niedrigem Preisniveau bieten CAD-Programme meist mehrere verschiedene Möglichkeiten für die Erstellung geschwungener Linien zur Auswahl an, weswegen hier auch näher darauf eingegangen werden soll:

#### „Freihandlinien"

Fast jedes CAD-System beinhaltet ein Werkzeug, das den Namen „Freehand-Line" oder „Freeform-Line" trägt, wobei dem Benutzer oftmals nicht ganz klar mitgeteilt wird, was für ein Typ von Kurven damit generiert wird. Bei der weiteren Bearbeitung kann dies oftmals erhebliche Probleme verursachen, weil mit dieser Bezeichnung sehr unterschiedliche Konzepte gemeint sein können.

Freihandlinien werden in der Regel mit der Maus oder dem Zeichenstift eines Digitalisiertabletts eingegeben. Der Bildschirmcursor folgt dabei der Bewegung des Eingabegerätes, es wird eine je nach der Rastergröße des Bildschirms mehr oder weniger glatte Linie wiedergegeben. Für die interne Datenstruktur ergeben sich in der Folge mehrere Möglichkeiten:

#### Speicherung als Polygonzug

In den meisten Fällen wird eine am Bildschirm als geschwungene Kurve dargestellte „Freihandlinie" intern als Polygonzug abgespeichert. Die einzelnen Punkte des Polygons können durch die vom Cursor

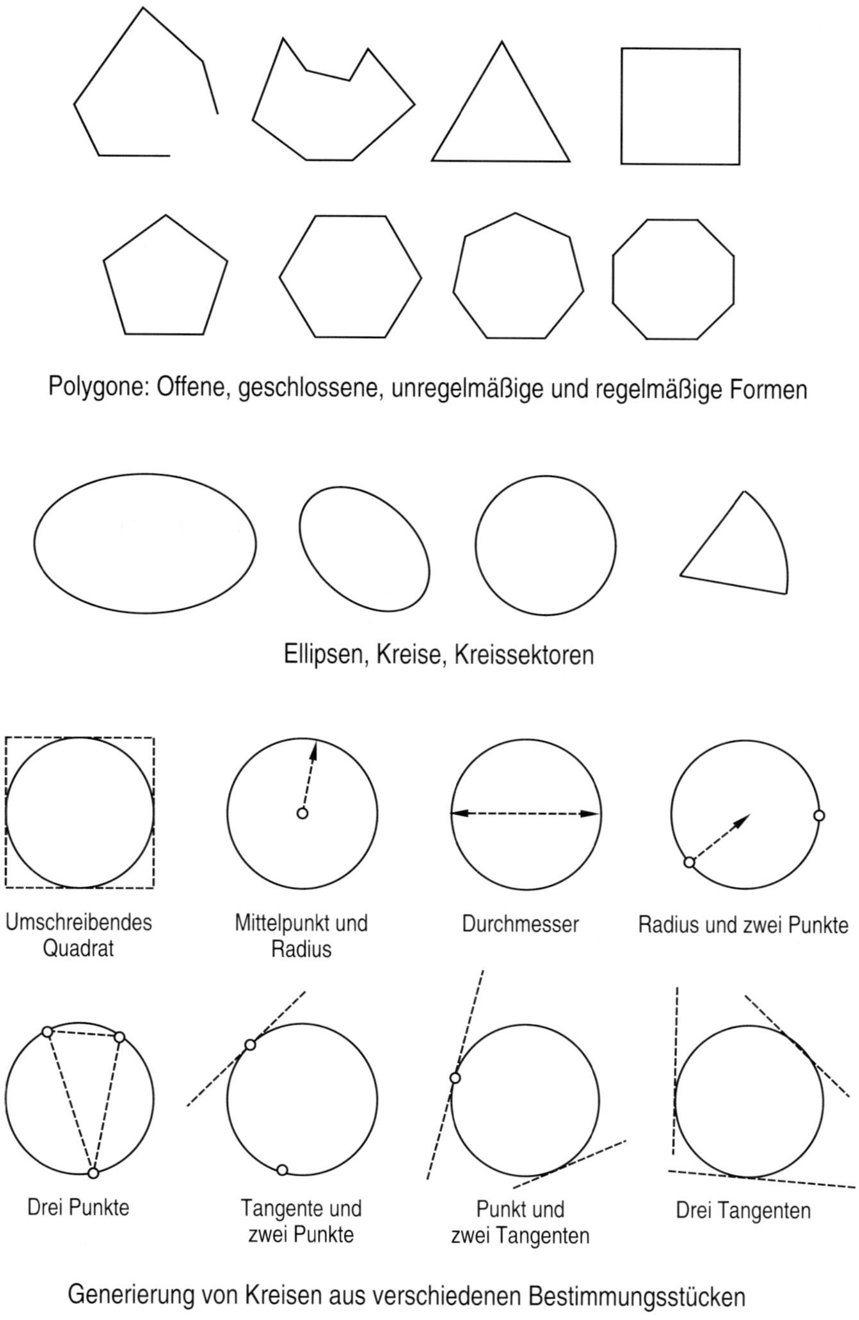


*Abb. 107. Geometrische Grundelemente eines 2D-CAD.*

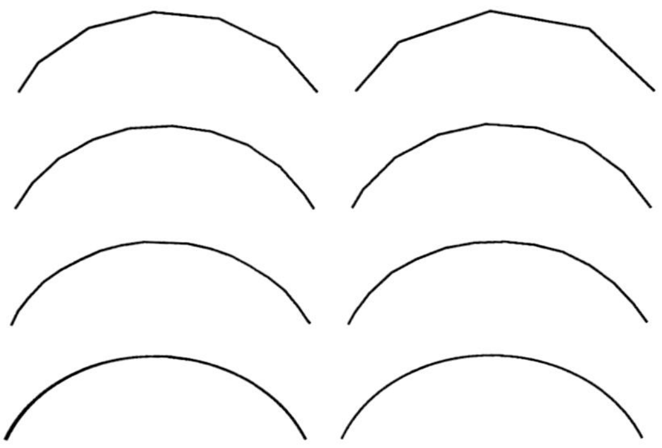

*Abb. 108. Beschreibung einer geschwungenen Linie über Polygone unterschiedlicher Punktdichte.*

überstrichenen Pixel des Bildschirms definiert werden; in diesem Fall werden somit sehr viele einzelne Koordinatenpaare abgespeichert, was die Datenmenge entsprechend groß werden läßt. Häufiger wird daher eine Abspeicherung von Koordinaten in Abhängigkeit von der Bewegungsgeschwindigkeit des Eingabecursors durchgeführt: Bei rasch bewegter Maus werden die Distanzen zwischen den einzelnen Ablesungen größer, bei langsamer Bewegung, etwa in Kurven mit kleinem Radius, reduzieren sich die Distanzen. Unabhängig von der jeweiligen Methode kann bei der Speicherung einer Freihandlinie als Polygonzug am Bildschirm der Eindruck einer freien, geschwungenen Linie entstehen; ab einer gewissen Vergrößerung jedoch, oder etwa beim Ausplotten, verschwindet dieser Eindruck und es tritt eine für viele „typische" Computerdarstellungen charakteristische eckige Linie in Erscheinung.

**Speicherung als Kurve**

Eine zweite Möglichkeit der Abspeicherung von Freihandlinien liegt darin, die von der Maus in gewissen (räumlich oder zeitlich definierten) Abständen abgefragten Positionen von vornherein als Stützpunkte einer Kurve zu erfassen. Dadurch wird die Freihandlinie in einer Form abgespeichert, welche eine gleichbleibende Darstellung unabhängig von Ausgabegerät und -maßstab ermöglicht und in den meisten Fällen auch ästhetisch befriedigend ist.

**Splines.** Das englische Wort „Spline" wird im Deutschen mit „Feder" übersetzt. Gemeint sind damit in erster Linie Metallteile in Maschinen, welche unter Beanspruchung ihre Form verändern. Unter dem Begriff Spline werden in der graphischen Datenverarbeitung verschiedene Methoden zur Beschreibung geschwungener Linien zusammengefaßt; er wird analog im dreidimensionalen Raum für frei definierte, gekrümmte Flächen angewendet (sieheKap. 3.5.1.).

Die Basis geschwungener Linien bilden Stützpunkte, die z. B. aus Polygonen heraus übernommen werden können. Je nach der Art, wie diese Stützpunkte behandelt werden, unterscheidet

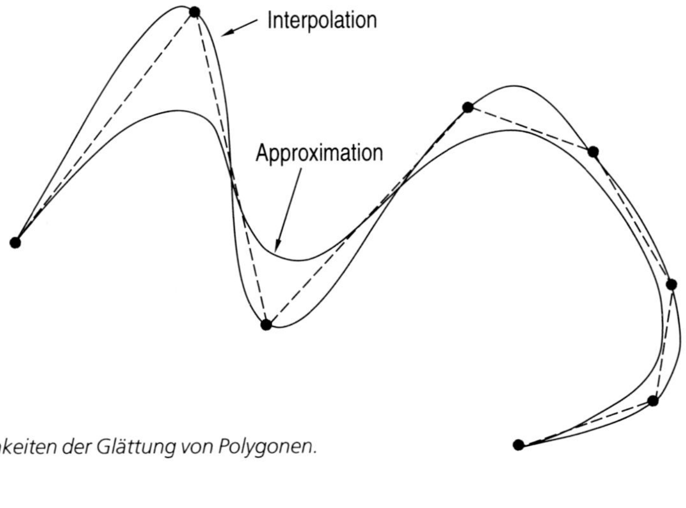


*Abb. 109. Möglichkeiten der Glättung von Polygonen.*

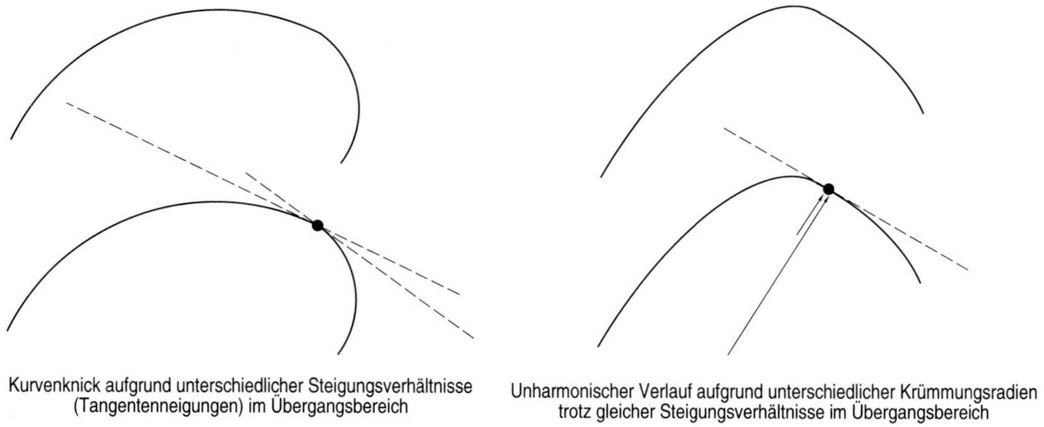


*Abb. 110. Anforderungen an die Stetigkeit einer Ausgleichskurve.*

man folgende Grundtypen: *interpolierende Kurven* verlaufen stets durch die Stützpunkte hindurch, während *approximierende* Kurven nur am Anfang und am Ende exakt die Position der Stützpunkte erreichen.

Prinzipiell können an geschwungene Linien im Zusammenhang mit graphischen Anwendungen verschiedene Forderungen gestellt werden (nach Purgathofer 1985):

**Stetigkeit.** Die erste und die zweite Ableitung der Kurve, also der Neigungswinkel der Tangenten und die Krümmung, sollen auf beiden Seiten der Stützpunkte gleich sein. Nur dann ist gewährleistet, daß im Verlauf der Kurve keine Ecken oder abrupte Neigungswechsel auftreten.

**Achsenunabhängigkeit.** Die Form einer Kurve darf sich nicht verändern, wenn das durch die Stützpunkte beschriebene Polygon gedreht wird. Diese Forderung wird von analytischen Kurven in ihrer normalen Funktionsdarstellung nicht erfüllt. Als einfachster Fall kann angenommen werden, daß eine Ausgleichskurve durch drei Stützpunkte gelegt werden soll. Dies erfolgt in der analytischen Geometrie sehr einfach über eine Parabel zweiter Ordnung. Wird nun aber das Polygon gedreht, so erhält die aus den neuen Koordianten ermittelte Ausgleichsparabel eine gänzlich abweichende Form, obwohl das Lageverhältnis der einzelnen Punkte zueinander nicht verändert wurde.

Dieses Problem kann durch die Anwendung einer parametrischen Kurvenbeschreibung vermieden werden: Analytische Kurven werden üblicherweise in der Form

$$y = f(x)$$

dargestellt. Dies bedingt, daß jedem Wert der x-Achse nur ein einziger Wert der y-Achse zugeord-

*Abb. 111. Veränderung der Ausgleichskurve nach Rotation der Stützpunkte bei Anwendung einer Parabel zweiter Ordnung.*

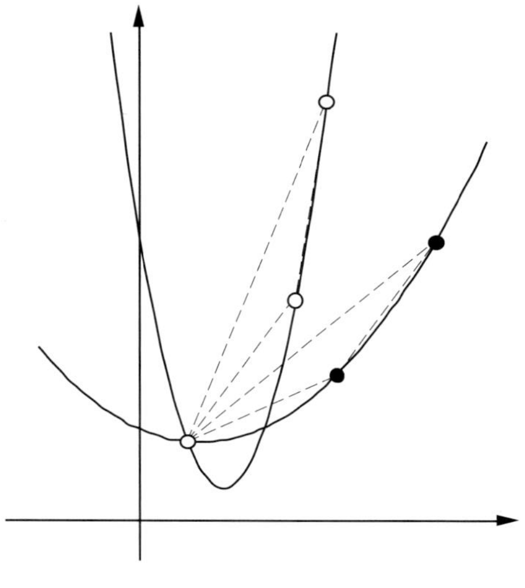

net werden kann; auf diese Weise ist es beispielsweise nicht möglich, eine Spirale zu beschreiben, da bei einer solchen Kurve einem Wert der x-Achse mehrere Werte der y-Achse entsprechen. Bei der Anwendung der parametrischen Beschreibung wird eine Hilfsvariable t eingeschaltet, aus der heraus sich die x- und die y-Werte ableiten lassen.

$$x = g(t)$$
$$y = h(t)$$

Da die beiden Funktionen g(t) und h(t) unabhängig voneinander formuliert werden können, sind somit auch mehrfache Beziehungen zwischen Werten der beiden Koordinatenachsen möglich.

Diese auf den ersten Blick nicht leicht verständliche Schreibweise kann an einem einfachen Beispiel verdeutlicht werden: Ein Kreis wird allgemein durch die Gleichung

$$x^2 + y^2 = r^2$$

beschrieben. Bei der Anwendung der üblichen Schreibweise y = f(x) ergeben sich gleich zwei Lösungen, nämlich

$$y = \sqrt{}(R^2 - x^2) \text{ und } y = -\sqrt{}(R^2 - x^2),$$

welche jeweils einen Halbkreis oberhalb und unterhalb der x-Achse beschreiben. Wird nun die Hilfsvariable t so eingeführt, daß sich ihre Größe aus der Länge des Weges entlang der Kurve ableitet, so ergibt sich daraus die folgende parametrische Darstellung:

$$x = \cos(t)$$
$$y = \sin(t)$$
$$(0 \leq t < 360°)$$

Eine leicht verständliche Illustration dieser Schreibweise ist die Steuerung des Schreibstiftes in einem Flachbettplotter. Bei einer solchen Zeichenmaschine wird der Schreibstift entlang zweier Schienen geführt, welche die beiden Koordinatenachsen definieren. Wenn nun ein Kreis gezeichnet werden soll, so muß die Steuerung der Bewegung des Stiftes entlang der x-Achse eben durch die obere Formel erfolgen, die entlang der y-Achse durch die untere.

Auf solche Weise beschriebene Kurven werden oft als „parametrische Kurven" bezeichnet, analog davon spricht man im dreidimensionalen Raum von „parametrischen Flächen".

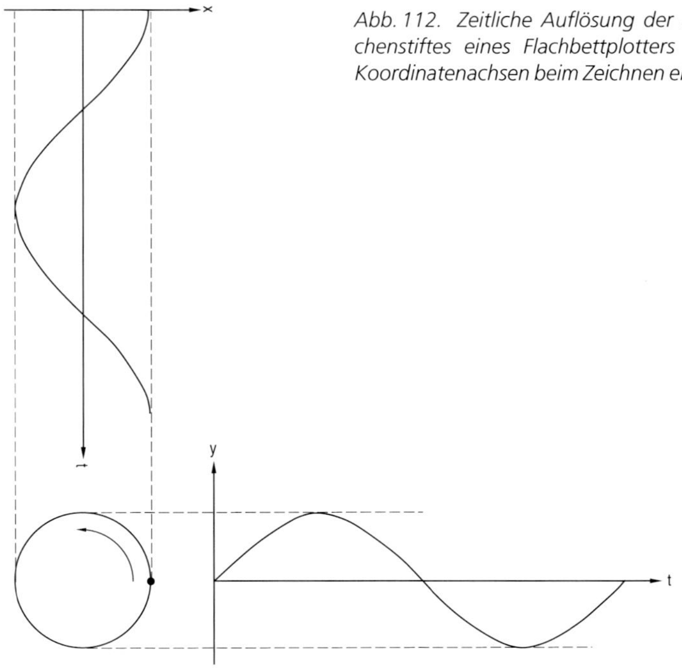


*Abb. 112. Zeitliche Auflösung der Bewegung des Zeichenstiftes eines Flachbettplotters im Bezug auf die Koordinatenachsen beim Zeichnen eines Kreises.*

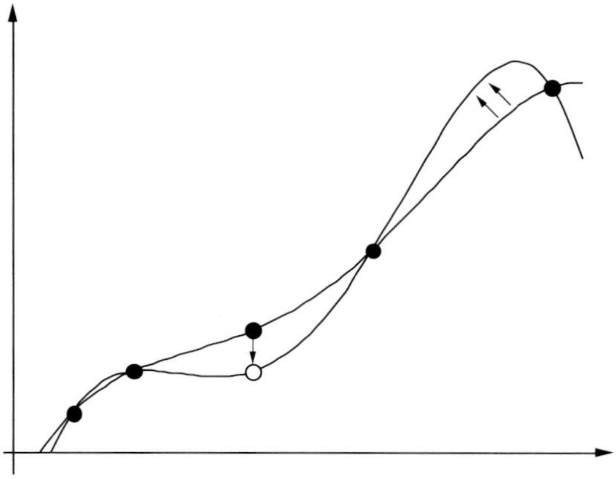

*Abb. 113. Überschwingen nach Verschiebung eines Stützpunktes bei Anwendung einer Parabel vierter Ordnung als Ausgleichskurve.*

**Geringes Überschwingen.** Prinzipiell ist es möglich, n Stützpunkte über Kurven miteinander zu verbinden, die durch Polynome der Ordnung n-1 beschrieben sind, also zum Beispiel drei Punkte über eine Parabel zweiter Ordnung, vier Punkte über eine Parabel dritter Ordnung usw. Abgesehen von dem mit der Zahl der Stützpunkte wachsenden rechentechnischen Aufwand zur Lösung der entsprechenden Gleichungen ergeben sich dabei auch oft unerwartete Kurvenverläufe, die sehr stark von dem einer mit freier Hand gezeichneten Ausgleichskurve abweichen. Dieses „Überschwingen" sollte bei Zeichenprogrammen somit nach Möglichkeit vermieden werden.

**Geringer globaler Einfluß einzelner Stützpunkte.** Wenn eine Kurve durch sehr viele Stützpunkte definiert wird, so sollten Veränderungen an einem einzelnen Punkt nicht den gesamten Verlauf der Kurve beeinflussen, wie dies auch in Abb. 113 der Fall ist. Der Einflußbereich eines Punktes sollte daher auf einen lokalen Abschnitt beschränkt bleiben. Dadurch wird es möglich, eine Kurve abschnittsweise an eine gewünschte Form anzupassen.

Die eben behandelten Forderungen werden von den nachfolgend beschriebenen Typen in unterschiedlicher Weise erfüllt. Für den Bereich der Freiraumgestaltung ist dabei weniger der theoretische Anspruch bedeutend, sondern in erster Linie der ästhetische Eindruck, den eine Darstellung hinterläßt.

### Kubische Splines

Kubische Splines gehören zu den interpolierenden Kurven, sie berühren alle Stützpunkte des zu glättenden Polygons. Dabei wird zwischen je zwei Stützpunkten ein Polynom dritter Ordnung („Kubisches Polynom") interpoliert. Dadurch, daß normalerweise ein Polynom dritter Ordnung durch vier Punkt definiert wird, bleiben an den Stützpunkten Freiheitsgrade offen, die es ermöglichen, einen in der ersten und zweiten Ableitung stetigen Anschluß an das nachfolgende Kurvenstück zu finden.

*Abb. 114. Beispiel für unterschiedlich große Einflußbereiche bei der Verschiebung von Stützpunkten.*

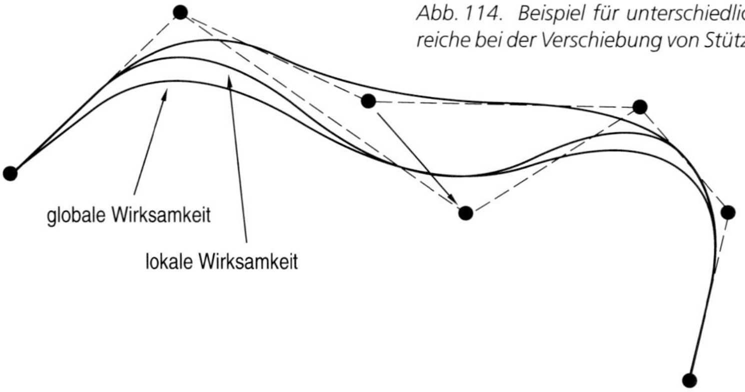

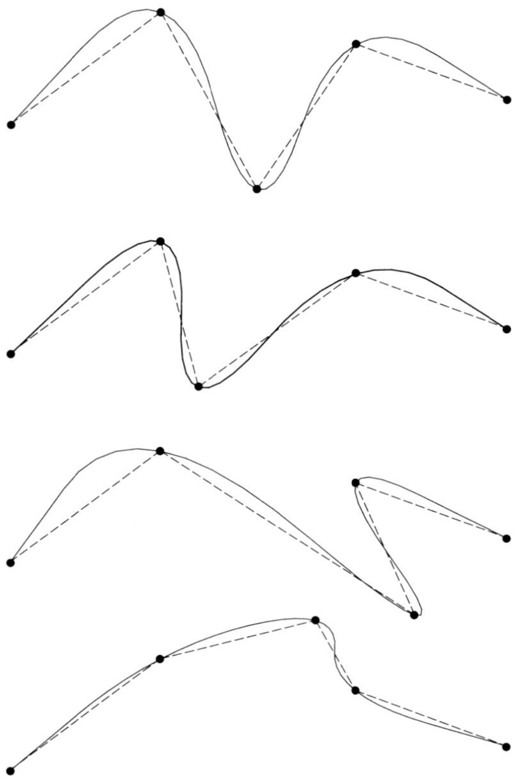

*Abb. 115. Interpolation eines Polygons mittels kubischen Splines mit Darstellung der Auswirkung der Verschiebung eines einzelnen Polygonpunktes.*

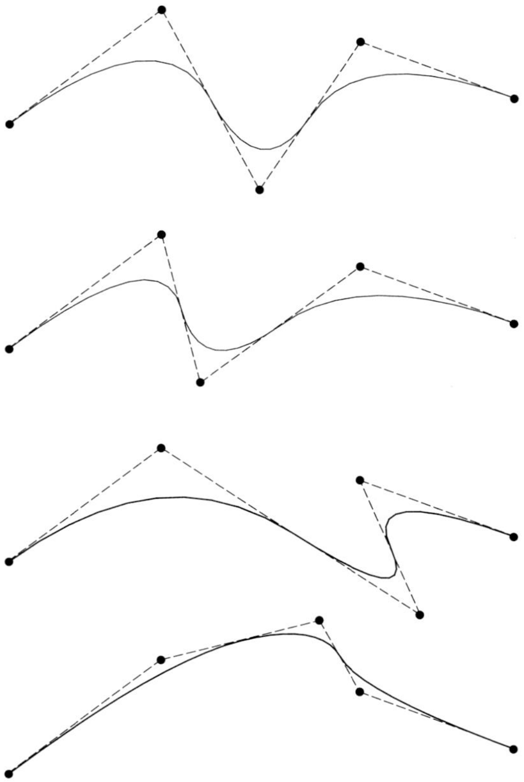

*Abb. 116. Approximation eines Polygons mittels Beziérkurve mit Darstellung der Auswirkung der Verschiebung eines einzelnen Polygonpunktes.*

**Beziér-Kurven**

Eine sehr häufig verwendete Variante zur Beschreibung geschwungener Linienzüge ist die Anwendung von Beziér-Kurven (Beziér 1972). Diese gehören zu den approximierenden Kurven, verlaufen also nur durch den Anfangs- und den Endpunkt des zu glättenden Polygons. In mathematischer Hinsicht ergibt sich die Position jedes Einzelpunktes einer Beziér-Kurve als ein gewichtetes Mittel aller Stützpunkte des beschreibenden Polygons, wobei das Gewicht der Stützpunkte um so geringer ist, je weiter sie von der jeweiligen Position entfernt sind.

Beziér-Kurven sind in ästhetischer Hinsicht meist sehr ansprechend, haben aber den Nachteil, daß sich ihr genauer Verlauf nicht exakt festlegen läßt, da die Stützpunkte ja stets außerhalb der Kurve liegen. Dadurch, daß alle Stützpunkte in die Berechnung jeder einzelnen Position eingehen, ergibt sich bei steigender Zahl an Stützpunkten auch ein hoher Rechenaufwand.

**B-Splines**

B-Splines stellen eine Erweiterung und Vereinfachung des Ansatzes der Beziér-Kurven dar. Bei B-Splines kann definiert werden, wie weit der Einfluß eines Stützpunktes gehen soll. So reicht es in den meisten Fällen vollkommen aus, wenn für die Berechnung eines Einzelpunktes der Kurve nur vier benachbarte Stützpunkte berücksichtigt werden. Auf diese Weise wird die Berechnung des Kurvenverlaufes stark beschleunigt, beim nachträglichen Editieren der Stützpunkte bleiben die Auswirkungen lokal begrenzt.

**Weitere Entwicklungen**

Aus den genannten Grundmodellen zur Beschreibung geschwungener Linien heraus wurden zahlreiche Erweiterungen entwickelt, welche vor allem in CAD-Systemen der höheren Leistungsklassen angeboten werden. Sie zeichnen sich dadurch aus, daß der Verlauf nicht nur über die Festlegung einzelner Stützpunkte, sondern auch durch die Definition zusätzlicher Kurveneigenschaften wie etwa der „Spannung" der Kurve charakterisiert werden kann (Beta-Splines, NURBS = Non-Uniform Rational B-Splines usw.; siehe dazu Bartels et al. 1987, Farin 1988)

Eine interessante Modifikation ist der Ansatz der Tangentensteuerung: Bei den bisher beschriebenen Methoden wurde der Verlauf einer Kurve hauptsächlich durch die Positionierung der Stützpunkte bestimmt. Bei interpolierenden Kurven mit beschränkter lokaler Wirksamkeit eines Stützpunktes ergeben sich jedoch genügend Freiheitsgrade, die es ermöglichen, die Tangentenneigung in einzelnen Stützpunkten zu verändern, ohne die Stützpunkte selbst zu verschieben.

Auf diese Weise läßt sich eine Feinabstimmung des Kurvenverlaufes sehr einfach durchführen. Leider werden diese Funktionen in CAD-Programmen eher selten angeboten, sie stehen meist nur in speziellen Programmen für Gebrauchsgraphiker zur Verfügung.

### 3.4.2 Zeichen- und Editierhilfen

Beim manuellen Erstellen von Zeichnungen können vielfältige Zeichenhilfen zur Beschleunigung der Arbeit bzw. zur Erhöhung der Genauigkeit beigezogen werden: Lineale unterschiedlichsten Typs, Schablonen, Reißschienen, Linienspiegel, Millimeterpapiere usw. Analog dazu sind auch bei CAD-Programmen zahlreiche Werkzeuge vorgesehen, die vor allem bei der Positionierung von Objekten hilfreich sein können. Prinzipiell kann dabei unterschieden werden zwischen Hilfswerkzeugen, die

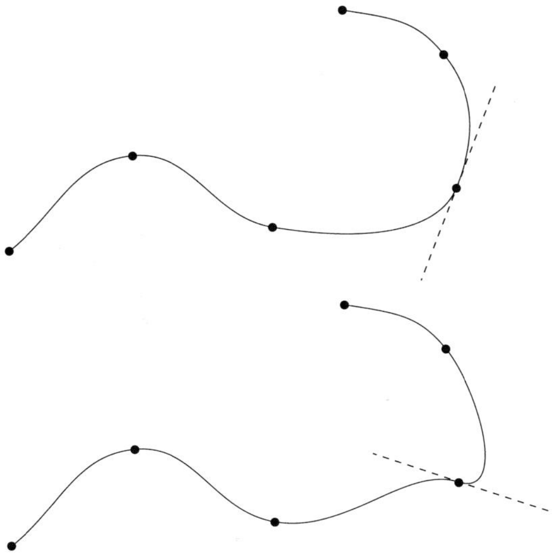

*Abb. 117. Beeinflussung des Kurvenverlaufes durch Veränderung der Tangentenneigung in einem Stützpunkt.*

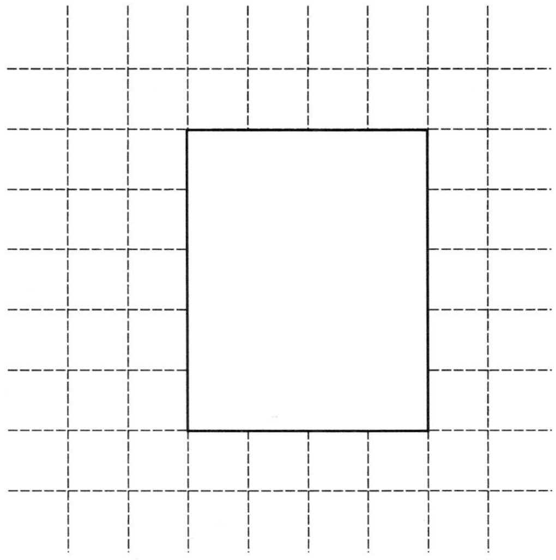

*Abb. 118. Objektausrichtung entlang eines Referenzrasters.*

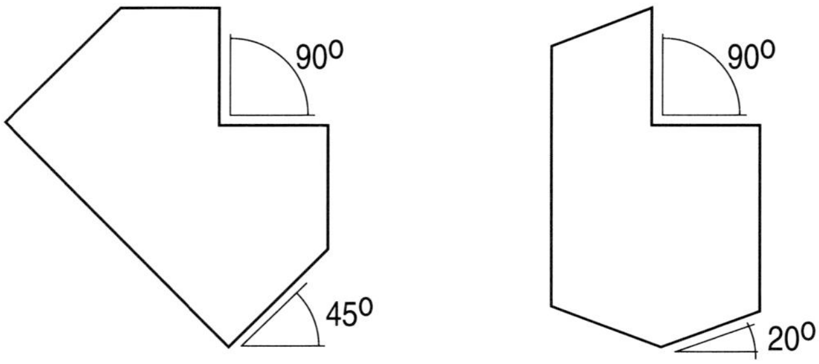


*Abb. 119. Linienzeichnung in vorgegebenen Richtungen.*

eine Beziehung zu den Koordinatenachsen der Zeichenebene, und solchen, die eine Beziehung zu anderen Objekten einer Zeichnung herstellen.

### Zeichenraster

Eine einfache Zeichenhilfe stellen Zeichenraster dar. Sie sind meist als vom Ursprung des Koordinatenkreuzes ausgehende quadratische Raster definiert und bewirken, daß alle Eckpunkte der zu zeichnenden Objekte auf den Gitterpunkten dieses Rasters zu liegen kommen (Abb. 118). Dadurch kann zum Beispiel auch bewirkt werden, daß regelmäßige Objekte wie etwa Rechtecke auch immer nur in bestimmten Maßen generiert werden können (z. B. als ganzzahlige Vielfache einer gegebenen Plattengröße).

Wichtig für den Komfort bei der Zeichenarbeit ist, daß sich die Veränderung der Maschenweite bzw. das Aktivieren und Deaktivieren der Raster mit einfachen Befehlen vornehmen läßt.

### Linienausrichtung

In vielen Fällen ist es wünschenswert, daß Linienzüge in einem bestimmen Winkel zu den Koordinatenachsen ausgerichtet werden. Sehr häufig werden natürlich rechte Winkel oder einfache Teilungen des rechten Winkels (30, 45, 60 Grad) benötigt; in bestimmten Fällen ist es aber auch vorteilhaft, wenn die Möglichkeit besteht, diese Ausrichtungswinkel beliebig zu definieren.

### Fangfunktionen

Die Ausrichtung neu zu zeichnender Objekte an bereits in der Zeichnung enthaltenen bedeutet eine häufige Aufgabenstellung beim Auszeichnen von Entwürfen. Über die Definition von Fangdistanzen kann bewirkt werden, daß Objekte, sobald sie innerhalb der definierten Distanz von einem Objekt zu liegen kommen, automatisch an dieses herangezogen werden. Da bei vielen Bauelementen schon bei der Planung bestimmte Distanzen zwischen den einzelnen Teilen eingehalten werden müssen (z. B. Mörtelfugen), erweist es sich als vorteilhaft, wenn sich die Fangfunktionen auch so definieren lassen, daß die Heranführung nur bis zu einer solchen Distanz erfolgt.

In letzterem Fall wird also bewirkt, daß Objekte parallel zu bereits bestehenden gezeichnet wer-

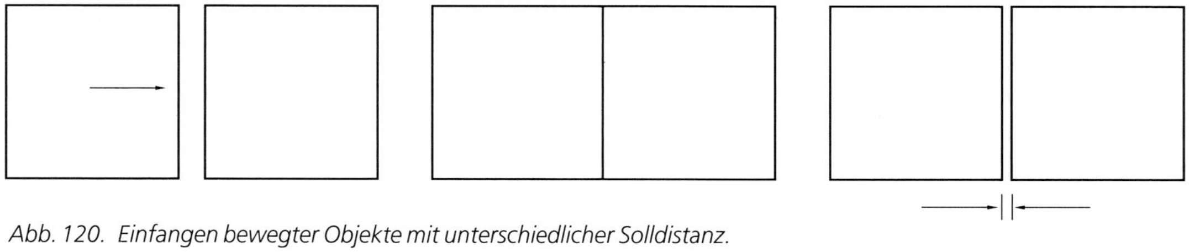

*Abb. 120. Einfangen bewegter Objekte mit unterschiedlicher Solldistanz.*

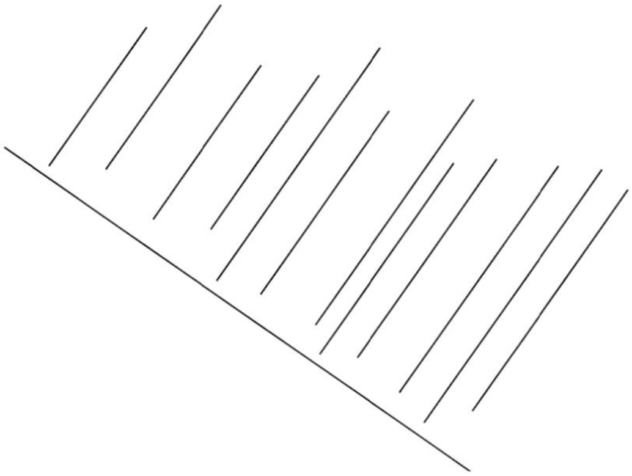

*Abb. 121. Ausrichtung gezeichneter Linien im rechten Winkel zu einer Grundlinie.*

den. Ebenso ist es häufig erforderlich, rechtwinkelige Abgänge von bestehenden Linienzügen zu generieren, wie dies insbesondere etwa bei Wegkreuzungen der Fall ist.

## Tangentenkonstruktion

Die vielfältigen Möglichkeiten zur Generierung von Tangenten aus verschiedenen Angaben, wie sie bei den meisten CAD-Programmen gegeben sind, weisen auf das ursprüngliche Haupteinsatzgebiet der CAD-Technologie, den Maschinenbau, hin. Es kann jedoch auch in der Freiraumgestaltung bisweilen vorteilhaft sein, etwa von einem bestimmten Punkt aus Tangenten zu einem gegebenen Kreis hin zu ziehen.

## Eckenausrundung

Bei der Konstruktion von Weganschlüssen ist häufig eine Ausrundung der entstehenden Ecken erwünscht. Dies erfolgt in den meisten Fällen über Kreisbögen mit gegebenem Radius (Abb. 123). Die Bevorzugung von Kreisbögen gegenüber anderen Kurventypen mit harmonischerem Anschluß an die Geraden, z. B. Klothoiden, beruht vor allem in der einfacheren Konstruierbarkeit, die sich auch beim Abstecken im Gelände bemerkbar macht.

## Doppellinien

Es gibt sehr viele Aufgabenstellungen, bei welchen zwei parallel verlaufende Linien gezeichnet werden müssen; im Falle der Freiraumgestaltung betrifft dies in erster Linie die Darstellung von Wegen. Wenn der Abstand zwischen den beiden Linien als Zahl eingegeben werden kann, so ist es sehr einfach, exakte Wegbreiten wiederzugeben. Die meisten Programme bieten unterschiedliche Möglichkeiten zur Generierung parallel verlaufender Linien an: So kann die eingegebene Linie als Mittellinie aufgefaßt werden, zu der zwei weitere parallel zu zeichnen sind, oder die Parallellinie wird nur auf einer Seite, links oder rechts der eingegebenen Linie, generiert.

Ein sehr entscheidendes Kriterium für die Anwendbarkeit eines Programmes in der Freiraumgestaltung ist die Fähigkeit, auch Doppellinien zu geschwungenen Linienzügen zu generieren, da ja viele Wege in Freiraumentwürfen als „freie" Kur-

*Abb. 122. Möglichkeiten der automatischen Tangentenkonstruktion.*

Konstruktion der Tangenten von einem Punkt an einen Kreis

Konstruktion der gemeinsamen Tangenten zweier Kreise

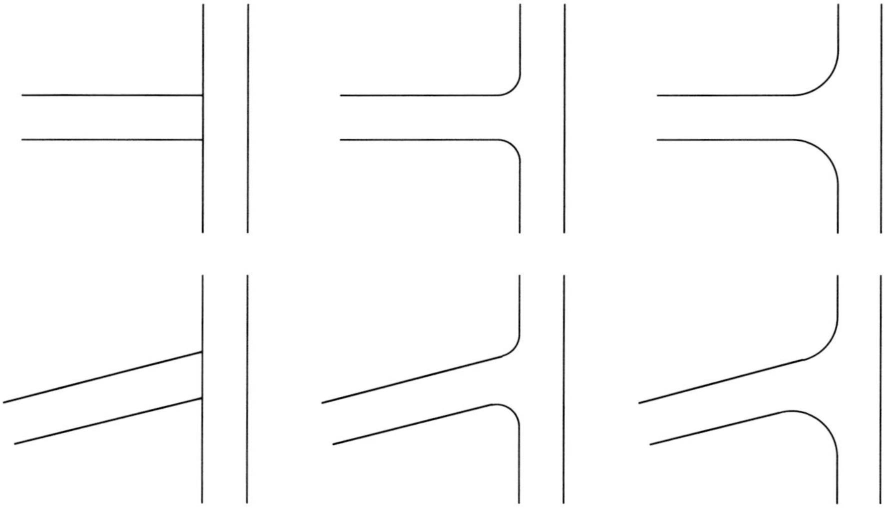

*Abb. 123. Automatische Eckenausrundung über Kreisbögen mit unterschiedlichen Radien.*

*Abb. 124. Möglichkeiten der Generierung von Doppellinien.*

ven (siehe Kap. 3.4.1.) geplant werden. Manche Programme sind nur in der Lage, Doppellinien zu Polygonen zu zeichnen, nicht aber zu geschwungenen Linien. Es macht aber einen großen Unterschied, ob Doppellinien von einer geschwungenen Linie ausgehend generiert werden, oder ob Doppellinien zu einem nicht geglätteten Polygon nachträglich geglättet werden; in letzterem Falle ergibt es sich häufig, daß die Wegbreite nicht konstant dargestellt wird (Abb. 125).

### 3.4.3 Editieroperationen an 2D-Objekten

Die einfachen geometrischen Grundelemente, welche vom jeweiligen System zur Generierung der darzustellenden Objekte zur Verfügung gestellt werden, können nachträglich durch viele unterschiedliche Operationen in ihrer Form und Lage verändert sowie mit anderen Objekten zu komplexeren Formen verbunden werden.

#### Operationen an Einzelobjekten

Die üblichen Operationen an einzelnen Objekten beziehen sich auf die Veränderung einzelner Punkte innerhalb von Linienzügen sowie auf die Veränderung von Form und Lage des Gesamtobjektes durch Verschieben, Vergrößern und Verkleinern (Skalieren), Verzerren, Rotieren und Spiegeln.

Ein sehr wichtiger Vorgang beim computergestützten Entwerfen ist das Duplizieren von einmal generierten Grundelementen, die entsprechend den Gestaltungsabsichten innerhalb eines Entwurfes mehrfach verwendet werden sollen. Gerade dann, wenn einzelne Module mehrfach gezeichnet werden, ist der Einsatz der Computergraphik sinnvoll. Der Zeitaufwand beschränkt sich auf die Generierung des ersten Elementes, alle weiteren können ohne besonderen Mehraufwand in beliebiger Zahl reproduziert werden. Bei manueller Planerstellung hingegen ist der Zeichenaufwand bei jeder Wiederholung annähernd gleich groß.

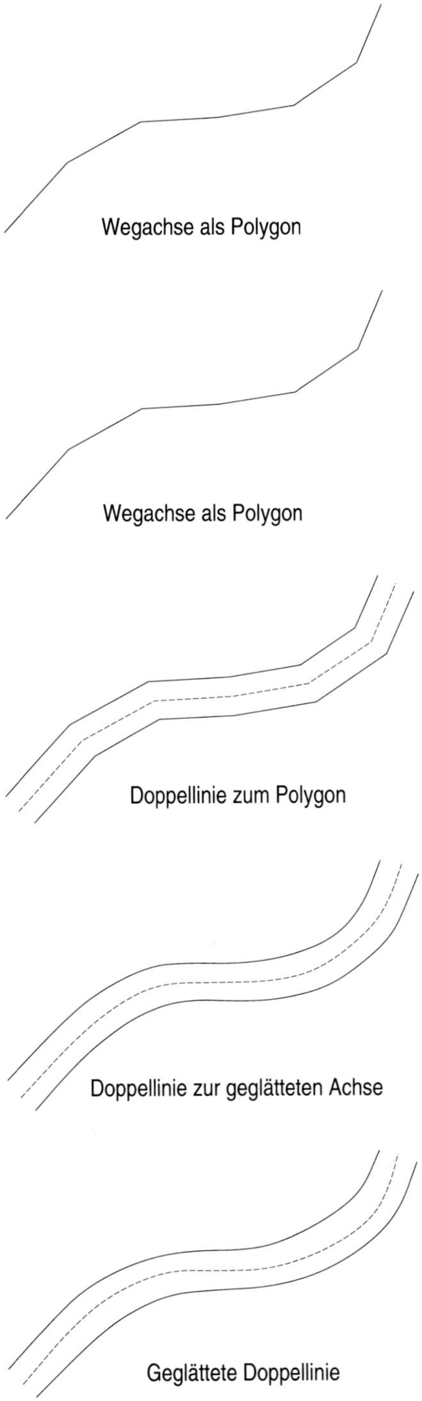


*Abb. 125. Darstellung geschwungener Wege als Doppellinien.*

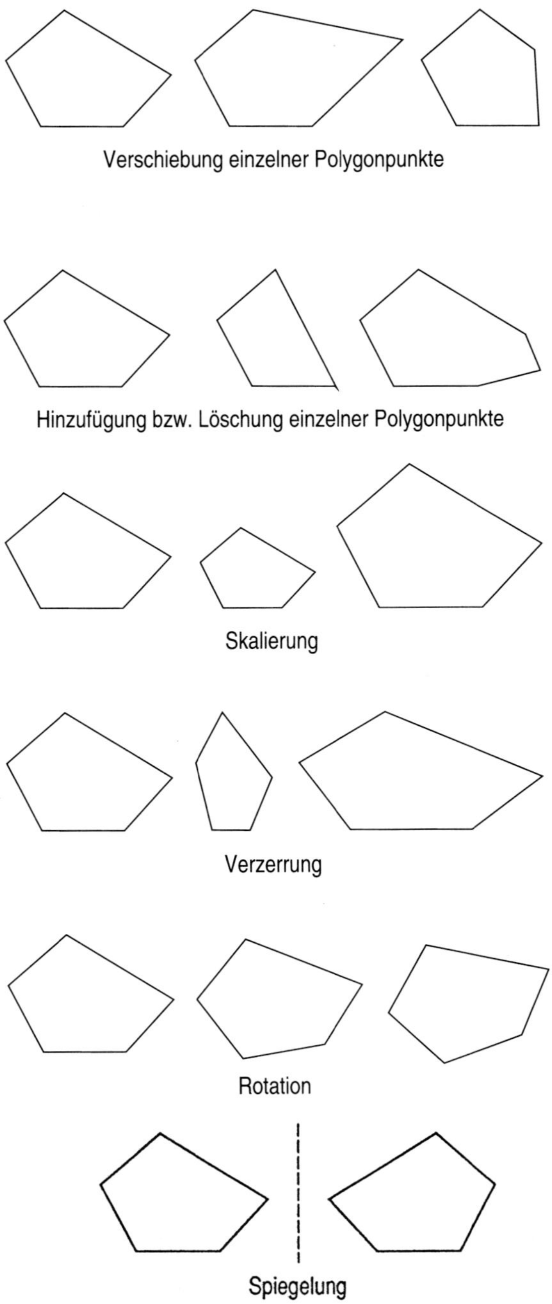


*Abb. 126. Typische Editiervorgänge an 2D-Objekten.*

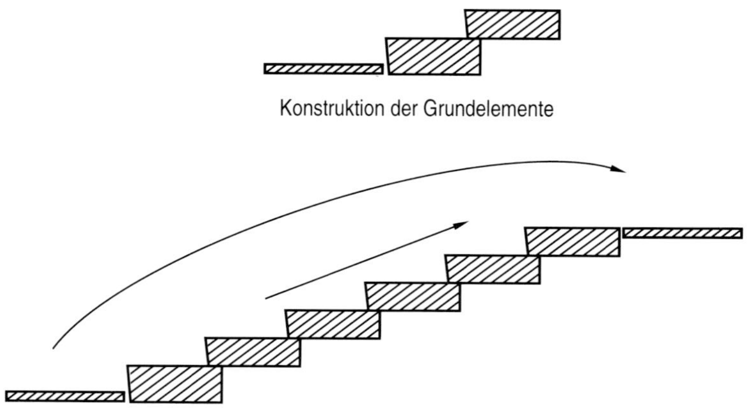


*Abb. 127. Beschleunigung des Zeichenvorganges durch Wiederholung gleicher Elemente am Beispiel einer Treppe.*

Beim Duplizieren ist es vorteilhaft, wenn definiert werden kann, in welche Position die Objekte dupliziert werden sollen, wobei neben einer bloßen Verschiebung der Duplikate gleichzeitig auch eine Rotation um einen vorgegebenen Winkel möglich sein sollte. Die nachfolgenden Beispiele zeigen, daß viele mühsame Detailzeichnungen in der Freiraumgestaltung durch einfache Dupliziervorgänge erheblich rascher fertiggestellt werden können.

*Abb. 128. Einfache Pflastermuster auf Basis weniger Steingrößen in regelmäßiger Anordnung.*

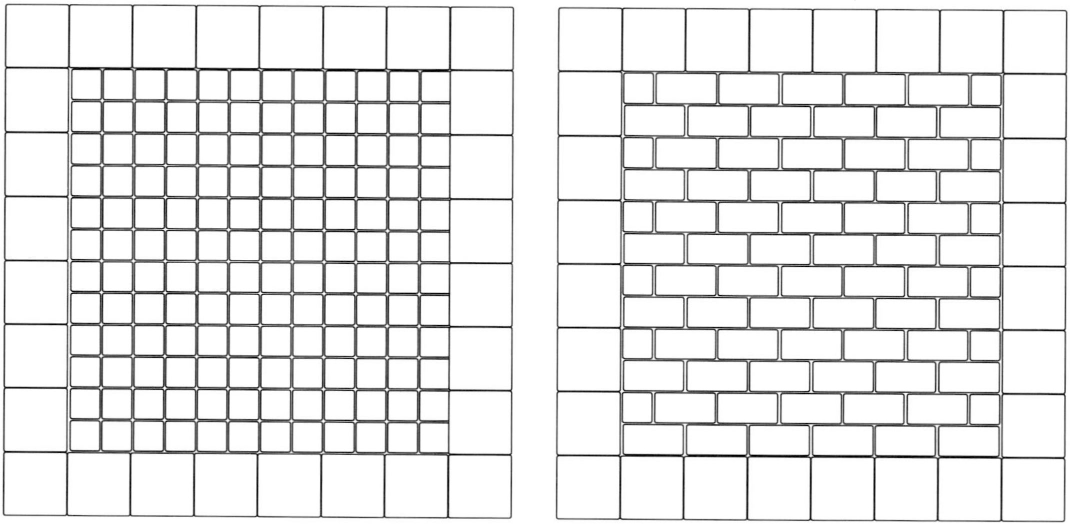

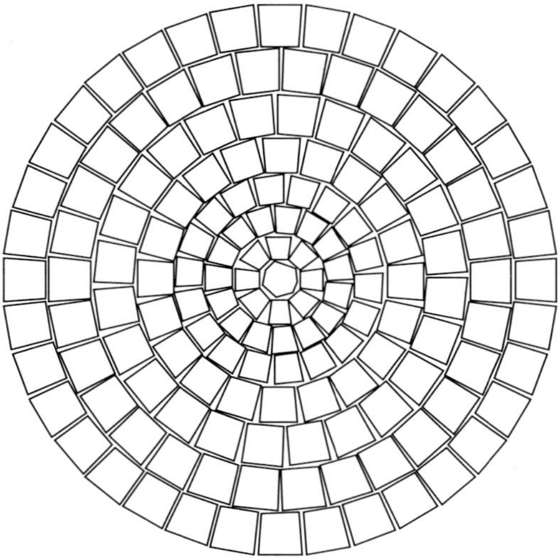

*Abb. 129. Pflasterkreis als Anwendung für Duplikation, Rotation und Streckung.*

### Verbindung mehrerer Objekte

Einfache geometrische Objekte können durch logische Verknüpfungen zu komplizierteren Strukturen verbunden werden, unter Anwendung der Boole'schen Operatoren AND, NOT, OR, XOR. Im Bereich der Freiraumgestaltung ergeben sich hiefür viele Einsatzmöglichkeiten vor allem beim Entwurf von Belagsmustern.

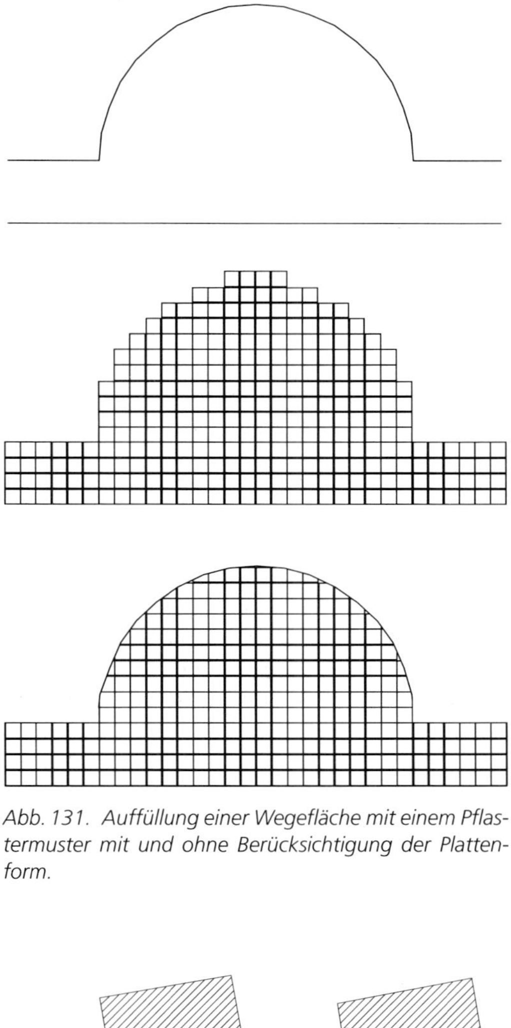

*Abb. 131. Auffüllung einer Wegefläche mit einem Pflastermuster mit und ohne Berücksichtigung der Plattenform.*

*Abb. 130. Logische Veknüpfung zweier Elemente.*

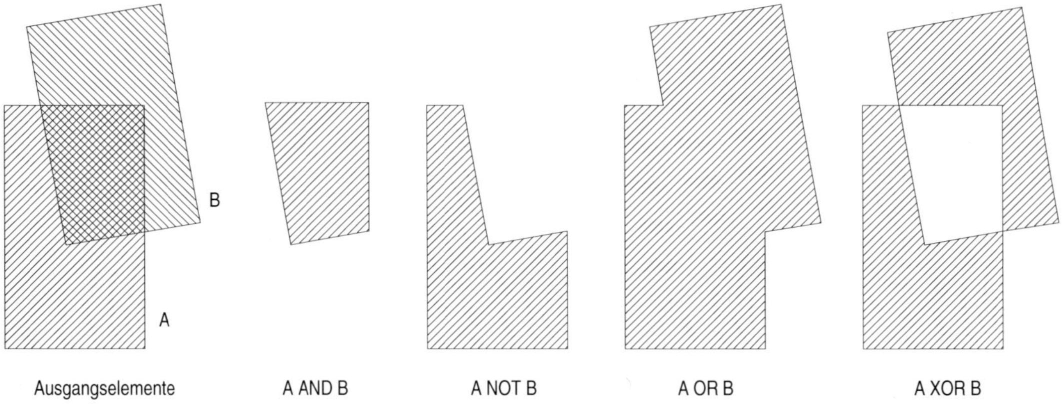

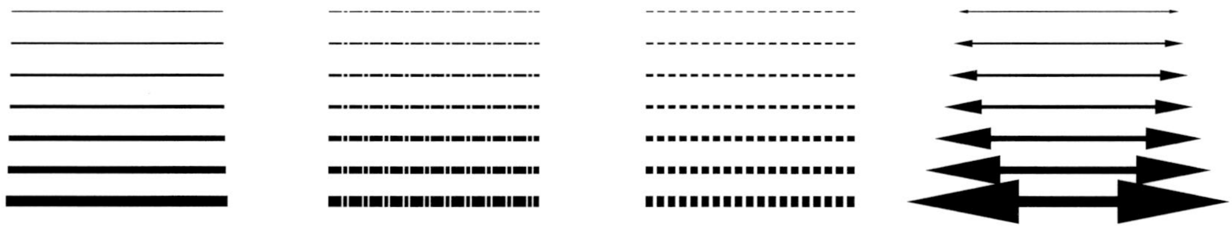

*Abb. 132. Liniensignaturen.*

*Abb. 133. Flächenfüllungen für vektororientierte Ausgabegeräte.*

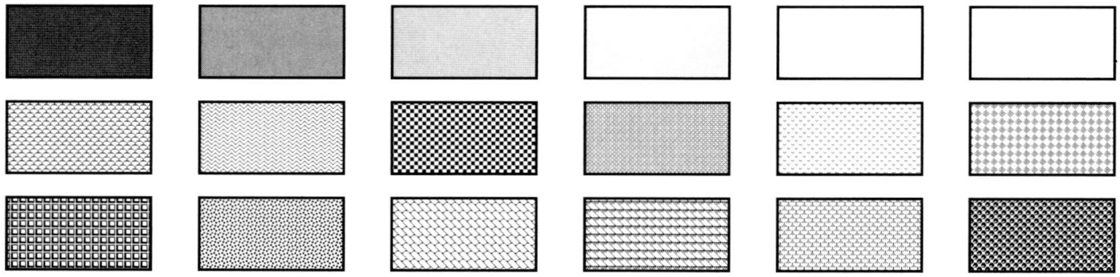

*Abb. 134. Flächenfüllungen für rasterorientierte Ausgabegeräte.*

### 3.4.4 Graphische Symbole

CAD-Systeme bieten im allgemeinen eine große Vielfalt an Darstellungsmöglichkeiten für die Ausgabe der gespeicherten geometrischen Strukturen: Liniensignaturen, Schraffuren und andere Flächenfüllungen, Schrifttypen usw. Wichtig bei der Zuteilung von Signaturen zu Objekten ist neben der optischen Wirkung am Bildschirm vor allem die Art des vorgesehenen Ausgabegeräts. Bei der Ausgabe auf vektororientierten Geräten (Strichplotter) wird man sich sinnvollerweise auf die Verwendung weniger Strichstärken und -farben beschränken müssen, für Flächenfüllungen kommen in diesem Falle nur Schraffuren in Frage. Bei rasterorientierten Ausgabegeräten (Laserdrucker, Elektrostatplotter etc.) hingegen können auch vollflächige Signaturen oder Halbtonraster eingesetzt werden.

### 3.4.5 Automatische Vermaßung

Ein wesentlicher Vorteil beim computergestützten Zeichnen liegt in der Möglichkeit, die Maße von Bauteilen vom Rechner ermitteln und auch deren

*Abb. 135. Schriftarten für vektororientierte Ausgabegerät*

*Abb. 136. Schriftarten für rasterorientierte Ausgabegeräte.*

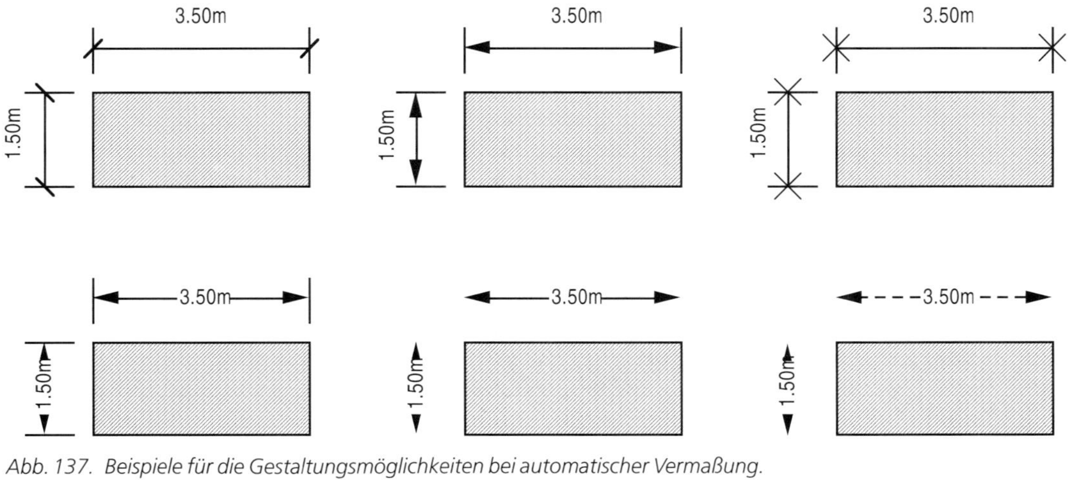


*Abb. 137. Beispiele für die Gestaltungsmöglichkeiten bei automatischer Vermaßung.*

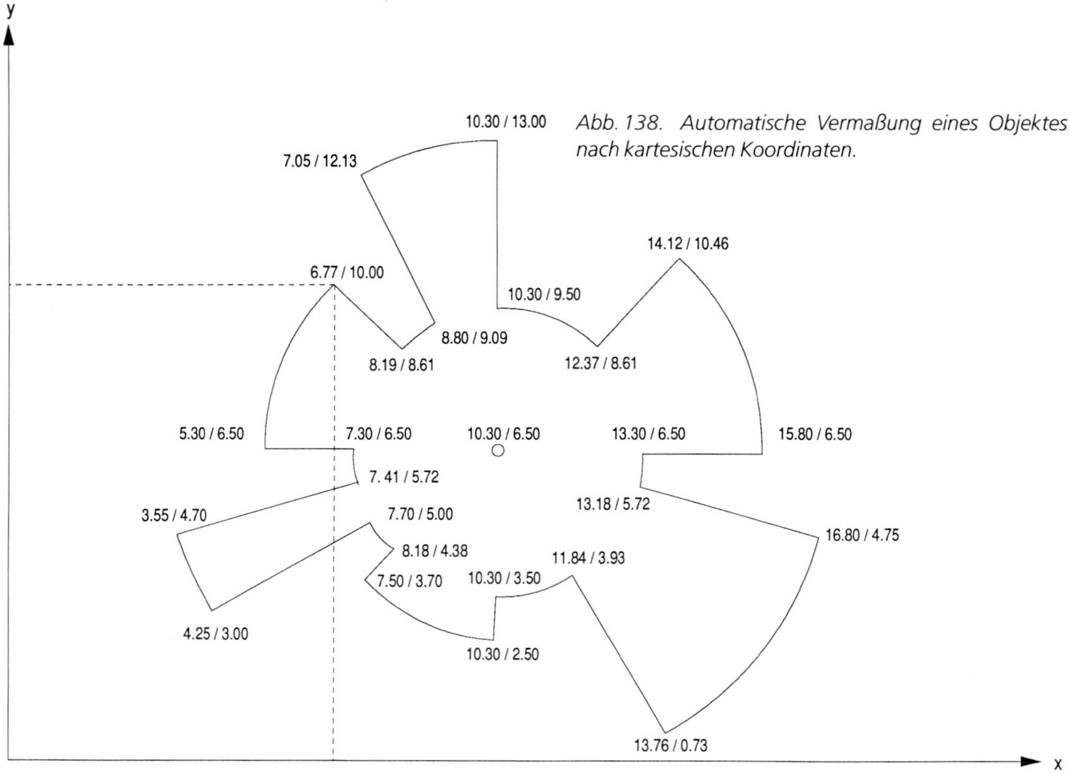


*Abb. 138. Automatische Vermaßung eines Objektes nach kartesischen Koordinaten.*

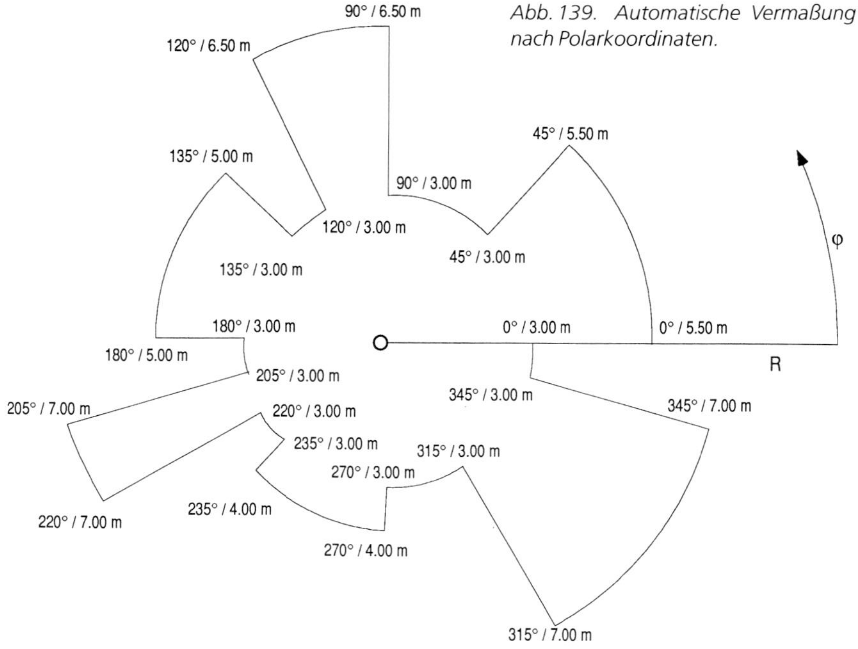


*Abb. 139. Automatische Vermaßung eines Objektes nach Polarkoordinaten.*

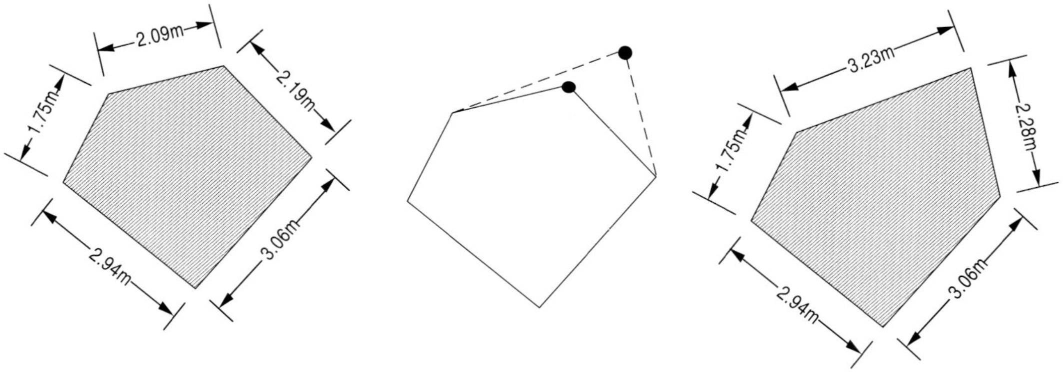


*Abb. 140. Automatische Aktualisierung der Vermaßung nach Veränderungen am Objekt.*

textliche Darstellung im Plan weitgehend automatisch durchführen zu lassen; die Zeitersparnis gegenüber der manuellen Planbearbeitung ist gerade hier sehr groß.

In diesem Teilbereich des CAD weisen die am Markt angebotenen Systeme sehr unterschiedliche Leistungsfähigkeiten auf: Während einfache Zeichenprogramme oft nur in der Lage sind, Vermaßungen entlang der beiden Koordinatenachsen durchzuführen, können leistungsfähigere Programme Vermaßungen nicht nur nach kartesischen, sondern auch nach Polarkoordinaten ermitteln, was bei der Absteckung mancher Details in der Freiraumgestaltung bisweilen vorteilhaft sein kann.

Unterschiedlich sind die einzelnen Systeme auch in der Art, wie sie bereits generierte Vermaßungen weiterbehandeln: Zum einen ist es vorteilhaft, wenn Vermaßungen bei etwaigen Veränderungen am vermaßten Objekt sofort aktualisiert werden, was eine enge Bindung des Textes an das Objekt bedingt, andererseits ist es oft auch auch günstig, wenn der Text nachträglich editiert oder zumindest in seiner Lage verschoben werden kann. Bei einer automatischen Plazierung der Maßangaben auf der Zeichnung kann es leicht passieren, daß es zu Kollisionen zwischen einzelnen Maßtexten oder zwischen Objekten und Maßangaben kommt. Da kollisionsfreie automatische Textplazierungen nur mit sehr hohem Programmieraufwand zu erreichen sind (siehe Kap. 2.10.2), ist es meist sinnvoller, nachträgliche Korrekturen interaktiv am Bildschirm vorzunehmen.

### 3.4.6 Folien- oder Schichtentechnik

Im Zuge einer Projektbearbeitung in der Freiraumgestaltung fallen meist mehrere Pläne an, die alle auf den gleichen räumlichen Bezugsvorgaben aufbauen, aber unterschiedliche Inhalte aufweisen (Präsentationsplan, technischer Übersichtsplan,

*Abb. 141. Manuelle Nachbearbeitung automatisch plazierter Maßzahlen.*

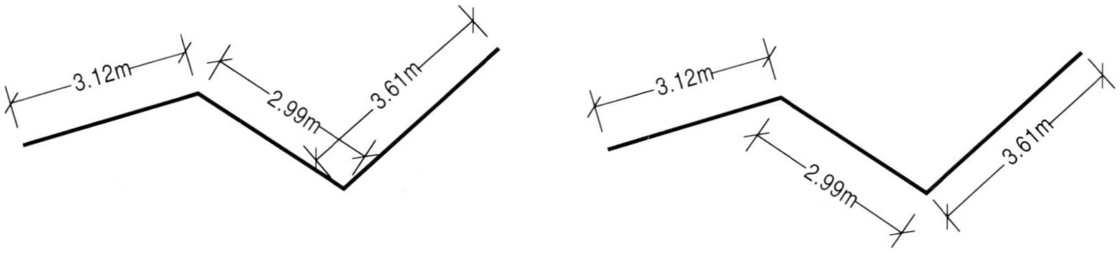

*Abb. 142. 2D-Gesamtdarstellung und vermaßte Details zu einem Gartenentwurf (Landcadd, Widemann Systeme, Wiesbaden; Entwurf: Ingrid Bornes, FH Wiesbaden-Geisenheim).*

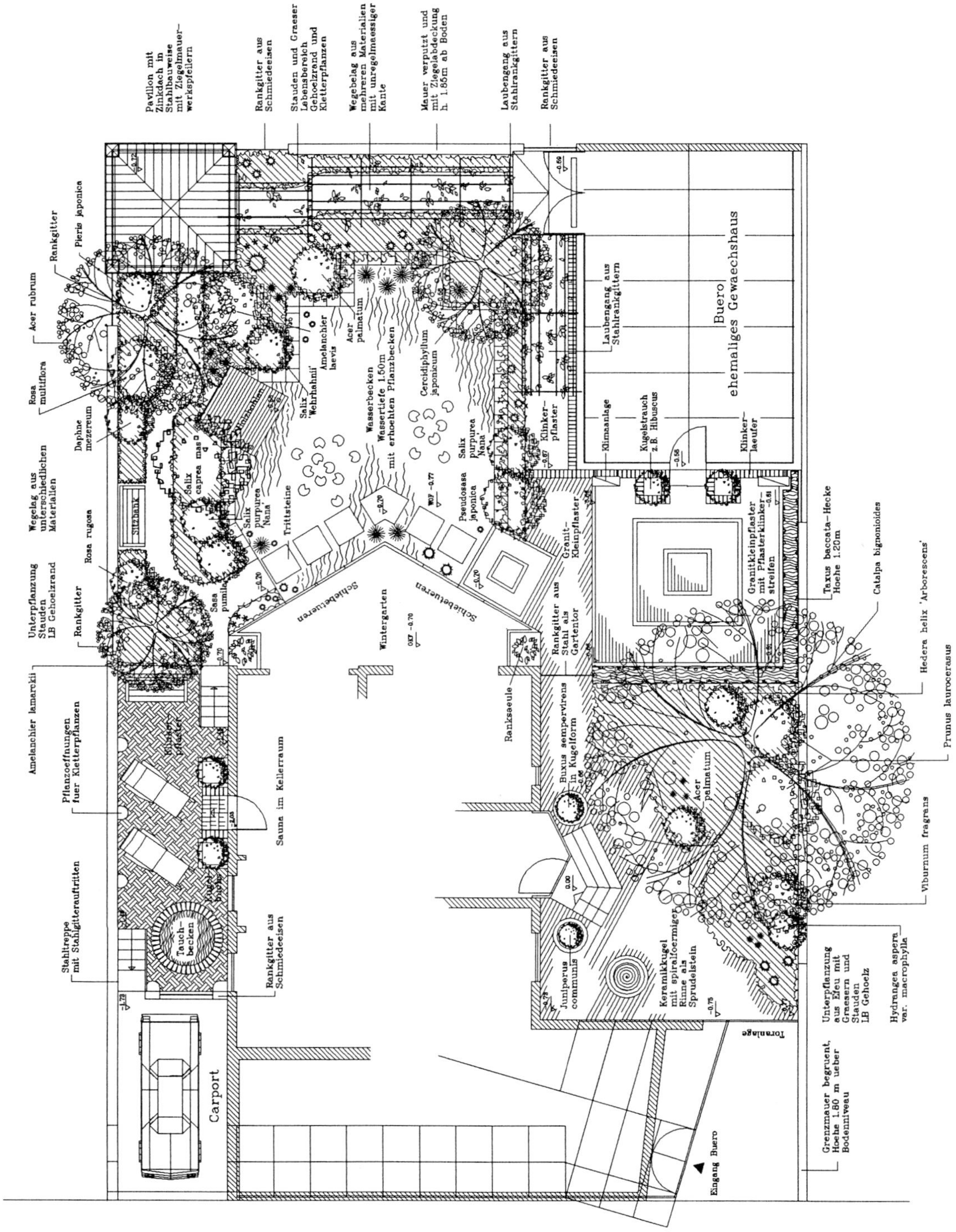

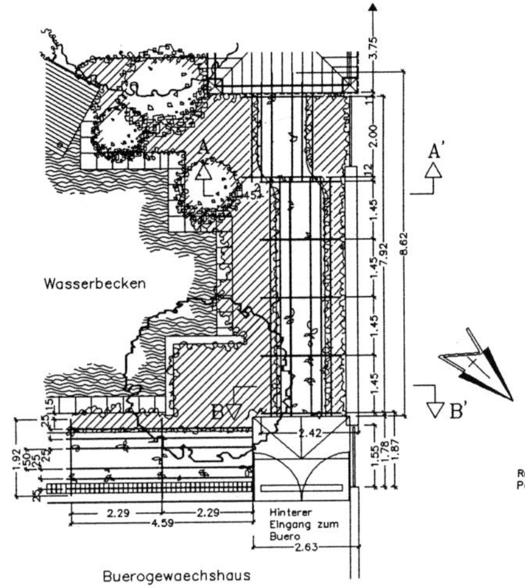


Grundriss und Lageplan M. 1:50

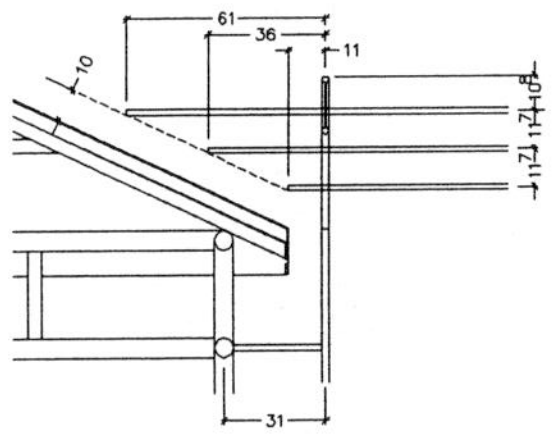

Detail Dachanschluss Pavillon M. 1:5

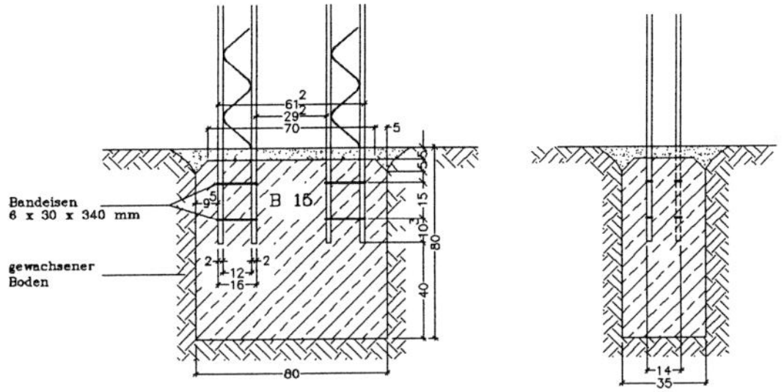


Detail Fusspunkt M. 1:10

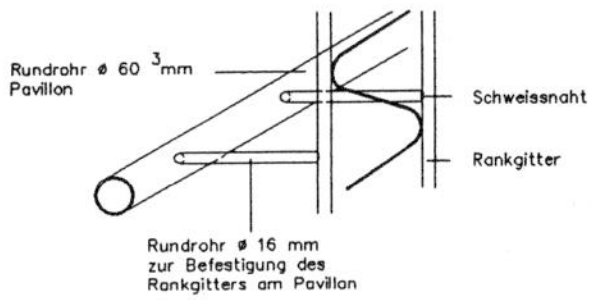


Detail A M. 1:5

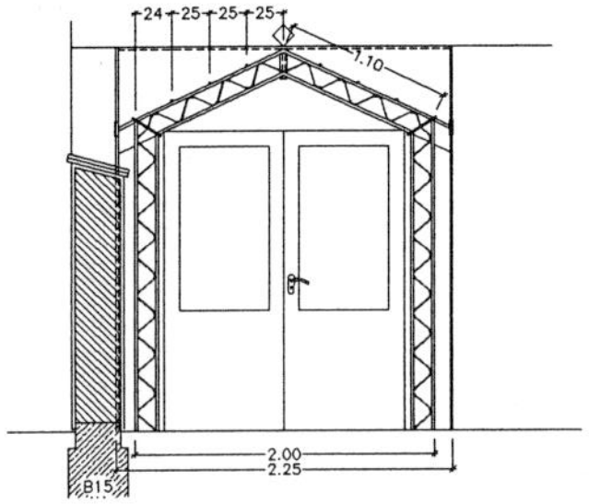


Schnitt B – B' M. 1:20

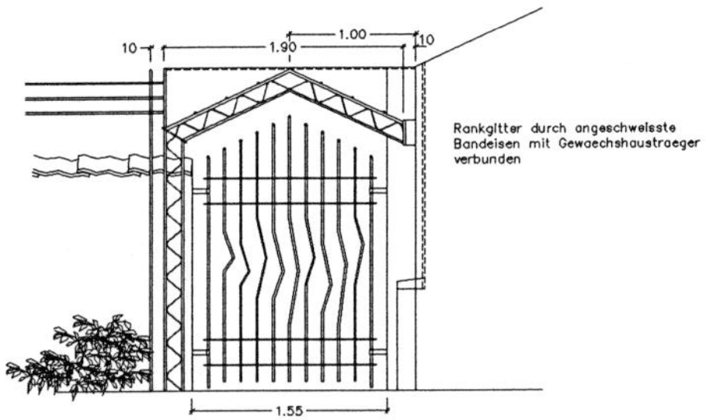


Detail Anschluss an Gewaechshaus M. 1:20

Saemtliche Schweisnaehte sind mit Zinkfarbe nachzuverzinken.

Der Laubengang erhaelt keinen farbigen Anstrich.

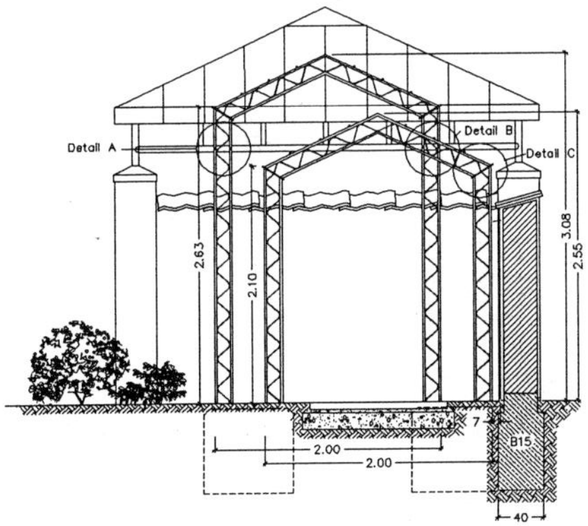


Schnitt A – A' M. 1:20

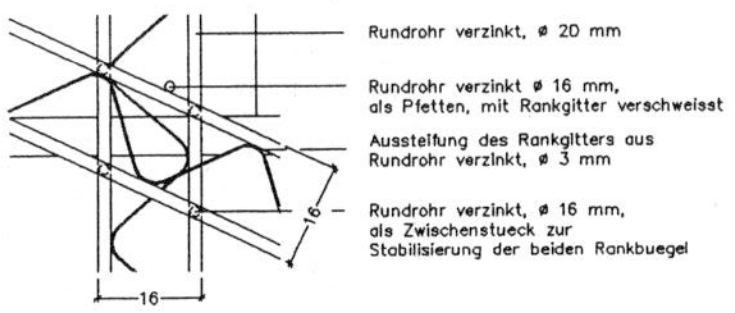


Detail B M. 1:5

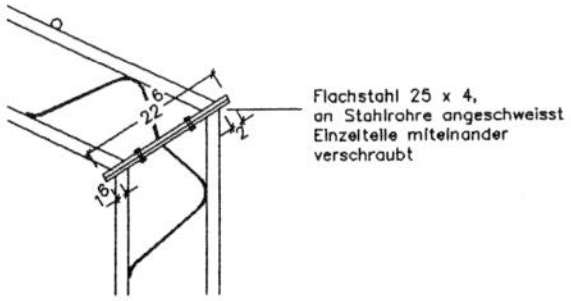


Detail C M. 1:5

Bepflanzungsplan, Bewässerungsplan usw.). Bei der manuellen Planzeichnung werden üblicherweise die in allen Teilplänen gleichen Inhalte (Grundstücksgrenzen, Maßstabsleisten, Projekttitel, Nordpfeile usw.) auf Transparentpausen vervielfältigt, so daß jeder Plan die gleiche Grundinformation enthält. Eine zweite Möglichkeit ist die Anfertigung einer Folie mit den Grundinformationen, die beim Zeichnen den Teilplänen unterlegt und mit diesen gemeinsam gepaust wird.

Ähnlich ist die Vorgehensweise beim computergestützten Entwerfen: Entweder werden die in allen Teilplänen identischen Inhalte von einem Plandokument in das nächste kopiert, wodurch ein und dieselbe Information mehrmals abgespeichert und bei Abänderungen auch mehrfach aktualisiert werden muß, oder es erfolgt eine gleichzeitige Bearbeitung aller Inhalte in einem einzigen Dokument nach der Folientechnik, die auch als Schichten- oder Layer-Technik bezeichnet wird. Beim Ausdruck werden jeweils jene Schichten selektiert, die übereinander gelegt einen Teilplan ergeben.

Die Anwendung dieser Technik bietet mehrere Vorteile: Zum einen erfolgt keine Doppelspeicherung von Informationen; Elemente, die in allen Plänen gleichbleiben, werden auch nur einmal abgespeichert. Wenn eine nachträgliche Änderung dieser Informationen notwendig ist, so muß diese nur einmal durchgeführt werden. Zum anderen ist die Folientechnik im Hinblick auf die Bildschirmdarstellung sehr flexibel: Es können entweder alle Folien gleichzeitig dargestellt werden, eventuell in unterschiedlichen Farben, oder nur einige ausgewählte Folien. Wenn bei einem Bearbeitungsschritt zeitweilig bestimmte Informationen nicht benötigt werden, so ist es nicht nur wegen der Übersichtlichkeit günstig, wenn diese ausgeblendet werden, sondern auch im Hinblick auf die Geschwindigkeit des Bildschirmaufbaus: Je mehr graphische Daten gleichzeitig am Bildschirm dargestellt werden müssen, desto länger dauert auch im allgemeinen der Aufbau der Graphik am Schirm.

Die Vorgehensweise bei der Aufteilung der gesamten Inhalte eines Projektes auf einzelne Folien ist maßgeblich für den Komfort bei der Arbeit, wobei hier jeweils das individuelle Optimum gefunden werden muß: Wenn die Inhalte auf sehr viele verschiedene Folien aufgeteilt werden, so wird dadurch eine hohe Flexibilität erreicht; auch ist das Auffinden einzelner Objekte am Bildschirm einfacher, wenn nur weniger Elemente abgebildet werden. Andererseits kann bei einer sehr großen Zahl an Folien bald der Überblick verloren gehen, welche Information in welcher Folie enthalten ist, auch ist das häufige Weiterschalten von einer Folie zur nächsten bei manchen Programmen recht umständlich.

### 3.4.7 Symbol- und Bauteilebibliotheken

Nicht nur innerhalb einer Projektbearbeitung ergeben sich graphische Daten, die in mehreren Teilplänen gleich sind; viele Elemente von Zeichnungen, deren Modellierung bisweilen recht viel Zeit in Anspruch genommen hat, können immer wieder in verschiedensten Projekten verwendet werden. Dies betrifft einerseits spezielle graphische Symbole, andererseits auch ganze Bauteile.

Nahezu alle CAD-Systeme bieten die Möglichkeit, sogenannte Bibliotheken anzulegen, das sind Dateien, in welchen, unabhängig von einzelnen Plandokumenten, Graphiken in einer Weise abgespeichert sind, daß sie von dort direkt in die aktuelle Bearbeitung übernommen werden können. Gerade dann, wenn man aufwendige graphische Symbole verwendet – im Bereich der Freiraumgestaltung betrifft dies insbesondere Pflanzensymbole – so können Symbolbibliotheken sicherlich viel Zeit sparen. Für die äußere Erscheinung der Pläne bedeutet dies, daß sich bald ein sehr einheitliches Bild ergibt. Dies kann einerseits erwünscht sein, weil dadurch ein einmal als vorteilhaft beurteilter Stil beibehalten wird, es könnte andererseits jedoch auch als Monotonie empfunden werden. Die Verwendung von Symbolbibliotheken im CAD kann somit verglichen werden mit der Anwendung von Klebefolien bei der manuellen Zeichnungserstellung.

Da das Erstellen von Symbolen recht zeitaufwendig sein kann, bieten viele Software-Zulieferer Symbolbibliotheken für nahezu alle Branchen an, die CAD anwenden. So sind viele in der Freiraumgestaltung verwendbare Symbole in den zahlreichen Architektur-Symbolbibliotheken zu finden.

Sinnvoll kann die Anwendung von Symbolbibliotheken vor allem auch dann sein, wenn für die Ausarbeitung eines Planes die Verwendung genormter Symbole erforderlich ist, etwa bei Elektro- oder Wasserinstallationen.

Neben den rein graphischen Symbolen bietet die Erarbeitung bzw. der Zukauf von Bauteilbibliotheken ein großes Potential an Zeitersparnis. Auch in der Freiraumgestaltung ergeben sich bei baulichen Details im Zuge unterschiedlicher Projektbearbeitungen innerhalb eines Büros immer wieder ähnliche Lösungen, weswegen es sinnvoll ist, diese zu archivieren und abrufbar zu halten.

Der Sinn einer Bauteilebibliothek liegt nicht so sehr darin, ein bestimmtes Gestaltungselement, etwa eine Pergola oder eine Treppenanlage, in allen Fällen gleich auszuführen, sondern darin, daß es meist weniger zeitaufwendig ist, ein bereits fertig modelliertes Gestaltungselement zu modifizieren, als es komplett neu zu erstellen.

Wichtig bei der Einrichtung einer eigenen Bauteilebibliothek ist die Einhaltung einer nachvollziehbaren Systematik, die ein rasches Auffinden der gewünschten Teile ermöglicht.

Branchenspezifische Bauteilebibliotheken für den Bereich der Freiraumgestaltung sind derzeit nur in sehr geringer Zahl am Markt. Bei einer etwaigen Anschaffung einer solchen Fremdbibliothek ist stets auf ihre Herkunft zu achten: Lokale Bau-

*Abb. 143. Objekte einer 2D-Symbolbibliothek (Landcadd, Widemann Systeme, Wiesbaden).*

normen oder auch lokale Baumaterialformate (z. B. Ziegelgrößen) lassen es oft nicht sinnvoll erscheinen, etwa für den amerikanischen Markt (auf Basis von Feet bzw. Inch-Einheiten) entwickelte Bibliotheken ohne weitere Überarbeitung in Mitteleuropa einzusetzen.

### 3.4.8 Makrogenerierung

Als Makro oder Makroinstruktion wurde ursprünglich die Zusammenführung mehrerer Einzelbefehle oder längerer Befehls- und Eingabeabfolgen zu einem einzigen Eingabevorgang bezeichnet.

Im einfachsten Fall kann ein Makro lediglich zur Erhöhung des Bedienungskomforts dienen, etwa mit dem Ziel, daß ein häufig verwendeter Befehl nicht durch eine längere Tastenkombination, sondern nur durch einen einzigen Tastendruck aktiviert wird. Auch das Einsetzen eines graphischen Symbols aus einer Symbolbibliothek bewirkt den Ablauf eines Makros, das heißt, es werden automatisch alle Befehle wiederholt, die ursprünglich zur Generierung dieses Symbols verwendet wurden.

Die meisten CAD-Systeme der mittleren und oberen Preiskategorie bieten Möglichkeiten der Makrogenerierung, die weit über das Aufrufen von Befehlsketten mit einem einzigen Kommando hinausgehen. Makros können den Charakter eigenständiger Programme innerhalb eines CAD-Systems annehmen; es werden zur ihrer Erstellung in den manchen Systemen auch eigene, meist systemspezifische Programmiersprachen angeboten.

Viele branchenspezifische Erweiterungen allgemein verwendbarer CAD-Systeme basieren auf einer solchen Makro-Programmierung, bei welcher das ursprüngliche System oftmals völlig von einer neuen „Schale" umgeben und somit für den Benutzer kaum mehr erkennbar ist und nur in der internen Befehlsverarbeitung ständig auf das Ausgangsprogramm zurückgegriffen wird.

Für Programmentwickler stellt diese Art der Programmierung eine gute Möglichkeit zur raschen Herstellung branchenspezifischer Anwendungen dar, weil ja viele graphische und rechnerische Grundfunktionen des „Kernprogrammes" übernommen werden können. Dies ist insbesondere relevant für Anwendungen, welche nur für einen kleinen Interessentenkreis entwickelt werden; in solchen Fällen wäre der Aufwand für die Programmierung eines gänzlich neuen Systems oftmals viel zu hoch.

## 3.5 3D-CAD

### 3.5.1 Modellierung dreidimensionaler Objekte

Sieht man von der umständlichen numerischen Eingabe über die Tastatur oder über Steuerräder und den nur für Spezialfälle anwendbaren 3D-Scannern ab, so gibt es keine Eingabegeräte, mit denen sich dreidimensionale Objekte unmittelbar modellieren lassen: Alle diese Geräte steuern letztendlich nur die Bewegung eines Cursors auf dem Bildschirm und erzeugen somit eine zweidimensionale Graphik. Die Modellierung dreidimensionaler Objekte kann daher nur über Umwege erreicht werden.

**Projektive Volumenerzeugung – Umwandlung von 2D-Objekten in 3D-Objekte**

Beliebige 2D-Objekte (Flächen) können durch die Beifügung einer „Dickenangabe" zu 3D-Körpern erweitert werden. Wenn ein planares Objekt in der xy-Ebene liegt, so wird es durch die Definition einer Ausdehnung in der z-Richtung zu einem geraden Prisma umgeformt. Bei der Darstellung nach dem Flächenmodell bedeutet dies, daß die Grundfläche entlang der z-Achse um einen bestimmten Betrag parallel verschoben wird (Translation, Extrusion). Aus der Verbindung der einzelnen Polygonpunkte der Grundfläche mit den korrespondierenden Punkten der Deckfläche ergeben sich die Seitenflächen des Prismas.

Die Translation muß natürlich nicht unbedingt normal zur Grundfläche erfolgen; bei von der Normalen abweichenden Translationsrichtungen ergeben sich dann schiefe Prismen.Eine zusätzliche

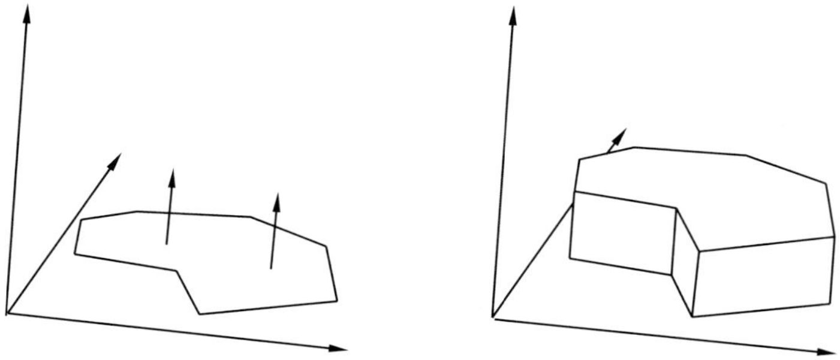

*Abb. 144. Umwandlung eines 2D-Objektes in ein 3D-Objekt mittels Translation.*

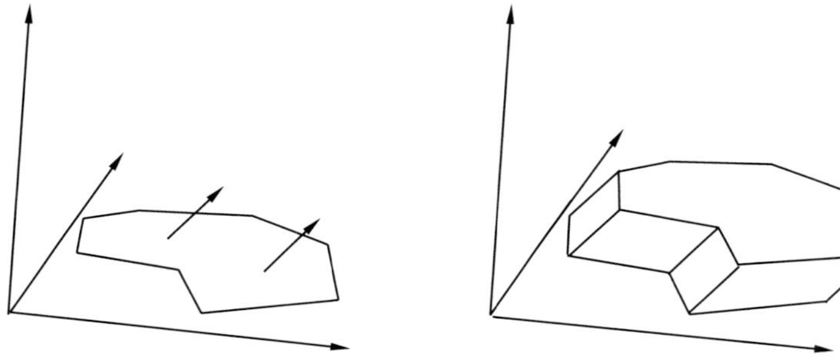

*Abb. 145. Generierung eines schiefen Prismas durch Translation.*

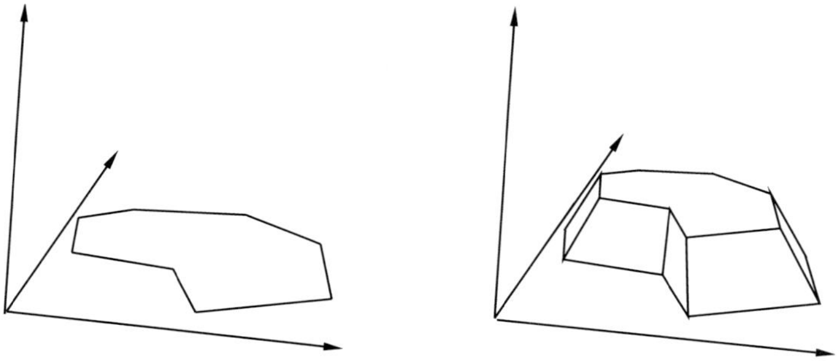

*Abb. 146. Generierung eines Pyramidenstumpfes durch Translation mit gleichzeitiger Skalierung.*

Erweiterung des möglichen Formenschatzes erfolgt, wenn gleichzeitig mit der Translation auch eine Skalierung der Grundfläche vorgenommen werden kann. Das Ergebnis einer solchen Kombination sind Pyramidenstümpfe, im Extremfall Pyramiden (Skalierung mit dem Faktor 0).

Eine zweite wichtige Umformungsoperation neben der Translation ist die Rotation: Wenn ein 2D-Objekt um eine Achse rotiert, so beschreiben seine Umrisse die Oberfläche eines Rotationskörpers. Da bei der Darstellung nach dem Flächenmodell meist nur ebene Teiloberflächen möglich sind, erfolgt die Umwandlung nicht kontinuierlich, sondern durch Rotation in diskreten Schritten. Die Zahl der so entstehenden einzelnen Segmente ist meist definierbar: Ein große Zahl an Segmenten bewirkt eine gute Annäherung an die ideale Form eines Rotationskörpers, verursacht andererseits aber eine hohe Datenmenge. Die Festlegung muß daher in jedem Fall gesondert überlegt werden: Bei relativ kleinen Objekten wird man auch die Zahl der Segmente geringer wählen als bei relativ größeren.

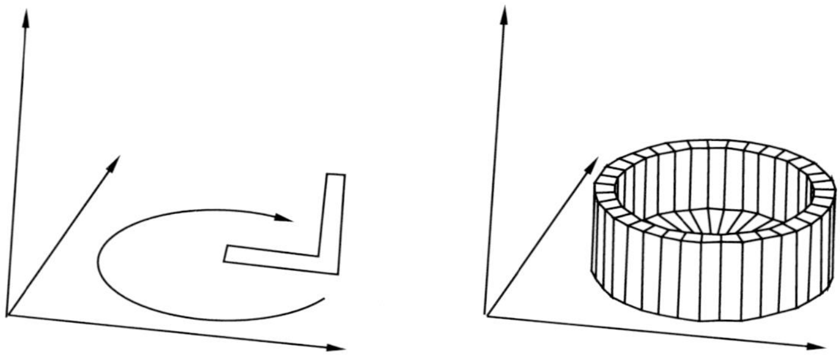

*Abb. 147. Umwandlung einer 2D-Fläche in einen Körper mittels Rotation.*

Beide genannten Verfahren haben den Vorteil, daß sie wenig Arbeitsaufwand verursachen; viele räumliche Objekte, wie sie in der Praxis der Freiraumgestaltung anfallen, sind auf diese Weise einfach zu modellieren: Mauern, Platten, Konstruktionselemente von Holzbauwerken usw.

**Zusammensetzung von 3D-Flächen zu Körpern**

Eine weitere Möglichkeit der Generierung von 3D-Objekten liegt in der Definition eines Körpers durch die Definition der ihn begrenzenden Teiloberflächen. Diese Art der Beschreibung wird als Flächenbegrenzungsmodell oder Boundary-Representation- („B-Rep")-Modell bezeichnet. Sie erfordert, daß alle diese Teilflächen als 3D-Flächen beschrieben werden, also sowohl nach ihrem 2D-Umriß als auch nach ihrer Lage im Raum.

Soll das auf diese Weise generierte Objekt nach dem Volumenmodell abgespeichert werden, so muß zusätzlich für jede Teiloberfläche über Normalvektoren („Materialvektoren") definiert werden, in welcher Richtung jeweils das Innere des Körpers angenommen wird. Ohne diese Information ließe sich zum Beispiel nichts darüber aussagen, ob es sich bei der beschriebenen Struktur um einen vollen Körper oder um einen Hohlraum innerhalb eines Körpers handelt.

**Zusammensetzung aus 3D-Grundelementen**

3D-Objekte können auch aus der Verknüpfung einfacher Grundkörper generiert werden. Bei Solid-Modeling-Programmen (manchmal auch bei Surface-Modelern als Zeichenhilfe) werden verschiedene dreidimensionale Grundelemente als Bausteine angeboten: Kuben, Quader, Prismen und Pyramiden oder Rotationskörper wie Kegel, Zylinder, Kugeln und eventuell auch Toren.

Die Verknüpfung der einzelnen Bausteine erfolgt, ähnlich wie es bereits für 2D-Objekte beschrieben wurde (Kap. 3.4.3.), durch Addition, Subtraktion, Vereinigung oder Durchschnittsbildung. Es ist klar, daß die exakte Ermittlung etwa der Durchdringung zweier Körper nur bei der Anwendung der Volumenmodellierung erfolgen kann.

Im Gegensatz zu dem oben beschriebenen Flächenbegrenzungsmodell wird diese Vorgehens-

*Abb. 148. 3D-Körpermodellierung nach dem Flächenbegrenzungsmodell.*

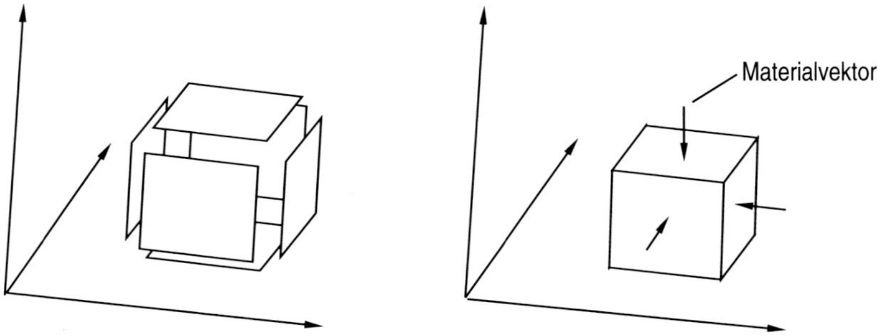

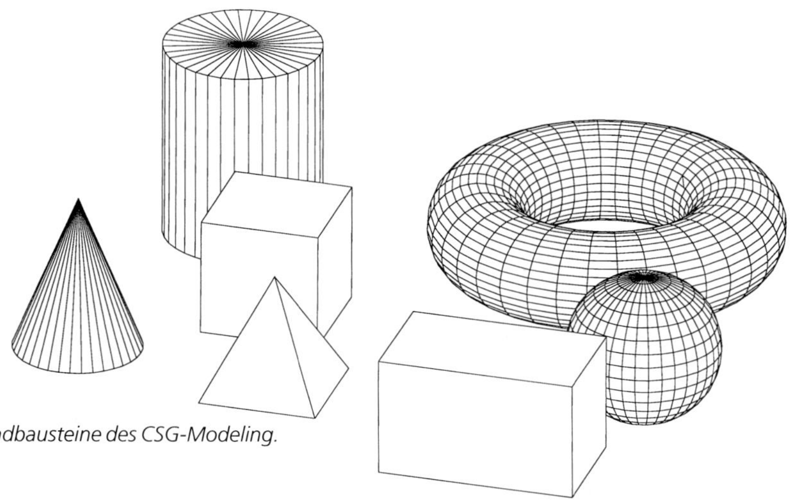

*Abb. 149. Grundbausteine des CSG-Modeling.*

weise der Volumenmodelleriung als Vollkörper-Modellierung (Constructive Solid Geometry CSG) bezeichnet. Ihr Vorteil gegenüber dem Flächenbegrenzungsmodell liegt in der geringeren Datenmenge: Die Beschreibung eines Körpers aus seinen Teiloberflächen erfordert mehr Speicherplatz als die Beschreibung aus Teilvolumina. Umgekehrt können komplexe, aus zahlreichen Durchdringungen beschriebene Körper im CSG-Modell zu einer Verlangsamung in der Bildschirmdarstellung führen, da die darzustellenden Strukturen ja jedesmal neu logisch aufgebaut werden müssen.

Im Bereich des Solid-Modeling werden CSG- und B-Rep-Modelle nebeneinander angewendet; die Umwandlung vom Vollkörpermodell in das Flächenbegrenzungsmodell ist einfach, der umgekehrte Weg meist sehr umständlich.

## Freiformflächen

Bei den bisher besprochenen Möglichkeiten zur Generierung dreidimensionaler Objekte wurde stets von einfachen, analytisch genau beschreibbaren Grundelementen ausgegangen. So wie im 2D-CAD häufig ein Bedarf nach der Darstellung beliebiger geschwungener Linien besteht, kann sich analog dazu im Bereich des 3D-CAD die Notwendigkeit der Modellierung von „Freiformflächen" ergeben. Im Bereich der Landschafts- und Freiraumplanung besteht dieser Bedarf in erster Linie bei der digitalen Erfassung von Geländesituationen, aber auch bei der Modellierung von Pflanzen. Da die mathematische Beschreibung von Freiformflächen schon seit den Anfängen des CAD ein wesentliches Forschungsgebiet darstellt, wurde bereits eine große Zahl an Lösungsvorschlägen entwickelt. Hauptsächlicher Anwendungsbereich war hierbei meist die Modellierung von Fahrzeugkarosserien.

Eine wichtige Grundlage für die Entwicklung von Algorithmen für Freiformflächen ist die Beschreibung mittels „Pflasterflächen" (Patches) nach Coons (1964). Dabei wird eine größere, komplexe Fläche in kleinere, annähernd rechteckige Einheiten zerlegt. Diese Patches werden definiert durch die vier Begrenzungslinien, welche ihrerseits beliebige stetige Kurven sein können, also auch Freiformkurven. Wenn nun mehrere Patches in einer Weise zusammengesetzt werden, daß die Randkurven jeweils stetig ineinander übergehen, so kann die aufgespannte Fläche so definiert werden, daß die Übergänge zwischen den einzelnen Patches ihrerseits ebenfalls stetig verlaufen.

*Abb. 150. Beschreibung einer gekrümmten Fläche über vier Begrenzungkurven nach Coons.*

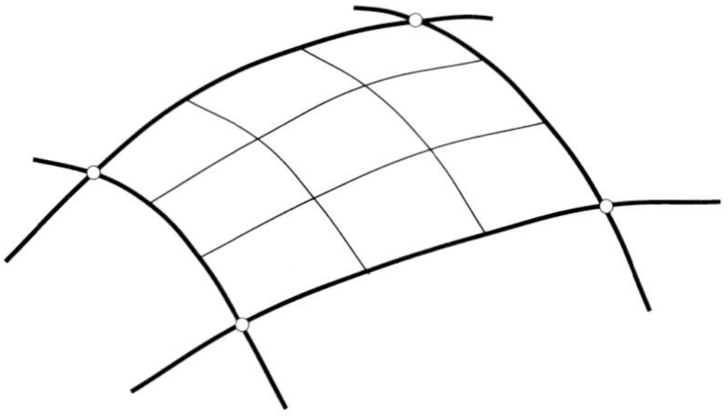

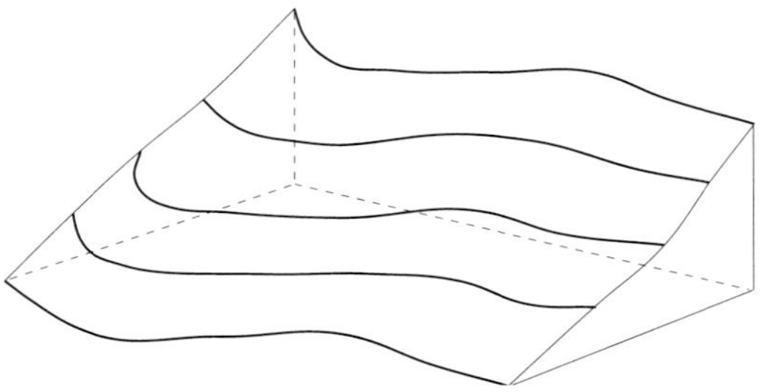

*Abb. 151. Beschreibung einer Freiformfläche über parallel verlaufende Kurven („Lofting").*

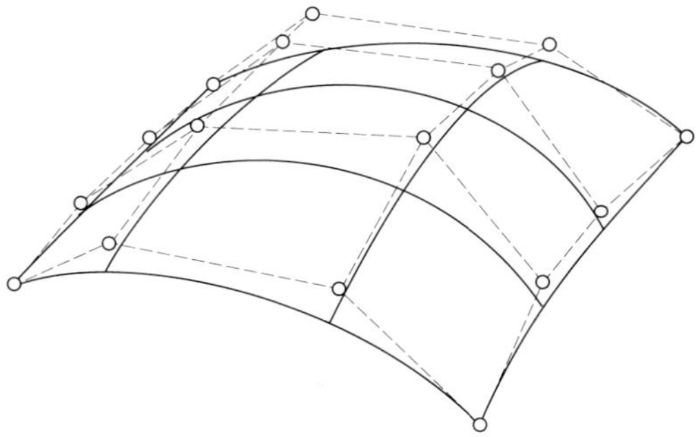

*Abb. 152. Beziérfläche und ihr beschreibendes Polygonnetz.*

Beim Ansatz des „Lofting" erfolgt die Beschreibung einer Oberfläche nicht durch zwei Kurvenfamilien, welche mehr oder weniger rechtwinklig zueinander stehen, sondern lediglich durch eine. Damit ist zwar einerseits die Interpolation der Bereiche zwischen den einzelnen Kurven weniger genau beeinflußbar, andererseits entspricht dieser Ansatz recht gut der Arbeitsweise bei der Erstellung von Höhenschichtenplänen. Ein CAD-System, das Lofting ermöglicht, kommt daher dem herkömmlichen Zugang der Freiraumplanung zur Geländemodellierung sehr nahe. Leider wird diese Möglichkeit nur bei wenigen CAD-Systemen auf PC-Basis angeboten.

Prinzipiell können alle Verfahren zur Generierung von Freiformkurven auch auf Freiformflächen angewendet werden, nur eben mit der Berücksichtigung der zusätzlichen dritten Dimension. Als Beispiel hiefür zeigt Abb. 152 eine Beziérfläche; analog zur in Kapitel 3.4.1. beschriebenen Beziérkurve wird diese Freiformfläche über Stützpunkte beschrieben, welche in diesem Falle nicht ein einzelnes, zweidimensionales Polygon, sondern ein dreidimensionales Polygonnetz bilden. Die Stützpunkte liegen nur in den Eckpunkten auf der Fläche, alle anderen Stützpunkte werden approximiert. Das Editieren der Fläche erfolgt über ein Editieren der einzelnen Stützpunkte, die Reaktion der Fläche entspricht ebenfalls dem Verhalten der Beziérkurve (z.B. in Bezug auf den globalen Einfluß des Einzelpunktes).

### 3.5.2 Dreidimensionale Darstellungen

Ein entscheidendes Argument für die Anschaffung eines 3D-CAD ist die Fähigkeit, aus einem einmal modellierten Datenbestand ohne großen Aufwand beliebige dreidimensionale Darstellungen, sowohl in Parallelprojektion (Axonometrie) als auch in Zentralprojektion (Perspektive) generieren zu können. Gerade Perspektiven sind jene Plandokumente, die von allen Betroffenen stets am liebsten betrachtet werden, weil sie im Gegensatz zu Grund- oder Aufrißdarstellungen dem menschlichen Sehsinn entgegenkommen und somit Informationen auch an Personen vermitteln können, welche im Planlesen nicht geübt sind. Da die Zentralprojektion in Gegensatz zur Parallelprojektion einen höheren Rechenaufwand verursacht, können bei komplizierteren Szenen je nach der Leistungsfähigkeit des Rechners teilweise längere Zeiträume für den Aufbau einer Darstellung anfallen, dies besonders dann, wenn zusätzlich auch sichtbare und unsichtbare Kanten bzw. Flächen differenziert werden sollen. „Echtes" 3D-CAD erfordert gerade deswegen auch leistungsfähigere Maschinen.

Zur Erstellung einer Perspektive ist zunächst die Definition der Bildparameter notwendig, also die Festlegung der räumlichen Lage des fiktiven Auges, der Blickrichtung und des Blickwinkels. So wie bei photographischen Modellaufnahmen kann auch bei der Generierung von CAD-Perspektiven eine vom Bild des menschlichen Auges abweichende Darstellungsweise erfolgen („Weitwinkel-" und „Teleaufnahmen"), wodurch sich dann oft besonders effektvolle Bilder ergeben.

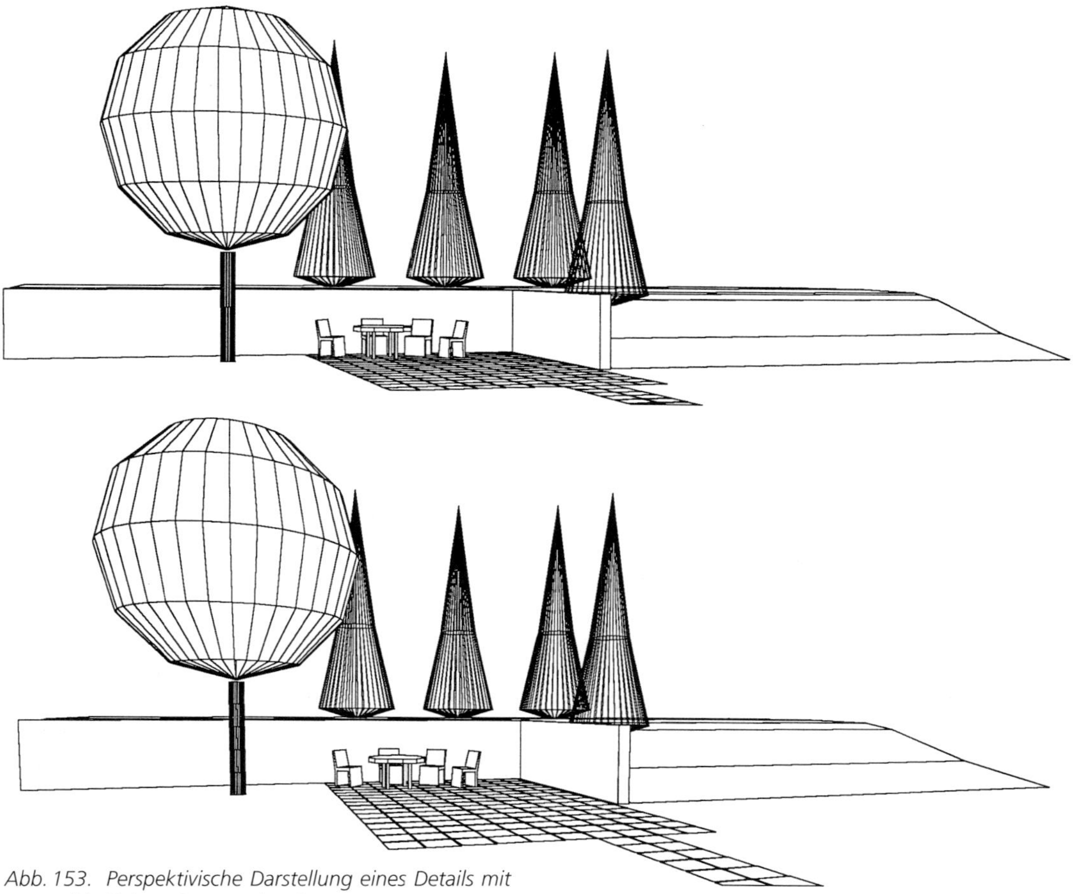

*Abb. 153. Perspektivische Darstellung eines Details mit unterschiedlichen „Brennweiten".*

**Probleme der Sichtbarkeitsermittlung**

In einem CAD-System werden Informationen über räumliche Objekte generiert und abgespeichert. Diese Erfassung erfolgt nach ihrer geometrischen Struktur in Abhängigkeit von den Fähigkeiten des jeweiligen Programms. So wird etwa bei einem 3D-Surface-Modeler ein Würfel über seine sechs Begrenzungsflächen beschrieben. Bei der Betrachtung eines realen Würfels durch ein menschliches Auge können, sofern es sich nicht um ein transparentes Material handelt, nur maximal drei Seitenflächen wahrgenommen werden. Bei allen Methoden zur Erzeugung realitätsnaher Bilder aus 3D-Daten ist es daher erforderlich, die Sichtbarkeitsverhältnisse für die jeweilige Betrachtungsrichtung zu ermitteln.

Diese an sich sehr einfach zu formulierende Aufgabenstellung, nämlich zu ermitteln, welche Objekte einer Szene von dem von einem fiktiven Auge ausgehenden Sehstrahl als erste getroffen werden und somit die dahinterliegenden überdecken (Hidden-Line-Elimination, Hidden-Surface-Elimination), erfordert vom Rechner einen für Außenstehende unerwartet hohen Rechenaufwand.

Für die menschliche Wahrnehmung ist es selbstverständlich, daß man von einem Objekt nur bestimmte Teile der Oberfläche sehen kann, deswegen erwartet man auch, daß dies von einem Computer ebenso leicht zu bewältigen sein müßte. Um so überraschender ist es dann, wenn man bei einem CAD-Programm der unteren Preisklassen plötzlich bemerkt, daß die Differenzierung zwischen sichtbaren und unsichtbaren Flächen nicht nur lange Rechenzeiten beansprucht, sondern bisweilen auch tatsächlich falsche Ergebnisse liefern kann.

Für die Sichtbarkeitsermittlung können prinzipiell zwei unterschiedliche Lösungsansätze beschritten werden. Die erste Gruppe von Algorithmen zielt darauf ab, die abzubildenden Objekte nach ihrer Lage im Raum zu sortieren, um festzustellen welche Teiloberfläche in Bezug zur gewählten Sichtachse vor den anderen Teiloberflächen zu liegen kommt (Depth-Sort-Algorithmen). Diese Sortierung kann sehr einfach sein, etwa dann, wenn alle Punkte der einen Fläche eine geringere Distanz zum Auge aufweisen als alle Punkte der anderen Fläche. Schwieriger zu lösen ist jedoch der Fall, wenn diese Distanzen keine eindeutige Beurteilung zu lassen, wie dies das einfache Beispiel in Abb. 154 demonstriert.

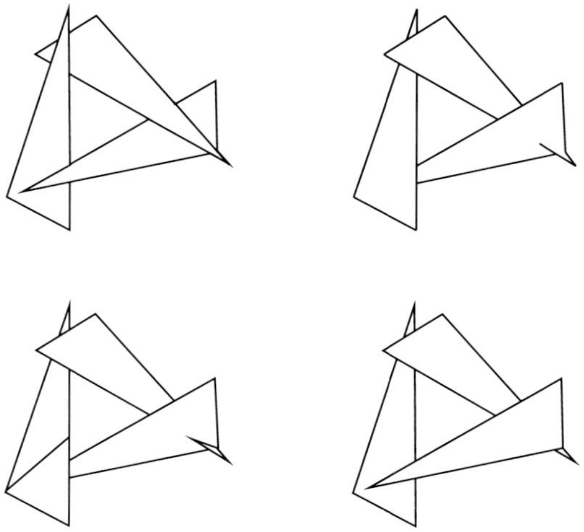

*Abb. 154. Sortierprobleme bei der Sichtbarkeitsermittlung im Falle zyklischer Überdeckungen. Unterschiedliche Ergebnisse von vier verschiedenen Algorithmen.*

Verfahren, die nach dem Prinzip der Flächensortierung arbeiten, führen bei Szenen mit wenigen und einfachen Objekten oft in relativ kurzer Zeit zu guten Ergebnissen, mit zunehmender Komplexität einer Szene steigt jedoch der Rechenaufwand, und zwar proportional zum Quadrat der Zahl der zu vergleichenden Einzelflächen.

Die zweite Gruppe von Algorithmen setzt die abzubildenden Objekte nicht in Bezug zueinander, sondern in Bezug zu der Bildebene, auf welche die Objekte projiziert werden sollen. Hiefür wird die Bildebene in kleine Teilflächen zerlegt, wobei sinnvollerweise die Unterteilung so erfolgt, daß die Größe der Teilflächen der kleinsten darstellbaren Fläche auf dem Ausgabemedium entspricht, also in den meisten Fällen einem Bildschirmpixel. Daraus ergibt sich auch, daß diese Verfahren Rasterbilder liefern, die dann in weiterer Folge als solche verarbeitet werden müssen. Im Falle einer perspektivischen Darstellung (Zentralprojektion) wird dabei vom Auge ausgehend durch jedes Pixel ein Sehstrahl gelegt (bedingt durch die Flächenausdehnung eines Pixels streng genommen eigentlich eine Pyramide) und dieser mit dem ersten der abzubildenden Objekte geschnitten. Die daraus ermittelte Distanz zwischen dem Auge und dem Objekt („z-Distanz") wird in einem eigenen Speicherbereich („z-Puffer") abgelegt. Danach wird der Sehstrahl mit dem nächsten Objekt geschnitten. Wenn die entsprechende Distanz geringer ist als die im Puffer gespeicherte, so wird sie in den Puffer übernommen, wenn nicht, so bleibt der ursprüngliche Wert gespeichert.

Während bei den oben beschriebenen Sortierverfahren alle Objekte jeweils miteinander verglichen werden müssen, ist die Zahl der Vergleiche bei den z-Puffer-Verfahren für ein Einzelpixel weitaus geringer. Es muß nicht jedes Objekt mit allen anderen, sondern nur einmal mit dem z-Puffer verglichen werden, dies allerdings für jedes einzelne Pixel. Die Zahl der Vergleichsoperationen ist daher proportional der Zahl der Objekte und der Zahl der Pixel. Somit ergibt sich, daß der Grundaufwand bei der Sichtbarkeitsermittlung nach dem z-Puffer-Verfahren im Vergleich zu den Sortierverfahren recht hoch ist, erst bei komplexeren Szenen verschieben sich die Relationen zugunsten dieser Methode.

Beide beschriebenen Grundtypen können jeweils beträchtlich optimiert werden, etwa durch hierarchische Raumteilungen um die Zahl der Vergleichsoperationen zu verringern (Samet 1989, siehe auch Kap. 4.3.2.). Wenn auf diese Weise festgestellt werden kann, daß zwei Teilräume einander in Bezug auf das Auge nicht berühren, so erübrigen sich auch alle Vergleichsoperationen zwischen den Objekten, welche in den beiden Teilräumen enthalten sind.

Entscheidend für den Anwender ist in diesem Themenbereich nicht so sehr der theoretische Hintergrund als vielmehr das Ergebnis und der Arbeitskomfort.

**Konstruktion von Schlag- und Eigenschatten**

Bei den bisher besprochenenen Darstellungsweisen werden stets nur Kanten wiedergegeben, wobei durch das Ausblenden unsichtbarer Kanten auch Objektoberflächen verdeutlicht werden können. Nicht berücksichtigt wurden bisher jedoch alle Aspekte des Lichteinfalls in einer Szene; für realistische Darstellungen ist es zusätzlich notwendig, Eigenschatten und Schattenwurf der einzelnen Objekte zu berücksichtigen, ebenso wie Farbe und Struktur der Oberflächen sowie deren Abwandlung in Abhängigkeit von der Exposition zu Lichtquellen.

Diesen weiterführenden Methoden ist im vorliegenden Buch ein eigenes Kapitel (4.3.) gewidmet.

### 3.5.3 Darstellung und Auswertung dreidimensionaler Geländedaten

Ein Spezifikum der Freiraumplanung in Hinblick auf den CAD-Einsatz ist das Nebeneinander von geometrisch relativ einfach zu beschreibenden Strukturen, wie etwa Wegeflächen, Pergolen oder Wasserbecken, und recht komplexen Formen, wie sie einerseits alle Pflanzen, aber auch die Geländeausprägung darstellen. Auf diese beiden zuletztgenannten Aspekte soll daher in den folgenden Abschnitten näher eingegangen werden. Ihre Bewältigung in einem CAD-System stellt ein wesentliches Kriterium bei der Typenauswahl dar.

„Freie", das heißt nicht durch einfache geometrische Grundelemente zu definierende Geländeformen sind dann leicht digital zu modellieren, wenn das System über die dazu notwendigen Datenstrukturen verfügt, also etwa die Möglichkeit bietet, aus einzelnen Stützpunkten oder digitalisierten Höhenschichtenlinien parametrische Flächen zu beschreiben (siehe Kap. 3.5.1.). Wenn es sich bei dem eingesetzten System um einen Solid Modeler handelt, so werden die Geländeformen in einer Weise abgespeichert, daß ohne viel zusätzlichen Aufwand auch Daten über die jeweiligen Volumina ermittelt werden können, was in der Freiraumgestaltung vor allem in Hinblick auf Erdmassenbilanzen interessant ist.

Im ersten Teil des vorliegenden Buches wurden im Zusammenhang mit Geographischen Informationssystemen die Möglichkeiten der Geländedarstellung mit Hilfe digitaler Höhenmodelle erörtert (Kap. 2.8.3.4.). Prinzipiell können solche Höhenmodelle auch im Bereich der Objektplanung sinnvoll angewendet werden, etwa zur Analyse von Hangneigung oder Exposition sowie zur Visualisierung von Geländesituationen. Problematisch ist jedoch jeweils die Verbindung von DHM-Daten, welche meist auf einer regelmäßigen Anordnung von Referenzpunkten und Profilen aufbauen, mit den geometrischen Daten, die im Zuge des Entwurfsprozesses generiert werden, zum Beispiel der Verschnitt einer Stützmauer mit einer Geländepartie. Weiterhin ergeben sich in unterschiedlichen Bereichen eines zu gestaltenden Geländes bisweilen auch unterschiedliche Anforderungen im Hinblick auf die Genauigkeit der Geländebeschreibung und damit auf die Dichte der Geländedaten. Eine große Zahl von Geländepunkten kann eine hohe Belastung des Rechners bewirken, auch weisen vor allem Systeme der unteren Leistungsklassen in dieser Hinsicht oft mengenmäßige Beschränkungen auf.

Viele Probleme der Berücksichtigung von Geländedaten erscheinen bei den wenigen heute am Markt angebotenen branchenspezifischen Systemen für die Freiraumgestaltung noch kaum befriedigend gelöst. Dies läßt sich am besten dadurch verdeutlichen, daß man Höhenschichtenpläne digitalisiert, in ein digitales Höhenmodell umrechnet und aus den derart gewonnen Daten wiederum Höhenschichtenlinien rechnen läßt. Die Unterschiede zwischen den ursprünglich digitalisierten und den danach errechneten Fassungen können erstaunlich groß sein.

Erschwerend kommt hinzu, daß die Handbücher mancher Programme nur mangelhaft über den jeweils verwendeten Algorithmus zur Interpolation bzw. Interpretation von Geländedaten informieren, so daß sich die Schwachstellen dann von den Anwendern auch nur empirisch ermitteln lassen.

Bei aller Kritik darf andererseits nicht übersehen werden, daß viele dieser Probleme auch bei manueller Planerstellung anfallen und etwa die Interpolation von Isohypsen aus Vermessungsprofilen auch oft mehr nach dem Gefühl oder der Erfahrung des Bearbeiters als nach mathematisch exakten Berechnungen erfolgt, ähnliches gilt für viele Volumenermittlungen.

**Erdmassenberechnungen**

Ein stets sehr zeitaufwendiger Arbeitsschritt bei der Ausarbeitung von Gestaltungsprojekten im Freiraum ist die Ermittlung von Massenbilanzen. Bei der Betrachtung eines Geländeplanes ist es auch mit viel Erfahrung kaum möglich, anfallende Kubaturen für Abtrag oder Aufschüttung exakt abzuschätzen. Eine solche Ermittlung ist einerseits notwendig, um die mit den Massenbewegungen verbundenen Kosten kalkulieren zu können, andererseits auch, um eine Optimierung etwa im Hinblick auf einen Massenausgleich vornehmen zu können. So ergibt es sich häufig, daß die planlich dargelegten Geländemodellierungen immer wieder verändert werden müssen, bis eine gewünschte Bilanzsumme erreicht ist. Bei solchen iterativen Prozessen kann der EDV-Einsatz einerseits die Arbeitszeit erheblich verkürzen, andererseits werden bei der Anwendung entsprechender Berechnungsalgorithmen die Ergebnisse weitaus genauer als bei manueller Bearbeitung.

Volumenberechnungen für Erdmassenbilanzen sind dann leicht vorzunehmen, wenn ein CAD-Programm aus der Gruppe der Solid-Modeler zur Verfügung steht. Aus der logischen Verschneidung des Körpers, der die bestehende Geländesituation beschreibt mit jenem, der die geplanten Eingriffe wiedergibt, kann ein Differenzkörper ermittelt werden, dessen Volumen die anfallenden Erdkubaturen abschätzen läßt. Je nachdem, ob es sich um Anschüttung oder Abtrag handelt, werden die auf solche Weise gefundenen Rohdaten noch mit einem Faktor zur Berücksichtigung von Verdichtung oder bleibender Lockerung multipliziert.

Wie bereits in den vorangegangenen Abschnitten aufgezeigt, ist die dreidimensionale Gelände-Modellierung nur bei wenigen CAD-Systemen befriedigend gelöst, Solid-Modeling selbst steht meist nur bei teuren Systemen im obersten PC-Bereich oder auf Workstation-Ebene zur Verfügung. Die nachfolgenden Beispiele zeigen jedoch, daß auch ohne Vollkörper-Datenstruktur Erdmassenberechnungen auf Basis von Flächenmodellen durchgeführt werden können. Die entsprechenden Algorithmen können entweder direkt in einem allgemeinen oder einem branchenspezifischen CAD-System implementiert sein, häufig werden Programme zur Erdmassenberechnung auch als selbständige Applikationen angeboten. Wenn die Volumenberechnungen getrennt durchgeführt werden, kommt natürlich dem Aspekt das Datenaustausches zwischen dem Massenermittlungsprogramm und den sonstigen in Verwendung stehenden Programmen große Bedeutung zu.

Prinzipiell können bei Programmen zur Erdmassenberechnung all jene Methoden zur Anwendung kommen, wie sie auch für die traditionelle manuelle Ermittlung beschrieben sind (z. B. Nimmann 1970). Da überall dort, wo keine eindeutige Beschreibung von Geländestrukturen (etwa über parametrische Flächen) vorliegt, die Interpolation zwischen gegebenen Daten (Einzelpunkte, Profile) und daher auch die Ergebnisse vom jeweils verwendeten Algorithmus abhängen, sollten solche Programme auch ehrlicherweise als „Schätzprogramme" bezeichnet werden. Wichtig ist auch hier die Information der Anwender über die im Programm verwendeten Algorithmen, um die Tendenz möglicher Fehler erkennen zu können.

**Volumenermittlung aus Profilen**

Die einfachste Möglichkeit der Volumenberechnung ist jene auf Basis von Profilen, wobei in den meisten Fällen von einer annähernd parallelen Anordnung der Profile ausgegangen wird. Bei manu-

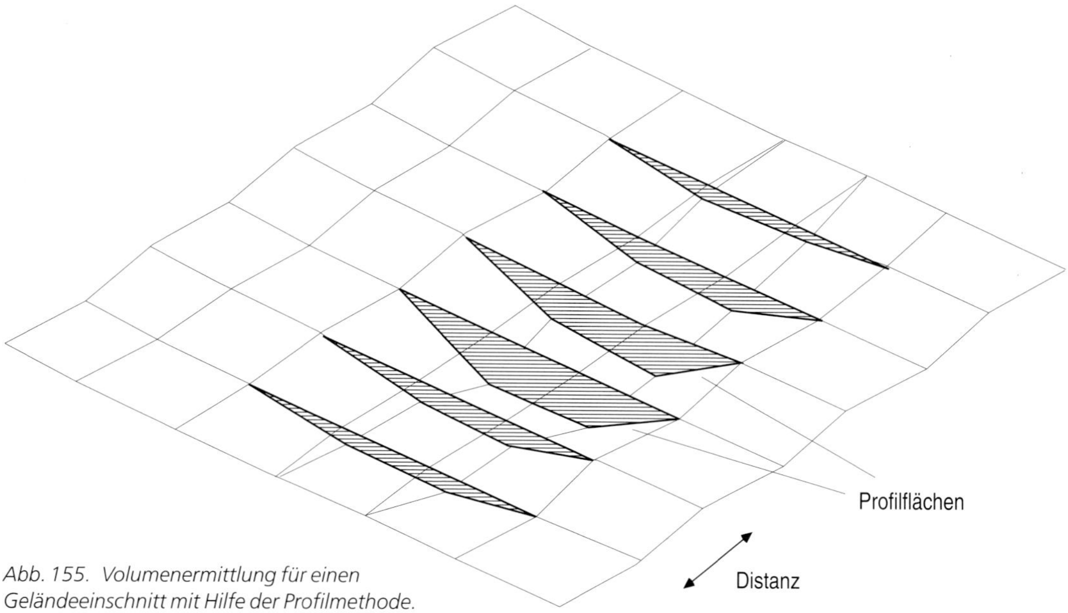


*Abb. 155. Volumenermittlung für einen Geländeeinschnitt mit Hilfe der Profilmethode.*

eller Projektbearbeitung wird das Volumen eines Abschnittes zwischen zwei Profilen meist als Produkt aus dem Normalabstand und dem Durchschnitt der beiden Profilflächen berechnet:

$$V = \frac{d \cdot (F_1 + F_2)}{2}$$

$V$ = Teilvolumen zwischen zwei Profilen
$d$ = Distanz zwischen den Profilen
$F_1$, $F_2$ = Flächeninhalt der Deckflächen

Dieser Ansatz ist auch bei manchen kommerziellen Computerprogrammen zu finden, führt jedoch zu einem systematischen Fehler, weil sich bei seiner Anwendung stets etwas zu hohe Werte ergeben, insbesondere dann, wenn die zwei Profilflächen in ihrer Größe stark voneinander abweichen. Korrekter ist etwa die Ermittlung nach der Volumenformel für einen Pyramidenstumpf:

$$V = \frac{d \cdot (F_1 + \sqrt{(F_1 \cdot F_2)} + F_2)}{3}$$

Die Volumenermittlung aus Querprofilen ist recht einfach zu programmieren und kommt vielfach auch der praktischen Vorgangsweise bei der Geländevermesseung entgegen, die bei vielen Projekten, etwa bei Verkehrswegetrassierungen, ja auch mit Hilfe von Querprofilen entlang einer Achse vorgenommen wird. Abweichungen, die sich ergeben, wenn diese Achse stark gekrümmt ist und somit die Profile nicht parallel zu einander angeordnet sind, können durch entsprechende Korrekturen berücksichtigt werden.

Da die Querprofile in vielen Fällen die primäre Informationsquelle für die Höhendaten darstellen, sind auch die daraus ermittelten Kubaturen plausibler als jene, die aus Höhenschichtenlinien berechnet werden, welche ja ihrerseits ebenfalls nur aus den Profilen abgeleitete Informationen darstellen.

### Volumenermittlung aus Konturen

Wird mit digitalen Höhenschichtenlinien gearbeitet, so kann die Volumenermittlung daraus auf verschiedenen Wegen erfolgen. Einerseits ist es möglich, aus der Konturendarstellung (manuell oder halbautomatisch) Profile abzuleiten und danach entsprechend der oben beschriebenen Vorgehensweise Erdmassen zu berechnen. Komfortabler ist hingegen die direkte Verarbeitung der Konturen über ein verfeinertes digitales Höhenmodell. In die-

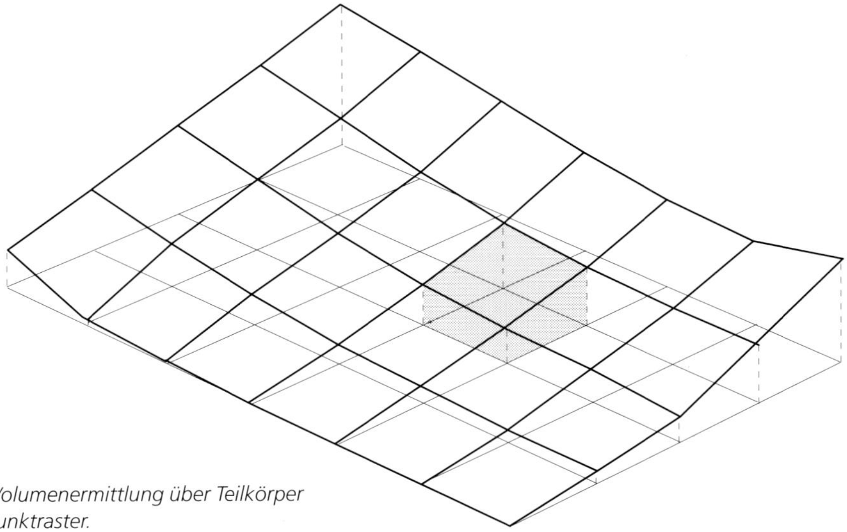

*Abb. 156. Volumenermittlung über Teilkörper aus einem Punktraster.*

sem Falle wird aus den Konturen entweder über eine Triangulierung oder über die Anwendung des Punktmodells eine genügend feine Interpolation der zwischen den Isohypsen gelegenen Partien vorgenommen. Je nach der angewendeten Punktdichte wird der zu bestimmende Erdkörper dabei in mehr oder weniger zahlreiche Teilvolumina zerlegt, deren Form sich am besten als schiefes Prisma bestimmen läßt. Die derart ermittelten Teilkubaturen werden aufsummiert und ergeben das Gesamtvolumen des untersuchten Körpers.

Neben der Auflösungsgenauigkeit, also der Zahl der Teilvolumina, bestimmt vor allem auch die Art der Interpolation für die Genauigkeit der ermittel-

*Abb. 157. Unterschiedliche Möglichkeiten bei der Interpolation von Höhenschichtenlinien.*

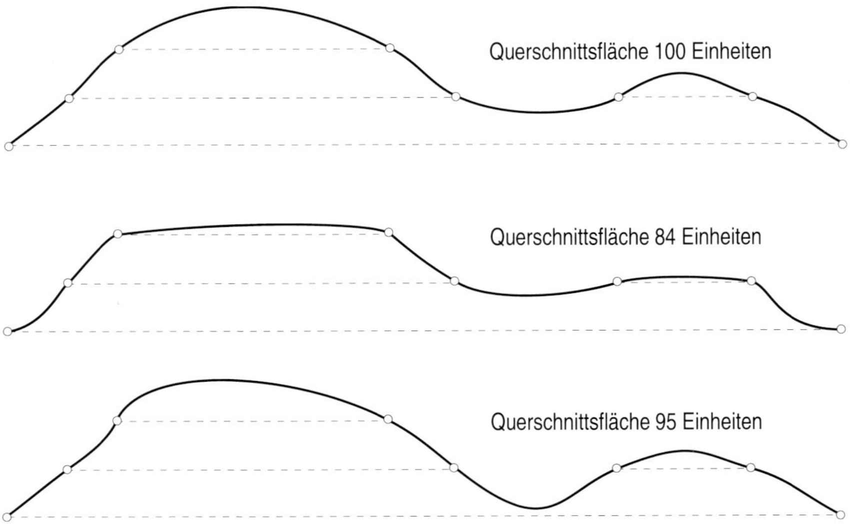

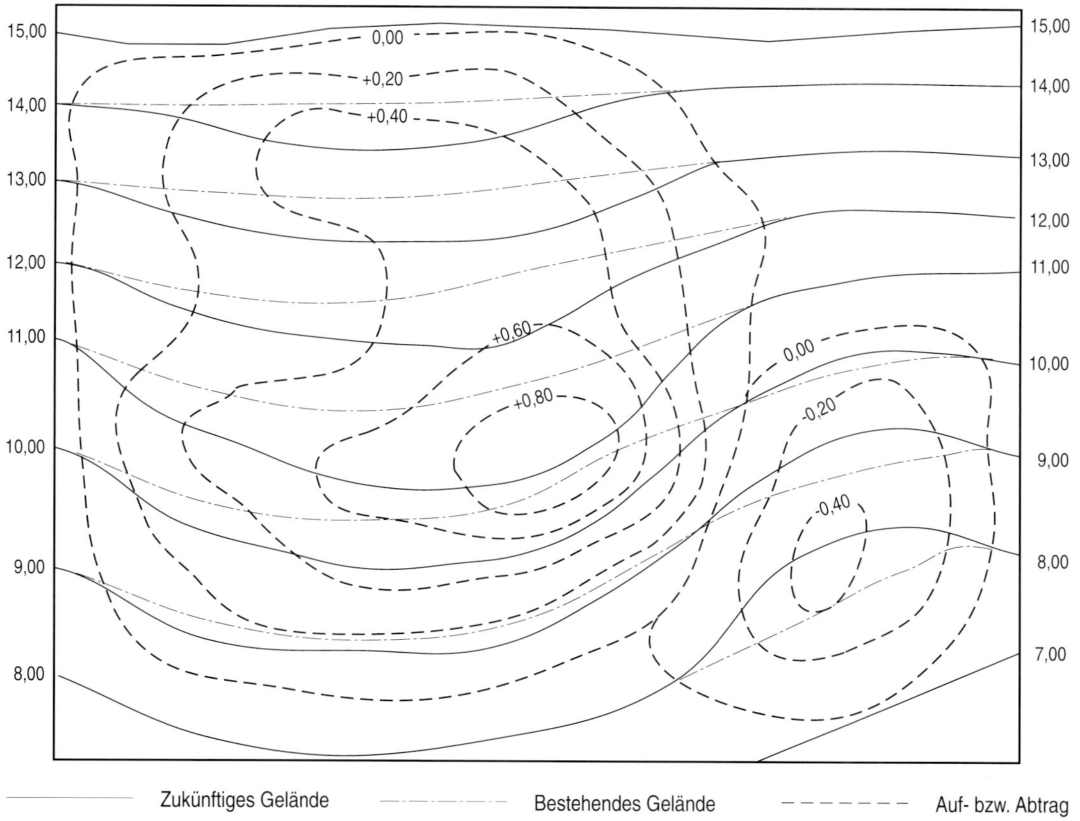


*Abb. 158. Generierung eines Massenauf- und -abtragsplanes aus digital erfaßten Isohypsen.*

ten Aussagen. Besonders heikel sind dabei die Übergänge zur Null-Linie und Kuppen- bzw. Muldensituationen.

Vorteilhaft gegenüber der manuellen Projektbearbeitung ist neben der Ermittlung von Erdmassendaten auch die Möglichkeit der weitergehenden graphischen Darstellung. So kann aus der Verknüpfung von Daten zur vorhandenen und zukünftigen Geländesituation mit wenig Aufwand ein Massenauf- und -abtragsplan erstellt werden, wie er bei der Bauausführung erforderlich ist.

**Massenausgleich**
Bei vielen Projekten wird eine Minimierung einerseits von Massenüberschüssen oder -defiziten, andererseits auch von Massenlängstransporten angestrebt. Sofern der vorzunehmende Eingriff nach einfach zu beschriebenden Grundregeln vor sich geht, etwa im Straßenbau mit über größere Abschnitte konstanten Profilaufbauten, Steigungsverhältnissen, Krümmungsradien, so kann diese Optimierung bisweilen auch vom System selbst vorgenommen werden.

## 3.6 Exkurs: Pflanzendarstellung in der Computergraphik

Da der graphischen Darstellung von Pflanzen, insbesondere von Gehölzen, bei der Erstellung von Plänen in der Freiraumgestaltung hohe Bedeutung zukommt, soll dieses Thema auch hier im Rahmen der computergestützten Graphik näher erörtert werden. Viele „typische" Computerzeichnungen sind als solche erkennbar, weil in ihnen Bäume nur als auf einem Zylinder aufsitzende Kugeln dargestellt werden, während hingegen bei baulichen Konstruktionsdetails der Unterschied zwischen manuell und computergestützt erstellten Plänen oft kaum wahrzunehmen ist. Die Ursache hiefür liegt ganz offensichtlich darin, daß sich die feingliedrige Struktur einer Pflanze nur sehr unbefriedigend durch eine Reduktion auf einige wenige geometrische Grundformen („Primitive") wiedergeben läßt.

Während es bei der Gestaltung von Grundrißdarstellungen noch relativ einfach ist, Symbole zu generieren, wie sie auch bei manueller Zeichnung angewendet werden, so ergeben sich bei Aufrissen und insbesondere bei Perspektiven erhebliche Probleme.

Im folgenden Abschnitt werden verschiedene Möglichkeiten aufgezeigt, halbwegs befriedigende Pflanzendarstellungen anzufertigen, wobei im Planungsalltag stets auch die Frage nach dem jeweils notwendigen Zeitaufwand zu berücksichtigen ist: Wenn die Modellierung der Pflanzen derart aufwendig betrieben wird, daß sowohl die Bearbeitungszeit als auch die Datenmengen erheblich ansteigen, so fallen die wichtigsten Argumente für den EDV-Einsatz weg und die Modellierung wird zur Liebhaberei.

Prinzipiell ergeben sich zwei unterschiedliche Wege der Generierung von Pflanzendarstellungen: Der eine führt über symbolische, abstrahierte Signaturen und entspricht damit der Art und Weise, wie eigentlich auch manuelle Darstellungen erzeugt werden: Baumdarstellungen in Planskizzen versuchen stets nur, die Gestalt einer Pflanze erkennbar zu machen, wobei dies oft über starke Vereinfachungen und Abstraktionen erfolgt. Der andere Weg liegt in der Verfeinerung der Modellierung: Es wird angenommen, daß dann, wenn es gelingt, Pflanzen bis ins Detail geometrisch richtig zu modellieren, auch die daraus generierte Graphik zufriedenstellend ist.

### 3.6.1 Generierung symbolischer Darstellungen

Graphikprogramme können im Prinzip alle Darstellungen generieren, wie sie mit einem Bleistift oder einem Tuschfüller gezeichnet werden. High-End-Zeichenprogramme sind sogar in der Lage, Besonderheiten des manuellen Zeichnens zu simulieren, etwa variable Strichstärken oder einen „zittrigen" Verlauf. Diese Funktionen sind natürlich in Stan-

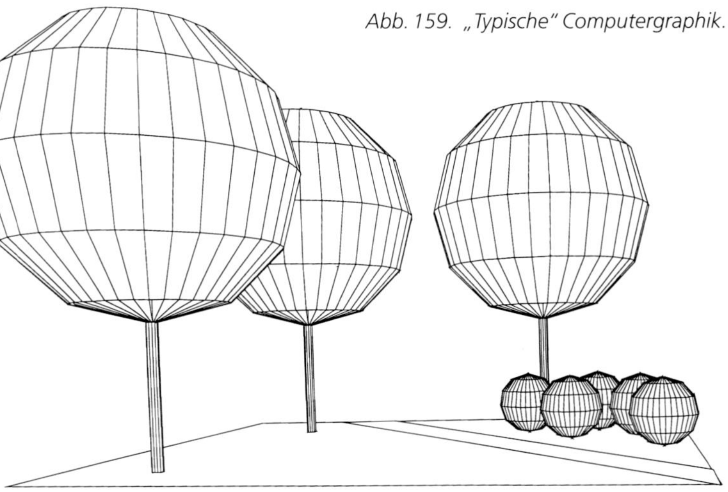

*Abb. 159. „Typische" Computergraphik.*

*Abb. 160. Nachahmung handgezeichneter Symbole.*

dard-CAD-Programmen im allgemeinen nicht enthalten, doch ist es ja meist möglich, Graphiken aus speziellen Zeichenprogrammen in CAD-Programme zu importieren.

Die Qualität der Darstellung hängt allerdings stets auch vom verwendeten Ausgabegerät ab: Es hat wenig Sinn, aufwendige Symbole zu generieren, wenn für die Ausgabe nur ein einfacher Matrixdrucker zur Verfügung steht.

Handgezeichnete Symbole sind stets 2D-Darstellungen, es ist aber auch möglich, Bäume als 3D-Symbole zu modellieren. Da die Generierung von 3D-Darstellungen am Bildschirm (Perspektiven, Axonometrie) ziemlich rechenaufwendig ist, wirkt sich die Detailliertheit der Pflanzenmodelle sehr stark auf die Anwortzeit des Computers aus: Ein aufwendig modellierter 3D-Baum kann weitaus mehr Einzelpunkte aufweisen als etwa eine ganze Treppenanlage oder ein Holzbaudetail. Das nachträgliche Überarbeiten von 3D-Darstellungen, das im übrigen ja auch manuell erfolgen kann, bietet den großen Vorteil, daß in diesem Fall im 3D-Bereich mit sehr einfachen Formen gearbeitet werden kann. Die einfachen Formen dienen somit nur als „Platzhalter" für später einzusetzende Symbole; dies hat den Vorteil, daß die Datenmenge relativ klein bleibt.

### 3.6.2 Interaktive geometrische Modellierung

Jede Pflanze läßt sich entsprechend den morphologischen Grundlagen des Pflanzenwuchses in relativ einfache geometrische Grundelemente zerlegen. Das äußere Erscheinungsbild einer Pflanze mag zunächst sehr kompliziert erscheinen, dennoch läßt sich die Entwicklung jedes pflanzlichen Organismus aus einigen wenigen Grundgesetzen erklären. Auch wenn einzelne Individuen einer Art in ihrem Aussehen oft stark voneinander abweichen, so ist doch der artspezifische Bauplan weitgehend identisch. Eine Linde wird daher auch aus größerer Entfernung, selbst wenn etwa die Blätter gar nicht mehr wahrzunehmen sind, stets aufgrund ihrer charakteristischen Kronenform als solche erkannt. Die morphologischen Grundgesetzmäßigkeiten, die sich in der Entwicklung einer Pflanze über hormonelle Steuerungsprozesse manifestieren, beruhen in erster Linie in der Förderung oder der Hemmung bestimmter Verzweigungssformen (Monokormie, Polykormie; Epitonie, Basitonie, Mesotonie usw.) oder Triebbildungen (Langtriebe, Kurztriebe) sowie in der Ausbildung charakteristischer Ablaufwinkel. Sie wurden von Botanikern für viele Arten beschrieben, insbesondere natürlich für Gehölze, und auch in ihrer gestalterischen Wirksamkeit entsprechend berücksichtigt (Woess 1962).

Somit ist es prinzipiell möglich, Pflanzen aus einfachen geometrischen Elementen zu modellieren. Praktisch ergibt sich dabei das Problem, daß die Zahl solcher Einzelelemente bei Pflanzen stets sehr hoch ist, woraus sich nicht nur eine große Datenmenge ergibt, sondern vor allem auch ein hoher Zeitaufwand für die Durchführung der Modellierung: Jeder Ast, ja selbst jedes Blatt muß modelliert und in die richtige Position gebracht werden (Bloomenthal 1985).

Die Durchführung solcher Modellierungen setzt nicht nur entsprechendes Können sowie die nötigen botanischen Kenntnisse voraus, sondern auch ein sehr leistungsfähiges CAD-System, welches die vielen Verschneidungen zwischen den einzelnen Teilelementen auch rechnerisch verkraftet. Selbst dann wird man sich bei dem Maß der Detallierung zurückhalten müssen und etwa die Zahl der Blätter in der 3D-Darstellung gegenüber einer realen Situation deutlich reduzieren. So faszinierend die Betrachtung der Ergebnisse aufwendiger Forschungsprojekte auch sein mag, in der Planungspraxis wird eine 3D-Modellierung immer einen weitaus bescheideneren Detaillierungsgrad aufweisen müssen. So können mit etwas Geschick durchaus Modelle gefunden werden, die Bäume nicht nur wahlweise als Kugeln (= Laubbäume) oder Kegel (= Nadelbäume) beschreiben. Auch in diesem Bereich kann auf käufliche Symbolbibliotheken zurückgegriffen werden.

*Abb. 161. Dreidimensional modellierte symbolische Baumdarstellungen (Landcadd, Widemann Systeme, Wiesbaden).*

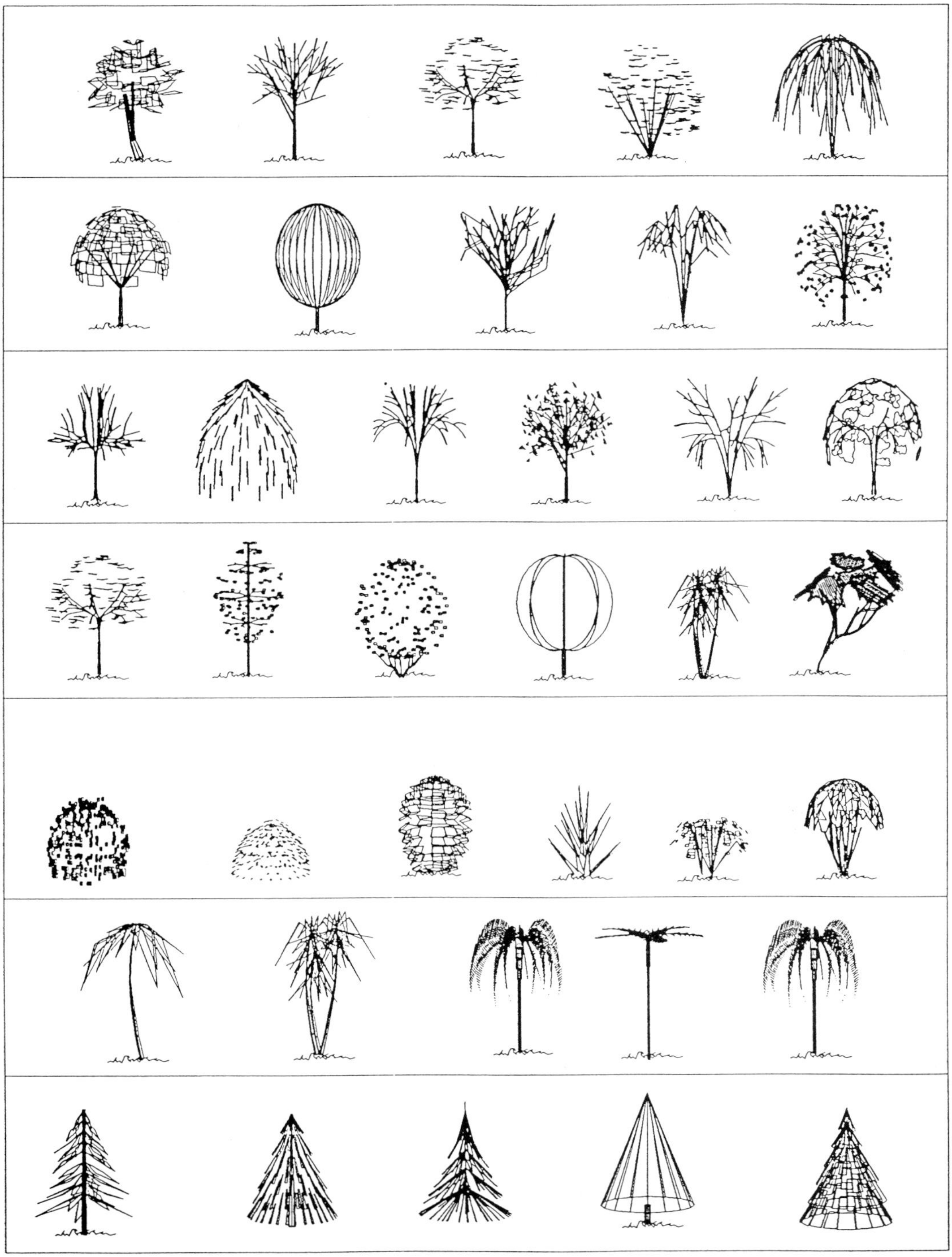

### 3.6.3 Automatische Modellgenerierung

Dadurch, daß Pflanzen von ihren Verzweigungs- und Wachstumsgesetzen her leicht zu beschreiben sind, ist es auch relativ einfach, Pflanzendarstellungen nicht durch interaktive Modellierung am Bildschirm, sondern durch Programmierung zu generieren. Die nachfolgend beschriebenen Ansätze bieten sehr gute Möglichkeiten zur raschen Erstellung von Pflanzenmodellen. Auch wenn sie derzeit in der Planungspraxis erst wenig einsetzt werden, so ist doch zu erwarten, daß sich dies in der näheren Zukunft verändern wird.

#### 3.6.3.1 Fraktale Geometrie

Die fraktale Geometrie ist ein faszinierendes Teilgebiet der Mathematik, welches durch einige sehr populäre Veröffentlichungen (Mandelbrot 1983, Peitgen und Richter 1986) und medienwirksame Veranstaltungen nicht nur unter Computerfanatikern einen hohen Bekanntheitsgrad erreicht hat.

Fraktale Darstellungen beruhen auf dem Prinzip der Selbstähnlichkeit: Aus der Definition eines einfachen Abbildungsgesetzes (Generator) werden aus einer Ausgangsstruktur (Initiator) Tochtergenerationen entwickelt, die in ihrer Form einander ähnlich sind und sich nur aufgrund der im Abbildungsgesetz definierten Längen- und Winkelverhältnisse in ihrer Größe und Lage voneinander unterscheiden.

Die stufenweise Entwicklung einer fraktalen Graphik kann der nachfolgenden Darstellung (Abb. 162) entnommen werden: Im Generator wird definiert, daß jede gerade Strecke durch eine Abfolge von fünf rechtwinklig verschwenkten Strecken ersetzt wird. Die Abbildung erfolgt dabei in einer Weise, daß Anfangs- und Endpunkt des Streckenzuges denen der Ausgangsstrecke entsprechen. In der ersten Tochtergeneration ergibt sich somit der im Generator definierte fünfteilige Streckenzug. In der nächsten Generation wird nun wiederum jeder einzelne Teil dieses Streckenzuges selbst durch eine Verkleinerung des Zuges ersetzt. Dadurch, daß in diesem Beispiel als Initiator nicht eine gerade Strecke, sondern ein Quadrat gewählt wurde, wird das Bildungsgesetz von Anfang an auf die vier Kanten des Quadrats angewendet, woraus sich dann auch die weitere Unterteilung ergibt.

Zahlreiche Untersuchungen haben gezeigt, daß sich viele sehr kompliziert wirkende natürliche Strukturen von Zellgeweben bis hin zu Gebirgslandschaften relativ einfach fraktal beschreiben lassen. So ist es auch mit geringem Aufwand möglich, pflanzenähnliche Graphiken für die Verwendung in Freiraumdarstellungen zu generieren. Dabei erweist es sich als vorteilhaft, wenn bei der

*Abb. 162. Grundprinzip fraktaler Graphiken.*

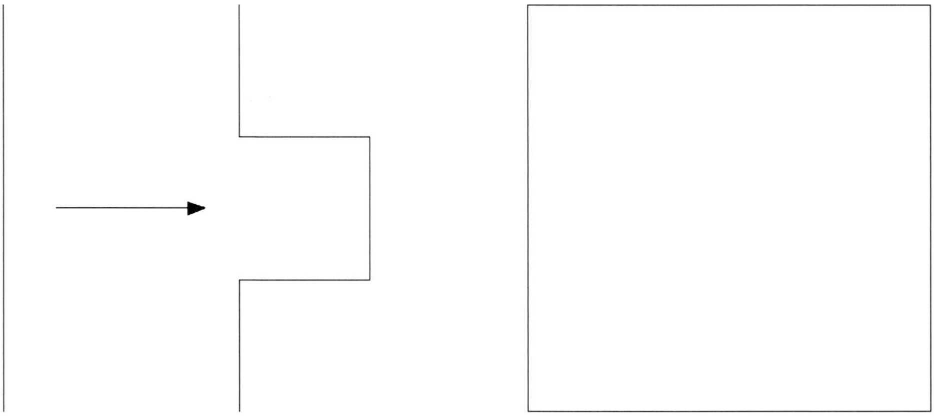

Abbildungsgesetz (Generator)

Initiator

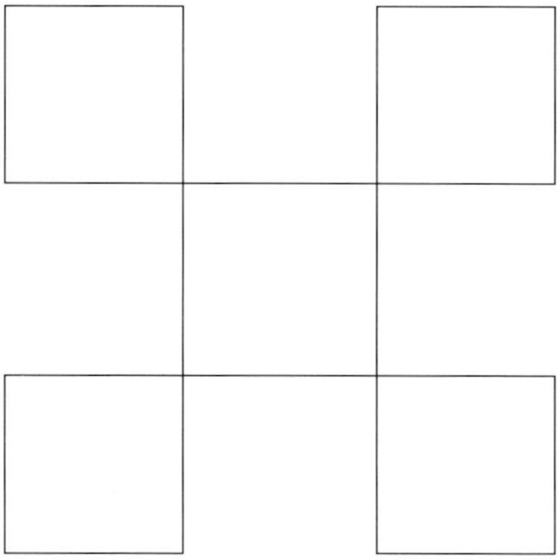

1. Generation

2. Generation

3. Generation

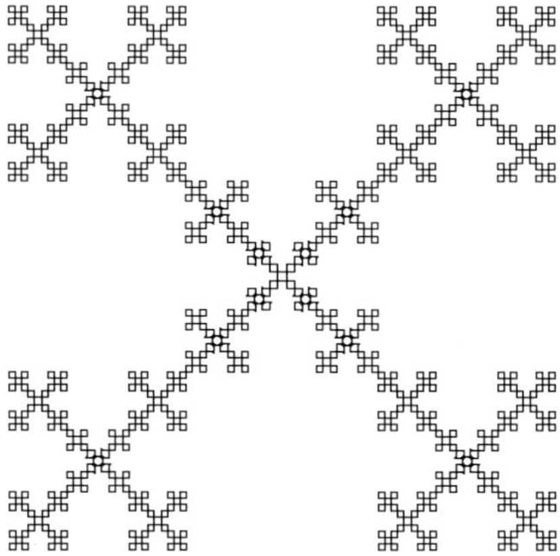

4. Generation

5. Generation

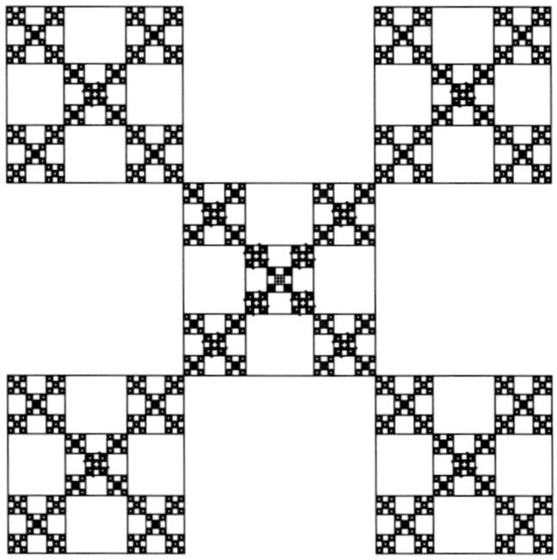

1. bis 5. Generation (15620 Vektoren)

Programmierung die Möglichkeit der Variabilität entstehender Strukturen berücksichtigt wird: Durch einfache zufallsbedingte Abweichungen in den Längen- und Winkelverhältnissen können aus einem einzigen Generator zahlreiche unterschiedliche Fraktale erstellt werden.

Die hier vorgestellten Beispiele beziehen sich auf 2D-Symbole, prinzipiell ist natürlich auch die Anwendung dreidimensionaler Modelle möglich. Bei näherer Betrachtung zeigt sich, daß diese aus einfachen Generatoren erzeugten Graphiken zwar Pflanzen recht ähnlich sind, jedoch ihnen nicht vollständig entsprechen: Einige Grundprinzipien des Pflanzenwuchses bleiben unberücksichtigt, etwa altersbedingte Veränderungen des Wuchses oder die Blüten- und Fruchtentwicklung.

In ihrer ästhetischen Qualität bedeuten fraktale Darstellungen eine große Verbesserung gegenüber den einfachen Kreis-, Kugel- oder Kegelsymbolen, die am Anfang des Kapitels wiedergegeben wurden. Durch die leicht erzeugbare Variabilität kann auch die Monotonie reduziert werden, die sich in vielen Computerdarstellungen durch die Verwendung stets gleicher Symbole ergibt.

Fraktale sind meist leicht in CAD-Graphiken einzubauen, wobei je nach den Möglichkeiten entschieden werden muß, ob sie als Vektor- oder als Rasterdateien abgespeichert werden sollen. Bei einer Abspeicherung als Vektorgraphik sind zwar die Editiermöglichkeiten größer (z. B. Veränderung von Strichstärken), andererseits bedeutet das Aufnehmen vieler Einzelvektoren (siehe Abb. 165) eine

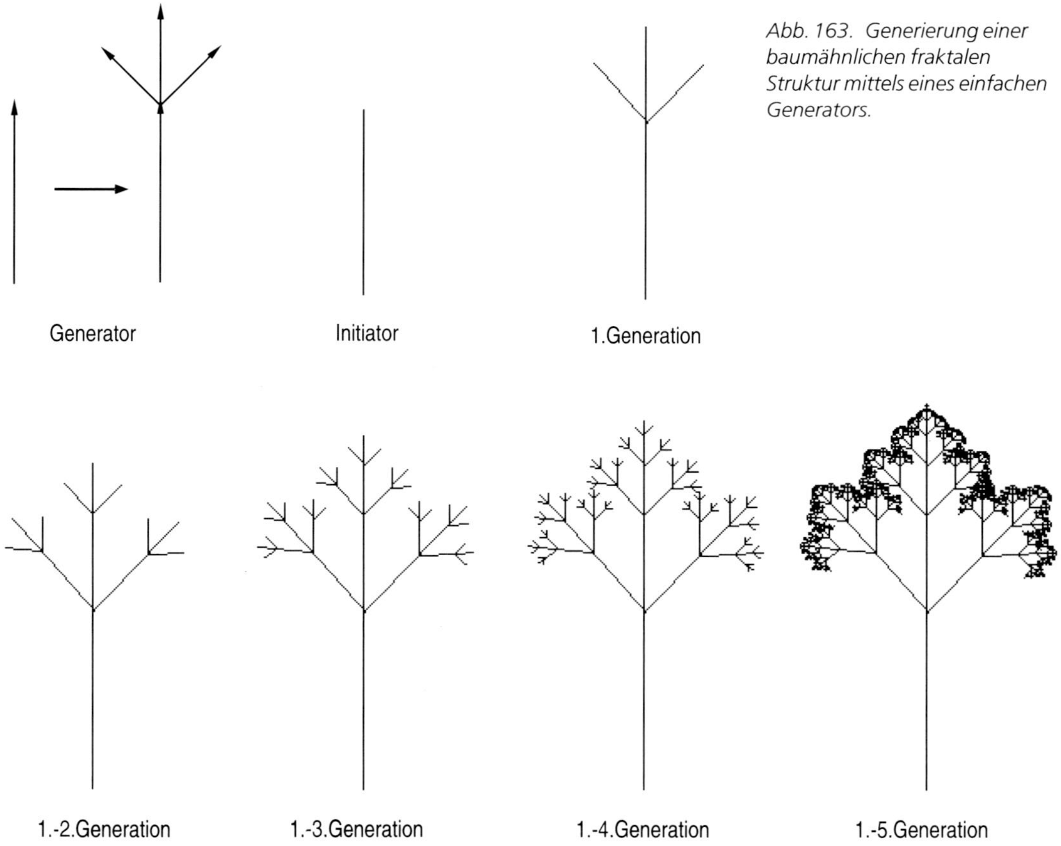


*Abb. 163. Generierung einer baumähnlichen fraktalen Struktur mittels eines einfachen Generators.*

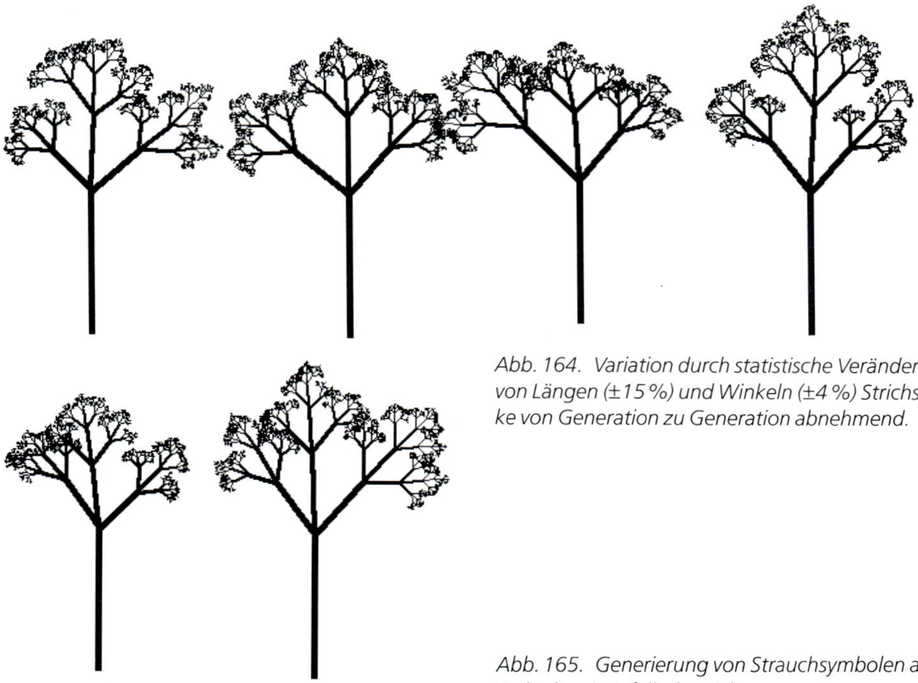

*Abb. 164. Variation durch statistische Veränderung von Längen (±15 %) und Winkeln (±4 %) Strichstärke von Generation zu Generation abnehmend.*

*Abb. 165. Generierung von Strauchsymbolen als Fraktale mit Zufallsabweichungen.*

*Abb. 166. Einfache Nadelbaumsymbole mit geringen Zufallsabweichungen.*

*Abb. 167. Fraktale Baumsymbole auf Basis geschwungener Linien (Graphische Programmierung: Tim Randall, Univ. of Oregon).*

hohe Belastung für das CAD-System, die sich dann etwa in einem langsameren Bildaufbau am Monitor bemerkbar macht.

Aus diesem Grunde kann es oft sinnvoller sein, die Symbole als Rasterdateien (Bitmaps) abzuspeichern und sie dann in die Vektorgraphik der CAD-Darstellung zu plazieren, sofern dies vom System selbst oder Peripherie her möglich ist. So hängt es insbesondere von der Art des Plottertreibers ab, ob Rastergraphiken überhaupt auf einem Strichplotter ausgegeben werden können.

### 3.6.3.2 L-Systeme

Die beste Grundlage für eine automatische Modellierung realistischer Pflanzendarstellungen stellt die von dem dänischen Botaniker Aristid Lindenmeyer formulierte Grammatik der L-Systeme dar (Lindenmeyer und Prusinkiewicz 1988, Prusinkiewicz und Hanan 1989).

Wesentliches Merkmal dieser Modellierung ist die Möglichkeit der Simulation von Entwicklungszuständen: Die einzelnen Zeilen einer Modellbe-

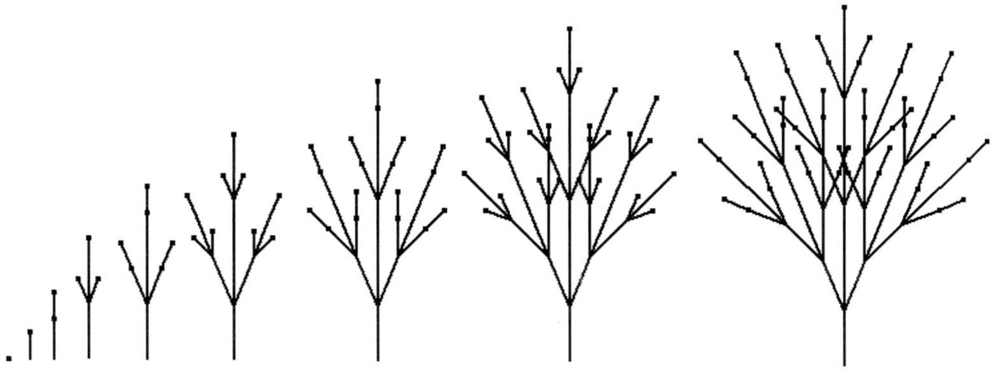

*Abb. 168. Einfache durch L-Grammatik beschriebene Entwicklungsserie (Graphische Programmierung: M. Grinner).*

schreibung geben an, in welcher Weise sich verschiedene Ausgangselemente im Lauf der Zeit verändern. Abb. 168 zeigt den Verlauf einer Entwicklung, wie sie sich aus der nachfolgenden Beschreibung ergibt (Schreibweise nach Lindenmeyer und Prusinkiewicz 1988):

$\omega$: $A_0$
$p_1$: $A_0 \rightarrow I_0\ A_1$
$P_2$: $A_1 \rightarrow [\backslash A_0]\ [/A_0]\ I_0\ A_0$
$p_3$: $I_i \rightarrow I_{i+1}\ (i < 2)$

Das Symbol $\omega$ in der ersten Zeile kennzeichnet das Ausgangselement der Entwicklung, auch Axiom genannt. In diesem Beispiel symbolisiert $A_0$ eine Apikalknospe; in dem korrespondierenden Graphikprogramm wird sie als kleiner Punkt dargestellt.

Die nachfolgenden Zeilen definieren die „Produktionen" $p_i$. Diese geben an, in welcher Weise verschiedene Elemente durch andere ersetzt werden. So wird in $p_1$ festgelegt, daß sich aus der Knospe $A_0$ ein Trieb (Internodium) $I_0$ entwickelt, dessen Endknospe den Zustand $A_1$ annimmt. Das Internodium wird im Graphikprogramm als eine gerade Strecke mit einer gewissen Länge wiedergegeben.

Aus der Zeile $p_2$ ist ersichtlich, daß der Knospenzustand $A_1$ zu einer Verzweigung führt. Die eckigen Klammern bezeichnen einen Einschub, die Beschreibung setzt nach dem Ende das Klammerausdruckes von der Lage her an dem Punkt fort, an dem die erste Klammer eingefügt wurde. Für die Programmierung des Graphikprogrammes bedeutet dies, daß die Position des digitalen „Zeichenstiftes" mit dem Beginn der Klammer abgespeichert werden muß, um dann am Ende wieder aufgerufen werden zu können. Die Symbole \ und / beschreiben eine Drehung nach links bzw. nach rechts um einen bestimmten Winkel. (Diese Definition gilt für 2D-Darstellungen, kann aber leicht um die dritte Dimension erweitert werden). Somit besagt $p_2$, daß sich aus einer Knospe $A_1$ je zwei Seitenknospen entwickeln, die die gleichen Eigenschaften aufweisen wie die Ausgangsknospe $A_0$. Weiterhin entwickelt sich aus der Knospe $A_1$ auch wiederum ein Internodium mit einer Endknospe $A_0$. Es wird somit eine Pflanze mit gegenständiger Verzweigung beschrieben.

In $p_3$ wird schließlich berücksichtigt, daß sich auch die Internodien selbst noch strecken: $I_0$ wird durch die längere Strecke $I_1$ ersetzt usw., allerdings nur bis zu einer gewissen Grenze, bei der das Wachstum des Internodiums endet.

Die Abbildung zeigt, daß auf diese Weise mit einem relativ geringen Schreibaufwand pflanzliche Strukturen modelliert werden können. Im nachfolgenden Fall wird die Umstellung einer Pflanze von der vegetativen zur generativen Phase simuliert:

$\omega$: $A_0$
$p_1$: $A_i \rightarrow I_0\ [\backslash A_{i+1}]\ [/A_{i+1}]\ A_{i+1}$
$p_2$: $A_3 \rightarrow F_0$
$p_3$: $F_i \rightarrow F_{i+1}$
$p_4$: $I_i \rightarrow I_{i+1}\ (i < 3)$

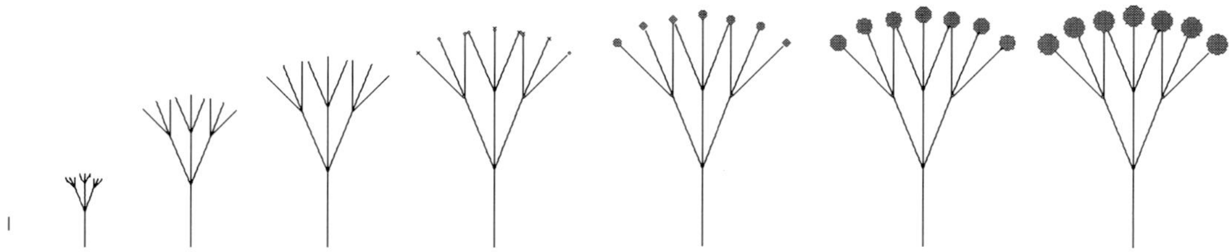

*Abb. 169. Beispiel für ein Entwicklungsmodell mit Übergang von vegetativer zu generativer Phase.*

Ausgangselement ist wiederum eine einzelne Knospe, aus der sich entsprechend der Formulierung in $p_1$ zunächst ein Internodium mit drei in verschiedene Richtungen weisende Endknospen entwickelt; deren Zustand verändert sich bei jeder Anwendung von $p_1$, ohne daß sich zunächst Auswirkungen auf die nächsten Entwicklungsschritte ergeben. Erst wenn der Zustand $A_3$ erreicht ist, tritt die Produktion $p_2$ in Kraft, welche besagt, daß die Pflanze in eine Blühphase eintritt, die Knospe A wird zu einer Blütenknospe F. In $p_3$ wird der weitere Verlauf der Blütenentwicklung von einer Blütenknospe bis zur Frucht symbolisch beschrieben. Im dazugehörenden Graphikprogramm können die einzelnen Phasen durch entsprechende Symbole dargestellt werden. In $p_4$ schließlich wird festgelegt, daß mit dem Beginn der Blühphase auch die Streckung der Internodien endet.

Aus Gründen der Einfachheit und Verständlichkeit des Textes wurden in den wiedergegebenen Beispielen nur wenige Elemente berücksichtigt.

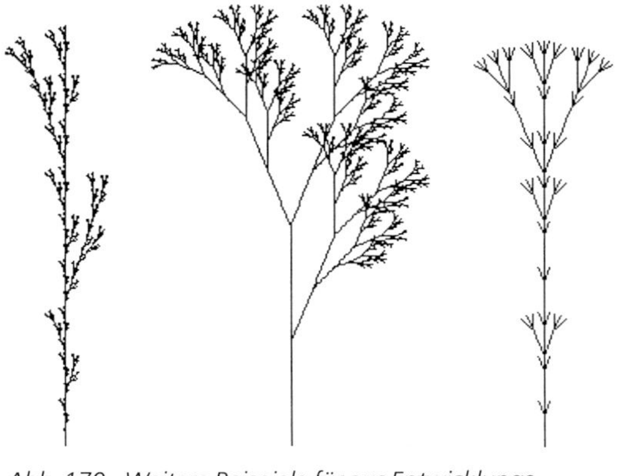

*Abb. 170. Weitere Beispiele für aus Entwicklungsmodellen generierte Graphiken.*

Prinzipiell sind der Verfeinerung jedoch keine Grenzen gesetzt: Ähnlich wie das Wachstum eines Triebes kann durch die Lindenmeyer-Grammatik auch die Differenzierung der Blätter oder die Ausformung unterschiedlicher Blütenstände in wenigen Zeilen beschrieben werden. Analog den oben wiedergegebenen Beispielen fraktaler Darstellungen ist auch hier eine gewisse Variabilität in Trieblängen, Ablaufwinkeln, Blattgrößen usw. durch Zwischenschaltung eines Zufallszahlengenerators erreichbar.

Allgemein muß bedacht werden, daß es viel einfacher ist, krautige Pflanzen modellhaft zu beschreiben, als dies für Gehölze der Fall ist: Das sekundäre Dickenwachstum, die im Verhältnis zur Laub- und Blütenentwicklung sehr langsam vor sich gehenden Veränderungen im Bereich der Stämme stellen erhebliche Probleme für eine „perfekte" Modellierung dar (siehe Prusinkiewicz und Hanan 1989).

Aus Abb. 171. ist zu entnehmen, bis zu welcher Detailschärfe die computergestützte Modellierung von Pflanzen heute bereits möglich ist. Sämtliche Bestandteile dieses Bildes wurden aus einem Entwicklungsmodell heraus definiert, die Visualisierung erfolgte mit einem aufwendigen 3D-Rendering-Programm (siehe Kap. 4.3.).

Auf L-Systemen basierende Pflanzenmodelle wurden bisher fast ausschließlich für wissenschaftliche Zwecke erstellt, das Potential für den Einsatz im computergestützten Entwerfen von Freiräumen ist jedoch sehr groß, sodaß zu hoffen ist, daß in nächster Zeit auch entsprechende Entwicklungsarbeit geleistet wird, um eine praktische Anwendbarkeit für realistische Pflanzendarstellungen im CAD-Bereich zu erreichen. Einschränkungen für die Praxis dürften sich, abgesehen von den er-

*Abb. 171. Aus einem Entwicklungsmodell generierter Fliederzweig (P. Prusinkiewicz und J. Hanan, University of Regina, Canada, 1988).*

wähnten prinzipiellen Schwierigkeiten bei der detaillierten Modellierung von Gehölzen, eigentlich nur durch die mit zunehmender Detailliertheit ansteigenden Rechenzeiten zur Erstellung der Graphiken sowie durch die großen Datenmengen ergeben.

## 3.7 Integration von CAD mit Tabellenkalkulation und Datenbanksystemen

In den bisherigen Kapiteln wurde ausschließlich die graphische Seite von CAD-Systemen erörtert. Da in einem solchen System Daten über geometrische Objekte abgespeichert werden, die diese Objekte in allen für die Darstellung notwendigen Dimensionen beschreiben, können derartige Daten auch zur analytischen Auswertung einer Konstruktion herangezogen werden. Im einfachsten Fall bedeutet dies etwa, daß zu einem zweidimensionalen Element der korrespondierende Flächeninhalt ermittelt wird. Je nach dem Verwendungszweck können die geometrischen Objekte aber auch mit zusätzlichen Attributen versehen werden, etwa zur Charakterisierung von Materialeigenschaften. Im Bauingenieurwesen werden auf diese Weise umfangreiche statische Berechnungen, zum Beispiel Finite-Elemente-Analysen, aus den CAD-Daten heraus durchgeführt.

Für den Aufgabenbereich der Freiraumgestaltung ergeben sich viele sinnvolle Möglichkeiten einer Integration von CAD und Datenbanksystemen bzw. Tabellenkalkulationsprogrammen, in erster Linie zur Erstellung von Flächenbilanzen und Stücklisten, welche dann wiederum die Grundlage für die Arbeitsschritte Ausschreibung, Vergabe und Abrechnung (AVA) darstellen können.

In Abb. 172. ist schematisch wiedergegeben, aus welchen Komponenten ein integriertes System für die Freiraumgestaltung zusammengesetzt sein müßte. Dabei ist es an sich nebensächlich, ob alle

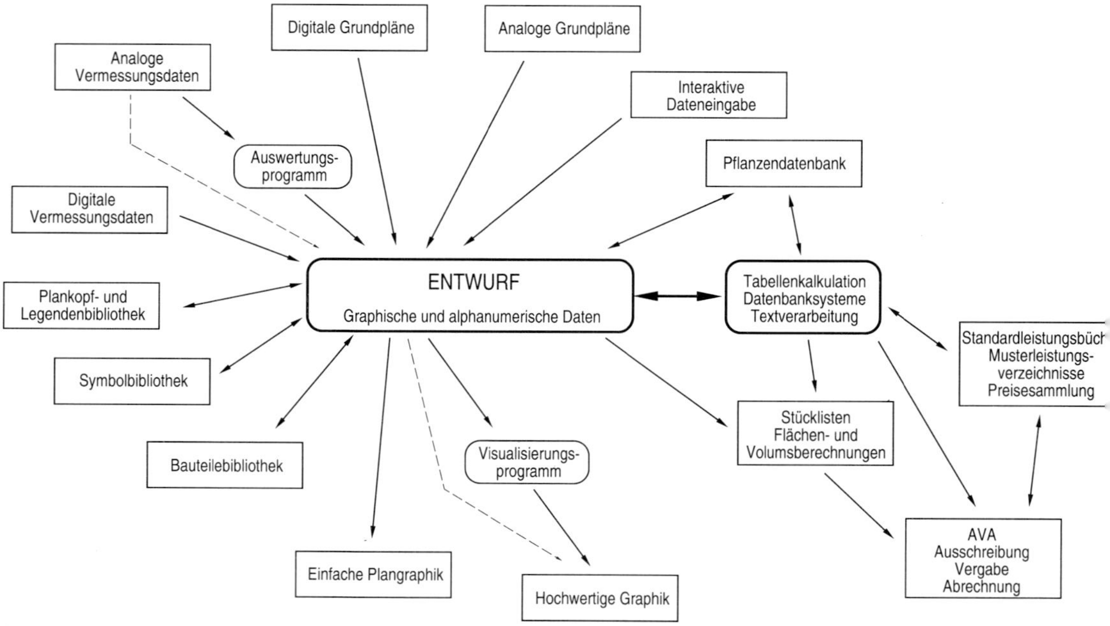


*Abb. 172. Konzept für die integrierte Projektbearbeitung auf CAD-Basis in der Freiraumgestaltung.*

diese Komponenten innerhalb eines Programms zur Verfügung stehen oder als unabhängige Bausteine. Entscheidend für die Praxistauglichkeit ist lediglich, daß der Datenfluß zwischen den einzelnen Komponenten rasch und unkompliziert zu bewerkstelligen sein muß. Dies ist im allgemeinen bei integrierten Programmen eher zu erwarten als beim Zusammenfügen einzelner Bausteine. Umgekehrt kann die letztgenannte Variante dann vorteilhafter sein, wenn sich im Laufe der Zeit herausstellt, daß einzelne Komponenten eines Systems den Anforderungen nicht mehr entsprechen und durch andere ersetzt werden sollen.

Dem Autor dieses Buches war zur Zeit der Abfassung des Manuskriptes kein integriertes Programmpaket bekannt, welches alle Ansprüche der Freiraumgestaltung gleichermaßen befriedigend erfüllt. Ein solches Paket müßte auf der Eingabeseite in der Lage sein, analoge Vermessungsdaten (z. B. Feldprotokolle) auszuwerten und in Lagepläne umzusetzen bzw. digitale Vermessungsdaten, so vorhanden, direkt zu übernehmen. Außerdem müßte eine direkte Eingabe vom Digitalisiertisch aus möglich sein (dies ist meist auch der Fall), schließlich müßten auch Schnittstellen zu möglichst vielen anderen Computersystemen bzw. Datenformaten vorgesehen sein.

Dieses ideale System müßte Symbol- und Bauteilebibliotheken entsprechend den im jeweiligen Land gültigen Baunormen enthalten. Diese müßten weiterhin vom Benutzer selbst entsprechend seinen Wünschen modifizierbar sein.

Bei der Ausgabe der graphischen Daten wäre es vorteilhaft, über die einfachen 3D-Darstellungen hinausgehend auch qualitativ hochwertigere Darstellungsweisen anwenden zu können: Zentralperspektive, Schlagschatten usw. (siehe Kap. 4.3.).

## Export geometrischer Maßzahlen

Die Integration des graphischen Bereiches mit der Auswertung alphanumerischer Daten ist, wie bereits erwähnt, vor allem im Hinblick auf die Erstellung von Leistungsbeschreibungen wichtig. So können etwa die Flächeninhalte gleichartiger Ob-

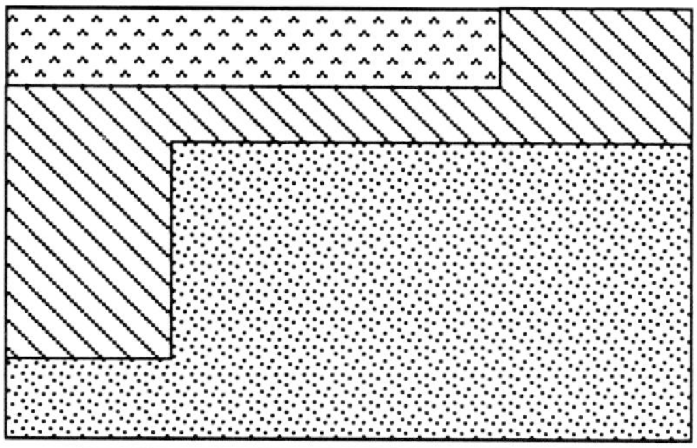

| Plattenbelag | Rasen | Pflanzfläche | Summe |
|---|---|---|---|
| 119.0 | 227.0 | 54.0 | 400.0 |

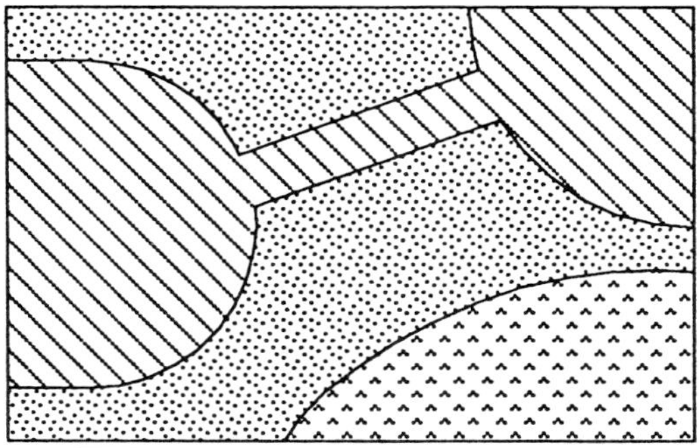

| Plattenbelag | Rasen | Pflanzfläche | Summe |
|---|---|---|---|
| 163.8 | 167.2 | 69.0 | 400.0 |

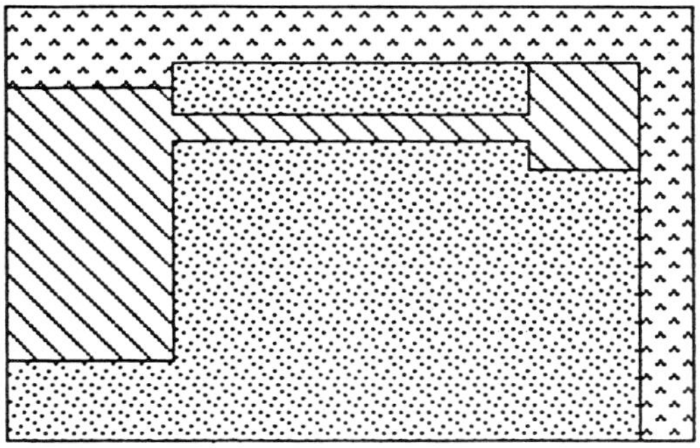

| Plattenbelag | Rasen | Pflanzfläche | Summe |
|---|---|---|---|
| 89.0 | 226.1 | 84.9 | 400.0 |

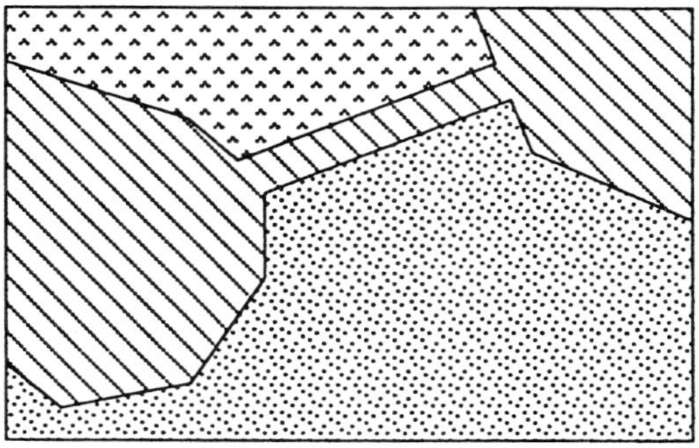

| Plattenbelag | Rasen | Pflanzfläche | Summe |
|---|---|---|---|
| 151.1 | 183.8 | 65.1 | 400.0 |

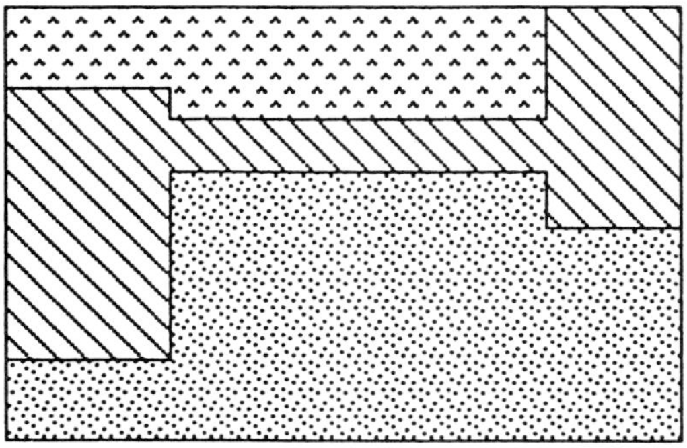

| Plattenbelag | Rasen | Pflanzfläche | Summe |
|---|---|---|---|
| 127.6 | 198.2 | 74.2 | 400.0 |

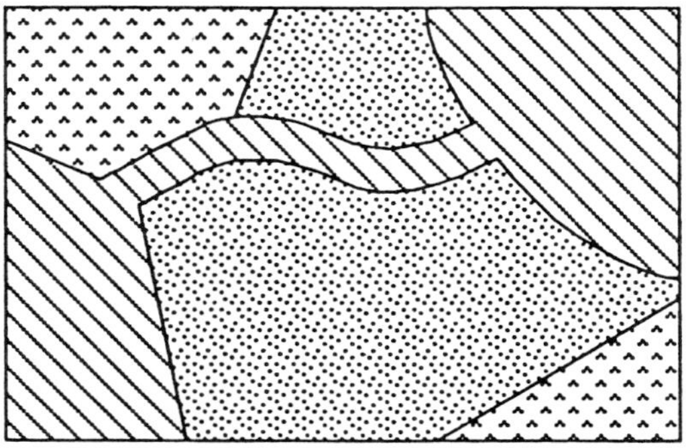

| Plattenbelag | Rasen | Pflanzfläche | Summe |
|---|---|---|---|
| 144.5 | 183.5 | 72.0 | 400.0 |

*Abb. 173. Automatische Mitführung von Flächenbilanzen.*

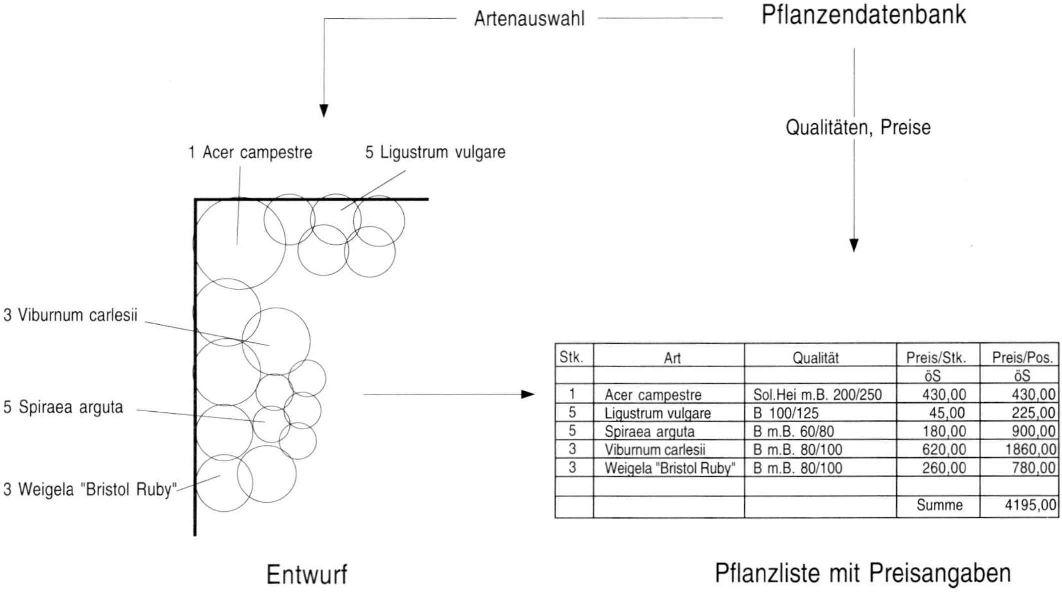


| Stk. | Art | Qualität | Preis/Stk. öS | Preis/Pos. öS |
|---|---|---|---|---|
| 1 | Acer campestre | Sol.Hei m.B. 200/250 | 430,00 | 430,00 |
| 5 | Ligustrum vulgare | B 100/125 | 45,00 | 225,00 |
| 5 | Spiraea arguta | B m.B. 60/80 | 180,00 | 900,00 |
| 3 | Viburnum carlesii | B m.B. 80/100 | 620,00 | 1860,00 |
| 3 | Weigela "Bristol Ruby" | B m.B. 80/100 | 260,00 | 780,00 |
| | | | | |
| | | | Summe | 4195,00 |

*Abb. 174. Integration zwischen Entwurf und Pflanzendatenbank.*

jekte direkt in einer Tabellenkalkulation aufsummiert werden. Änderungen im Entwurf lassen sich damit automatisch auch in den Flächenbilanzen nachführen.

**Pflanzendatenbanken**

Eine weitere sinnvolle Anwendung der Integration des Graphikteils eines CAD-Systems mit alphanumerischen Daten ist die Kommunikation mit einer Pflanzendatenbank. So befinden sich bereits digitale Pflanzenverzeichnisse am Markt, mit deren Hilfe für die jeweiligen Standortgegebenheiten bzw. für das gewünschte Erscheinungsbild geeignete Arten ermittelt werden können. Manche Datenbanken enthalten sogar kleine Abbildungen der jeweiligen Art bzw. Sorte, was allerdings zu einer erheblichen Erhöhung des Speicherbedarfes führt.

Der häufig geäußerten Kritik, daß die Anwendung solcher Datenbanken zu schablonenhaften Lösungen führen kann, ist nur entgegenzuhalten, daß dies im konkreten Fall kein Spezifikum der EDV ist: In fast jedem Gehölzkunde-Lehrbuch sind im Anhang nach Standorteigenschaften geordnete Artenlisten wiedergegeben, nur eben nicht in digitaler Form.

Wenn nun in der Datenbank neben Standortansprüchen, Größe, Wuchsform, Blühzeit, Blütenfarbe usw. auch die üblichen Qualitäten und Baumschulpreise enthalten sind, so kann umgekehrt aus dem Entwurf heraus nicht nur eine Stückliste, sondern auch gleich die dazugehörende Kostenschätzung ermittelt werden.

Während die Interaktion zwischen Pflanzendatenbank und Entwurf einerseits bzw. Entwurf und Stückliste andererseits bei vielen Systemen heute bereits theoretisch möglich ist, ergeben sich praktische Einschränkungen oft durch eine ungeschickte Gestaltung der Benutzeroberfläche: Wenn man zum Beispiel zuerst lange in einer Symbolbibliothek blättern muß, bis man das fertig generierte und beschriftete Symbol der gewünschten Pflanze gefunden hat, dann ist es oft einfacher, die entsprechenden Angaben manuell einzutippen. Die meisten Anwender lösen dieses Problem dadurch, daß sie sich für häufig verwendete Teile eigene Kurzkodes (Matchcodes) definieren, mit deren Hilfe diese rasch aufgerufen werden können.

### Ausschreibung, Vergabe und Abrechnung in einem integrierten CAD-System

Die durch Schnittstellen zwischen graphischer Datenverarbeitung und Datenbanksystemen bzw. Tabellenkalkulationsprogrammen gewonnenen Projektdaten (z. B. Stückzahlen, Dimensionierungen) können unmittelbar in den Bereich AVA weitergeleitet werden. Dies wird üblicherweise durch eine Integration über besonders gestaltete Textverarbeitungsprogramme erzielt.

Der folgende Abschnitt wurde weitgehend im Konjunktiv abgefaßt: Fast alle der beschriebenen Funktionen sind zwar technisch leicht zu realisieren, nach dem Wissensstand des Autors gibt es dazu aber zumindest im deutschsprachigen Raum für den Bereich der Freiraumplanung noch keine befriedigenden Lösungen am Markt.

Viele Arbeitsschritte im Landschaftsbau sind durch Standardleistungsverzeichnisse oder ähnliche Werke, wie sie von Normungsinstituten oder von Berufsverbänden herausgegeben werden, in weitgehend standardisierter Form beschrieben. Für manche Praktiker bedeutet deren Anwendung bei der Erstellung von Leistungsbeschreibungen eine Einschränkung der Kreativität, für die meisten aber eine gute Arbeitshilfe zur Beschleunigung der Abfassung und vor allem auch eine gewisse Absicherung bei Dimensionierungsentscheidungen.

Standardleistungsbücher eignen sich sehr gut für eine digitale Erfassung, weswegen sie im Baubereich auch immer mehr in computerlesbarer Form angeboten werden. Bei einem voll integrierten System zur Projektbearbeitung auf CAD-Basis müßte daher auch eine Schnittstelle zur Übernahme von Positionen aus Standardleistungsbüchern vorhanden sein. Dann wäre es möglich, bei der Auswertung eines Entwurfes einerseits etwa die Daten der Flächenausmaße einzelner Bodenoberflächen aufzusummieren und andererseits die entsprechenden Positionen aus dem Standardleistungsbuch zu kopieren und miteinander zu dem Leistungsverzeichnis des jeweiligen Projektes zu verbinden. Auf diese Weise ließe sich viel Schreibarbeit einsparen.

Ähnlich wie bei der Abfrage von umfangreichen Musterbibliotheken ist auch hier entscheidend, daß der Abruf der jeweiligen Position aus dem Standardleistungsbuch mit kurzen, einfachen Befehlen möglich sein muß. Ein umständliches Suchen und Herumschieben einzelner Textpassagen von einem Dokument in ein anderes kann bewirken, daß das neuerliche Eintippen rascher durchzuführen ist als die Übernahme eines bereits vorhandenen Textes.

Umgekehrt müßte es auch möglich sein, über die Positionen eines Standardleistungsverzeichnisses hinaus eigene Positionen in die Datensammlung einzubringen. Aufgrund dieser Anforderungen sind die üblichen Textverarbeitungsprogramme für solche Tätigkeiten meist ungeeignet, weswegen AVA-Pakete in der Regel speziell adaptierte Textverarbeitungsmodule enthalten.

Die digitale Verarbeitung von Standardleistungsbüchern ist nicht nur auf der Seite der Planer interessant, sondern auch bei ausführenden Betrieben. Wenn zu den einzelnen Positionen eines Standardleistungsbuches auch die korrespondierenden Preise vorliegen, so könnten die vom Planungsbüro übermittelten Daten – eventuell auch in digitaler Form – direkt in die Kalkulation übernommen werden. Voraussetzung dafür ist jedoch, daß sowohl für die Material- als auch für die Bauarbeitskosten entsprechende Dateien erstellt und auch ständig aktualisiert werden. Die Erarbeitung dieser Dateien bedeutet einen sehr großen Arbeitsaufwand, zumal deren Inhalte oft betriebsspezifisch sind und daher nicht ohne weiteres von anderen übernommen werden können. Auch wenn Standardleistungsbücher und ähnliche Werke klare Vorgaben im Hinblick auf die Dimensionierung von Bauelementen setzen, so lassen sie doch viele Gestaltungsmöglichkeiten und Kombinationen offen. Kusche (1988) schätzt, daß man allein aus einer Seite des deutschen „Tochterleistungsbuch Freianlagen" etwa 1600 verschiedene Einzelpositionen entwickeln könnte, die jeweils einzeln zu kalkulieren wären. Es wird daher keinem Betrieb möglich sein, alle theoretisch denkbaren Kombinationen auch in die Kalkulationsdateien zu übernehmen. Die günstigere Arbeitsweise besteht sicherlich darin, einfach laufend alle jeweils in den verschiedenen Ausschreibungen angefragten Positionen in die Kalkulationsdateien einzubringen und diese somit schrittweise entsprechend den Bedürfnissen der Auftraggeber ständig zu erweitern.

Auf weitere spezielle Aspekte des Bereichs AVA soll im Rahmen des vorliegenden Buches nicht eingegangen werden, da sich dieses vornehmlich auf graphische EDV-Anwendungen beschränkt.

## 3.8 CAD und GIS – Eine Gegenüberstellung

Nachdem nun die wichtigsten Grundlagen der beiden für die Landschaftsplanung bedeutsamen Technologien CAD und GIS vermittelt wurden, soll im folgenden Kapitel auf deren Gemeinsamkeiten und Unterschiede eingegangen werden, vor allem unter dem Gesichtspunkt möglicher Kriterien bei der Anschaffung eines EDV-Systems.

Da die Entwicklung des GIS-Sektors im Vergleich zum CAD noch in einer Anfangsphase steckt, andererseits aber gerade deswegen für den GIS-Bereich hohe Zuwachsraten für die nähere Zukunft erwartet werden, versuchen viele CAD-Anbieter, ihre Systeme mit geringen Modifikationen auch am GIS-Markt unterzubringen. Umgekehrt werden GIS-Systeme bisweilen damit beworben, daß mit ihnen auch einige typische CAD-Arbeiten durchgeführt werden können. Beides führt in den meisten Fällen zu wenig befriedigenden Ergebnissen, was der Konsument oft erst zu spät erkennt.

Die Gemeinsamkeiten von GIS und CAD sind offensichtlich: Beide Systemtypen weisen einen Graphik- und einen Datenbankteil auf. Sowohl bei GIS, als auch bei höherentwickelten CAD-Systemen besteht die Möglichkeit, aus graphischen Daten numerische Informationen abzuleiten (Flächeninhalte usw.) und weiterzuverarbeiten. In der Praxis der Landschaftsplanung kommt bei beiden Typen der Ausgabe graphischer Daten (technische Pläne, thematische Karten) hohe Bedeutung zu. Wenn sowohl GIS-, als auch CAD-Daten auf einem Strichplotter ausgegeben werden, so ist die unterschiedliche Herkunft auf den ersten Blick nicht ersichtlich.

Die Unterschiede zwischen den beiden Systemtypen liegen in vielen verschiedenen Ebenen: in der Datenstruktur, in der Datenmenge, in den geometrischen Grundelementen und natürlich auch im Einsatzbereich.

### Einsatzbereiche

Nach Nevell und Sancha (1990) besteht der fundamentale Unterschied zwischen GIS und CAD darin, daß GIS eingesetzt wird, um die real existierende Welt zu modellieren und Daten über diese Realität zu sammeln bzw. weiterzuverarbeiten, während hingegen CAD in erster Linie eingesetzt wird, um Artefakte zu modellieren, welche danach entsprechend den im CAD-System erarbeiteten Entwürfen in die Realität umgesetzt werden sollen. Dementsprechend erfolgt die Dateneingabe bei GIS vorrangig durch das Digitalisieren oder Scannen vorhandener thematischer oder topographischer Unterlagen, während bei CAD die wichtigsten Daten vom Entwerfer selbst interaktiv am Bildschirm modelliert werden. GIS-Daten werden somit in erster Linie importiert, CAD-Daten in erster Linie während der Arbeit generiert.

Die Fachgebiete für den Einsatz der beiden Technologien sind heute sehr breit gestreut, dennoch bestehen unterschiedliche Schwerpunkte: CAD wurde für das Entwerfen industrieller Produkte entwickelt (z. B. Automobile, Flugzeuge, elektronische Bauteile), die Adaptierung etwa an Ansprüche der Architektur oder Landschaftsplanung erfolgte erst nachträglich. Die Entwicklung der GIS-Technologie hingegen war stets eng mit der Erfassung und Analyse natürlicher, raumbezogener Ressourcen und daher auch mit dem Fachgebiet der Landschaftsplanung verbunden.

### Datenstruktur

Ein wesentlicher Unterschied in der Datenstruktur liegt in den räumlichen Dimensionen: GIS-Daten sind im wesentlichen zweidimensionale Daten. Es ist zwar bei Systemen ab der mittleren Preiskategorie möglich, zusätzlich zu jedem Punkt eine Höhenangabe beizufügen, die Möglichkeiten der Weiterverarbeitung und Darstellung sind jedoch meist begrenzt. So ist es zum Beispiel in einem GIS meist nicht möglich, zwei Punkte mit identischen x- und y-Koordinaten, aber unterschiedlichen z-Koordinaten abzuspeichern bzw. am Bildschirm in einer Schrägansicht darzustellen; dies wäre etwa notwendig, wenn man Gebäude, die ja meist senkrechte Wände aufweisen, modellieren wollte. Für ein CAD-System hingegen stellt dies eine sehr einfache Aufgabe dar.

Umgekehrt sind CAD-Systeme oft nicht in der Lage, topologische Datenstrukturen aufzubauen (siehe Kap. 2.4.2.). Für die Abspeicherung flächenbezogener Daten bedeutet dies ganz erhebliche Nachteile: Viele Analyseschritte, zum Beispiel die Untersuchung von Nachbarschaftverhältnissen, werden dadurch unmöglich. Außerdem wird die benötigte Speicherkapazität verdoppelt, wenn gemeinsame Grenzen zweier Polygone für jedes einzelne Polygon getrennt erfaßt werden müssen, wie dies bei der Datenstruktur eines CAD meist der Fall ist. Dieser entscheidende Nachteil der fehlenden topologischen Datenstruktur wird leider in Verkaufsgesprächen oft verschwiegen. Die häufig als Alternative zu einem teuren GIS angebotene Kombination eines vergleichsweise billigeren CAD- mit einem leistungsfähigen Datenbanksystem kann aber gerade aus diesem Grunde keinen Ersatz für die Anschaffung eines GIS darstellen.

### Geometrische Grundelemente

In einem GIS werden geometrische Strukturen, wie sie in der Natur oder der vom Menschen geschaffenen Kulturlandschaft vorkommen, digital modelliert. Dies erfolgt in der Regel durch eine Approximation mit Hilfe von Polygonzügen. Je nach der Erfassungsgenauigkeit weisen diese Polygonzüge bisweilen sehr viele Einzelpunkte auf. Es werden somit sehr viele Daten erfaßt, die jedoch nur wenigen graphischen Datentypen (Punkte, Geraden) zuzurechnen sind.

Beim computergestützten Entwerfen hingegen ist die Zahl der benötigten Grundelemente weitaus höher. Auch wenn gerade in der Freiraumplanung häufig mit freien Formen gearbeitet wird, so ist es doch stets auch erforderlich, zum Beispiel regelmäßige Polygone (wie Quadrate, Achtecke), Kreise oder Ellipsen generieren und diese Elemente untereinander etwa durch das Legen von Tangenten verbinden zu können. Solche Funktionen stehen in einem GIS-Programm kaum zur Verfügung. Selbst so einfache Strukturen wie Kreise werden dort meist als – entsprechend fein aufgelöste – Polygone abgespeichert. Ein weiteres wesentliches Merkmal von CAD-Systemen, die Möglichkeit, einzelne Grundelemente zu Gruppen oder Bauteilen zusammenzufassen und auch als solche etwa in Bauteilbibliotheken abzuspeichern, ist im GIS-Bereich ebenfalls meist nicht gegeben.

### Datenmengen und Datenzugriff

In CAD-Dokumenten fallen im allgemeinen eher wenig Daten an: Selbst ein kompliziertes Baudetail wird im Bereich der Freiraumgestaltung nur einige Hundert bis wenige Tausend Koordinatenpaare bzw. -tripel aufweisen (sofern nicht mit besonders aufwendigen Pflanzensymbolen gearbeitet wird). Im Gegensatz dazu ist die Zahl der abzuspeichernden Einzeldaten in einem GIS weitaus höher: Selbst für eine kleine Datensammlung, bestehend etwa aus dem digitalen Kataster einer Gemeinde und einigen zusätzlichen thematischen Grundkarten, muß mit mehreren Zehntausend Einzelpunkten gerechnet werden. Dazu kommen dann neben der rein geometrischen Information noch die thematischen Attribute. Dies alles bedeutet, daß an den Datenbankteil eines GIS weitaus höhere Anforderungen gestellt werden, als dies im Falle des CAD gegeben ist.

(Diese Aussagen in bezug auf die Datenmengen beziehen sich natürlich nur auf den Bereich der Landschaftsplanung: Es ist klar, daß etwa bei einer durchgehend EDV-gestützt vorgenommenen Projektierung im Hochbau ebenfalls enorme Datenmengen anfallen können. Andererseits werden Systeme, welche in der Lage sind, etwa ein komplettes Krankenhausprojekt von der Fassade bis zu den einzelnen Steckdosen komplett zu erfassen, auch nur in einer Preisklasse angeboten, die für die Branche der Freiraumgestalter wohl nicht in Frage kommt.)

geplanten Veränderungen, etwa des Landschaftsbildes, hohe Bedeutung zukommt.

Zamperoni (1989) gliedert die generellen Einsatzbereiche der digitalen Bildverarbeitung nach den zu erzielenden Ergebnissen:

- **Bildverbesserung** (z. B. Korrektur von Helligkeit und Kontrast, Erhöhung der Bildschärfe, geometrische Ver- und Entzerrungen)
- **Erzeugung von Merkmalbildern** (z. B. Ermittlung von Kanten innerhalb eines Bildes)
- **Bildcodierung** (z. B. Strukturierung eines Bildes durch das Auffinden und Abgrenzen von Objekten)
- **Bildanalyse** (z. B. Beschreibung von abgegrenzten Objekten nach geometrischen Eigenschaften wie Fläche, Länge; Nachbarschaftsbeziehungen)
- **Globale Aussagen, Steuerbefehle** (z. B. Vergleich eines Objektes mit einem vorgegebenen Normobjekt, etwa zur Qualitätskontrolle in der industriellen Fertigung)

Für die Anwendung im Rahmen der Visualisierung für die Landschaftsplanung hat vor allem die Bildverbesserung Bedeutung, wobei noch zwei weiterere Punkte hinzuzufügen sind, welche in der herkömmlichen Bildverarbeitung weniger Relevanz aufweisen:

- **Verknüpfung der Inhalte mehrerer Bilder unterschiedlicher Herkunft** (z. B. Photomontagen)
- **Interaktive Überarbeitung mit digitalen graphischen Werkzeugen** (z. B. Retuschen, Einfügung textlicher Informationen oder graphischer Symbole)

Um die neuen Einsatzbereiche und Funktionen für Bildsimulationen von der Bildverarbeitung im naturwissenschaftlich-technischen Einsatzbereich begrifflich abzugrenzen, wird dafür bisweilen sowohl im englischen als auch im deutschen Sprachraum der Ausdruck „Video Imaging" verwendet (Krause und Buhmann 1989).

Die Erörterungen im folgenden Abschnitt dieses Buches beschränken sich auf die Einsatzmöglichkeiten der Bildverarbeitung für die angesprochenen Visualisierungszwecke. Das darüberhinausgehende Spektrum an Anwendungen kann in diesem Rahmen nur kursorisch behandelt werden: Landnutzungsklassifikationen aus Satellitenbildern, photogrammetrische Auswertungen usw. können zwar in vielen Fällen wichtige Grundlagen für die Arbeit eines Landschaftsplaners darstellen, die dafür notwendige Fachkenntnis wird aber im allgemeinen die Kapazität eines Landschaftsplanungsbüros übersteigen, so daß man darauf angewiesen sein wird, entsprechende Spezialisten zu Rate zu ziehen.

Auch wenn zum Zeitpunkt der Texterstellung dieses Buches im deutschsprachigen Raum (im Gegensatz etwa zu Nordamerika) erst sehr wenige Landschaftsplanungsbüros Methoden der digitalen Bildverarbeitung für Visualisierungszwecke in der Praxis anwenden, ist doch anzunehmen, daß gerade dieser Bereich der EDV in den planenden Disziplinenen in der näheren Zukunft eine rasante Ausbreitung erfahren wird, nicht zuletzt auch wegen der bereits erwähnten zunehmenden Verfügbarkeit preisgünstiger Systeme auf PC-Basis.

### 4.2.2 Grundlagen der Digitalen Bilddarstellung

#### 4.2.2.1 Datenstrukturen

Dateien, die Rastergraphiken beschreiben, weisen trotz ihres oft sehr großen Umfanges meist eine relativ einfache Struktur auf. Sofern nicht mit einer der in Kapitel 2.5.1. beschriebenen Methoden der Datenkomprimierung gearbeitet wird, besteht eine Rasterdatei zum allergrößten Teil aus einer Abfolge von Zeichen, welche der Abfolge der Grau- bzw. Farbwerte der einzelnen Pixel entspricht. Programmspezifische Dateiformate unterscheiden sich oft nur im Header, also den erläuternden Informationen, welche am Anfang der Datei geschrieben werden. In diesem Header wird spezifiziert, wie das Programm die nachfolgenden Einzelwerte zu ordnen hat, also z. B. die Zahl der Zeilen und Spalten, die Unterscheidung der Farbkanäle usw.

Die meisten Bildbearbeitungsprogramme bieten für die Abspeicherung der Rasterdaten mehrere Formate an: Eines mit programmspezifischen Angaben für rasches Abspeichern und Einlesen im eigenen System, eines zur Datenkomprimierung für Archivierungszwecke und mindestens eines für den Austausch mit anderen Systemen.

Im PC-Bereich hat sich als Austauschformat das Tag Image File Format (TIFF) durchgesetzt. Bei diesem Format können viele Spezifikationen festgelegt werden, so daß es für unterschiedlichste Bildtypen (z. B. Schwarzweiß oder Farbe) verwendbar ist. Außerdem kann beispielsweise eine stark verkleinerte und verallgemeinerte Form des Bildes mit abgespeichert werden, die es ermöglicht, den Inhalt der Datei am Bildschirm im Überblick zu betrachten, ohne daß das gesamte Bild geladen werden muß. Diese „Preview"-Darstellung ist vorteilhaft vor allem bei Systemen, die große Dateien nur ausschnittsweise bearbeiten können. TIFF-Dateien können innerhalb der Spezifikationen dieses Formats auch komprimiert abgespeichert werden (z. B. Lauflängenkodierung, siehe Kap. 2.5.1.), so daß auch der Austausch komprimierter Dateien zwischen verschiedenen Systemen oder Programmen möglich wird. Dies erweist sich als vorteilhaft beim Datentransport über Disketten.

Eine weitere Möglichkeit des Austauschs von Bilddaten, speziell im Hinblick auf die Ausgabe, bietet die Seitenbeschreibungssprache Postscript. Viele Ausgabegeräte ab der mittleren Preisklasse können Postscript-Dateien direkt ausdrucken. Beim Austausch von Daten im Postscript-Format kann somit die Ausgabe auch auf Systemen erfolgen, welche selbst über keine Bildverarbeitungssoftware verfügen.

#### 4.2.2.2 Bildauflösung und Bildqualität

Ein Rasterbild entspricht um so mehr der Wirklichkeit, je höher die Zahl der Rasterpunkte ansteigt. (s. Abb. 175). Ein Rasterbild mit sehr hoher Auflösung ist mit freiem Auge nicht mehr von einem photographischen Bild zu unterscheiden. (Aus drucktechnischen Gründen sind ja auch alle Bilder in diesem Buch Rasterbilder.) Genau betrachtet, ist auch ein belichteter photographischer Film kein kontinuierlich verlaufendes Bild, sondern besteht aus einzelnen Bildelementen, den Kristallkörnern der lichtempfindlichen Schicht, welche in diesem Falle allerdings unregelmäßig angeordnet sind.

Die Auflösung eines Rasterbildes wird im allgemeinen in Punkten pro Längeneinheit angegeben, am gebräuchlichsten sind Angaben in dpi (dots per inch, Punkte pro Zoll) oder Punkten pro Zentimeter. Die Zahl der Pixel ist proportional dem Quadrat der Bildauflösung, die Pixelgröße ergibt sich als Kehrwert der Auflösung. Ein durchschnittlicher Farbbildschirm mit einer Auflösung von 72 dpi hat somit eine Pixelgröße von 1/72 inch, entsprechend etwa 0,35 mm.

#### 4.2.2.3 Graustufendarstellung

Der menschliche Sehsinn ist imstande, optische Signale auch ohne Farbinformation zu interpretieren. Dies zeigt sich vor allem während der Dämmerung, wenn bei schwacher Beleuchtung die Farbwahrnehmung des Auges sehr stark eingeschränkt ist und nur mehr Helligkeitsunterschiede wahrgenommen werden können. Bei Schwarzweiß-Darstellungen werden alle Farben auf ihren Grauwert reduziert, dennoch reicht der Informationsgehalt für viele Zwecke aus: Auch wenn verschiedene Farben in ihrem Grauwert nahe beieinander liegen, so wird über den Sehsinn aufgrund der individuellen Erfahrungen im Farbsehen und der daraus resultierenden gedanklichen Zuweisung von Farben zu bestimmten Objekten in einer Schwarzweiß-Darstellung ein meist gut zutreffendes inneres Bild der Wirklichkeit aufgebaut.

Die Schwarzweiß-Technik wird daher auch in Zukunft für Visualisierungen ihre Bedeutung behalten, zumal die Wiedergabemöglichkeiten bei größeren Stückzahlen (Photokopien, Drucke) nach wie vor einfacher und auch preisgünstiger sind.

Wichtig für die digitale Speicherung und Verarbeitung von Bildern ist die Zahl der darstellbaren Graustufen, die unmittelbar mit der Größe der resultierenden Bilddateien zusammenhängt. Je nachdem, wie viele Bit für die Abspeicherung der Grauwerte eines Pixels eingesetzt werden, ergeben sich unterschiedliche Abstufungen:

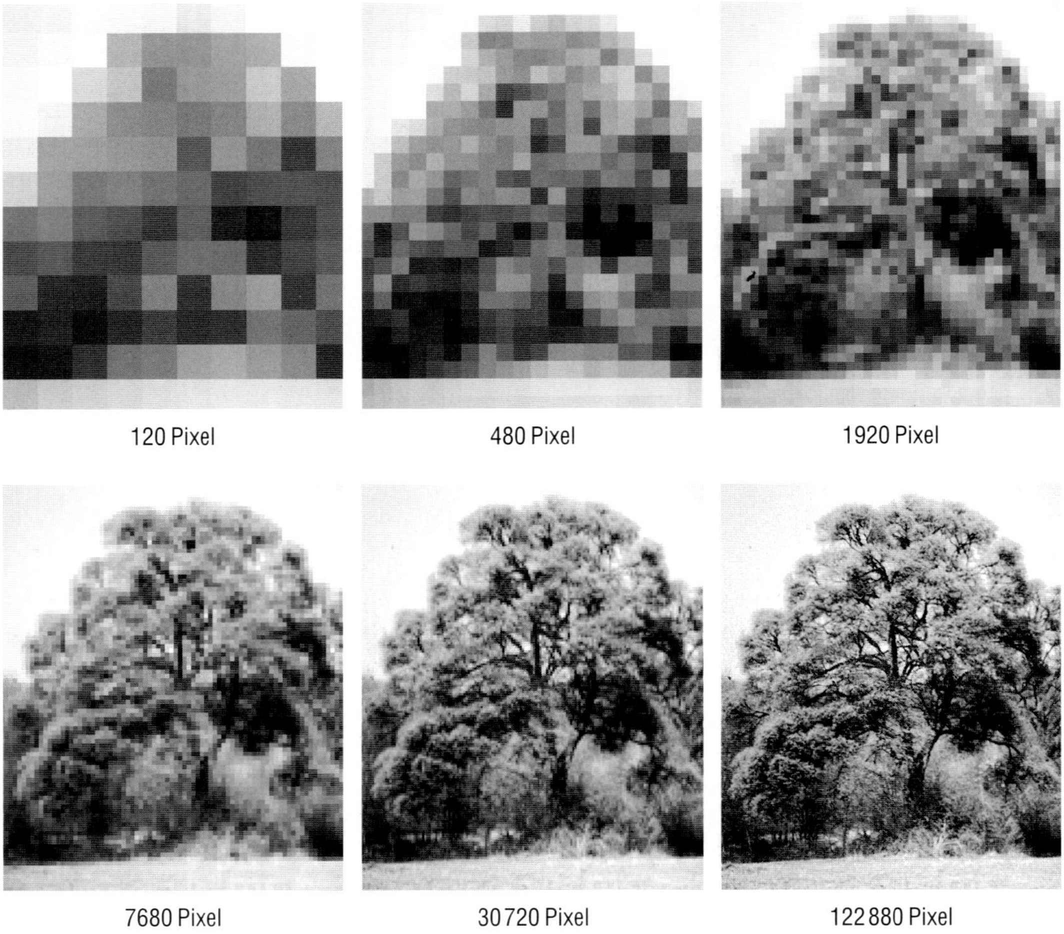


*Abb. 175. Darstellung eines Bildes in unterschiedlicher Auflösung.*

| Bit pro Pixel | darstellbare Graustufen |
|---|---|
| 1 | 2 |
| 2 | 4 |
| 3 | 8 |
| 4 | 16 |
| 5 | 32 |
| 6 | 64 |
| 7 | 128 |
| 8 | 256 |

Ab 128 Graustufen sind Übergänge zwischen den einzelnen Werten für das menschliche Auge kaum mehr wahrnehmbar, die meisten SW-Bildverarbeitungssysteme arbeiten daher entweder mit 7-Bit- oder 8-Bit-Darstellungen.

#### 4.2.2.4 Farbdarstellung und Farbmodelle

Bei Visualisierungen mit Hilfe der digitalen Bildverarbeitung für Präsentationszwecke kommt farbigen Darstellungen besondere Bedeutung zu, weswegen an dieser Stelle die verschiedenen Möglichkeiten der Farbdarstellung etwas eingehender

1 Bit / Pixel = 2 Graustufen

2 Bit / Pixel = 4 Graustufen

3 Bit / Pixel = 8 Graustufen

4 Bit / Pixel = 16 Graustufen

5 Bit / Pixel = 32 Graustufen

6 Bit / Pixel = 64 Graustufen

*Abb. 176. Darstellung eines Bildes in unterschiedlicher Graustufenvielfalt.*

erörtert werden, und zwar sowohl im Hinblick auf die Wiedergabe am Bildschirm als auch in Farbdrucken.

Prinzipiell ist kein technisches Wiedergabesystem in der Lage, die Vielfalt natürlichen Lichtes in reinen Farben darzustellen, es muß daher stets mit Farbmischungen gearbeitet werden, bei denen die jeweilige Farbe aus einer Kombination von Grundfarben hergestellt wird. Durch die Wahl unterschiedlicher Intensitäten der Grundfarben ist die Zahl möglicher resultierender Farben nahezu unbegrenzt.

Die nachfolgend beschriebenen Farbmodelle können in drei Kategorien unterteilt werden: Bei **additiven** Modellen bildet Schwarz („kein Licht") den Ausgangspunkt, durch die Hinzugabe von Licht in unterschiedlichen Farben wird eine immer größere Helligkeit erreicht, die maximale Kombination aller Farben ergibt reines Weiß. Additive Modelle sind die Grundlage der Farbdarstellung auf Bildschirmen, egal ob es sich um Fernsehschirme oder Computermonitore handelt.

Bei **subtraktiven** Farbmodellen hingegen wird von weißen Oberflächen ausgegangen, bei denen durch das Auftragen von Farbpigmenten die Reflexion des weißen Lichtes in bestimmten Spektralbereichen vermindert wird. Die maximale Kombination aller Farben ergibt somit Schwarz. Subtraktive Modelle sind die Grundlage der meisten Farbdruckverfahren.

Eine dritte Gruppe von Modellen beschreibt Farben nicht als Mischungsverhältnisse von Grundfarben, sondern definiert sie ausgehend von reinen **Farbtönen**, die durch die Veränderung der **Helligkeit** und der **Farbsättigung** entsprechend modifiziert werden.

### Farbmodell Rot-Grün-Blau (RGB)

Das RGB-Modell ist das übliche additive Farbmodell für die Farbdarstellung auf Bildschirmen. In der Röhre sind drei Lichtquellen angeordnet, deren Strahlen am Bildschirm in derart geringer räumlicher Distanz auftreffen, daß sich im menschlichen Auge eine Mischfarbe aus den drei Kanälen ergibt. (Bei der Betrachtung eines Farbschirmes mit einer Lupe sind die nebeneinander liegenden Farbpunkte gut erkennbar.) Die Mischfarben werden meist definiert aus dem Verhältnis der einzelnen Kanäle zur ihrem möglichen Maximum, also z. B. 80 % Rot, 60 % Grün und 75 % Blau; eine andere Möglichkeit besteht in der Angabe von Absolutwerten innerhalb der vom System her realisierbaren Abstufungen, meistens also Werte zwischen 0 und 255 (= 8 Bit pro Farbkanal).

### Farbmodell Cyan-Magenta-Yellow (CMY)

Das CMY-Modell ist ein subtraktives Farbmodell, welches für die Herstellung von Farbdrucken verwendet wird. Cyan ist ein helles Blau, Magenta ein rötliches Lila, Yellow ein reines, helles Gelb. Bildverarbeitungssysteme sollten in der Lage sein, Farbauszüge nach dem CMY-Verfahren für die Herstellung von Drucken auszugeben.

Bei der Druckvorbereitung werden zunächst die RGB-Werte in CMY-Werte umgerechnet und daraus drei separate Druckfilme hergestellt, die anschließend in der Presse mit den korrespondierenden Druckfarben übereinander gedruckt werden. Die CMY-Werte errechnen sich komplementär zu den RGB-Werten, ein RGB-Wert von 80/60/75 % ergibt somit den Wert 20/40/25 % im CMY-System.

### Farbmodell Cyan-Magenta-Yellow-Black (CMYK)

Die drei Farben des CMY-Modells reichen theoretisch zur Herstellung aller Farben aus. In der Praxis ergeben sich jedoch zwei Argumente, Schwarz als vierte Farbe einzuführen. Zum einen sind schwarze Druckfarben erheblich billiger als bunte, so daß durch die Einführung der vierten Farbe Kosten gespart werden können, da über das Schwarz die drei anderen Farben teilweise substituiert werden können.

Andererseits ergeben sich auch bei der Druckdurchführung Vorteile: Für sehr dunkle Farben liefert ein CMY-Druck oft unbefriedigende Ergebnisse, statt eines reinen Schwarz ergeben sich oft bräunliche Farbtöne. Schließlich enthalten viele Darstellungen dünne, schwarze Linien (für Beschriftungen, Rahmen usw.), welche Paßfehler beim Übereinanderdrucken der drei Phasen deutlich hervortreten lassen. Wenn das Schwarz in einem getrennten Auszug enthalten ist, so wird das Ergebnis in diesen Fällen meist schärfer.

Infolge der Überbestimmung der Farbmischungen durch vier Druckfarben ergeben sich für jede darzustellende Farbe beliebig viele CMYK-Kombinationen. Der maximal mögliche Schwarzanteil ergibt sich aus dem Minimum der drei anderen Komponenten, da gleiche CMY-Anteile stets die Farben aufheben und somit Grauwerte ergeben. Ein CMY-Wert von 20/40/25 % kann also maximal den CMYK-Wert 0/20/5/20 % annehmen.

Die nähere Festlegung erfolgt in erster Linie aus den Vorgaben der Reproduktionstechnik: Über die verwendeten Geräte, Druckfarben und -papiere sowie aus der Analyse des jeweils zu druckenden Bildes kann dann spezifiziert werden, wie groß der Anteil der schwarzen Farbe bei der Substitution der drei anderen sein darf.

Die genannten Überlegungen haben vor allem bei hohen Qualitätsansprüchen ihre Relevanz. In diesen Fällen kann nicht auf den Erfahrungsschatz des Reproduktionsgewerbes verzichtet werden. Bei geringeren Anforderungen ist es durchaus möglich, nur mit den Standardvorgaben zu arbeiten, die in vielen Programmen enthalten sind.

**Farbmodelle mit mehr als vier Farben**

Leistungsstarke Systeme, die für die gehobene Reprographie entwickelt wurden, sind in der Lage, Farbauszüge auch für mehr als drei oder vier Druckfarben, etwa für den Sechsfarbdruck zu erstellen. Für die Aufgabenstellungen, die das Thema der folgenden Kapitel bilden, haben diese jedoch wenig Bedeutung.

**Farbmodelle mit Bezug auf definierte Druckfarben**

Manche graphische Datenverarbeitungssysteme bieten außerdem die Möglichkeit, Farben am Bildschirm nach handelsüblichen Druckfarben zu definieren. Bei solchen Systemen können die Kodierungen der Farben direkt aus den vom Druckfarbenhersteller gelieferten Farbtafeln übernommen werden.

**Farbmodell Farbwert-Helligkeit-Sättigung (Hue-Lightness-Saturation HLS)**

Für die menschliche Vorstellungskraft ist es sehr schwierig, das Ergebnis einer Farbaddition nach dem RGB-System abzuschätzen. Kleine Veränderungen einzelner Kanäle können für das menschliche Auge erhebliche Unterschiede in der Mischfarbe bewirken. Das HLS-Modell entspricht eher diesen Anforderungen, daher wird es häufig bei graphischen Datenverarbeitungssystemen dem RGB-System vorgeschaltet, um die Benutzung zu erleichtern. Die Eingabe durch den Benutzer erfolgt in diesem Fall im HLS-System. Die entsprechenden Werte werden simultan in das RGB-System des Monitors umgewandelt.

Das Prinzip des HLS-Modells läßt sich mit Hilfe zweier Kegel darstellen, welche die gleiche Basis, aber entgegengesetzte Richtungen aufweisen. Die Basis der Kegel bildet ein Kreis, an dessen Peripherie die Spektralfarben angeordnet sind, die Angabe des Farbwertes (H) erfolgt in einer Gradeinteilung. Die drei Grundfarben Rot, Grün und Blau liegen an diesem Kreis um jeweils 120° von einander getrennt. Die Farbsättigung (S) nimmt vom Kreismit-

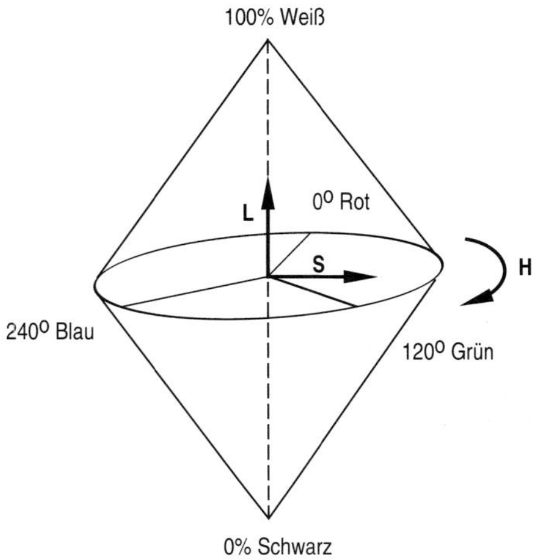


*Abb. 177. Farbkodierung nach dem HLS-Modell.*

telpunkt zum Rand hin zu, die Werte werden in Prozent angegeben. Bei einer Farbsättigung von 0 % ergeben sich somit ausschließlich Grautöne. Die Achse des Kegels bildet das Maß für die Helligkeit (L) der jeweiligen Farbe, wiederum angegeben in Werten zwischen 0 % (Schwarz) und 100 % (Weiß).

**Weitere Farbmodelle**

Neben dem HLS-Modell wurden von verschiedenen Bildschirm- bzw. Scanner-Herstellern firmenspezifisch weitere Typen entwickelt, deren Aufbau diesem Modell prinzipiell aber recht ähnlich ist und hier nicht näher erläutert werden soll (z. B. HSV Hue, Saturation, Value; HVC Hue, Value, Chroma).

Ein neuer, interessanter Vorschlag ist das Farbmodell RGYB (Red, Green, Yellow, Blue) von Ware und Cowan (1990). Bei diesem Modell werden die Farben nach drei Polaritäten definiert: Hell-Dunkel, Rot-Grün und Gelb-Blau. Nach Meinung der beiden Autoren kommt diese Form der Beschreibung von Farben dem menschlichen Sehsinn näher als die bisher erwähnten.

**Abspeicherung von Farbwerten, „Farbtiefe"**

Im Gegensatz zum analogen Videosignal beschränkt sich die Zahl möglicher verschiedener Farben in einem digitalen Bildverarbeitungssystem auf den Speicherplatz, der für die Erfassung der Farbwerte zur Verfügung steht. Entsprechend der oben beschriebenen Situation bei der Schwarzweiß-Darstellung hängt die Vielfalt der Farbdarstellung davon ab, wieviel Speicherplatz für die Werte der drei einzelnen Farbkanäle eingesetzt wird.

Bei der Annahme von 2 Bit pro Kanal, also insgesamt 6 Bit pro Pixel, können 4 x 4 x 4 = 64 Farben dargestellt werden. Gebräuchlich bei Bildverarbeitungssystemen waren lange Zeit 8-Bit-Darstellungen, bei denen je 3 Bit für Rot und Blau und 2 Bit für Grün zur Verfügung stehen, woraus sich 8 x 4 x 8 = 256 Farben ergeben. Die jüngste Entwicklung stellen 24-Bit-Systeme dar, die pro Kanal 8 Bit belegen, womit sich 256 x 256 x 256 = 16,7 Millionen verschiedene Farben darstellen lassen. Bei einer Umwandlung der RGB-Darstellung in das CMYK-Modell mit seinen vier Kanälen ergibt sich somit ein Speicherbedarf von 32 Bit/Pixel.

Zunächst könnte man meinen, daß eine derart große Zahl an Farben vom menschlichen Auge nicht mehr unterschieden werden kann. Vergleicht man aber ein 8-Bit-Bild mit einem 24-Bit-Bild, so erkennt man bald den Unterschied: Bei 8-Bit-Bildern sind die Übergänge zwischen den einzelnen Farben deutlich als Stufen erkennbar, während dies bei 24-Bit-Bildern nicht der Fall ist. Die Unterschiede zwischen diesen beiden Typen treten vor allem bei solchen Bildern hervor, die nur geringe Farbkontraste aufweisen, etwa bei Aufnahmen eines Gesichtes oder aber auch von Bäumen. Durch den derzeitigen Preisrückgang im Bereich der Bildverarbeitung kann angenommen werden, daß in Zukunft ausschließlich 24/32-Bit-Systeme in Verwendung sein werden, so daß die geringe Preisdifferenz zu den 8-Bit-Systemen auf jeden Fall in Kauf genommen werden sollte.

#### 4.2.2.5 Bildauflösung und Dateigröße

Mit der Festlegung der Auflösungsgenauigkeit wird auch die Größe der Bilddatei beeinflußt. Ein Papierbild im Format 10 x 15 cm, welches mit einer Auflösung von 300 dpi (=118 Punkte pro cm) und einer Farbtiefe von 24 Bit gescannt wird, ergibt eine Rasterdatei von (10 x 15) x (118 x 118) x 24 Bit = 50126400 Bit = rund 6 Megabyte. Wenn für Photomontagen mit mehreren Bildern gleichzeitig gearbeitet wird, ergibt sich daraus noch ein zusätzlicher Bedarf an Speicherkapazität. Zur Veranschaulichung dieser Datenmenge kann erwähnt werden, daß alle Textdateien dieses Buches zusammen weniger als 1 Megabyte umfassen.

Derart umfangreiche Dateien überschreiten in vielen Fällen die Kapazität des Arbeitsspeichers im Rechner. Manche Systeme können solche Bilder dann oft nur in Ausschnitten bearbeiten, üblicherweise sind dies Bereiche von 512 x 512 Pixel, wodurch Operationen, die sich auf das gesamte Bild beziehen, nicht oder nur sehr umständlich durchgeführt werden können. Hochentwickelte Programme umgehen diese Probleme mit einer virtuellen Speicherverwaltung, das heißt es wird der

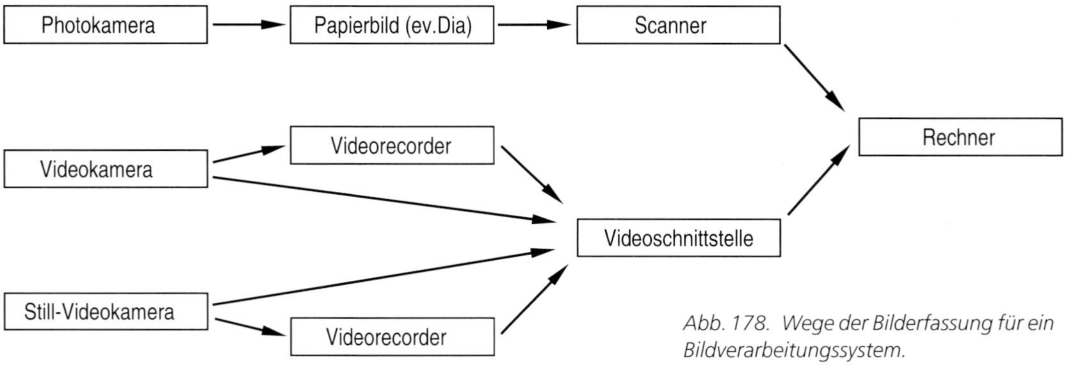


*Abb. 178. Wege der Bilderfassung für ein Bildverarbeitungssystem.*

Massenspeicher (Festplatte) als eine Art Zwischenablage des Arbeitsspeichers herangezogen, so daß auch große Bilddateien geladen werden können.

Da alle Rechenoperationen an solch großen Dateien natürlich auch viel Zeit in Anspruch nehmen, kann es oftmals sinnvoll sein, Photographien zunächst mit geringer Auflösung zu scannnen und damit so lange zu experimentieren, bis die Vorgehensweise für die Erreichung des gewünschten Zieles festgelegt ist; danach können, falls es von der vorgesehenen Ausgabe her überhaupt notwendig ist, die Arbeitsschritte an einer höher aufgelösten Datei wiederholt werden.

Umfangreiche Bilddateien können außerdem nur sehr umständlich auf Disketten ausgelagert werden, da die maximale Kapazität üblicher Floppy-Disks bei 2 Megabyte liegt. Zur Archivierung müssen daher Magnetband- oder Wechselplattensysteme herangezogen werden, die ihrerseits natürlich wieder Kosten verursachen.

### 4.2.3 Dateneingabe für Bildverarbeitungssysteme

Die Erfassung von Bildern für ein Bildverarbeitungssystem vollzieht sich in zwei Schritten: Zunächst muß über ein Kamerasystem die eigentliche Aufnahme durchgeführt werden, daran anschließend erfolgt die Umwandlung in die für die weitere Verarbeitung notwendige Rasterstruktur.

#### Photographien und ähnliche analoge Bildvorlagen

Der konventionelle Weg der Bilderfassung führt über die herkömmliche Photographie. Als Ausgangsmaterial für die Weiterverarbeitung im Scanner dienen bei einfacheren Bildverarbeitungssystemen heute in der Regel Papierabzüge, nur für spezielle Zwecke werden auch Diapositive eingesetzt, etwa bei der Erfassung hochwertiger Luftbilder auf großformatigen Filmen; die hiefür erforderlichen Scannertypen sind allerdings deutlich teurer als die in großer Serie hergestellten Auflicht-Flachbettscanner. Im Scanner erfolgt die Umwandlung der Photographie in das Rasterbild, wobei die Auflösungsgenauigkeit bei den meisten Geräten dem Verwendungszweck des Rasterbildes entsprechend gewählt werden kann. Handelsübliche Desktop-Scanner arbeiten heute mit einer maximalen Auflösungsgenauigkeit von 300 bis 400 dpi; ein Pixel hat bei dieser Auflösung die Größe von etwa 0,08 mm. Höchstauflösende Scanner, wie sie etwa für anspruchsvolle kartographische Aufgaben eingesetzt werden, erreichen die drei- bis vierfache Auflösung.

#### Video

Auch wenn bei oberflächlicher Betrachtung zwischen einem Videobild und einem digitalen Rasterbild wenig Unterschiede bestehen, weil sie beide auf Bildschirmen dargestellt werden, so ist eine direkte Übernahme von Videobildern in Bildverarbeitungssysteme aufgrund der unterschiedlichen Datenstruktur nicht möglich. Fernsehbilder entstehen aus analogen Signalen: In der Bildröhre überstreicht ein Kathodenstrahl in horizontaler Richtung kontinuierlich die Bildfläche und springt am Ende der so entstehenden Zeile um eine kleine Distanz nach unten in eine tiefere Zeile. Ein Videobild besteht in Mitteleuropa normgemäß aus 625 Zeilen, wobei bei dem üblichen Zeilensprungverfahren alternierend jeweils die Zeilen mit ungeraden und danach die Zeilen mit geraden Zeilennummern angesprochen werden. In jeder Sekunde werden 50 solcher Halbbilder oder 25 Vollbilder aufgebaut, das Überstreichen einer Zeile dauert 64 Mikrosekunden.

Zur Überführung des analogen Videosignals in ein digitales Rasterbild ist ein spezieller Wandler notwendig. Dieser „Framegrabber" kann sowohl direkt von einer Videokamera als auch über einen Videorekorder angesprochen werden, wobei im allgemeinen die Bildqualität des Rasterbildes bei einem direkten Kameraanschluß besser ist.

Der große Vorteil dieses Weges der Bilderfassung liegt in der geringen Zeitdifferenz zwischen Aufnahme und Weiterverarbeitung. Während bei dem photographischen Weg der Bilderfassung zunächst die Entwicklung des Films abgewartet werden muß, können bei der Verwendung von Videobildern schon unmittelbar nach der Aufnahme erste Analyseergebnisse vorliegen; dies ist insbesondere von Bedeutung beim Einsatz der Bildverarbeitung für die Steuerung und Überwachung von Produktionsprozessen in der Industrie. Nicht nur Lagebestimmungen sind auf diese Weise möglich, bei einer Bildabfrage in konstanten Intervallen kann aus der Lagedifferenz eines Objektes in zwei aufeinanderfolgenden Aufnahmen auch auf die Geschwindigkeit desselben geschlossen werden, woraus sich ein weites Spektrum an Anwendungen ergibt (Jähne 1989).

Als nachteilig gegenüber dem Scannen von Photographien erweist sich die relativ geringe Bildqualität, die durch die Auflösung des Fernsehbildes begrenzt wird.

**Still-Video**

Die jüngste Entwicklung im Fotobereich stellen die Still-Videokameras dar, in denen das Videosignal eines Standbildes auf speziellen Video-Disketten aufgezeichnet wird. Still-Videokameras sind im Vergleich zu herkömmlichen Videosystemen weitaus handlicher, sie entsprechen in Größe und Gewicht normalen Kleinbild-Photokameras. Das Still-Videosignal gleicht dem üblichen Videosignal, so daß die Weiterverarbeitung der abgespeicherten Bilder analog zu dem oben beschriebenen Weg erfolgt: Die Still-Video-Kamera kann entweder direkt an den Framegrabber angeschlossen werden, oder es erfolgt eine Zwischenspeicherung auf einem Videorekorder. Aufgrund der gleichen Signalstruktur sind auch die qualitativen Eigenschaften der Bilder ähnlich wie bei herkömmlichen Videokameras. Es werden allerdings bereits Still-Videokameras angeboten, deren Sensor eine weitaus höhere Auflösung aufweist, doch sind diese Geräte derzeit noch recht teuer.

**Kriterien für Systementscheidung**

Für die Auswahl des Erfassungssystems ist die weitere Verwertung eines Bildes in Betracht zu ziehen: Wenn die Ergebnisse in erster Linie am Bildschirm selbst betrachtet werden sollen, so reicht die Qualität eines Videobildes sicherlich aus. Ist jedoch ein Ausdruck auf einem höherauflösenden Gerät vorgesehen, so muß natürlich auch die Qualität der Eingabe entsprechend besser sein.

Derzeit liegen die Preise für einen Farbscanner mit 300 dpi Auflösung unter denen für eine Videoausrüstung inklusive Framegrabber. Aus diesem Grunde erscheint es im Bereich der Anwendungen für die Landschaftsplanung, bei denen dem Aspekt der raschen Bilderfassung über ein Videosystem meist keine besondere Bedeutung zukommt, die Anschaffung eines Scanners günstiger. Die Nachteile, die sich bei der Verwendung von Photographien durch die Wartezeiten und die Kosten für die Entwicklung ergeben, werden durch eine höhere Bildqualität bei der nachfolgenden Bearbeitung bei weitem ausgeglichen.

Es ist allerdings anzunehmen, daß sich die preislichen Relationen in den nächsten Jahren zugunsten der Video-Erfassung verschieben werden: Viele Elektronik-Hersteller investieren derzeit in den Bereich der computergestützten Video-Bearbeitung, mit dem Ziel, damit im Home-Computer-Markt neue Impulse setzen zu können.

### 4.2.4 Darstellung und Reproduktion Digitaler Bilder

Die Methoden der digitalen Bildverarbeitung werden in der Freiraum- und Landschaftsplanung in erster Linie zur Visualisierung von Planungsabsichten eingesetzt. Dementsprechend kommt auch der Ausgabe der verarbeiteten Bilder eine besondere Bedeutung zu. Die Anforderungen, die sich aus den jeweiligen Aufgabenstellungen ergeben, können wesentlich zur Auswahl der Systemkonfiguration beitragen. Die geforderte Qualität hat nicht nur direkte Auswirkungen auf den Preis des Ausgabegerätes selbst, sondern auch auf die Rechnereinheit und die Software: je geringer die Ansprüche im Hinblick auf die Ausgabe, desto geringer ist auch der Bedarf an Speicherkapazität und Rechnerleistung des Bildverarbeitungssystems.

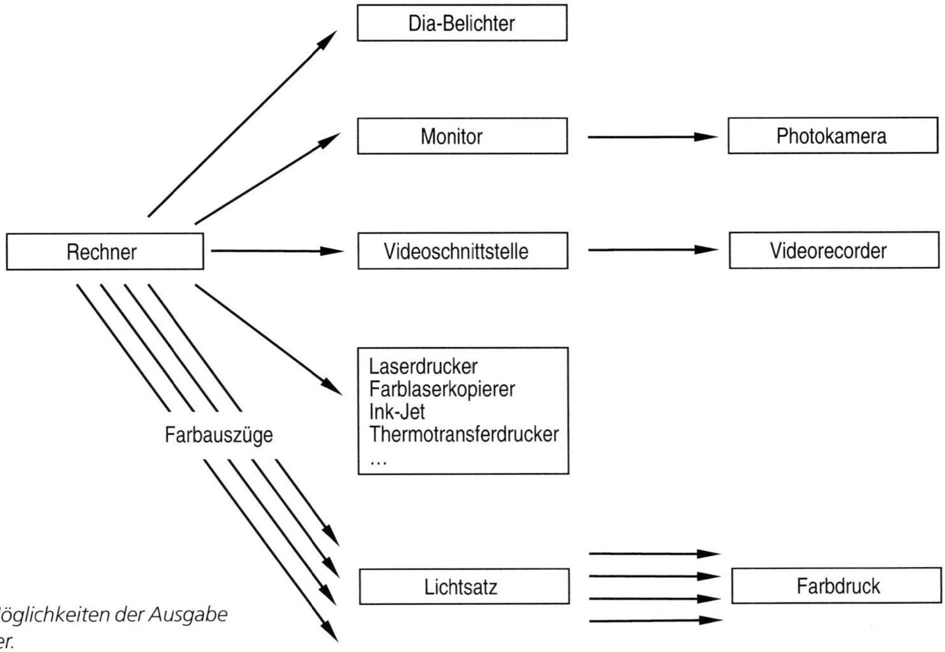


*Abb. 179. Möglichkeiten der Ausgabe digitaler Bilder.*

### 4.2.4.1 Ausgabegeräte

Allgemein kann festgestellt werden, daß die Ausgabe von Bilddateien für Zwecke der Vervielfältigung derzeit als schwächste Komponente der Bildverarbeitung auf Low-Cost-Ebene angesehen werden kann. Hochauflösende Ausgabegeräte, die die umfangreichen Möglichkeiten der Bildverarbeitung erst so richtig hervortreten lassen, sind noch immer um vieles teurer als die eigentliche Hard- und Software für die Erzeugung und Bearbeitung der Bilder.

In der Praxis muß daher für qualitativ hochwertige Ausgaben immer noch auf diesbezüglich ausgestattete Dienstleistungsunternehmen aus dem Bereich der Reprographie zurückgegriffen werden.

**Bildschirm**

Der Bildschirm eines Bildverarbeitungssystems ist gleichzeitig das einfachste Ausgabegerät für Präsentationen, wobei die Einsatzmöglichkeiten in erster Linie durch die erreichbare Größe der Darstellung und die Zahl der Personen begrenzt wird, welche gleichzeitig eine Bildschirmdarstellung betrachten können (LCD-Displays für Overhead-Projektoren sind für hochauflösende Bilder meist ungeeignet).

Heute übliche Rasterbildschirme haben eine Bildauflösung um 70 dpi, die Zahl der darstellbaren Pixel richtet sich nach der Größe des Schirms. Einfache Bildverarbeitungssysteme sind auf die Wiedergabe von 512 x 512 Pixel beschränkt; daraus ergibt sich, daß die Darstellung etwa im Qualitätsbereich eines Fernsehbildes verbleibt.

Vorteile bringt der Einsatz der Bildschirmdarstellung dort, wo mehrere Bilder in einer dynamischen Abfolge präsentiert werden sollen; der Zeitaufwand für die Erstellung solcher Animationen ist natürlich unvergleichlich größer als für die Produktion von Einzelbildern (siehe dazu Kap. 4.4.).

**Bildschirm-Photographien**

Die preisgünstigte Möglichkeit der Wiedergabe digitaler Bilder, insbesondere digitaler Farbbilder, ist das Photographieren des Bildschirms. Da Photographien in Publikationen u. a. meist in kleinerem Format als am Bildschirm wiedergegeben werden, reicht die Bildqualität der verkleinerten Darstellung in vielen Fällen aus.

Beim Photographieren eines Bildschirmes müssen mehrere Aspekte berücksichtigt werden: Jeder Schirm weist eine geringfügig gekrümmte Oberfläche auf, bei einer Aufnahme mit einem Normal- oder Weitwinkelobjektiv entstehen daraus bisweilen beträchtliche Verzerrungen. Diese werden vor allem dann als besonders störend empfunden, wenn in dem Bild Strukturen mit vielen geraden Linien enthalten sind (wie Textzeilen, Rahmen), welche die Abweichungen noch herausstreichen. Je nach der Größe des Schirms und seiner Krümmung muß daher mit längeren Brennweiten gearbeitet werden, wobei eine mit einem Zoom-Objektiv erstellte Bildserie eine große Hilfe darstellen kann.

Voraussetzung für verzerrungsfreie Photographien bildet daneben die genaue Ausrichtung der Objektivachse normal zur Bildschirmoberfläche. Die entsprechende Einstellung läßt sich am besten mit Hilfe einer mit einem Gitter versehenen Sucherscheibe optimieren.

Ein Problem, das zu Beginn der Arbeiten in einigen Testserien geklärt werden muß, ist die Wahl des Filmmaterials, vor allem bei Farbaufnahmen. Nahezu alle Bildschirme weisen im Vergleich zum Tageslicht einen höheren Blauanteil auf, weswegen Bildschirmphotos oft blaustichig erscheinen. Dieser Fehler kann entweder durch eine Manipulation der wiederzugebenden Bilder erreicht werden oder durch die Verwendung von Gelbfiltern bei der Aufnahme. Auch hier muß für jeden Bildschirm eine individuelle Testserie durchgeführt werden. Letztendlich sollte auch beachtet werden, daß bei Bildschirmphotographien stets mit maximaler Helligkeitseinstellung des Schirmes gearbeitet wird, während beim interaktiven Arbeiten zum Schutz der Augen die Helligkeit in der Regel etwas zurückgenommen werden sollte.

**Diabelichter**

Diabelichter sind kleine Gehäuse, an deren einem Ende ein Farbdisplay installiert ist, am anderen Ende eine genau positionierte und fokussierte Photokamera. Über entsprechende Schnittstellen können Diabelichter von verschiedenen PC-Systemen angesteuert werden. Aufgrund der hohen Anschaffungskosten erfolgt die Ausgabe zweckmäßigerweise in Dienstleistungsbetrieben.

**Thermotransferdrucker, Farb-Inkjet-Drucker u. a.**

In letzter Zeit wurden zahlreiche neue Typen farbtauglicher Ausgabegeräte für den Bereich des Desktop-Publishing auf den Markt gebracht. Über entsprechende Treibersoftware können die Farbdrucke ohne umfangreiche Vorbereitungen direkt vom Rechner aus erstellt werden. Die meisten dieser Geräte eignen sich allerdings nur für Graphiken mit wenigen und kontrastierenden Farbtönen. Die Wiedergabe fein gemusterter Motive, wie es Landschaftsdarstellungen häufig sind, befriedigt bei solchen Geräten nur selten. Die Qualität eines guten Bildschirmphotos, welches unter Berücksichtigung von Anschaffung und Verbrauchsmaterial auch deutlich geringere Kosten verursacht, wird meistens nicht erreicht. Als günstig erweist sich hingegen der kurze Zeitraum für die Herstellung des Ausdruckes ohne Wartezeit für die Photoentwicklung.

**Farblaserkopierer**

Eine sehr junge Entwicklung im Bereich der Farb-Ausgabegeräte stellen digitale Farbkopierer dar. Diese Kopierer arbeiten nach dem Prinzip des Scanners, das heißt die zu kopierenden Darstellungen werden digitalisiert und danach in einem relativ hochauflösenden Druckverfahren (etwa 800 dpi) ausgegeben. Die digitalisierten Daten können aber auch überarbeitet und ausgelagert werden. Außerdem ist es möglich, die Geräte über eine Schnittstelle direkt von digitalen Bildverarbeitungssystemen aus anzusteuern. Sollte sich dieser Typ von Farbkopierern in den Copy-Shops durchsetzen, so könnte sich daraus eine recht preisgünstige Möglichkeit sowohl zur Digitalisierung als auch zur Ausgabe von Bildern ergeben.

### 4.2.4.2 Halbtondarstellungen für die Druckausgabe

Mit Ausnahme der Photographie gibt es kein technisches Wiedergabeverfahren für Farbdarstellungen, welches Farb- oder Grautöne a priori in unbeschränkter Zahl reproduzieren kann. So können etwa die Punkte eines Laserausdrucks nur die Farbe des Toners (meist Schwarz) oder des Papiers (Weiß) annehmen, das gedruckte Bild ist somit eine binäre (1-bit)-Darstellung. In der Drucktechnik wird diesem Problem dadurch begegnet, daß Grauwerte durch einen kleinräumigen Wechsel zwischen schwarzen und weißen Punkten simuliert werden. Bei genügend feiner Auflösung verschwimmen im Auge des Betrachters die diskreten Punktmuster zu einer einheitlich grauen Fläche.

### Grundlagen herkömmlicher Rasterverfahren

Die Methode der Halbtondarstellung ist bereits seit langer Zeit bekannt. Intuitiv wird sie etwa bei Federzeichnungen in Form von Schraffuren zur Darstellung unterschiedlicher Helligkeiten angewendet. Für drucktechnische Zwecke wurde das Halbtonverfahren schon im 17. Jahrhundert eingesetzt: Bei der damals vor allem in England populären Schabtechnik des „Mezzotinto" wird eine Kupferplatte zunächst aufgerauht, die Darstellung danach mit glättenden Werkzeugen in die rauhe Fläche hineingearbeitet. Beim Auftragen der Druckfarbe bleibt diese je nach der Rauhigkeit der Oberfläche in unterschiedlicher Intensität an der Platte haften, wodurch sich im Druck unterschiedliche Helligkeiten ergeben.

Für die Wiedergabe von Photographien wird die Halbtontechnik seit dem Ende des 19. Jahrhunderts verwendet. Bei der Rasterphotographie wird zwischen dem Original und dem zu belichtenden Film eine Glasplatte oder eine Folie positioniert, welche mit einem feinen Linien- oder Punktraster überzogen ist. Dadurch, daß der Raster nicht genau in der fokussierten Ebene, sondern leicht versetzt dazu angeordnet ist, kommt es zu einer unscharfen Wiedergabe mit Beugungseffekten: Die lichtdurchlässigen Partien des Rasters bewirken eine entsprechend seiner Form ebenfalls linien- oder punktförmige Schwärzung des Films, wobei sich die Breite der geschwärzten Linien oder Punkte aus dem Grauwert des Originals ergibt. Aus dem Rasterfilm wird anschließend über Ätzverfahren oder ähnliches eine Druckplatte hergestellt, die dann die Basis der Vervielfältigung bildet. Analog zum Schwarzweiß-Druck werden beim Farbdruck mindestens drei Farbauszüge gerastert und übereinander gedruckt.

Die Qualität der Wiedergabe hängt dabei in erster Linie von der Größe des Rasters ab: Je feiner der Raster, desto weniger wird seine Struktur bei der Betrachtung wahrgenommen. Andererseits wird die Größe der Rasterpunkte nach unten zu durch die verwendeten Druckfarben, -platten und vor allem -papiere limitiert. Auf einem groben Zeitungspapier können sehr feine Punkte nicht mehr wiedergegeben werden, auch läßt sich nicht jede Druckerschwärze in beliebig kleine Farbtröpfchen aufteilen. Somit ergeben sich beim Zeitungsdruck Raster mit etwa 30 Linien pro Zentimeter, bei qualitativ hochwertigen Drucken auf speziell beschichteten Papieren werden Raster um etwa 100 Linien/cm eingesetzt.

### Anwendung der Halbtontechnik in der graphischen Datenverarbeitung

Halbtonverfahren werden im Rahmen der graphischen Datenverarbeitung vor allem für die Vorbereitung zur Ausgabe einer Darstellung auf einem Drucker eingesetzt, aber auch zur Verbesserung der Darstellungsqualität auf einem Bildschirm. So kann auch auf einem Schwarzweiß-Bildschirm eine gewisse Vielfalt an Grautönen wiedergegeben werden, wenn abwechselnd schwarze und weiße Pixel gesetzt werden. Dieses „Dithering" wird auch zur Erhöhung der Farbtiefe auf RGB-Schirmen verwendet, es ermöglicht, Farbverläufe von 24-bit-Bildern auch auf 8-bit-Systemen näherungsweise wiederzugeben.

Da praktisch alle Ausgabegeräte Farben oder Graustufen nur auf Basis von Halbtondarstellungen wiedergeben können, ist eine gewisse Kenntnis der Grundbegriffe und der zu bestimmenden Parameter erforderlich. Bei vielen Desktop-Geräten erfolgt die Generierung der Halbtonbilder automatisch über die entsprechenden Gerätetreiber, so etwa bei den meisten Thermotransfer- oder Farbtintenstrahldruckern. Für qualitativ hochwertige Ausgaben muß jedoch oftmals eine umfangreiche Optimierung der Parameter vorgenommen werden, da die Qualität der Ergebnisse nicht nur von den rein physikalischen Eigenschaften des Ausgabegerätes, sondern auch vom jeweiligen Algorithmus der Halbtongenerierung und natürlich auch vom Charakter der Bildes selbst abhängt. Die Anwendung der in den Systemen meist enthalte-

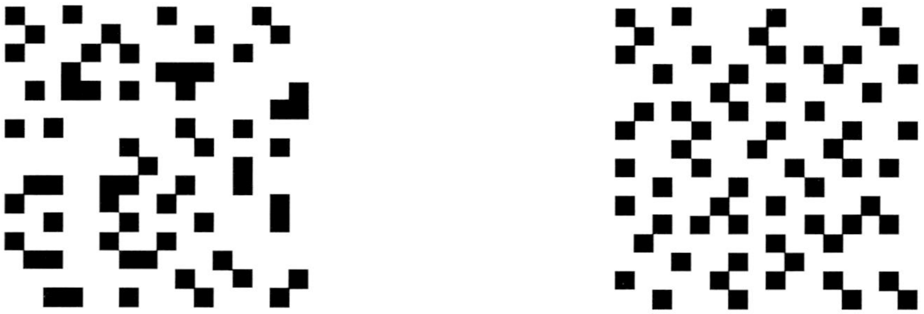


*Abb. 180. Halbtondarstellung des Grauwertes 25 % über zufällig verteiltes Dithering (nach Ulichney 1987, verändert).*

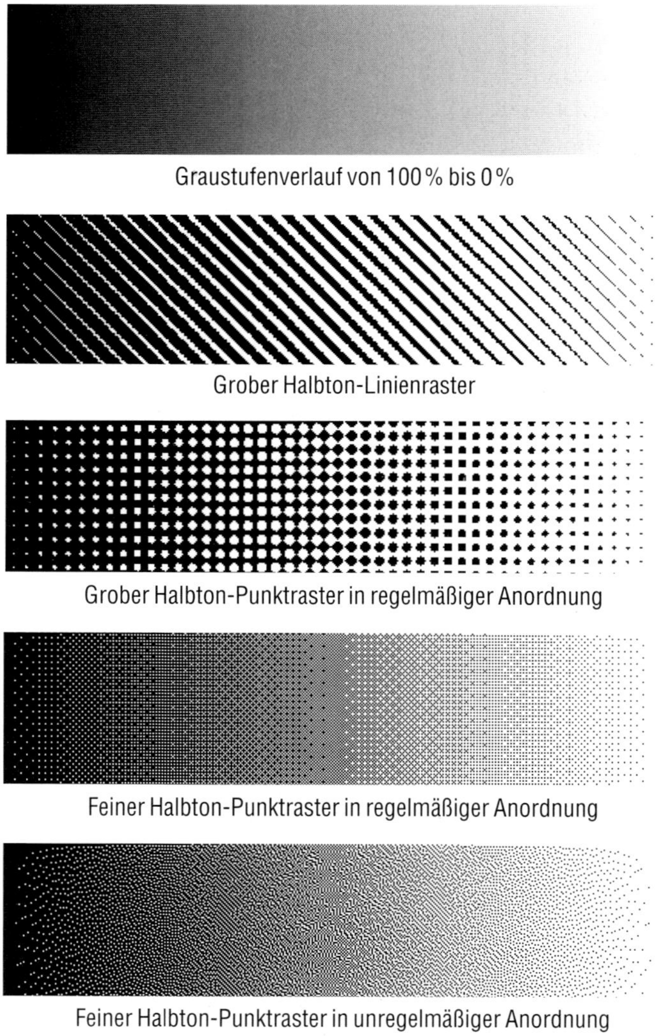


*Abb. 181. Halbtondarstellung eines Grauwertverlaufes durch unterschiedliche Rasterformen.*

nen Standardvorgaben wird nicht immer befriedigende Ergebnisse liefern.

Für die Generierung von Halbtondarstellungen ergeben sich zahlreiche Möglichkeiten, welche sich vor allem in der Form der Einzelelemente und ihrer Anordnung unterscheiden. Am häufigsten eingesetzt werden Punktraster mit quadratischen Elementen, wobei aber auch (annähernd) kreisförmige oder sechseckige Punkte möglich sind. Andere Formen, wie etwa Linienraster, ergeben besondere Effekte, die, entsprechend eingesetzt, sehr interessante Ergebnisse liefern können, meist aber eine mehr oder weniger starke Entfremdung der Darstellung bewirken und daher für realitätsnahe Visualisierungen im Bereich der Landschaftsplanung eher selten Verwendung finden.

Rechnerisch aufwendiger, dafür in ihren Ergebnissen oft befriedigender sind Halbtondarstellun-

Punktraster, 54 Punkte pro cm, Neigung 45°

Linienraster, 40 Linien pro cm, Neigung 0°

Linienraster, 40 Linien pro cm, kreuzförmige Anordnung

*Abb. 182. Darstellung eines Schwarzweiß-Bildes durch unterschiedliche Halbtonraster.*

gen, bei welchen Tonübergänge durch unregelmäßig verteilte Einzelpunkte simuliert werden. Diese unregelmäßige Verteilung wird erreicht durch statistische Abweichungen der Punktanordnung von einem regelmäßigen Raster. Ein solches „Random Dithering" bringt vor allem dann gute Ergebnisse, wenn die Verteilung der Punkte nicht nur rein zufällig erfolgt („weißes Rauschen"), sondern unter der Bedingung, daß die einzelnen Punkte nicht zu nahe aneinander zu liegen kommen („blaues Rauschen"), was allerdings einen entsprechenden Rechenaufwand mit sich bringt (Ulichney 1987).

### Rasterneigung und Moiré-Effekte

Nach der Rasterung können Bilder oft überraschende Strukturen aufweisen, die als Moiré-Muster bezeichnet werden. Moiré-Effekte treten dann auf, wenn zwei Raster miteinander überlagert werden und Ausrichtung bzw. Maschenweite der beiden Raster recht ähnlich sind.

Alle digitalisierten Bilder weisen primär eine horizontale Rasterstruktur auf, daher empfiehlt es sich, den sekundären Raster für die Druckausgabe auf Schwarzweiß-Geräten um 45° zu verdrehen. Bei dieser Neigung wird auch die Rasterstruktur des gedruckten Bildes nicht so stark wahrgenommen wie bei flacheren Winkeln. Bei Farbdrucken muß zur Vermeidung von Moiré-Effekten natürlich jeder Farbauszug in einem unterschiedlichen Betrag verdreht werden, der Winkel zwischen den einzelnen Kanälen beim Vierfarbdruck beträgt somit meist 15°.

Kompliziert wird die Ausgabe dann, wenn das digitale Bild selbst nicht von einer Originalphotographie stammt, sondern aus einer Publikation heraus gescannt wurde und somit schon zweifach gerastert ist. In solchen Fällen ist es sinnvoll, schrittweise die Rasterneigungen und -weiten zu verändern und die Ergebnisse zu überprüfen, bis eine optimale Einstellung gefunden wird.

### Maschenweite und Farbvielfalt

Bei herkömmlichen Rasterphotographien wächst die Größe eines einzelnen Punktes innerhalb des Rasters stetig in Abhängigkeit vom Grauwert des Originals. Somit ist die Vielfalt der darstellbaren Grauwerte zumindest theoretisch unabhängig von der Maschenweite des Rasters. In digitalen Ausgabegeräten hingegen ergeben sich die Abstufungen aus der Aneinanderreihung einzelner Pixel, die eine genau definierte Größe aufweisen. Grauwerte können somit nur aus ganzzahligen Vielfachen der Pixelgröße zusammengesetzt werden. Aus der Zahl der Pixel, die zu einem Rasterelement zusammengefaßt werden, ergibt sich auch die Zahl der darstellbaren Grauwerte: Wenn nur ein Pixel pro Rasterfeld zur Verfügung steht, können nur zwei

*Abb. 183. Entstehung von Moiré-Effekten durch Überlagerung zweier Rasterbilder.*

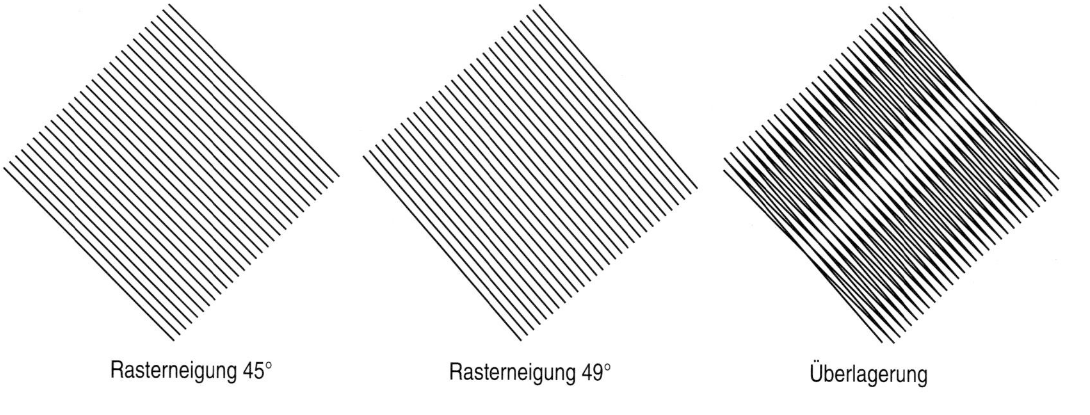

Werte dargestellt werden, Schwarz oder Weiß; bei 2x2 Pixel ergeben sich bereits 5 verschiedene Abstufungen, allgemein erhält man für nxn Pixel $n^2+1$ Grautöne.

Somit ergibt sich, daß bei einem Laserdrucker mit 300 dpi Auflösung für die Darstellung von 26 (= 5x5+1) Graustufen ein Raster mit 60 dpi (= etwa 25 Punkte pro cm) Maschenweite erforderlich ist. Ein Bild in dieser Auflösung entspricht gerade noch einem mittelmäßigen Zeitungsdruck.

Nur in Kenntnis der beschriebenen Zusammenhänge ist es daher verständlich, daß ein Laserdrucker, der im Schwarzweiß-Modus gestochen scharfe Linien darstellen kann, bei der Halbtondarstellung eigentlich recht unbefriedigende Ergebnisse liefert. Für hochwertige Ausgaben muß daher auf hochauflösende Laserbelichter mit über 1000 dpi zurückgegriffen werden, wie sie meist nur in Lichtsatzstudios zu finden sind.

**Berücksichtigung der Ausgabemöglichkeiten beim Scannen von Photographien**

In Anbetracht der Probleme bei der Ausgabe sollte schon beim Scannen eine Auflösung gewählt werden, die der späteren Ausgabegenauigkeit entspricht. Die meisten Scanner im Desktop-Bereich erreichen eine Auflösung von 300 dpi; wenn das Bild aber nur an einem Laserdrucker in einem Halbtonraster mit 60 dpi ausgegeben werden kann, so erscheint es wenig sinnvoll, eine fünf mal höhere Auflösung zu wählen, die ja auch eine fünfundzwanzig mal größere Datenmenge mit sich bringt, welche wiederum die Rechenzeiten bei der Verarbeitung entsprechend verlängert. Im allgemeinen wird empfohlen, die Auflösung beim Scannen maximal doppelt so groß einzustellen wie die Maschenweite des Rasters für das gewählte Ausgabegerät. Eine darüber hinausgehende Detaillierung bringt keinen Qualitätsgewinn mehr.

**Bildvorbereitung für die Erzeugung optimaler Halbtondarstellungen**

Die Wiedergabe eines Bildes auf dem Bildschirm stimmt oft nicht mit dem gedruckten Ergebnis eines Halbtonrasters überein. Insbesondere ergeben sich im Hinblick auf Helligkeit und Kontrast bisweilen unbefriedigende Ergebnisse. Bei hohen Qualitätsansprüchen ist es daher erforderlich, die Bilder entsprechend den Gegebenheiten der Ausgabegeräte zu verändern. Für die Wiedergabe im Offsetdruck bedeutet dies etwa, daß sehr helle und sehr dunkle Grautöne eliminiert werden sollten, da diese recht unschöne Darstellungen verursachen können. Es empfiehlt sich daher in diesem Falle, vor der Berechnung der Halbtonraster eine Reduktion des Kontrastes vorzunehmen, welche bewirkt, daß in dem Bild nur Grauwerte im Bereich zwischen 10 % und 90 % vorkommen („10/90-Korrektur").

Es darf im Zusammenhang mit den Möglichkeiten der Bildverarbeitung nicht übersehen werden, daß die Reprographie ein Gewerbe mit langer Tradition und umfangreichem Erfahrungsschatz ist; befriedigende professionelle Ergebnisse können selbst mit den besten Bildbearbeitungs-Systemen nur dann erzielt werden, wenn neben den computertechnischen Voraussetzungen auch das entsprechende handwerkliche Know-How dieser Branche zur Verfügung steht.

### 4.2.5 Bildverbesserung und Filteroperationen

Bilddaten, die von einem Eingabegerät in ein Bildverarbeitungssystem übertragen werden, müssen vor der eigentlichen Bearbeitung oft noch verändert werden. Bei der Auswertung von Satellitenbildern für Fernerkundungszwecke kann es z.B. notwendig sein, Bilder, die durch Übertragungsfehler gestört sind, zu restaurieren. Analog zu ähnlichen Störungen bei der Übertragung von Radiosignalen werden solche Bilder als „verrauscht" bezeichnet. Durch Bildverbesserung können daneben Informationen, die etwa durch Unschärfen in der Aufnahme unterdrückt wurden, hervorgehoben werden.

Bei Anwendungen für digitale Photomontagen und Retouchen, wie sie in den folgenden Abschnitten beschrieben werden, dienen die Methoden der Bildverbesserung meist der Herbeiführung eines ästhetisch befriedigenden Gesamteindrucks oder etwa der farblichen Anpassung zwischen verschiedenen Bildern als Vorbereitung für eine Montage.

### 4.2.5.1 Einfache radiometrische Veränderungen

#### Helligkeit und Kontrast

Die rechentechnisch einfachsten Operationen der Bildverarbeitung sind jene, welche die Helligkeits- und Kontrastverhältnisse innerhalb eines Bildes verschieben. Die Ergebnisse entsprechen größtenteils denen der herkömmlichen photographischen Bearbeitungsmöglichkeiten während des Entwicklungsprozesses: Helligkeit und Kontrast können ja auch in der Dunkelkammer in einem relativ großen Spielraum über die Wahl von Belichtungs- bzw. Entwicklungszeiten oder von verschiedenen Photopapieren gesteuert werden.

In Abbildung 184 ist jeweils neben der Wiedergabe des entsprechenden Bildes ein Grauwert-Histogramm beigefügt, welches die Häufigkeit der einzelnen Frequenzen, in diesem Fall handelt es sich um die 256 Graustufen eines 8-Bit-Bildes, darstellt. Anhand solcher Histogramme lassen sich Veränderungen oft leichter nachvollziehen als an den Bildern selbst, auch sind bisweilen einfache quantitative Auswertungen möglich.

Im Falle von Helligkeitsveränderungen werden die Werte des Histogramms linear mit Hilfe relativ einfacher Algorithmen zu einem der Pole hin verschoben, im Falle von Kontrastveränderungen erfolgt eine Streckung bzw. Stauchung des Histogramms in beide Richtungen.

Da der Bereich der Grauwerte beschränkt und eine Verschiebung über den Maximal- bzw. unter den Minimalwert nicht möglich ist, führt jeder stärkere Eingriff dazu, daß die Häufigkeiten an den Polen steigen, wie es am deutlichsten bei dem Beispielbild für die Kontrastverstärkung zu sehen ist. Solche Bilder lassen sich dann nachträglich nicht mehr korrigieren, weil ja innerhalb der Pixel, die einem Extremwert zugeordnet sind, keine Differenzierung möglich ist.

Über die beispielshaft dargestellten Helligkeits- und Kontrastveränderungen können mit geringem Aufwand erhebliche Verbesserungen der Bildqualität erreicht werden; dies zeigt sich vor allem dann, wenn kontrastarme Landschaftsaufnahmen verarbeitet werden müssen. Am besten ist es, die Veränderungen schrittweise vorzunehmen und jeweils abwechselnd entweder die Helligkeit oder den Kontrast zu justieren; da sich das Ergebnis am Bildschirm jederzeit leicht beurteilen läßt, ist diese interaktive Vorgangsweise gegenüber den klassischen Dunkelkammermethoden eine große Erleichterung.

#### Äqualisation

Eine Erweiterung gegenüber den Möglichkeiten der herkömmlichen Photographie stellt die rechnerische Äqualisation dar: Bei diesem Prozeß werden die Grauwerte statistisch neu verteilt, so daß sie sich über den gesamten Frequenzbereich erstrecken, wobei der Mittelwert der Verteilung dem Mittelwert des darstellbaren Frequenzbereiches entspricht, die Rangordnung der Pixel entsprechend ihrem Grauwert bleibt unverändert. Auf diese Weise ergibt sich ein Bild, das die volle Darstellungsbreite des Systems ausnutzt.

In vielen Fällen kann die Äqualisation ein optimales Ergebnis liefern, insbesondere bei sehr stark strukturierten Bildern, wie dies dem Beispiel in Abb. 184. zu entnehmen ist. Problematisch wird die Anwendung dieses Verfahrens hingegen bei Bildern, die größere Flächen enthalten, in welchen nur geringe Helligkeitsunterschiede bestehen: Durch das Äqualisieren werden etwa in Bilder mit Wasserflächen oder mit klarem Himmel als Hintergrund unerwünschte Strukturierungen eingebracht (s. Abb. 185).

#### Binarisierung

Im Extremfall kann eine Kontrastverstärkung dazu führen, daß alle Pixel eines Bildes nur mehr entweder Weiß oder Schwarz sind. In der quantitativen Bildverarbeitung hat diese Binarisierung eine große Bedeutung, sie ist oft ein wichtiger Vorbereitungs-

*Abb. 184. Einfache Helligkeits- und Kontrastveränderungen und ihre Auswirkungen auf die Grauwerteverteilung eines Bildes.* ▷

Orginal

Kontrastverstärkung

heller

Kontrastabschwächung

dunkler

Äqualisation

*Abb. 185. Ungünstige Effekte der Äqualisation bei einem wenig strukturierten Bild.*

schritt für die Abgrenzung und analytische Auswertung von Objekten, sofern ein ausreichender Kontrast zwischen dem zu analysierenden Objekt und seinem Hintergrund besteht. Die Grenzziehung zwischen Weiß und Schwarz erfolgt dabei nicht nur nach dem Mittelwert, sondern wird sinnvollerweise in einem interaktiven Prozeß optimiert.

## Lookup-Table-Funktionen

Bei den bisher erläuterten Methoden wurde die Umarbeitung des Ausgangsbildes in das Ergebnisbild mit einfachen mathematischen Operationen durchgeführt. Bildverarbeitungssysteme bieten aber auch die Möglichkeit, die Beziehung zwischen den Grauwerten der beiden Bilder durch den

*Abb. 186. Binarisierung eines Bildes mit unterschiedlichen Schwellwerten.*

Originalbild in 256 Graustufen

Binarisierungsschwelle bei Graustufe 85

Binarisierungsschwelle bei Graustufe 128

Binarisierungsschwelle bei Graustufe 155

*Abb. 187. Verfremdung eines Bildes durch Anwendung einer nichtlinearen Lookup-Table-Funktion.*

Benutzer selbst zu definieren. Dies erfolgt mit Hilfe von Lookup-Tables in Form von geschriebenen Tabellen oder gezeichneten Funktionsgraphen. Lookup-Tables geben für jeden Grauwert eines Bildes an, in welchen Grauwert des Ergebnisbildes er umgewandelt werden soll.

Durch die Wahl des Funktionsgraphen können Helligkeitsveränderungen über den gesamten Frequenzbereich, aber auch lediglich lokale Hervorhebungen bestimmter Frequenzen erfolgen. Abgesehen von den zahlreichen Anwendungsmöglichkeiten im naturwissenschaftlich-technischen Bereich sind Lookup-Tables ein beliebtes Werkzeug für die künstlerisch-kreative Verfremdung von Photographien.

### 4.2.5.2 Anwendung von Filteroperationen

Filter sind wesentliche Operatoren eines Bildverarbeitungssystems; entsprechend der jeweiligen Aufgabenstellung können Filter Informationen hervorheben oder unterdrücken, Strukturen in Bildern auffinden (z. B. Kanten, glatte Flächen), Störungen eliminieren usw. Einige Filteroperationen der Bildverarbeitung können begrifflich mit jenen Effekten gleichgesetzt werden, wie sie durch photographische Filter erreicht werden können; im allgemeinen bezieht sich der Begriff Filter aber eher auf eine Signalfilterung, wie sie in der Nachrichtentechnik angewendet wird.

Im folgenden Abschnitt werden in erster Linie solche Filter beschrieben, die bei Anwendungen für Simulationen oder Retuschen Verwendung finden, Methoden der Fernerkundung werden dabei nur gestreift.

#### Tiefpaßfilter

Die meisten Filter stellen eine Beziehung her zwischen einem einzelnen Pixel eines Bildes und seiner Nachbarschaft. Aus dieser Beziehung heraus wird dann der Wert des Pixels selbst verändert. Als einfaches Beispiel hiefür kann der folgende Filter betrachtet werden:

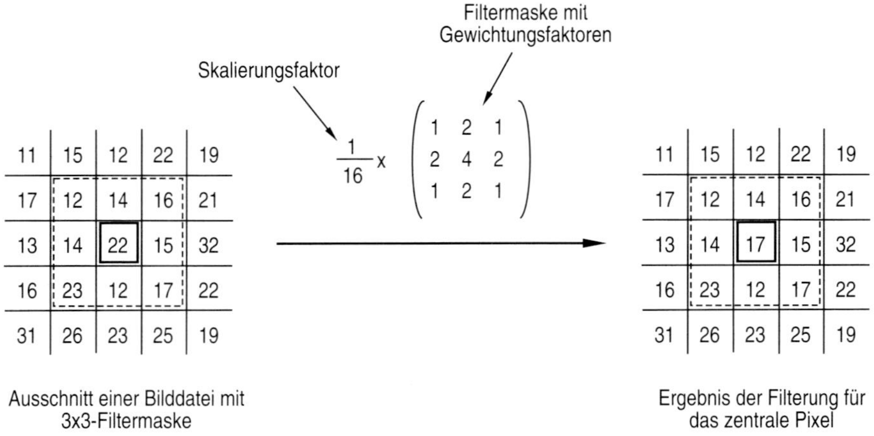


*Abb. 188. Grundprinzip eines Filters, dargestellt am Beispiel eines Tiefpaßfilters.*

*Abb. 189. Mehrfache Anwendung eines Tiefpaßfilters.*

Dieser Filter berücksichtigt die acht Nachbarn eines Pixels; die Filtermaske, eine Matrix von 3x3 Werten, gibt an, mit welchem Gewicht die Grauwerte der Nachbarn den Grauwert des Pixels verändern, der Skalierungsfaktor sorgt dafür, daß die Summe der Grauwerte auf gleichem Niveau bleibt. Der Grauwert des zentralen Pixels ergibt sich somit als gewichtetes Mittel der Grauwerte seiner Nachbarn.

Für die Anwendung eines Filters ergeben sich zwei prinzipielle operative Möglichkeiten: Bei der **parallelen Abarbeitung** einer Bilddatei werden alle Pixel unabhängig voneinander berechnet; es wird also nicht berücksichtigt, daß ein Nachbar durch die Filterung ja selbst seinen Wert verändert. Bei der **sequentiellen Abarbeitung** hingegen baut jede Rechenoperation auf dem Ergebnis der vorhergehen auf, es wird somit das Ausgangsbild ständig neu überschrieben. Fast alle der im folgenden beschriebenen Filter sind für eine parallele Abarbeitung gedacht.

Ein methodisches Problem stellt die Behandlung jener Pixel dar, die am Rand eines Bildes liegen und somit keine vollständige Nachbarschaft aufweisen. Streng betrachtet, dürften solche Pixel nicht berücksichtigt werden, da für sie ja keine vollständige Berechnung möglich ist; aus Gründen der Praktikabilität werden bei Anwenderprogrammen für Randpixel meist Angleichungen an umliegende Pixel durchgeführt, andernfalls müßte sonst bei jeder Filterung der zu betrachtende Bildausschnitt verkleinert werden.

Aus der Betrachtung des oben beschriebenen einfachen Filters läßt sich leicht erkennen, daß seine Anwendung zu einer Verringerung von Grauwertunterschieden innerhalb eines Bildes führt; ein Filter dieses Typs wird daher als Glättungs- oder Tiefpaß-Filter bezeichnet. Glättungsfilter werden angewendet, um verrauschte Bilder zu verbessern oder kleine Fehlerstellen eines Bildes zu eliminieren. Die häufige Wiederholung der Tiefpaßfilterung erzeugt letztendlich ein Bild mit einheitlichen Grauwerten.

Es ist offensichtlich, daß durch die Filterung auch einige Informationen, welche in dem Ausgangsbild ursprünglich enthalten waren, verlorengegangen sind. Es trifft für jede Filterung zu, daß sich gleichzeitig mit der Verbesserung einzelner Bildeigenschaften auch eine Verschlechterung anderer Eigenschaften ergibt.

### Kantendetektionsfilter

Im Gegensatz zu den Tiefpaßfiltern bewirken die zu dieser Gruppe gehörenden Filter eine Hervorhebung von Kontrasten innerhalb eines Bildes. Dies führt einerseits dazu, daß z.B. lineare Elemente oder Übergangsbereiche zwischen verschiedenen Farbwerten intensiver hervortreten, andererseits werden dadurch aber auch eventuell vorhandene Störungen verstärkt. Der nachfolgend dargestellte Filter bewirkt z.B. eine selektive Hervorhebung senkrechter Kanten innerhalb eines Bildes.

Die in Abbildung 190. aufscheinenden negativen Grauwerte sind in dieser Form am Bildschirm natürlich nicht darstellbar. Da bei der Anwendung dieses Filters im umgekehrten Fall des Übergangs von hohen zu niedrigeren Grauwerten die Kantenpixel stark negative Werte annehmen, wird für die weitere Bearbeitung daher meist der Absolutbetrag verwendet; Pixel mit hohen Absolutbeträgen nach der Filterung gelten dann als Kantenpixel, alle anderen als Flächenpixel. Da das Ergebnis nur von der Differenz der jeweiligen Grauwerte abhängt, kann das resultierende Bild meist gut binarisiert werden.

Kantendetektionsfilter haben eine besondere Bedeutung im Bereich der Fernerkundung sowie bei der Vektorisierung von Rasterdaten. Sie können, wie im obigen Beispiel, selektiv für bestimmte Richtungen oder aber auch richtungsunabhängig entworfen werden (Laplace-Operator, Sobel-Operator).

Anhand von Abb. 192. läßt sich leicht erkennen, daß die einmalige globale Filterung eines Bildes im Zuge einer Luftbildauswertung als Vorbereitung für eine Vektorisierung kaum befriedigende Ergebnisse bringen kann: Einige in der Natur zusammenhängende Linienzüge sind nicht geschlossen, andererseits wurden für die Auswertung unwichtige Kanten hervorgehoben. Nur durch umfangreiche lokale Adaptationen ist zu erreichen, daß alle gewünschten Kanten erkannt und die unerwünsch-

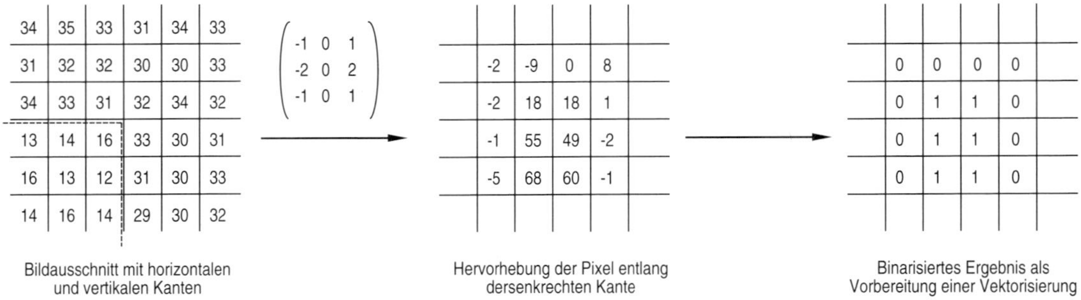


*Abb. 190. Beispiel für einen selektiven Kantendetektionsfilter.*

*Abb. 191. Anwendung selektiver Kantendetektionsfilter.*

Original

Selektive Hervorhebung des Überganges von dunklen zu hellen Bildteilen (von links nach rechts gesehen)

Selektive Hervorhebung des Überganges von hellen zu dunklen Bildteilen

Überlagerung beider Teilbilder

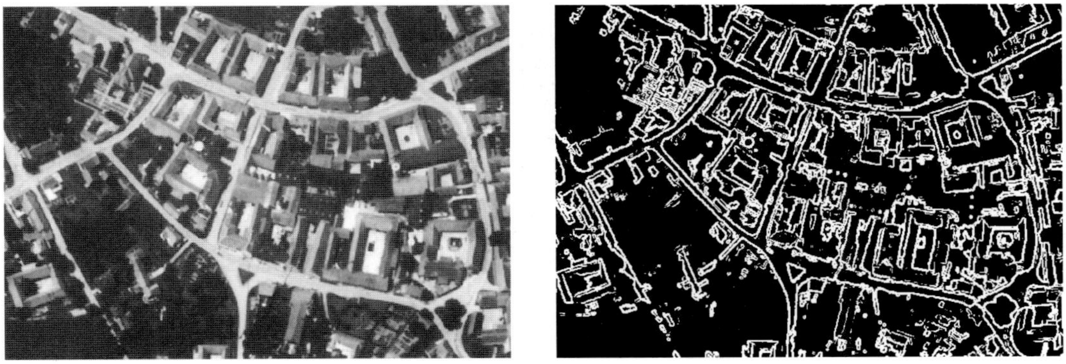

*Abb. 192. Anwendung eines Kantendetektionsfilters zur Analyse eines Luftbildes.*

ten unterdrückt werden. Erst danach kann die eigentliche Vektorisierung zur Umsetzung etwa in ein vektororientiertes Geographisches Informationssystem erfolgen.

**Rangordnungsfilter**

Im Gegensatz zu den bisher beschriebenen Typen wird bei Rangordnungsfiltern kein gewichtetes Mittel aus den benachbarten Punkten ermittelt, das Ergebnis der Filterung berücksichtigt vielmehr die Reihung der Grauwerte innerhalb einer Nachbarschaft. So kann zum Beispiel definiert werden, daß der Wert eines Pixels durch den Medianwert innerhalb der Nachbarschaft ersetzt wird (Medianfilter); im Falle einer 3 x 3-Maske würde somit eine Reihung der 9 Werte erfolgen, das zentrale Pixel bekommt dann den Wert zugewiesen, der an der fünften Stelle innerhalb der Rangordnung liegt.

Der Medianfilter wirkt wie ein Glättungsfilter, allerdings in manchen Fällen günstiger als die oben beschriebenen Tiefpaßfilter: Wenn ein Bild sogenannte „Ausreißerpixel" enthält, z. B. einzelne weiße Pixel als Folge ausgefallener Sensorzellen einer Kamera, so werden diese bei einer Tiefpaßfilterung zwar an die Umgebung angeglichen, der Ausreißerwert geht jedoch in die Mittelwertsberechnung mit ein, so daß stets noch ein, wenn auch geringer, Grauwertunterschied erhalten bleibt. Beim Medianfilter hingegen wird der Ausreißerwert schon beim ersten Filterdurchgang eliminiert.

*Abb. 193. Anwendung eines Medianfilters zur Bildglättung.*

*Abb. 194. Künstliches Verrauschen einer Fläche mit einheitlichem Grauwert.*

**Künstliches Verrauschen**

Im allgemeinen wird bei Bildverarbeitungsoperationen angestrebt, zufällige Farb- oder Grauwertabweichungen zu eliminieren. Im Zuge der Nachbearbeitung manipulierter Bilder kann es hingegen oft auch notwendig sein, Flächen, die mit einer einheitlichen Farbe versehen wurden, der Textur der Umgebung anzupassen (siehe Kap. 4.2.6.). Ein einfacher Weg dorthin führt über das Verrauschen der betreffenden Bildteile: Der einheitliche Farbwert der betreffenden Fläche wird als Mittelwert einer statistisch verteilten Menge von Farbwerten angesehen, wobei die Intensität des generierten Rauschens durch den Streuungsbereich um den Ausgangswert definiert wird.

**Effektfilter**

Viele Programmpakete für kreative Bildbearbeitung bieten auch Filter an, die in ihrer Wirkung photographischen Effektlinsen entsprechen; meist handelt es sich dabei um Filter, welche die geometrischen Beziehungen zwischen einzelnen Bildteilen verändern, also in erster Linie die Positionen der einzelnen Pixel innerhalb eines Bildes verschieben und damit meist eine Verfremdung des Bildes bewirken. Auf diese Weise ist es zum Beispiel auch möglich, eine Bewegungsunschärfe ausgewählter Objekte zu simulieren. Die Anwendung solcher Effekte wird sich in der Praxis der Landschaftsbildsimulation jedoch auf einige wenige Ausnahmefälle beschränken.

**Adaptive Filterung – Logische Verknüpfung von Filteroperatoren**

Kompliziertere Filterungen können die Ergebnisse mehrerer Einzeloperationen miteinander verknüpfen bzw. die Durchführung bestimmter Operatio-

*Abb. 195. Beispiele für bildverzerrende Effektfilter.*

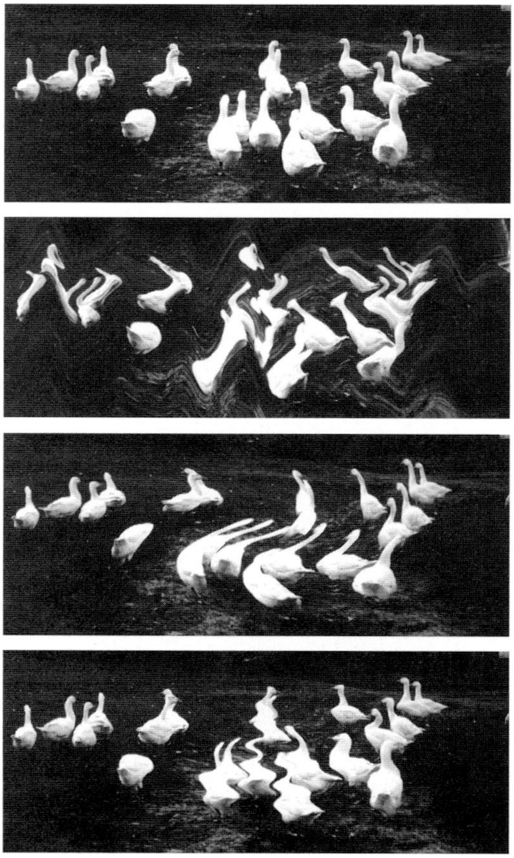

*Abb. 196. Anwendung eines adaptiven Filters zur Elimination von Bildfehlern.*

nen von der Erfüllung von Randbedingungen abhängig machen. So ist es etwa beim oben erwähnten Beispiel eines Bildes mit einzelnen Ausreißerpixeln sinnvoll, die Medianfilterung nur dann auszuführen, wenn das zentrale Pixel tatsächlich eine Extremposition in der Rangordnung annimmt. Durch diese Randbedingung bleibt die Bildschärfe völlig erhalten, es werden nur die Ausreißer eliminiert.

Adaptive Filterungen spielen bei der Mustererkennung eine besondere Rolle; so kann etwa eine logische Verknüpfung von Kantenverstärkung und Glättung so definiert werden, daß parallel zu den Kanten die Kontraste erhöht werden, zwischen diesen jedoch eine Glättung des Bildes und damit eine Ausschaltung von Störungen stattfindet. Solche Bearbeitungsschritte können Vorbedingung sein für das Erkennen von Texten aus schlechten Vorlagen oder zum Beispiel auch für die Analyse von Fingerabdrücken in der Kriminalistik (siehe Jähne 1989).

### 4.2.6 Digitale Retuschen

Bildverarbeitungsprogramme für Visualisierungszwecke bieten meist auch die für Malprogramme (rasterorientierte Graphikprogramme) typischen Werkzeuge an, mit deren Hilfe Farb- oder Grauwerte einzelner Pixel oder ausgewählter Bildbereiche verändert werden können. Auch in dieser Hinsicht bestehen von den prinzipiellen Möglichkeiten her nur geringe Unterschiede zwischen digitaler Bildverarbeitung und manueller Photomanipulation.

Bei den Malwerkzeugen wird unterschieden zwischen solchen, welche analog einem Pinsel einen mit dem in der Regel über eine Maus gesteuerten Bildschirmcursor überstrichenen Bereich mit der neuen Farbe überziehen, und solchen, bei welchen die Farbveränderung als eine Funktion der Zeit erfolgt: Je länger der „Spray" oder „AirBrush" über einer Stelle verbleibt, desto stärker die Veränderung der Farbwerte. Strichbreite und -form können im allgemeinen innerhalb einer be-

*Abb. 197. Typische Werkzeuge eines Malprogrammes.*

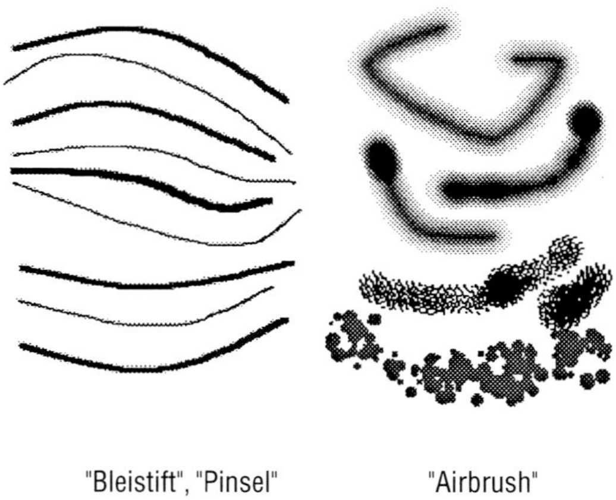

stimmten Rastermatrix frei vom Benutzer definiert werden.

Neben den dargestellten Malwerkzeugen werden bisweilen auch typische Zeichenwerkzeuge angeboten, welche vektororientierte Graphik ermöglichen (z.B. Geraden, Kreise, Splines, aber auch Schriftzeichen). Von der Datenstruktur des Programmes hängt es dann ab, ob diese Werkzeuge nur symbolisch verwendet werden können, die Ergebnisse tatsächlich aber als Rastergraphik abgespeichert werden, oder ob auf Basis einer hybriden Datenstruktur auch eine parallele Bearbeitung von Raster- und Vektordaten erfolgt. In solchen Fällen werden Raster- und Vektorgraphik in verschiedenen Ebenen abgespeichert, die Editierbarkeit der Vektorgraphik nach Objekten bleibt erhalten. Dies bedeutet, daß z.B. bei Beschriftungen nachträglich einzelne Worte oder auch die Schriftgröße verändert werden können, was bei rein rasterorientierten Systemen mangels Objektbildung stets nur für einzelne Pixel oder Regionen möglich ist.

### Darstellungsprobleme bei Kanten in Rasterbildern – Anti-Aliasing

Bei der Darstellung geradlinig begrenzter Strukturen (wie Rechtecke, Polygone) in Rasterbildern tritt ein Phänomen auf, das im allgemeinen als typisch für Computergraphiken angesehen wird: Bei der Umsetzung des stetigen Verlaufes einer zum Darstellungsraster geneigten Geraden in die diskrete Geometrie des Rasterbildes muß zwangsläufig irgendwann einmal der Sprung von einer Rasterzeile bzw. -spalte in die nächste erfolgen; jede Gerade nimmt somit die Form einer Treppenlinie an, sofern sie nicht genau der Ausrichtung des Rasters entspricht. Besonders auffallend ist dieser als „Aliasing" bezeichnete Effekt bei Linien, deren Neigungswinkel nur geringfügig von den Richtungen des Rasters abweichen. Bei einer Neigung von 45° zum quadratischen Raster ist er am schwächsten.

Bei digitalen Retuschen werden durch digitale Überarbeitung verursachte Aliasing-Effekte meist deutlich wahrgenommen, da sie mit den übrigen Strukturen eines gescannten Bildes stark kontrastieren. Aus diesem Grunde ist es gerade bei solchen Anwendungen vorteilhaft, wenn das verwendete Programm Möglichkeiten für ein „Anti-Aliasing" bietet. Die Vorgangsweise des Anti-Aliasing besteht darin, daß vor allem in jenen Abschnitten, in welchen die darzustellende Linie von einer Zeile bzw. Spalte des Rasters in die nächste „springen" würde, benachbarte Pixel in die Operation miteinbezogen werden. Im einfachsten Fall erhalten dann diese Nachbarpixel Farb- bzw. Grauwerte, die zwischen dem gewählten Wert der darzustellenden Geraden und dem Wert der Nachbarschaft liegen. Auf diese Weise werden die durch das Aliasing verursachten Sprünge für das betrachtende Auge verwischt. Bei starker Vergrößerung betrachtet, wirken unter Anti-Aliasing generierte Linien im Vergleich zu den „Treppenlinien" unschärfer, bei normaler Betrachtung auf einem gut auflösenden Bildschirm ist die Qualitäts-

*Abb. 198. Ausschnittsvergrößerung als Beispiel für die unterschiedliche Editierbarkeit von Graphiken in Abhängigkeit von der Datenstruktur.*

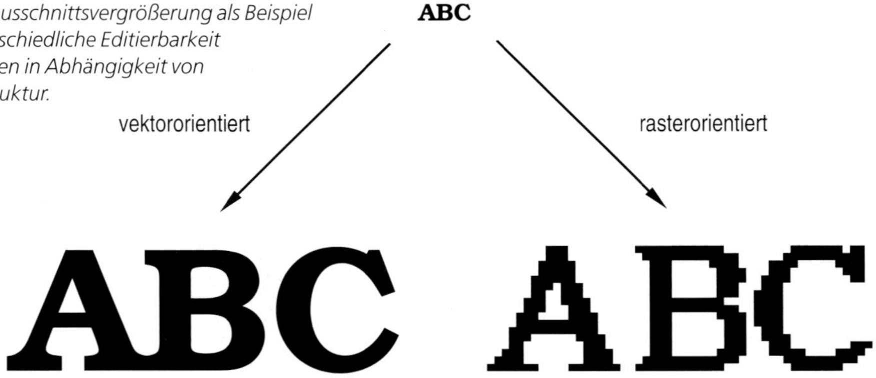

*Abb. 199. Darstellung einer Linie als Rastergraphik mit und ohne Anti-Aliasing.*

steigerung gegenüber herkömmlichen Darstellungen ohne Anti-Aliasing signifikant. Voraussetzung für ein befriedigendes Anti-Aliasing ist jedoch eine ausreichend große Farbtiefe des Systems, um die notwendigen Farb- oder Grauwertabstufungen auch darstellen zu können.

### Lokale Kontrastabschwächung zur Verringerung abrupter Übergänge

Nicht nur Aliasing-Effekte als Folge von Übermalungen, sondern auch mangelhaft ausgeführte digitale Photomontagen können in überarbeiteten Bildern lokal abrupte Farbkontraste auftreten lassen, wodurch die Manipulationen deutlich wahrnehmbar werden. Bei einer nachträglichen Korrektur kann es sich daher als vorteilhaft erweisen, wenn Werkzeuge zum lokalen „Verschmieren" von Kontrasten zur Verfügung stehen. Mit diesen Werkzeugen ist es in vielen Fällen möglich, kleinere Ungenauigkeiten, Fehler in der Farbanpassung, Paßfehler bei Montagen usw. zu verdecken.

### Texturierung „übermalter" Flächen

Ein Problem bei Anwendungen für Zwecke der Landschaftsbild-Simulation stellt die Generierung von Farbmustern dar: In der Natur reflektiert ein Objekt fast immer unregelmäßig; bedingt durch die Oberflächenstruktur und durch lokale Beleuchtungsunterschiede ergibt sich nur sehr selten ein in sich einheitlicher Farbwert. Fehler, die entstehen, wenn manipulierte Bildbereiche mit nur einem Farbton ohne Texturierung angefüllt werden, sind meist sehr auffällig, es ist daher notwendig, Methoden anzuwenden, welche in dieser Hinsicht befriedigende Ergebnisse liefern.

Zu diesem Zwecke wäre es zunächst erforderlich, sich zu überlegen, durch welche Merkmale die Textur eines Objektes definiert wird. Gerade bei diesem Thema zeigt sich jedoch, wie weit die digitale Bildverarbeitung noch von den Fähigkeiten des menschlichen Sehens entfernt ist: Während für unser eigenes visuelles System das Erkennen von Texturen, allgemein von Mustern, intuitiv sehr

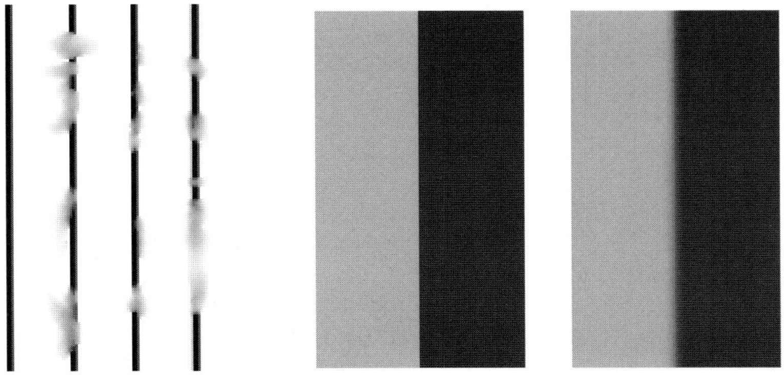

*Abb. 200. Anwendung von Schmierwerkzeugen zur lokalen Kontrastabschwächung.*

Kopieren eines scheinbar einheitlichen texturierten Bildteiles

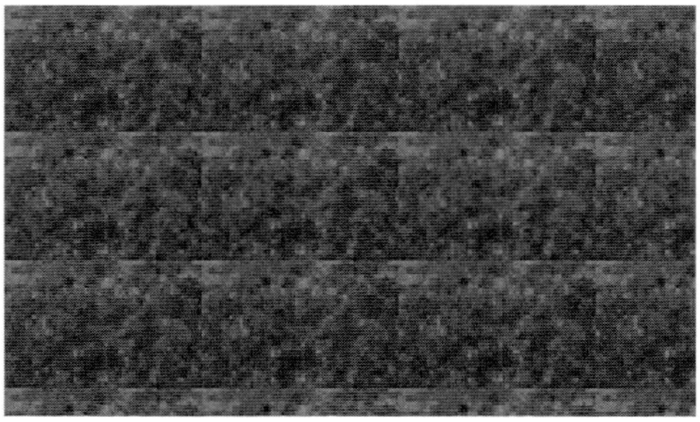

Hervortreten regelmäßiger Strukturen bei Aneinanderreihung des Ausschnittes

*Abb. 201. Definition einer texturierten Flächenfüllung aus Bildteilen.*

rasch erfolgt, gelingt es in der Bildverarbeitung nur selten, Texturen anhand weniger Merkmale wie Farbvarianz, Orientierung usw. zu beschreiben (Jähne 1989).

In der Praxis führt es daher meist nicht zum Ziel, Texturen mathematisch zu beschreiben und zu generieren, da dies doch mit einem erheblichen Zeitaufwand verbunden wäre, sofern man nicht über entsprechende Musterbibliotheken (texture maps, siehe Kap. 4.3.2.) verfügt. Selbst dann erfordert die Anpassung an Geometrie und Lichtverhältnisse eines Bildes noch einen erheblichen Arbeitsaufwand. Die beiden nachfolgend beschriebenen Ansätze liefern zwar nicht immer absolut korrekte Ergebnisse, dafür führen sie meist viel rascher zu einer akzeptablen Nachahmung natürlicher Strukturen.

**Kopieren von Mustern.** Eine Möglichkeit zur Texturierung von Bildteilen besteht darin, vergleichbare Texturen aus anderen Bildern oder Bildteilen zu kopieren und als Basis für die Malwerkzeuge zu verwenden. Bei der Anwendung der Malwerkzeuge wird somit ein kopierter Bereich der Rastergraphik mehrmals hintereinander montiert. Dieses Verfahren unterscheidet sich deutlich von den eigentlichen Fotomontagen, bei denen große Bildpartien übertragen werden und nicht nur kleine „Musterfleckchen".

Es zeigt sich dabei jedoch häufig, daß die natürlichen Muster in sich Regelmäßigkeiten aufweisen, die dem Betrachter erst dann auffallen, wenn sie in Wiederholung auftreten. Die wichtigste Voraussetzung dafür, daß sich ein Bildausschnitt ohne weitere Anpassungen als Muster eignet, ist somit das Fehlen solcher systematischer Helligkeits- oder Farbunterschiede innerhalb des Ausschnittes. Dies ist nur sehr selten gegeben, bedingt einerseits durch die Struktur von Objekten in der Landschaft (Vegetation, Landformen usw.), andererseits auch durch Beleuchtungsunterschiede innerhalb einer Szene, wie sie sich vor allem aus der Entfernung eines Bereiches vom Aufnahmestandpunkt ergeben.

**Lokales Verrauschen einheitlich gefärbter Flächen.** Eine Texturierung retuschierter Flächen läßt sich am einfachsten durch die lokale Anwendung von Filtern erzielen, welche den mit einer einheitlichen Farbe angefüllten Bildausschnitt verrauschen. Wenn dieses Verrauschen statistisch erfolgt, sind solche Bereiche dann auch als Muster geeignet, da sie in sich keine systematischen Strukturen aufweisen. Auch wenn bei genauerer Betrachtung das statistische Rauschen eine natürliche Strukturierung nicht vollständig nachbilden kann, so werden die dadurch vorhandenen Fehler im manipulierten Bild meist nicht sehr deutlich wahrgenommen. Dies gilt natürlich nur für Oberflächen, deren Textur keine das Muster dominierende Orientierung aufweist (z. B. Rasenflächen oder verputzte Hauswände im Gegensatz zu Maisäckern).

**Simulation systematischer Helligkeits- und Farbabweichungen in realen Szenen**

In allen natürlichen Szenen ergeben sich als Folge der physikalischen Gesetzmäßigkeiten für die Lichtausbreitung in der Atmosphäre Unterschiede bei Helligkeit und Farbton von Objekten in Abhängigkeit von den räumlichen Dimensionen (siehe Kap. 4.2.7.).

Um solche Unterschiede in manipulierten Bildern simulieren zu können, erweist es sich als vorteilhaft, wenn ein Programm in der Lage ist, Bilder mit Farb- oder Grauwertverläufen zu versehen (s. Abb. 203).

## 4.2.7 Digitale Photomontagen

Die bisher erörterten Manipulationen dienen in erster Linie der Bildverbesserung beziehungsweise der Nachbearbeitung veränderter Bilder. Im folgenden Kapitel werden nun die zentralen Operationen digitaler Photomontagen beschrieben, das Herausschneiden (englisch Cut) beziehungsweise Kopieren von Teilen eines Bildes und das Einfügen (Paste) in ein anderes (Cut-and-Paste-Operationen).

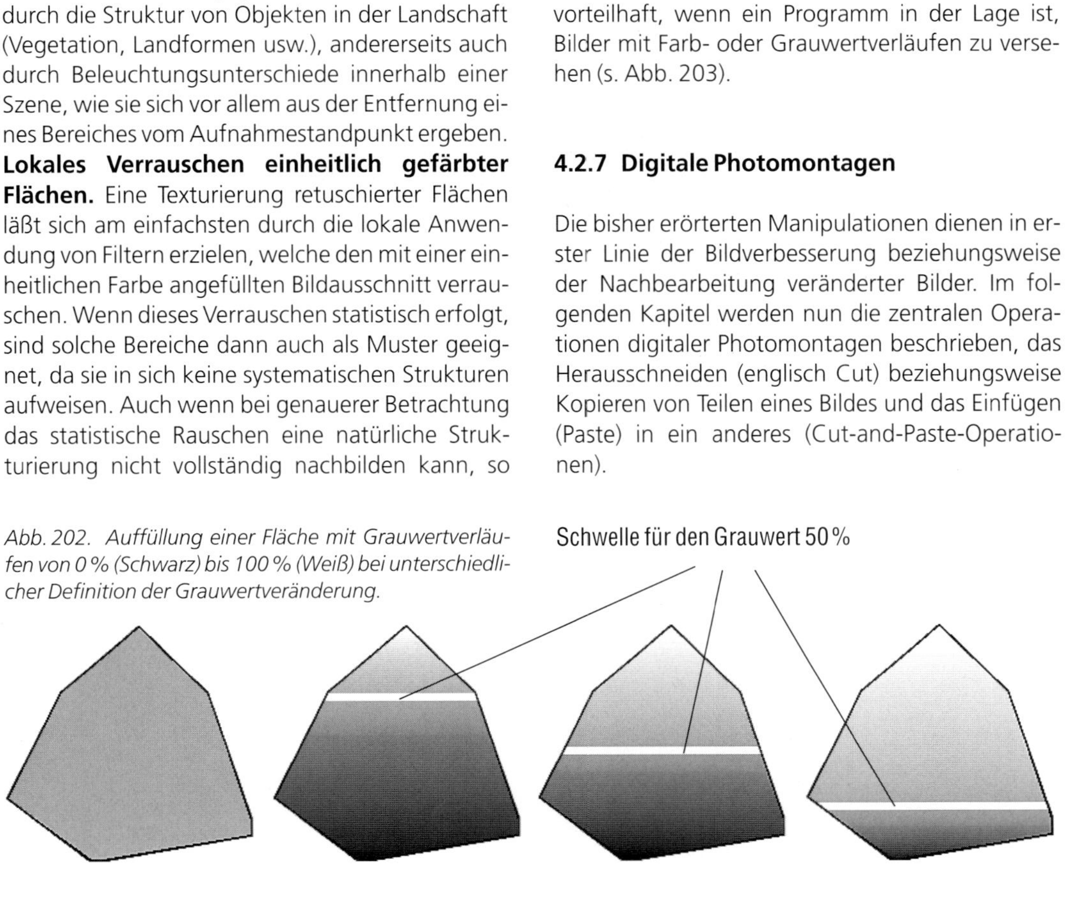


*Abb. 202. Auffüllung einer Fläche mit Grauwertverläufen von 0 % (Schwarz) bis 100 % (Weiß) bei unterschiedlicher Definition der Grauwertveränderung.*

Aufgabenstellung:
Es soll das Zuschütten des Bachbettes mit anschließender Neuansaat simuliert werden

Die Auffüllung der Fläche mit einem einheitlichen Grauwert entspricht nicht der Texturierung der Umgebung

Durch nachträgliches Verrauschen wird eine bessere Texturierung erreicht.

Die Überlagerung mit einem Farbverlauf macht die Raumtiefe wahrnehmbar.

*Abb. 203. Anwendung von Verrauschen und Farbverläufen beim Retuschieren.*

So wie bei einer herkömmlichen Photomontage das handwerkliche Können und die persönliche Erfahrung die Qualität des Ergebnisses wesentlich beeinflussen, können auch bei der Anwendung digitaler Methoden viele Fertigkeiten nur durch häufiges Probieren und interaktive Kontrolle der Ergebnisse erworben werden. Die Kenntnis der Datenstruktur und der hinter den einzelnen Werkzeugen stehenden Rechenoperationen kann dazu wesentlich beitragen.

Die eigentlichen Montageschritte lassen sich wie folgt untergliedern:

- Selektion von Bildausschnitten
- Geometrische und radiometrische Veränderung selektierter Objekte
- Einbettung in die Zieldatei
- Nachbearbeitung.

### Selektion von Bildausschnitten

Im Gegensatz zur Darstellungen, die aus Vektordaten generiert werden, ist bei Rasterbildern von der Datenstruktur her zunächst keine Objektabgrenzung gegeben. Objekte, die vom menschlichen Sehsinn am Bildschirm ohne Probleme erkannt werden, sind aus der Datenstruktur nur über aufwendige Erkennungsprozesse rechnerisch ableitbar. Wenn für Photomontagen oder ähnliche Manipulationen Teile eines Bildes selektiert werden müssen, so kann dies somit im Gegensatz etwa zu CAD-Darstellungen nicht durch bloßes Antippen eines Objektes mit Hilfe des Bildschirmcursors erfolgen.

Die einfachste Möglichkeit der Selektion von Bildausschnitten erfolgt durch räumliche Abgrenzung über die Markierung von Grenzlinien, die das zu selektierende Objekt umgeben. Die interaktive Eingabe erfolgt dabei meist über eine Maus oder ein ähnliches Steuergerät. Die Grenzlinien werden entweder als Polygonzüge oder als „Freihandlinien" eingegeben, wobei letztere meist vorteilhafter sind, wenn unregelmäßig abgegrenzte Objekte wie etwa Bäume oder Sträucher markiert werden sollen.

Wenn sich zu selektierende Objekte von der nicht zu selektierenden Umgebung in ihrer Farbe bzw. ihrem Grauwert abheben, so kann die Selektion auch über die **Vorgabe eines Farbwertes** oder eines Farbwertebereiches durchgeführt werden. Die Festlegung der Parameter erfolgt meist durch die Angabe eines charakteristischen Pixels innerhalb des Objektes sowie des erwünschten Toleranzbereiches der Farbwerte bei der Selektion. Außerdem sollte es möglich sein vorzugeben, ob lediglich eine zusammenhängende Fläche selektiert werden soll oder alle Pixel, welche innerhalb des definierten Farbwertebereiches liegen.

Abgrenzung mittels Polygon

Abgrenzung mittels „Freihandlinie"

*Abb. 204. Selektion eines Bildausschnittes durch räumliche Abgrenzung.*

Bei vielen Anwendungsfällen aus dem Bereich der Landschaftsbildvisualisierung läßt sich mit dieser Form der Selektion ein befriedigendes Ergebnis erzielen, wobei die richtige Wahl der Parameter oft erst durch mehrfaches Testen ermittelt werden muß. Bisweilen kann es auch sinnvoll sein, die Selektion nur über einzelne Kanäle der Farbdarstellung durchzuführen: Wenn zum Beispiel bestimm-

*Abb. 205. Selektion eines Bildausschnittes durch Festlegung von Farbwertebereichen.*

Eng definierter Farbwertebereich

Weit definierter Farbwertebereich

te Grüntöne mit stark unterschiedlichem Grauwert selektiert werden sollen, so kann dies so erfolgen, daß zunächst das RGB-Bild in den HLS-Modus umgewandelt und danach die Selektion im Hue-Kanal vorgenommen wird.

Die für den Benutzer günstigste Art der Selektion liegt sicherlich in der Selektion nach **charakteristischen Texturen** (Mustern) der auszuwählenden Objekte. Gerade bei Anwendungen in der Landschaftsplanung ist man oft mit Flächenobjekten konfrontiert, welche ähnliche Farbwerte aufweisen, sich aber in ihrer Oberflächenstruktur deutlich unterscheiden. So lassen sich in Luftbildern junge Maisfelder von Grünlandflächen am besten durch die Regelmäßigkeit der Pflanzreihen abgrenzen, auch wenn sie sich in der durchschnittlichen Farbe wenig unterscheiden. Ein entsprechender Algorithmus müßte also die Bilddaten nach regelmäßig angeordneten, parallel verlaufenden Linien durchsuchen, deren Abstand etwa 0,5 Meter entspricht, und die von sonst einheitlich grünen Bereichen umgeben sind.

Zamperoni (1989) definiert den Begriff Textur im Zusammenhang mit der Bildverarbeitung als eine Grauwertfunktion, die aus einem oder aus mehreren kleinformatigen Grundmustern besteht, die räumlich nebeneinander gestellt sind und die sich ohne beträchtliche Variationen wiederholen.

Die Erkennung von Texturen oder allgemeiner von Mustern ist eines der wichtigsten Forschungsgebiete der Bildverarbeitung im Zusammenhang mit der Anwendung künstlicher Intelligenz. In zahlreichen Pilotprojekten konnte demonstiert werden, daß für spezifische Anforderungen auch meist entsprechende Lösungen gefunden werden können; in allgemein einsetzbaren, kommerziell erhältlichen Programmen zur Bildsimulation auf mittlerem Preisniveau stehen solche Algorithmen

*Abb. 206. Erzielung sanfter Übergänge durch Teilselektion von Randpixeln.*

allerdings derzeit noch nicht zur Verfügung. Lernfähige Systeme, die die Struktur ausgewählter Flächen analysieren und daraus in anderen Fällen eine Wiedererkennung erreichen können, sind meist auch von der benötigten Rechenzeit her nicht in der Lage, das interaktive Arbeiten bei der Selektion von Objekten zu erleichtern. Es ist allerdings anzunehmen, daß in dieser Hinsicht in den kommenden Jahren erhebliche Leistungssteigerungen erreicht werden.

**Transparenz von Selektionsgrenzen**

Fehlerhaft ausgeführte Photomontagen sind oft daran zu erkennen, daß die Grenzen zwischen dem Originalbild und einem eingefügten Bildteil einen sehr scharfen Verlauf aufweisen. Am auffälligsten ist dies etwa bei der Montage von Nahaufnahmen mit Personen vor einem einfarbigen Hintergrund: Nur selten gelingt es, den Übergang zwischen den Haaren und dem Hintergrund so zu gestalten, daß die Manipulation nicht hervorsticht; nachträgliche Retuschen sind oft recht aufwendig.

Hier ergeben sich durch die digitale Bildbearbeitung deutliche Vorteile gegenüber der manuell durchgeführten Photomontage: Während ein Schnitt mit einer Schere stets einen sehr scharfen Übergang zwischen dem selektierten Teil und dem Rest des Bildes ergibt, kann bei guten Bildbearbeitungsprogrammen auch ein transparenter Übergang erreicht werden, wenn im Bereich der Selektionsgrenzen einige Pixel nur teilweise selektiert werden. Bei einer späteren Übertragung in die Zieldatei werden deren Pixel in diesem Bereich dann auch nur teilweise verändert, so daß sich ein diffuser Übergang zwischen den beiden Partnern ergibt.

**Selektionsmasken**

In der konventionellen Bearbeitung graphischer Vorlagen ist es üblich, Bereiche, welche nicht überarbeitet werden sollen, mit Masken abzudecken (z. B. mit Hilfe von Radierschablonen, Abdeckschablonen für Farbsprays). Bei der digitalen Überarbeitung von Bildern können alle Operationen (wie Filterungen, Übermalungen) ebenfalls auf selektierte Bildteile beschränkt werden. Oftmals erscheint es sinnvoll, den Verlauf der Grenzen eines selektierten Bereiches als Maske für spätere Bearbeitungsschritte abzuspeichern. Auf diese Weise ist es möglich, eine einmal optimierte Selektion mit geringem Aufwand wieder aufzurufen.

Digitale Masken sind selbst wieder Bilder, die editiert werden können. Wenn die Selektion entlang scharf abgegrenzter Linien verläuft, reicht zur

Ausgangsbild

Selektionsmaske

Selektiertes Objekt

*Abb. 207. Maskierung eines Bildausschnittes.*

*Abb. 208. Unterschiedliche Helligkeits- und Farbwerte ähnlicher Objekte in Abhängigkeit von der Entfernung zum Aufnahmestandpunkt.*

Abspeicherung der Masken ein Binärbild aus, bei Berücksichtigung unscharfer Verläufe (siehe Abb. 206) wird eine Graustufendarstellung der Maske erforderlich. Beim Aufruf einer Selektionsmaske wird diese mit dem Bild verknüpft und die jeweilige Selektion wieder hergestellt.

### Geometrische und radiometrische Veränderung selektierter Objekte

Nur in den seltensten Fällen wird es möglich sein, Objekte aus einem Bild ohne weitere Bearbeitung in ein anderes zu übernehmen. Dies bezieht sich einerseits auf die perspektivischen Verhältnisse, andererseits auch auf Helligkeit, Farben und Kontrast.

Im allgemeinen erfolgt im Zuge von Visualisierungen die Anpassung an die jeweilige Perspektive nicht rechnerisch, sondern durch interaktives Bearbeiten und Kontrollieren. Hierin unterscheidet sich die Anwendung der Bildverarbeitung für einfache Landschaftsbildsimulationen wesentlich von den weit anspruchsvolleren photogrammetrischen Anwendungen, bei welchen mit Hilfe digitaler Höhenmodelle auch eine geometrische Anpassung rechnerisch erfolgen kann.

Bei Objekten mit eindeutig erkennbaren Kantenrichtungen kommt der genauen Anpassung der Perspektive besondere Bedeutung zu: Wenn etwa Fluchtpunkte von einmontierten Häusern mit dem Rest eines Bildes nicht genau übereinstimmen, so wird dies beim Betrachten sofort als Fehler wahrgenommen. Bei unregelmäßig strukturierten Objekten (wie Bäumen, Sträuchern) fällt dies weniger ins Gewicht.

Recht subtil muß auch bei der radiometrischen Anpassung vorgegangen werden. Es ist zwar meist relativ leicht, die Helligkeit eines Objektes mit seiner Umgebung abzustimmen, häufig wird jedoch übersehen, daß sich in der freien Landschaft je nach den Witterungsbedingungen auch die Farb- und Kontrastwerte in Abhängigkeit von der Entfernung zum Aufnahmestandort verändern: Entspre-

Der Strauch im Vordergrund wird selektiert und kopiert.

Verkleinern und Einsetzen des Objekts im Hintergrund ohne Farbkorrektur

Anpassung an die Umgebung

*Abb. 209. Radiometrische Korrektur beim Kopieren von Objekten aus dem Vordergrund eines Bildes in den Hintergrund.*

Selektion eines Baumes durch räumliche Abgrenzung

Zieldatei

Vollständige Übertragung

Selektive Übertragung aller Pixel unter 50 % Grauwert

Nachbearbeitung

*Abb. 210. Anwendung selektiver Bildüberlagerung bei einer digitalen Photomontage.*

chend den atmosphärischen Bedingungen werden Kontraste abgeschwächt und Farbtöne in Richtung Blau verschoben. Wenn beispielsweise innerhalb eines Bildes Objekte im Vordergrund selektiert und dann ohne weitere Bearbeitung in den Hintergrund kopiert werden, verfällt sehr bald der perspektivische Eindruck (s. Abb. 209).

### Übertragung eines kopierten Objektes in die Zieldatei

Im einfachsten Fall werden beim Montagevorgang die Pixel der Zieldatei vollständig durch die Pixel des einzufügenden Objektes überschrieben. Dies ist allerdings nur dann möglich, wenn dieses Objekt in der Montage im ganzen sichtbar bleiben und von keinem Objekt des Zielbildes auch nur marginal überdeckt werden soll. Das einzufügende Objekt muß also immer den Vordergrund bilden.

Soll bei einer vollständigen Überdeckung ein Objekt des Vordergrundes erhalten bleiben, etwa ein rahmender Gehölzbestand, so muß das ein-

*Abb. 211. Simulation möglicher Landschaftsentwicklungen im Zusammenhang mit einem flußbaulichen Projekt an der Mattig in Oberösterreich (Photo: G. Aigner, Amt d. OÖ. Landesregierung / Photomontage: L. Weber).*

zufügende Objekt entsprechend „zerschnitten" werden. Bei unregelmäßigen Objekten kann dies sehr arbeitsaufwendig werden, es ist auf diese Weise kaum möglich, etwa ein Gebäude hinter die Äste eines winterkahlen Baumes zu plazieren.

Bildverarbeitungsprogramme, die nicht für den technischen Bereich, sondern für Bildsimulationen entwickelt worden sind, bieten vielfältige Möglichkeiten zur Steuerung der Überlagerung zweier Bilddateien. Ein möglicher Weg besteht darin, die Überlagerung nur teilweise durchzuführen und den Hintergrund „Durchscheinen" zu lassen. Dabei werden ähnliche Effekte erzielt wie mit einer Doppelbelichtung in der herkömmlichen Photographie. Eine andere Möglichkeit ist die Selektion von Bereichen in der Zieldatei, die nicht überschrieben werden sollen.

Ein umfangreiches Spektrum an Bearbeitungsmöglichkeiten ist dann gegeben, wenn Farb- bzw. Grauwertunterschiede zwischen dem einzufügenden Objekt und dem Zielbild zur Steuerung der Überlagerung herangezogen werden. So kann zum Beispiel ein helles Gebäude „hinter" eine dunklere Gehölzstruktur gesetzt werden, wenn die Überlagerung so definiert wird, daß nur jene Pixel geändert werden, die einen bestimmten Grauwert unterschreiten.

Auch bei diesen Prozeduren kann es oft notwendig sein, durch interaktives Vorantasten die richtigen Werte zu finden.

**Nachbearbeitung**
Nach der Durchführung der Montage ist meist noch eine Nachbearbeitung erforderlich, vor allem zur Korrektur der Übergänge zwischen den einzelnen montierten Bildteilen. Diese Operationen werden mit den im vorhergehenden Kapitel besprochenen Malwerkzeugen durchgeführt.

## 4.3 Dreidimensionale Visualisierung

Im vorangegangenen Kapitel wurden Manipulationen an digitalen Bildern erörtert, mit deren Hilfe Veränderungen an Landschaftsszenen simuliert werden können. In photographischen Aufnahmen werden räumliche Dimensionen über die Zentralprojektion dem Betrachter näher gebracht, aus dem perspektivischen Verlauf einzelner Elemente wird die Dreidimensionalität faßbar, die Bilder selbst sind aber stets zweidimensional. Veränderungen in den Szenen können daher nur „nach Gefühl" eingepaßt werden, die Struktur einer dreidimensionalen Szene ist aus einem zweidimensionalen Bild nicht mehr exakt rekonstruierbar.

Die nachfolgend beschriebenen Methoden bauen auf einem gänzlich unterschiedlichen Prinzip auf, sie versuchen, so gut es geht, Szenen in ihrer gesamten dreidimensionalen Struktur zu erfassen und nachträglich erst in zweidimensionale Bilder umzuwandeln. Hiefür ist zunächst eine umfangreiche Modellierung notwendig, wie sie etwa mit Hilfe eines CAD-Programms durchgeführt werden kann. Der Vorgang des Ableitens von 2D-Bildern aus 3D-Szenen wird auch als Rendering bezeichnet. Dieses englische Wort bedeutet im Deutschen so viel wie „Interpretation", „Wiedergabe" oder „Annäherung". Das Ziel aller Rendering-Algorithmen ist eine möglichst „realistische" Darstellung einer an sich synthetisch modellierten Szene.

Einfache Rendering-Funktionen, wie etwa die Erstellung perspektivischer Kanten- oder Flächenbilder, werden oft innerhalb von CAD-Programmen angeboten; weitergehende vektororientierte Visualisierungsprogramme werden jedoch häufig auch als selbständige Module angeboten, welche Daten aus verschiedenen CAD-Systemen übernehmen können.

Die rein geometrische Beschreibung eines Objektes, wie sie bei der Modellierung in einem CAD-Programm anfällt, stellt ja nur einen Teil der zur Visualisierung notwendigen Daten dar. Um das tatsächliche Aussehen eines Objektes in einer Szene abschätzen zu können, sind zahlreiche zusätzliche Informationen erforderlich; diese beziehen sich einerseits auf die Beleuchtungsverhätnisse (Art der Lichtquellen, Lichtintensität und -farbe), andererseits aber auch auf die abzubildenden Objekte selbst (Farbe, Transparenz, Oberflächeneigenschaften). Wie in der Folge erörtert wird, kann die Beschreibung von Objekteigenschaften bis zu einem sehr großen Detaillierungsgrad erfolgen, so daß es oft sinnvoll ist, diese in eigenen Dateien ähnlich den Symbol- oder Bauteilbibliotheken abzulegen, damit sie bei Bedarf wieder rasch abgerufen werden können. Bisweilen werden solche Attributbibliotheken auch kommerziell angeboten.

### 4.3.1 Schattierungsmodelle

Ein für die Wahrnehmbarkeit räumlicher Dimensionen sehr wesentlicher Aspekt ist die unterschiedliche Helligkeit von Objektoberflächen in Abhängigkeit von der Exposition zum Licht. Dieser Eigenschatten läßt sich aus der Modellierung jedes einzelnen Objektes und der Lage der Lichtquellen relativ einfach ermitteln. Weitaus komplizierter ist

*Abb. 212. Visualisierung einer Szene mit und ohne Berücksichtigung von Schlagschatten.*

hingegen die Berechnung von Schlagschatten, also jener Effekte, die sich aus der Beziehung der einzelnen Objekte einer Szene untereinander ergeben. Die nachfolgend beschriebenen Schattierungsmodelle (Shading) beschränken sich zunächst auf die Ermittlung von Eigenschatten.

**Lichtquellen**

Zur Beschreibung der Lichtverhältnisse in einer Szene werden meist folgende Typen von Lichtquellen unterschieden: **Punktförmige** Lichtquellen haben eine klare räumliche Position, das Licht breitet sich von ihnen radiär in einem bestimmten Winkel aus, der im Raum als Lichtkegel wirksam ist. Damit wird annähernd die Lichtwirkung beschrieben, wie sie sich aus Scheinwerfern ergibt. Es ist dies deshalb nur eine Annäherung, weil reale Schweinwerfer ja nie wirklich punktförmig sind, sondern stets eine gewisse Ausdehnung aufweisen, woraus sich ein unscharfer Übergangsbereich zwischen vollem Licht und Schatten ergibt (Halbschatten).

**Parallel einfallendes** Licht ergibt sich aus einer Lichtquelle, welche unendlich weit entfernt angenommen wird, seine Einführung in einer Szene entspricht somit der Berücksichtigung des direkten Sonnenlichtes.

Als letztes Element verbleibt schließlich **das diffuse Umgebungslicht**, für welches in der Vereinfachung angenommen wird, daß es aus allen Richtungen gleichmäßig an ein Objekt herankommt. Damit wird annähernd den Lichtverhältnissen bei bedecktem Himmel Rechnung getragen.

Zu berücksichtigen ist außerdem die Entfernung eines Objektes von der Lichtquelle, da die Intensität des Lichtes mit dem Quadrat der Entfernung von seiner Quelle abnimmt. Aus praktischen Gründen wird oft nur eine lineare Abnahme angenommen und dies auch nur bei punktförmigen Lichtquellen, während bei den anderen Typen keine Berücksichtigung der Intensitätsabnahme notwendig ist. (Wenn angenommen wird, daß das parallel einfallende Licht dem Sonnenlicht entspricht, spielen kleine Distanzen innerhalb einer Szene gegenüber der Entfernung zwischen Erde und Sonne keine Rolle.)

Generell müssen im Zusammenhang mit der Ermittlung der Intensität reflektierten Lichtes mehrere Typen der Reflexion unterschieden werden, wie

*Abb. 213. Modellkomponenten für die Ermittlung der Reflexion einer Oberfläche.*

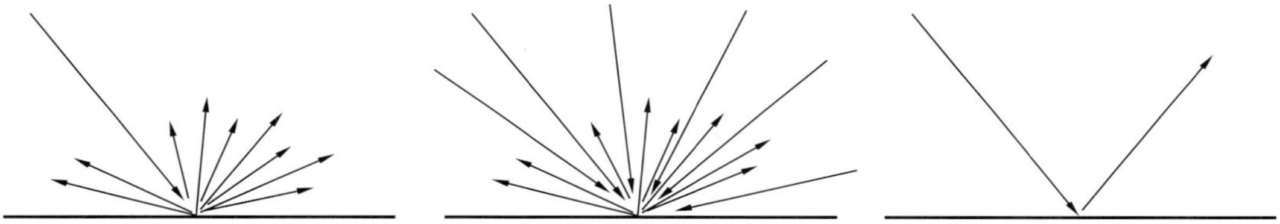

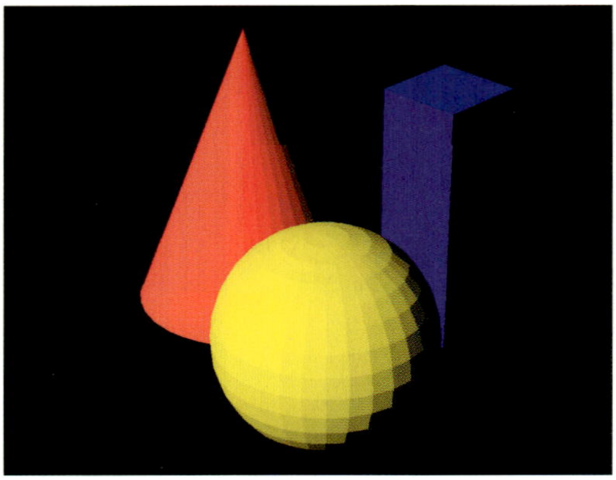

*Abb. 214. Schattierung einer einfachen Szene entsprechend dem Lambertschen Gesetz (Lambert-Shading).*

*Abb. 215. Darstellung der Testszene über die Reflexion diffusen Umgebungslichtes.*

sie sich aus den unterschiedlichen Typen von Lichtquellen, aber auch aus verschiedenen Materialeigenschaften ergeben.

### Diffuse Reflexion gerichteten Lichtes

Gerichtetes Licht, das aus punktförmigen Lichtquellen oder als parallel einfallendes Licht auf eine Oberfläche trifft, wird von vielen Materialien diffus reflektiert, das heißt der gerichtete Lichtstrahl wird gestreut. Nach dem Lambertschen Gesetz ergibt sich in diesem Fall die Lichtintensität des von einer Oberfläche reflektierten Lichtes aus der Intensität des einfallenden Lichtes, dem Einfallswinkel und den Materialeigenschaften der Oberfläche:

$$I_1 = I_{ger} \cdot K \cdot \cos \alpha$$

$I_1$ = Intensität des reflektierten Lichtes aus gerichteten Quellen
$I_{ger}$ = Intensität des einfallenden gerichteten Lichtes
$K$ = Materialkonstante (Reflexionseigenschaften)
$\alpha$ = Einfallswinkel (Winkel zwischen dem einfallenden Lichtstrahl und der Flächennormalen)

Sofern mehrere Lichtquellen in einer Szene vorhanden sind, werden die Werte für die einzelnen Quellen zu einem Gesamtwert aufsummiert. Die Berücksichtigung der Farbwirkungen erfolgt über das RGB-Farbsystem, es werden die Reflexionseigenschaften für jeden der drei Farbkanäle getrennt definiert. Sind die Materialkonstanten für alle Kanäle gleich, so wird lediglich die Helligkeit des einfallenden Lichtes verändert, weichen die einzelnen Werte voneinander ab, so verändert sich auch die Farbe des reflektierten Lichtes.

### Reflexion des diffusen Umgebungslichtes

In Abb. 214. ist zu erkennen, daß Bereiche, welche nicht direkt von den Lichtstrahlen getroffen werden, gänzlich unsichtbar bleiben. In realen Szenen ist dieser Fall praktisch nie gegeben, weil es über die Reflexion der Objektoberflächen stets auch zur Ausbildung eines diffusen Umgebungslichtes kommt. Bei Szenen im Freiraum ist dies aus der Lichtstreuung durch die Atmosphäre, insbesondere durch Wolken, begründet. Die Berücksichtigung des diffusen Umgebungslichtes erfolgt nach der einfachen Beziehung

$$I_2 = I_{dif} \cdot K$$

$I_2$ = Intensität des reflektierten Lichtes aus diffusen Quellen
$I_{dif}$ = Intensität des diffusen Umgebungslichtes
$K$ = Materialkonstante

*Abb. 216. Darstellung der Testszene über die Reflexion gerichteten und diffusen Lichtes.*

*Abb. 217. Simulation glänzender Oberflächen bei Anwendung des Lambert-Shading.*

Die alleinige Anwendung von als diffus einstrahlend definiertem Licht in Schattierungsmodellen ist weitgehend sinnlos, weil dadurch lediglich der Umriß der einzelnen Objekte sichtbar gemacht wird. Nur dann, wenn gerichtetes Licht eingesetzt wird, kann eine Wahrnehmung der räumlichen Struktur eines Objektes erfolgen, das heißt, es müssen die Intensitäten, wie sie in den beiden vorangegangenen Abbildungen ermittelt wurden, aufsummiert werden:

$$I_{ges} = I_1 + I_2$$

### Gerichtete Reflexion durch glänzende Oberflächen

Bei glänzenden Materialien ist der Anteil der diffusen Reflexion an der Gesamtreflexion geringer, es tritt in stärkerem Maße eine gerichtete Reflexion auf. Dieser Glanz einer Oberfläche hängt ab vom Einfallswinkel des Lichtes sowie von der Betrachtungsrichtung: Je mehr die Betrachtungsrichtung der Richtung des reflektierten Lichtstrahls entspricht, desto stärker treten Glanzeffekte auf. Bei Metallen ergibt sich zusätzlich noch eine Abhängigkeit des Glanzeffektes von der Wellenlänge des einfallenden Lichtes. Die Berücksichtigung des gerichtet reflektierten Lichtes (Specular Light) erfolgt über die nachstehende Formel:

$$I_3 = I_{dir} \cdot w(\alpha, \lambda) \cdot \cos \beta$$

$I_3$ = Intensität des gerichtet reflektierten Lichtes
$w$ = Glanzfaktor in Abhängigkeit von Einfallswinkel $\alpha$ und Wellenlänge $\lambda$
$\beta$ = Winkel zwischen der Betrachtungsrichtung und dem direkt reflektierten Licht

Vor der Addition der erhaltenen Werte zu den bisher ermittelten Reflexionsintensitäten muß noch für jede Oberfläche das Verhältnis zwischen gerichteter und diffuser Reflexion festgelegt werden.

### Transparenz

Eine zusätzliche Erweiterung der Darstellungsmöglichkeiten eines Schattierungsmodells ergibt sich durch die Berücksichtigung transparenter Oberflächen: Wenn eine Oberfläche mit einem Durchlässigkeitsbeiwert definiert wird, so wird die nach den bisher beschriebenen Formeln ermittelte Intensität des reflektierten Lichtes um diesen Faktor abgemindert und die dahinterliegende Fläche in die Berechnung einbezogen, wobei deren Reflexionswert mit dem Komplementärwert des Durchlässigkeitsbeiwertes der ersten Oberfläche abgemindert wird.

*Abb. 218. Berücksichtigung transparenter Oberflächen.*

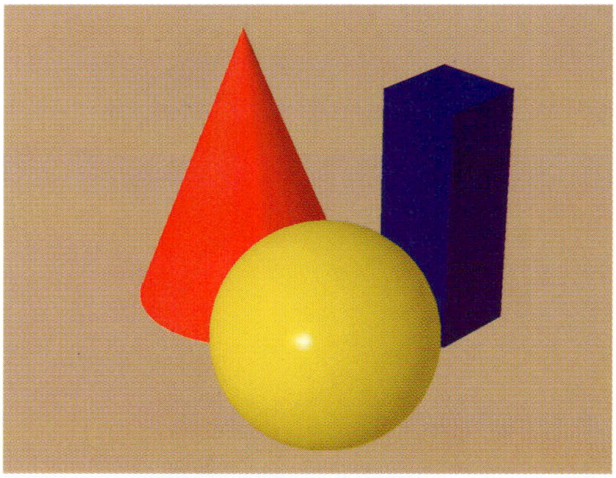

*Abb. 219. Interpolation der Reflexion gekrümmter Oberflächen nach Gouraud (1971).*

## Interpolation gekrümmter Oberflächen

Wie bereits in Kapitel 3.5. erörtert, werden gekrümmte dreidimensionale Flächen in vielen Programmen als eine Schar kleiner polygonaler Facetten approximiert. Bei der Anwendung des Lambert-Shading bleibt diese Facettenstruktur erhalten (daher auch die Bezeichnung „Flat-Shading"), die entstehenden Bilder wirken oft wenig ansprechend.

Das Schattierungsmodell nach Gouraud (1971) interpoliert nun die reflektierten Lichtintensitäten benachbarter Facetten: An den Eckpunkten, in welchen die einzelnen Facetten aneinandergrenzen, werden die Flächennormalen für alle beteiligten Facetten errechnet und gemittelt. Die auf diese Weise gewonnenen Werte gelten dann als Ausgangswerte für die Bereiche innerhalb der einzelnen Facetten. Die Berechnung der Intensitäten für diese Bereiche erfolgt wiederum über eine lineare Interpolation aus den Werten der einzelnen Eckpunkte der Facette, entsprechend der Entfernung des untersuchten Punktes von den einzelnen Eckpunkten.

Eine lineare Interpolation der Intensitäten innerhalb der Facetten läßt sich zwar rechentechnisch einfach durchführen, entspricht aber nicht genau den geometrischen Gegebenheiten: Die Intensität des reflektierten Lichtes korreliert nach dem Lambertschen Gesetz mit dem Cosinus des Einfallswinkels, der ja keine lineare Funktion darstellt, weswegen dann auch die lineare Interpolation der mit Hilfe der Lambert-Formel gewonnenen Werte nur eine ungenaue Approximation darstellt.

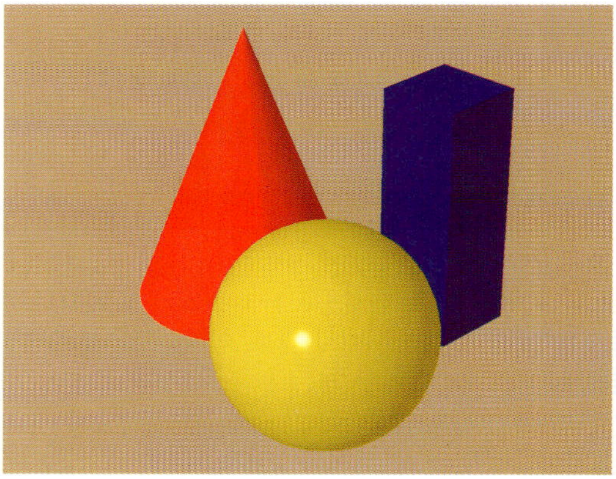

*Abb. 220. Interpolation der Reflexion gekrümmter Oberflächen nach Phong (1975).*

Im Modell nach Phong (1975) wird die Interpolation der Flächenpunkte nicht entsprechend den Intensitäten der Eckpunkte durchgeführt, es wird vielmehr für jeden Flächenpunkt eine Flächennormale aus den Flächennormalen der Eckpunkte interpoliert. Dadurch erscheint die Gesamtfläche insgesamt glatter als beim Gouraud-Shading, insbesondere dann, wenn stark reflektierende, bzw. glänzende Materialien simuliert werden sollen. Andererseits werden beim Phong-Shading auch man-

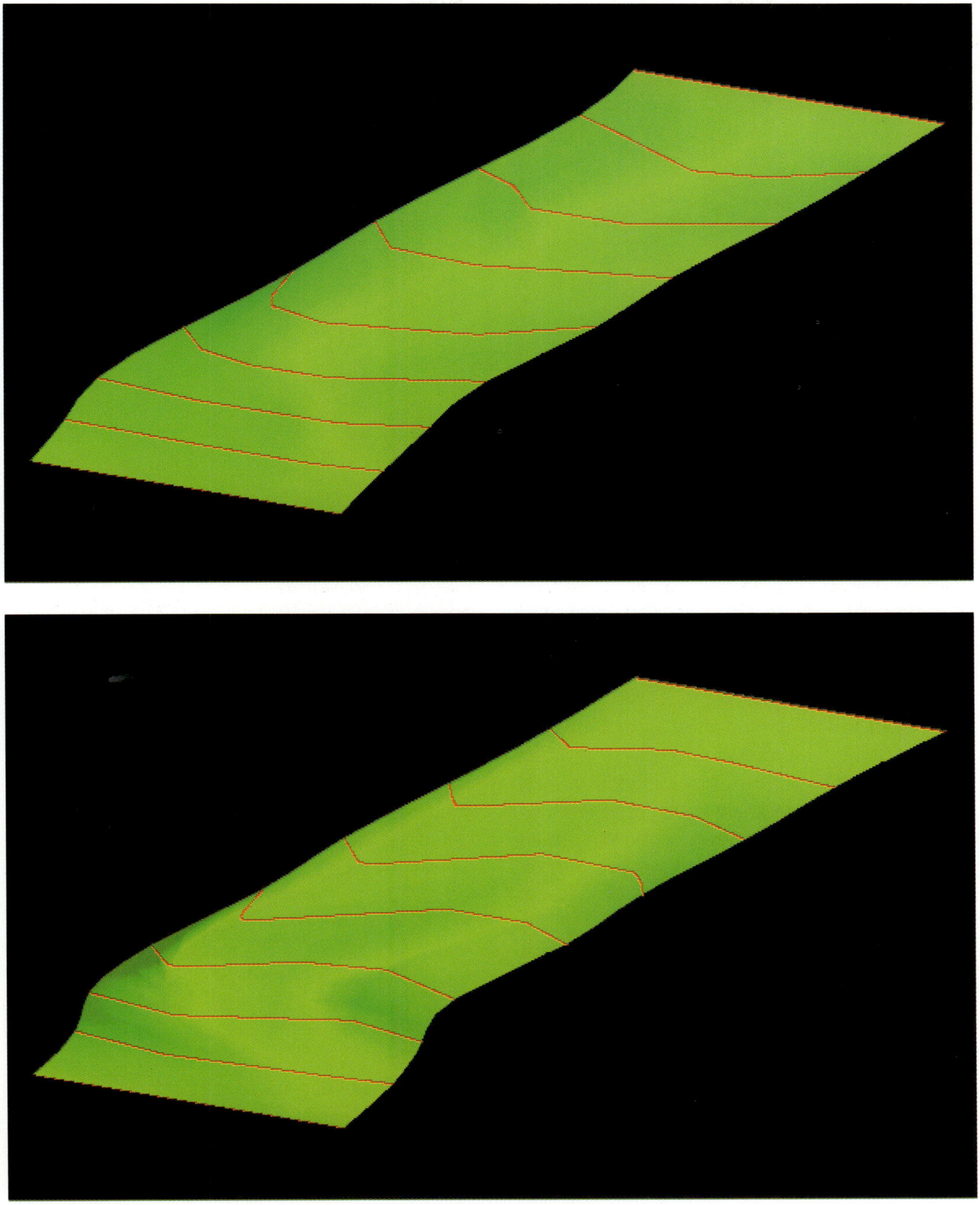

*Abb. 221. Visualisierung geplanter Geländeveränderungen durch Kombination von Phong-Shading und Kantendarstellung.*

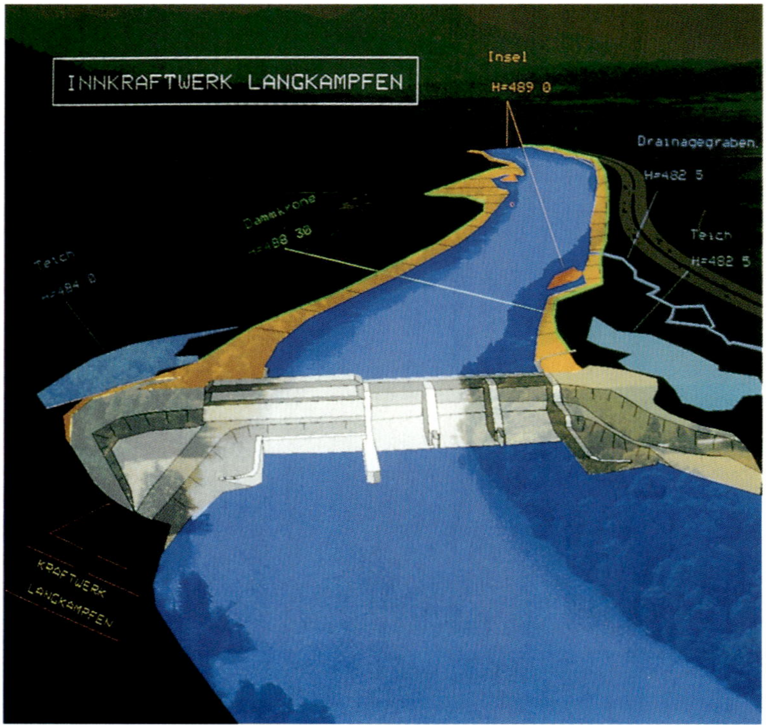


*Abb. 222. Überlagerung einer aus Vektordaten generierten 3D-Visualisierung mit einem Hintergrundbild (B. Sonne, Firma Siemens; abgedruckt mit Genehmigung des Wichmann Verlags, Karlsruhe).*

che Kanten stärker geglättet, als es eigentlich erwünscht ist. Es ist daher vorteilhaft, wenn in einem Visualisierungsprogramm auch definiert werden kann, daß bestimmte Objekte oder Objektteile von diesem Glättungsvorgang ausgenommen werden.

Durch eine weitgehende Glättung von Flächen, welche Geländeformen darstellen sollen, kann bisweilen der räumliche Eindruck verloren gehen, insbesondere dann, wenn die gewählten Beleuchtungsbedingungen keine starken Helligkeitsunterschiede entlang der Geländeformen bewirken. Der menschliche Sehsinn ist sehr stark auf das Wahrnehmen von Kanten ausgerichtet, weswegen es gerade bei Geländedarstellungen oft sinnvoll sein kann, zusätzlich zur flächigen Darstellung auch die Linien einer korrespondierenden Kantendarstellung in die Visualisierung einzubringen (Saito und Takahashi 1990). Dadurch erscheint das Bild zwar weniger „realitätsnah", die Strukturierung läßt sich jedoch oft besser erkennen.

**Berücksichtigung des Szenenhintergrundes**
Die Modellierung einer Szene erfordert stets einen hohen Arbeitsaufwand. Insbesondere bei der Simulation von Landschaftsszenen muß daher die Entscheidung getroffen werden, inwieweit auch der Hintergrund einer Szene modelliert werden soll. Dabei bietet sich an, statt der Modellierung des Hintergrundes einfach eine Photographie der realen Landschaft in die modellierte Szene einzubauen. Dafür gibt es prinzipiell zwei verschiedene Vorgehensweisen: Im einfacheren Fall wird eine gerenderte Szene mit einer Photographie hinterlegt, wie dies in Abb. 222. der Fall ist. Dieses Bild kann dann mit den in Kapitel 4.2. erörterten Werkzeugen digitaler Bildverarbeitung noch verbessert werden.

Eine zweite Möglichkeit wäre die Einbringung der Hintergrundphotographie in die Szenenbeschreibung für das 3D-Rendering. Das Photo wird in diesem Fall somit als ein geometrisches Objekt

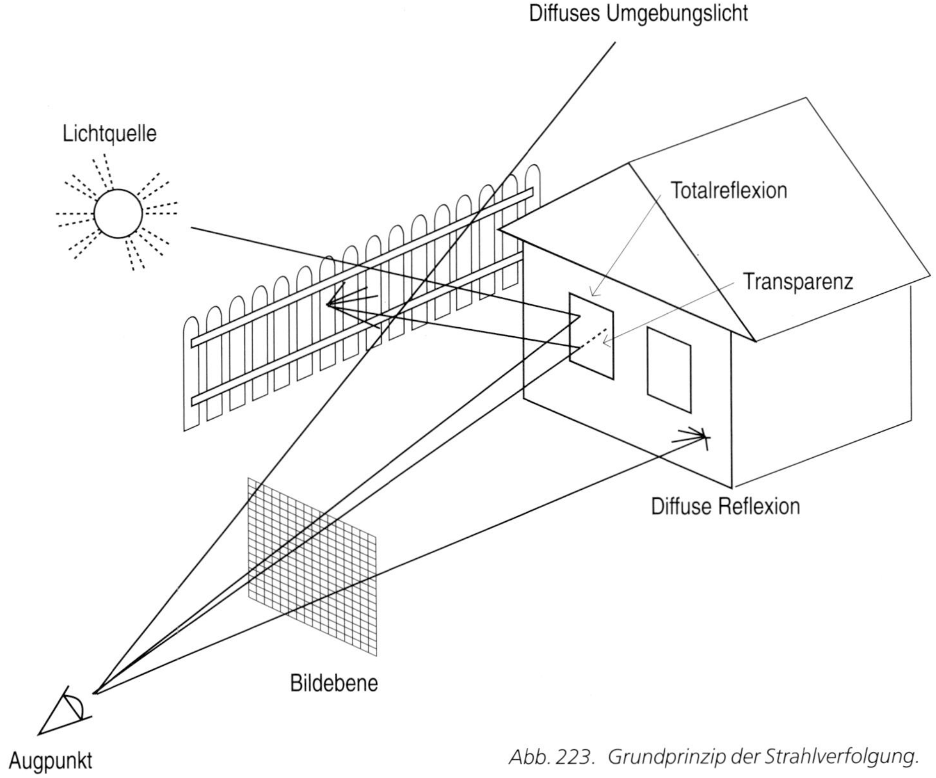


*Abb. 223. Grundprinzip der Strahlverfolgung.*

behandelt. In beiden Fällen ist es natürlich erforderlich, daß die Bildparameter wie Aufnahmestandpunkt, Brennweite usw. bekannt sind und daß auch das Visualisierungsprogramm in der Lage ist, diese Parameter für die Berechnung der Perspektive zu übernehmen.

### 4.3.2 Ray-Tracing

Der hauptsächliche Nachteil der bisher erörterten Schattierungsmodelle liegt in der Tatsache, daß bei ihrer Anwendung keine Schlagschatten konstruiert werden können; diese sind aber für das Entstehen des räumlichen Eindrucks in einem Bild von besonderer Bedeutung.

Ray-Tracing (Strahlverfolgung) beruht auf einem gänzlich unterschiedlichen Grundprinzip als die Schattierungsmodelle; es ahmt in gewisser Weise das menschliche Sehen nach: Das Bild eines Gegenstandes entsteht im Auge durch das Auftreffen von Lichtstrahlen auf die Sehzellen der Netzhaut. Ein Objekt ist dann sichtbar, wenn Lichtstrahlen, die von diesem ausgehen oder reflektiert werden, das Auge erreichen. Dabei ist es nicht erforderlich, daß in der geraden Verbindung zwischen dem Objekt und dem Auge keine weiteren Objekte liegen: Einerseits können Objekte bis zu einem gewissen Grad durchsichtig sein, andererseits kann über Spiegelungen auch ein geknickter Lichtstrahl das Auge erreichen.

Wenn nun in einer dreidimensional modellierten Szene Lichtquellen definiert werden, so ist es prinzipiell möglich, rechnerisch zu ermitteln, welche Strahlen davon das „Auge", also den ebenfalls in seiner räumlichen Lage definierten Blickpunkt, erreichen. Diese Methode wäre allerdings äußerst rechenaufwendig, wenn man bedenkt, daß ja nur

*Abb. 224. Ermittlung einer perspektivischen Darstellung mit Hilfe der Strahlverfolgung in Dürers „Unterweisung der Messung" (abgedruckt mit freundlicher Genehmigung der Graphischen Sammlung Albertina, Wien).*

ein winziger Teil aller Lichtstrahlen einer Szene tatsächlich zum Auge gelangt. Beim Ray-Tracing für Visualisierungszwecke wird daher der umgekehrte Weg eingeschlagen: Es werden vom Augpunkt ausgehend Strahlen in Richtung des Objektraumes gelegt, deren Verlauf mit all seinen Spiegelungen, Brechungen usw. so lange weiterverfolgt wird, bis eine Lichtquelle (oder der Raum des diffusen Umgebungslichtes) erreicht wird. Im Verlaufe dieser Verfolgung wird festgestellt, wie der Lichtstrahl durch die optischen Eigenschaften der Objekte verändert wird, wobei hier wieder rekursiv vom Auge zur Lichtquelle vorgegangen wird.

Je nach den Objekteigenschaften kann es dabei erforderlich sein, daß der Lichtstrahl geteilt wird: Beim Auftreffen auf eine transparente Oberfläche etwa wird ein Teil des Strahls reflektiert, ein anderer dringt in das Objekt ein; beide Teilstrahlen müssen nun unabhängig von einander weiterverfolgt werden.

Nach der Ermittlung des ersten Strahles, die in die Festlegung des Farbwertes für das korrespondierende Bildschirmpixel mündet, wird die Richtung entsprechend der Pixelgröße des zu generierenden Bildes leicht verschwenkt und ein nächster Strahl ausgesendet. Aus den Ergebnissen der Strahlenverfolgung für jedes einzelne Bildschirmpixel wird dann das Gesamtbild zusammengesetzt.

Ray-Tracing ist keine Erfindung unserer Tage. Den Abbildungen in Dürers „Unterweisung der

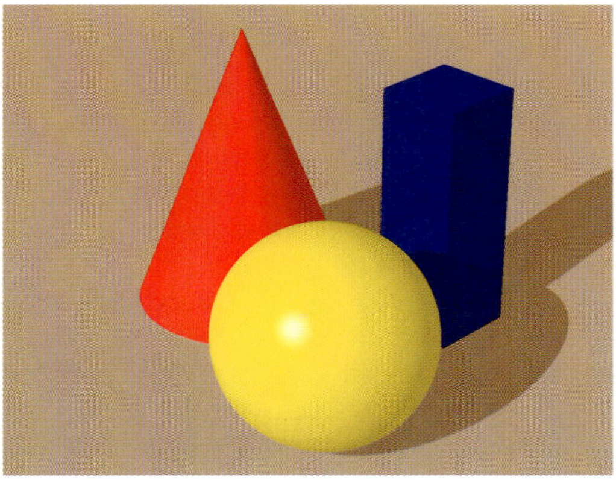

*Abb. 225. Darstellung der Testszene mittels Ray-Tracing.*

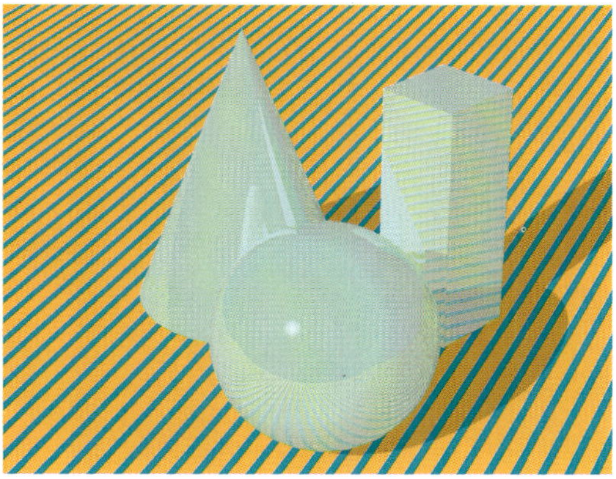

*Abb. 226. Darstellung von Spiegelungen mittels Ray-Tracing.*

Messung" aus dem Jahr 1525 ist zu entnehmen, daß die Strahlverfolgung schon zu dieser Zeit als Hilfsmittel für die Erstellung perspektivischer Bilder herangezogen wurde (Hofmann 1990). Auch damals erfolgte die geometrische Bestimmung mit Hilfe eines Rasters, der zwischen dem Betrachter und den abzubildenden Objekten aufgestellt wurde.

Viele Renaissance-Gemälde weisen zum Teil raffinierte perspektivische Effekte auf, die vemutlich nicht über Projektionsberechnungen, sondern mit Hilfe einer Strahlverfolgung an Modellen konstruiert wurden. Als Lektüre zu diesem Thema kann die Analyse von Raffaels „Schule von Athen" mit Hilfe der graphischen Datenverarbeitung in Mazzola et al. (1987) empfohlen werden.

Das neuzeitliche, computergestützte Ray-Tracing wurde ursprünglich nicht für Visualisierungen, sondern für die Berechnung des Ausbreitungsbereiches nuklearer Strahlung nach Atombombenexplosionen entwickelt (Friedhoff und Benzon 1989).

Im Ray-Tracing können optische Effekte in einem Ausmaß simuliert werden, wie es die Anwendung von Schattierungsmodellen kaum erreicht. Neben der bereits erörterten Ermittlung von Schlagschatten ergeben sich bei der Strahlverfolgung auch Abbildungen gespiegelter Objekte quasi von selbst.

Zusätzlich zu diesen im Hinblick auf die komplizierten geometrischen Projektionen beeindruckenden Ergebnissen ergeben sich über eine verfeinerte Definition von Materialeigenschaften auch umfassendere Möglichkeiten zur Erzeugung realitätsnaher Bilder. Dies gilt zum Beispiel für die Verfolgung von Lichtstrahlen durch transparente Objekte, bei welchen die Lichtbrechung beim Übergang von einem Medium in ein anderes berücksichtigt werden kann, entsprechend dem materialtypischen Brechungs- oder Refraktionskoeffizienten.

Mögliche Verfeinerungen betreffen die Erzeugung unterschiedlicher Bildschärfen, wie sie sich etwa aus der Simulation bewegter Objekte ergeben oder aus einer bewußten Reduktion der Tiefenschärfe analog einem photographischen Objektiv. Weiterhin können über das Ray-Tracing atmosphärische Effekte wie etwa die Farbabschwächung zum Horizont hin oder auch die Interaktionen zwischen Licht und Wasser erfaßt werden (Watt 1990).

Auch wenn das Grundschema des Ray-Tracing leicht zu verstehen ist, so bereitet die praktische Umsetzung in Visualisierungsprogrammen erhebliche Probleme, und zwar weniger im Hinblick auf die mathematische Beschreibung optischer Effekte, die sich, wie oben dargestellt, mit wenigen Formeln modellieren lassen, sondern vor allem wegen des zu leistenden Rechenaufwands. Praktische

*Abb. 227. Berücksichtigung der Lichtbrechung in transparenten Objekten.*

Ray-Tracing-Anwendungen müssen daher stets Kompromisse zwischen dem Anspruch einer maximalen Realitätsnähe und einer vertretbaren Rechenzeit suchen. Zwischen Forschungssystemen und Programmen für den praktischen Einsatz im Planungsalltag bestehen daher teilweise erhebliche Differenzen.

Da Ray-Tracing eines der wichtigsten Arbeitsgebiete in der graphischen Datenverarbeitung darstellt, ist auch die Literatur zu diesem Thema sehr umfangreich, so daß es wenig Sinn hätte, im Rahmen der vorliegenden Publikation darauf näher einzugehen. Vorrangiges Forschungsziel ist derzeit, die Rechenzeiten durch Verbesserungen der Hard und Software zu verringern.

Im Bereich der **Hardware** gelingt dies in erster Linie durch den Einsatz parallel geschalteter Rechnerleistung: Dadurch, daß die einzelnen Strahlen unabhängig voneinander berechnet werden können, ist es möglich, die Bilder von mehreren vernetzten Rechnern oder von mehreren parallel geschalteten Prozessoren innerhalb eines Rechners (Transputer) generieren zu lassen (z. B. Green und Paddon 1990, Zeiller 1990). Die Entwicklung der Transputer ist heute bereits soweit gediehen, daß professionell einsetzbare Typen am Markt angeboten werden. Es bleibt abzuwarten, ob die Preisentwicklung einen breiteren Einsatz für Visualisierungen ermöglichen wird.

Im Bereich der **Software** zielen Optimierungsprojekte in erster Linie auf eine rationellere Berechnung benachbarter Strahlen: Bei einer vollkommen unabhängigen Berechnung jedes einzelnen Strahls werden für benachbarte Strahlen oftmals komplizierte Strahlengänge mehrmals hintereinander mit nur geringen Unterschieden in den Ergebnissen ermittelt.

Bei einer gemeinsamen Berechnung benachbarter Strahlen über einer definierten Oberfläche müssen oft nur geringe lokale Abweichungen (Neigungswinkel zum benachbarten Strahl) berücksichtigt werden, ohne die komplette Rückverfolgung zu wiederholen (z. B. Lischinski und Gonczarowsky 1990).

Eine weitere Möglichkeit zur Optimierung der Rechenzeit liegt in der Einhüllung komplexer Strukturen in einfache geometrische Körper: Nur dann, wenn ein Strahl die einfache Hülle berührt, muß auch eine genaue Analyse des Strahlenverlaufes im Bereich des komplizierteren Objektes durchgeführt werden.

Als hilfreich erweist es sich ebenfalls, den Objektraum in Teilbereiche zu unterteilen, die zuerst in einer Grobanalyse untersucht werden. Zur Untergliederung des Raumes werden dabei entweder gleichgroße Kuben („Voxel" als Analogon zum Pixel eines zweidimensionalen Rasterbildes) eingesetzt oder auch darauf aufbauende dreidimensionale Baumstrukturen, die dem in Kapitel 2.5.1. beschriebenen Prinzip der zweidimensionalen Quadtrees entsprechen („Octrees").

Schließlich ist es oft auch sinnvoll, die Verfolgung eines Strahls nicht beliebig lange zu betreiben, sondern Einschränkungen vorzunehmen, etwa in der Weise, daß die Verfolgung nach einer gewissen Zahl an Reflexionen abgebrochen wird.

### 4.3.3 Texture-Mapping

Im allgemeinen englischen Sprachgebrauch bedeutet der Begriff „Mapping" soviel wie das Erstellen von Karten; im Zusammenhang mit digitalen Visualisierungen wird unter Mapping jedoch die Zuweisung von Eigenschaften an geometrische

*Abb. 228. Simulation einer Golfplatzplanung mittels Ray-Tracing (Meta Site, Stephen Dedalus Inc., Cary. North Carolina)*

Strukturen mit Hilfe der Projektion von Rasterbildern verstanden.

Die bisher besprochenen Visualisierungsmethoden basieren entweder auf Raster- oder auf Vektordaten; über das Digital Mapping werden beide Datentypen miteinander verbunden. Es wird eine projektive Beziehung zwischen einem Rasterbild und einer 3D-Vektorstruktur hergestellt.

Bei den auf Vektordaten aufbauenden Visualisierungsalgorithmen kann im allgemeinen ein Attribut, etwa die Oberflächenfarbe eines Objektes, immer nur in einer einzigen Ausprägung zugewiesen werden. So ist es zum Beispiel nicht möglich, eine Fläche so zu beschreiben, daß ein Teil eine andere Farbe aufweist als der Rest der Fläche. Um dies zu erreichen, muß dieser Teil als ein selbständiges Objekt definiert werden, welchem dann die andere Attributausprägung beigegeben wird.

Bei der Anwendung des Mapping-Konzeptes ist diese Beschränkung nicht mehr gegeben, die Oberfläche eines Objektes kann beliebig viele Farben annehmen, wobei die Position der einzelnen Farbwerte auf der Objektoberfläche durch die Projektionsart und den Maßstab bestimmt wird.

Die einfachste Projektionsart ist die Parallelprojektion auf ebene Flächen. Viele Objekte weisen aber eine gekrümmte Oberflächenstruktur auf, so daß bei Anwendung der ebenen Projektion das projizierte Bild stark verzerrt werden kann. Bei manchen Objekten kann es daher sinnvoll sein, eine sphärische oder zylindrische Projektionsweise vorzugeben.

Einfaches Lambert-Shading

Kombination Phong-Shading und Mapping (Projektion verrauschter Farbmuster auf die Objekte der Szene)

Kombination Ray-Tracing und Mapping

*Abb. 230. Visualisierung einer Freiraumszene durch unterschiedliche Rendering-Methoden.*

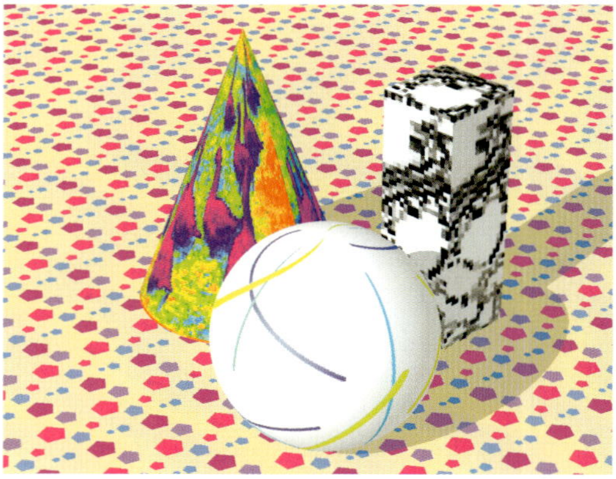

*Abb. 229. Projektion verschiedener digitaler Bilder auf die Objekte der Testszene zur Definition der Oberflächenfarbe.*

In Visualisierungsprogrammen werden Mapping-Anwendungen meist kombiniert mit Schattierungsmodellen oder Ray-Tracing, das heißt, es kann bei Bedarf die Definition der Oberflächeneigenschaften einzelner Objekte über das Mapping erfolgen. Gerade bei der Visualisierung von Freiraumentwürfen bietet das Mapping viele Vorteile, weil durch seine Anwendung der glatte, sterile Eindruck vieler gerenderter Szenen entschärft werden kann. Ray-Tracing-Darstellungen von Freiraumsituationen erwecken oft durch die einheitliche Färbung der Objekte eine Vorstellung, als ob die Szenen aus lackierten Spielzeugfiguren aufgebaut wären. Durch eine stärkere Strukturierung des Bildes mit Hilfe des Mapping kann dieser Eindruck zurückgedrängt werden.

Der Vergleich der Darstellungen in Abb. 230. zeigt deutlich, daß durch die Projektion verrauschter Farbflächen auf die CAD-Objekte eine stärkere Strukturierung der Oberfläche wiedergegeben werden kann, wie sie etwa bei einer Rasenfläche, aber auch bei verschiedenen Baustoffen ja stets vorhanden ist.

Hersteller von Visualisierungsprogrammen bieten bisweilen auch Attributbibliotheken für Materialeigenschaften an, welche letztendlich fast ausschließlich aus Photographien der Materialien bestehen und über Mapping den Objekten zugewiesen werden können.

*Abb. 231. Projektion charakteristischer Baumaterialeigenschaften auf die Objekte der Testszene.*

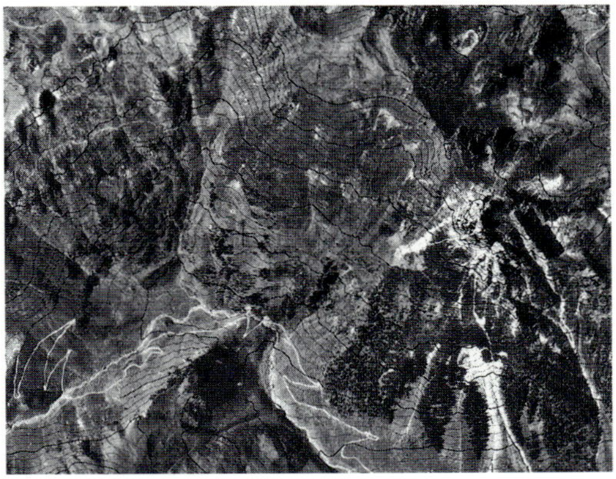

a

Ausschnitt aus der Österreichischen Luftbildkarte Blatt 1222-103 vervielfältigt mit Genehmigung des Bundesamtes für Eich- und Vermessungswesen (Landesaufnahme) in Wien, Zl. L 72 937/90

Ein sehr wichtiges Anwendungsgebiet für Mapping-Algorithmen ist die Verbindung von digitalen Höhenmodellen mit Luftbildern. Der Bildserie in Abb. 232. liegt ein Orthophoto zugrunde, welches auf ein digitales Geländemodell projiziert wurde. Es wurde eine Parallelprojektion gewählt, durch welche das Bild je nach der Neigung der Flächen im Geländemodell unterschiedlich verzerrt wird. Durch die Verbindung dieser beiden Elemente ist es möglich, perspektivische Ansichten des Geländes aus unterschiedlichsten Blickpunkten zu generieren. Da sowohl Orthophotos, als auch digitale

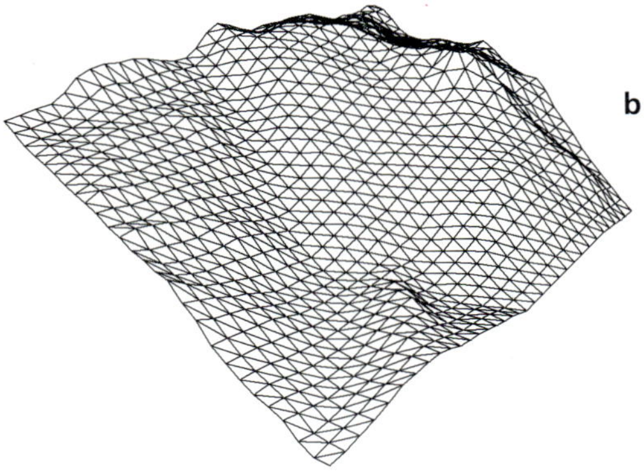

b

Korrespondierendes Höhenmodell (Berechnung: H.Madjidi)

*Abb. 232. (a–d) Generierung dreidimensionaler Geländeansichten aus der rechnerischen Verknüpfung eines Orthophotos mit einem digitalen Geländemodell.*

c

Perspektive Verzerrung des Orthophotos aus Überlagerung mit dem Höhenmodell

d

Umrechnung für unterschiedliche Betrachtungsposition

Abb. 233. *Anwendung des Mapping-Konzeptes auf die Definition der Transparenz eines Objektes.*

Abb. 234. *Anwendung des Mapping-Konzeptes auf die Definition der Reflexivität eines Objektes.*

Geländemodelle bereits für große Teile Mitteleuropas käuflich zu erwerben sind, ist der Aufwand für die Herstellung solcher Ansichten somit relativ gering, sofern die Umwandlung der erworbenen Geländedaten in eine für das Visualisierungsprogramm verwertbare Datenstruktur einfach zu bewerkstelligen ist.

Der große Vorteil dieser Methode liegt darin, daß dadurch auch Veränderungen in der Geländesituation leicht visualisiert werden können, wobei nur für den Bereich des Eingriffes mit Hilfe der digitalen Bildverarbeitung neue Strukturen modelliert werden müssen.

Es ist jedoch klar, daß dieser Vorgehensweise vom Maßstab her Grenzen gesetzt sind: Im allgemeinen gelingt eine befriedigende Projektion von Orthophotos oder auch Satellitenbildern auf digitale Höhenmodelle nur bei kleinen Maßstäben, unter deren Anwendung Details der Erdoberfläche nicht wahrnehmbar sind. So ist es zum Beispiel nicht möglich, Häuser oder andere Elemente mit einer starken Höhenentwicklung aus einer Orthophotodarstellung in eine Schrägansicht überzuführen, weil hierfür ja meist die geometrische Information im digitalen Geländemodell fehlt. Ähnliches gilt etwa für die Darstellung von Bäumen: Für die korrekte Umwandlung des Orthophotos in eine Schrägansicht müßte die Baumhöhe im Geländemodell enthalten sein; zusätzlich müßten die Lagedaten derart exakt sein, daß die Daten aus dem Geländemodell wirklich punktgenau mit der Lage der Objekte im Bild übereinstimmen, was natürlich kaum jemals erreichbar sein wird.

Das Mapping-Konzept ist nicht nur im Hinblick auf die Farbe einer Oberfläche, sondern auch auf die Zuweisung anderer Objekteigenschaften anwendbar. So kann etwa die Reflektivität oder die Transparenz eines Objekts auch variabel über die Projektion von Bildern definiert werden.

Abb. 235. zeigt einen extremen Fall der Kombination verschiedener Mapping-Ansätze. Aus den beigefügten Darstellungen ist zu erkennen, daß dieses ziemlich „echt" wirkende Bild eines Strauches auf wenige Grundelemente zurückzuführen ist: Drei ineinander stehende Drehkörper bilden eine Form, die durch die Zuweisung von Oberflächeneigenschaften fast gänzlich aufgehoben wird. Einerseits wird das kleine Bild eines Zweiges (in zahlreichen Wiederholungen) auf die Oberfläche dieser Elemente projiziert, um die Farbe zu definieren, gleichzeitig werden jedoch auch alle Flächen, welche durch diese Farbzuteilung weiß erscheinen müßten, als durchsichtig definiert. Auf diese Weise wurde mit relativ geringem Modellieraufwand eine erstaunlich realitätsnahe Darstellung simuliert. Diesem geringen Modellieraufwand steht natürlich ein hoher Rechenaufwand bei der Visualisierung gegenüber, weil in diesem Fall die

*Abb. 235. Generierung eines Strauches aus einfachen geometrischen Strukturen mittels Mapping von Farben und Transparenz (StrataVision Parts Library, Strata Inc., St. George, Utah).*

*Abb. 236. Simulation reliefierter Oberflächen durch Bump-Mapping.*

Verfolgung der Lichtstrahlen ja immerhin durch bis zu sechs verschiedene transparente Oberflächen erfolgen muß.

Einen Sonderfall der Zuweisung von Objekteigenschaften über Rasterbilder stellt das sogenannte **Bump-Mapping** dar. Mit dieser Methode kann eine Reliefierung von Oberflächen simuliert werden. Bump-Mapping bewirkt, daß Teile, welche mit einem geringen Bump-Wert versehen werden, so dargestellt werden, als ob sie tiefer lägen als die restlichen Teile der Oberfläche, sie werden daher auch dunkler dargestellt. Umgekehrt können auf diese Weise auch einzelne Partien als erhaben dargestellt werden. Tatsächlich wird diese scheinbare Reliefierung nur durch Helligkeitsunterschiede simuliert. Bei der Betrachtung des Randes eines Objektes zeigt sich, daß sich durch das Bump-Mapping keine geometrische Veränderung der modellierten Form ergibt.

Bump-Mapping ist wiederum gerade bei der Visualisierung von Freiraumszenen ein sehr wichtiges Hilfmittel zur Simulation strukturierter Oberflächen; so lassen sich etwa Belagmuster auf diese Weise oftmals viel rascher visualisieren als durch eine aufwendige geometrische Modellierung.

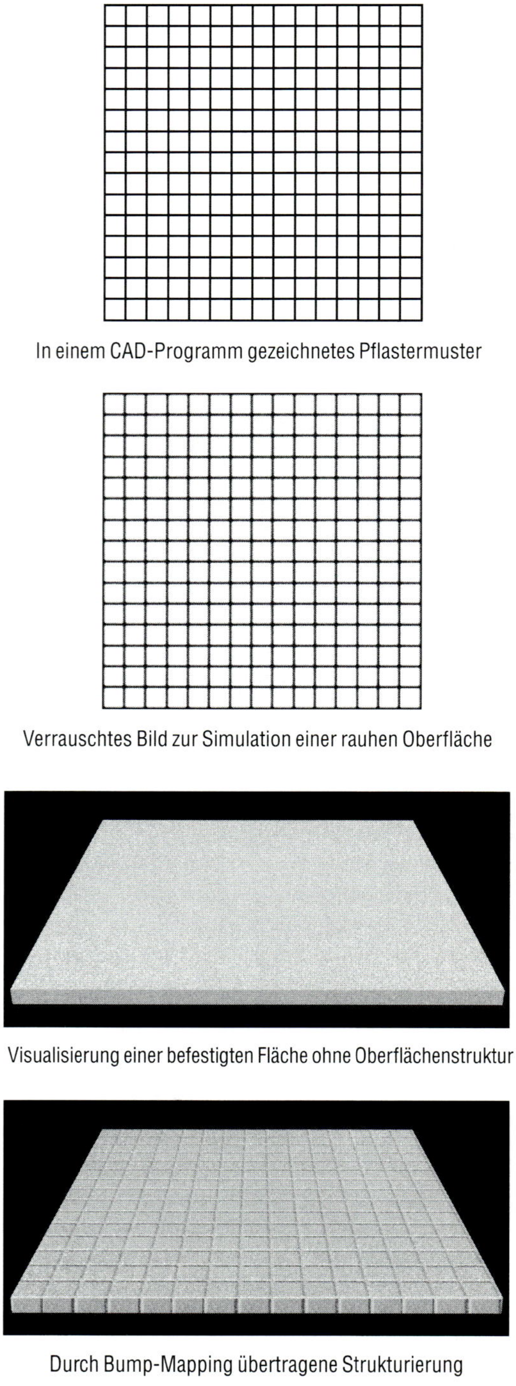


*Abb. 237. Simulation eines Belagmusters durch Bump-Mapping.*

### 4.3.4 Nachbearbeitung von 3D-Bildern

Bei allen in den vorangegangenen Kapiteln vorgestellten 3D-Visualisierungsmethoden werden aus den eine Szene beschreibenden Vektordaten Rasterbilder generiert, welche ihrerseits auch nur mehr rasterorientiert überarbeitet werden können. Wenn in der Geometrie einer Szene Veränderungen vorgenommen werden sollen, so muß auch der Vorgang des Rendering wiederholt werden.

Durch die Kombination von Operationen der Bildverarbeitung mit solchen des 3D-Rendering kann einerseits die Darstellungsqualität verbessert, andererseits auch der Zeitaufwand für das Rendering selbst verkürzt werden. Die Bildfolge in Abb. 238. illustriert dies beispielhaft: Das erste Bild zeigt eine Nadelbaumgruppe, visualisiert über ein einfaches Schattierungsmodell. Zur besseren Strukturierung des Hintergrundes wurde in der zweiten Abbildung die Umgebung der Bäume mittels Texture-Mapping mit einem verrauschten Farbmuster versehen.

Die Anwendung des Ray-Tracing zur Darstellung der Schlagschatten würde bei einer solchen Inszenierung sehr viel Zeit in Anspruch nehmen, da in diesem Falle auch die Hintergrundfläche Punkt für Punkt abgestastet werden müßte. Es wurde daher zunächst das Ray-Tracing ohne Berücksichtigung der Oberflächentexturierung durchgeführt. Danach wurden die Bäume samt Schlagschatten in das zweite Teilbild einmontiert, wobei im Bereich der Schlagschatten auf der Hintergrundfläche kleinere Retuschen vorgenommen werden mußten, um auch dort eine Strukturierung zu simulieren.

Zur Visualisierung der Raumtiefe wurde nun die Hintergrundfläche mittels Tiefpassfilterung partiell geglättet, aufgehellt und mit einer leichten Blaufärbung versehen. Dazu wurde eine Selektionsmaske erstellt, welche die Bäume abdeckt und einen Graustufenverlauf zum Horizont hin aufweist. Auf diese Weise wurde erreicht, daß einerseits nur der Bildhintergrund bearbeitet wird und daß andererseits das Ausmaß dieser Manipulation mit zunehmender Entfernung vom Blickpunkt ansteigt.

Ein außergewöhnliches Beispiel für die Kombination von 3D-Modellierung, 3D-Visualisierung und Bildverarbeitung ist in Abb. 239 wiedergegeben, einer digitalen Rekonstruktion von Monet's Gemälde „Seerosen" aus dem Jahr 1899. Sämtliche Pflanzenstrukturen wurden mit Hilfe der in Kap. 3.6.3.2. beschriebenen L-Systeme generiert, die Brücke in einem 3D-CAD modelliert. Das über Ray-Tracing erhaltene Bild dieser Szene wurde schließlich über eine Filteroperation verändert, welche den Charakter eines impressionistischen Gemäldes simuliert.

### 4.3.5 Datenaustausch für Visualisierungszwecke

Im Hinblick auf die erwähnten Probleme der hohen Rechnerbeanspruchung durch die beschriebenen 3D-Visualisierungsalgorithmen erweist es sich oft als sinnvoll, die Modellierung einer Szene und das eigentliche Rendering getrennt durchzuführen. Das detaillierte Aufbauen einer Szene erfordert zwar bei Freiraumvisualisierungen stets einen hohen Zeitaufwand im Hinblick auf das interaktive Arbeiten am Bildschirm, andererseits ist dafür nicht immer die hohe Rechnerleistung erforderlich, wie sie etwa für das Ray-Tracing benötigt wird.

Es kann gerade für Landschaftsplanungsbüros, die wohl nur selten über sehr hohe Rechnerleistungen verfügen können, sinnvoll sein, zur Vermeidung tagelanger Rechenvorgänge das Rendering von CAD-Daten außer Haus auf speziell ausgerüsteten 3D-Graphik-Workstations durchführen zu lassen.

Die meisten Visualisierungssysteme sind in der Lage, viele verschiedene CAD-Formate einzulesen, wobei sich diese Formate meist auf die geometrische Beschreibung der Objekte beschränken. Da bei 3D-Visualisierungen zahlreiche zusätzliche Informationen für die Szenenbeschreibung notwendig sind (z.B. Beleuchtungsverhältnisse, Oberflächeneigenschaften), wurde speziell für diese Zwecke ein Austauschformat entwickelt, das es ermöglichen soll, CAD-Daten mit den entsprechenden Zusatzinformationen in genormte Szenenbeschreibungen zu übersetzen, die dann in die entsprechenden Bilder umgesetzt werden können (RIB, RenderMan Interface Bytestream).

Einfaches Lambert-Shading

Montage des Ray-Tracing-Bildes vor den Mapping-Hintergrund

Strukturierung des Hintergrundes mittels Mapping

Selektion für die Nachbearbeitung

Ray-Tracing ohne Mapping

Nachbearbeitung mittels partieller Tiefpaßfilterung, Aufhellung und Blaufärbung

*Abb. 238. Beispielsfolge für die Kombination von 3D-Visualisierungsmethoden mit digitaler Bildnachbearbeitung.*

*Abb. 239. Digitale Rekonstruktion von Monets „Seerosen" (D. Fowler, N. Fuller, I. Hanau, A. Snider; Univ. of Ragina, Canada)*

## 4.4 Stereoskopische Darstellungen

Die Wahrnehmung räumlicher Tiefe beruht beim menschlichen Sehen darauf, daß die beiden Augen aufgrund des Abstandes voneinander unterschiedliche Bilder liefern, welche im Gehirn zu einer dreidimensionalen Szene verschmolzen werden. Aus den Differenzen zwischen den beiden Bildern ergibt sich die Fähigkeit, Distanzen zu erkennen und in ihrer Größe abzuschätzen.

In der Photographie wurden verschiedene Methoden entwickelt, dieses räumliche Sehen nachzuahmen. Das Grundprinzip besteht jeweils darin, von einer Szene zwei Aufnahmen in geringem Abstand durchzuführen. Die Bilder werden bei der Vorführung in einer Weise wiedergegeben, daß jedes Auge nur „sein" Bild wahrnehmen kann. In der ersten Hälfte dieses Jahrhunderts waren Stereo-Photographien sehr populär; es wurden spezielle Kameras mit zwei Objektiven entwickelt, die Betrachtung erfolgte in kleinen Stereoskopen. Stereoskopische Aufnahmen sind heute die wesentlichsten Arbeitshilfsmittel der Photogrammetrie, die geometrischen Grundlagen für Aufnahmen und Auswertung sind in der entsprechenden Literatur beschrieben (z. B. Schneider 1974).

Für Visualisierungen von geplanten Bauwerken u. a. wurden stereoskopische Bilder bisher kaum eingesetzt, weil der Aufwand für das manuelle Erstellen exakter perspektivischer Darstellungen sehr hoch war. Bei Programmen zur computergestützten Visualisierung dreidimensionaler Daten mit perspektivischer Darstellung ist es hingegen leicht möglich, Aufnahmestandpunkte in vorgegebenen Abständen zu lokalisieren, der Mehraufwand zur Generierung einer zweiten Darstellung einer bereits fertig modellierten Szene zur Erstellung eines Stereo-Bildpaares ist vergleichsweise gering. Dabei erweist es sich als vorteilhaft, wenn Aufnahmedaten wie Brennweite oder Blickrichtung nicht nur graphisch, sondern auch numerisch exakt eingegeben werden können.

### Wiedergabe

Aufwendige Visualisierungen dienen meistens der Präsentation vor einem größeren Publikum. Aus

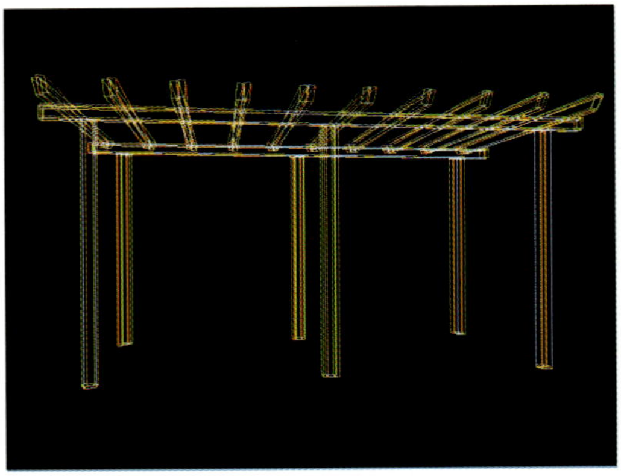

*Abb. 240. Anaglyphenbild zur stereoskopischen Betrachtung mit einer Rot-Grün-Brille.*

diesem Grunde kommen die in der Photogrammetrie in Verwendung stehenden Stereoskope hiefür kaum in Frage.

Die heute am häufigsten eingesetzte Methode zur Präsentation stereoskopischer Bilder sind Anaglyphendarstellungen. Bei diesem Verfahren werden die Bilder für das linke und das rechte Auge jeweils in komplementären Farben übereinandergedruckt. Der Betrachter bekommt eine mit geringen Kosten herstellbare Brille mit Filterfolien in den entsprechenden Farben. Wenn nun zum Beispiel das Bild für das linke Auge rot und das für das rechte Auge grün wiedergegeben wird, so wird das grüne Bild von der roten Folie zur Gänze unterdrückt und umgekehrt. Auf diese Weise sieht jedes Auge nur „sein" Bild. Im Gehirn verschmelzen die beiden Bilder dann zu einer dreidimensionalen Szene. Anaglyphendarstellungen wurden in den fünfziger und sechziger Jahren auch für stereoskopische Kinofilme eingesetzt.

Bei Computervisualisierungen ist es leicht möglich, die Bilder in einem Bildverarbeitungsprogramm entsprechend einzufärben und miteinander zu überlagern. Aus dem Gesagten ergibt sich auch klar, daß auf diese Weise keine Farbdarstellungen möglich sind; das im Gehirn entstehende Bild springt zunächst zwischen den beiden Komplementärfarben, nach längerer Betrachtungszeit stellt sich schließlich ein Schwarzweiß-Bild ein.

Aufwendiger, dafür aber vom Ergebnis her weitaus befriedigender, ist die Verwendung von Polarisationsfiltern. Bei polarisiertem Licht schwingen die Lichtwellen in einer klar definierten Ebene. Polarisationsfilter sind nur für Strahlen durchlässig, die in der entsprechenden Ebene verlaufen. Zwei hintereinander angeordnete Polarisationsfilter mit gegeneinander verdrehten Ebenen sind somit lichtundurchlässig.

Für die Wiedergabe von Bildpaaren in Polarisationsstereoskopie werden Diapositive benötigt, welche von zwei Projektoren übereinander auf eine Leinwand projiziert werden. In den beiden Geräten sind jeweils gegeneinander verdrehte Polarisationsfilter plaziert. Bei einer normalen Betrachtung der Bilder auf der Leinwand werden beide Bilder ohne Unterschied wahrgenommen. Verwendet der Betrachter hingegen wie bei der Anaglyphendarstellung eine Brille mit den korrespondierenden Polarisationsfiltern, wird durch diese jeweils ein Bild ausgeblendet. Im Gegensatz zu Anaglyphendarstellungen hat die Verwendung von Polarisationsfiltern keinen Einfluß auf die Farbwirkung; es entsteht somit ein Farbbild mit sehr guter Raumtiefe.

## 4.5 Dia-Shows und Animationen

Dreidimensionale Visualisierungen können einen sehr guten Eindruck zukünftiger räumlicher Situationen vermitteln. Deutlich verbessert wird dieser Eindruck, wenn von einer Szene mehrere Darstellungen aus verschiedenen Blickrichtungen wiedergegeben werden.

### „Diashows"

Aufgrund des relativ geringen Mehraufwandes für die Errechnung mehrerer Bilder aus einer 3D-Szenenbeschreibung ergibt sich die Möglichkeit, aus zahlreichen Bildern zusammengesetzte Präsentationen im Sinne einer Dia-Show zu erstellen. Am einfachsten erfolgt dies mit Hilfe von Programmen, die Bilder in bestimmten zeitlichen Abständen am Bildschirm darstellen. Sofern der Computer über einen entsprechenden Ton- oder auch Sprachgenerator verfügt, können zusätzlich akustische Informationen beigefügt werden. Die Arbeitsschritte bei der Erstellung unterscheiden sich kaum von jenen für eine herkömmliche Dia-Show: Auf der Basis eines Skripts wird festgelegt, welches Bild wie lange am Bildschirm bleiben soll, die akustischen Signale werden entsprechend synchronisiert. Falls man über eine geeignete Schnittstelle verfügt, können die Bilder auch auf Video ausgelagert werden. Dadurch erleichtert sich einerseits die Weitergabe an Interessenten – ein Videorecorder ist leichter zugänglich und zu bedienen als ein Graphikcomputer –, andererseits sind auch die Möglichkeiten der sprachlichen Kommentierung auf Videosystemen besser.

### Animationen

Neben einer kommentierten Abfolge in sich statischer Bilder, wie sie eine Diashow darstellt, gewinnt zunehmend auch die Produktion bewegter Bildabfolgen an Bedeutung. Die Erstellung von Filmsequenzen aus dreidimensionalen Daten ermöglicht es zum Beispiel, Kamerafahrten durch geplante Raumabfolgen zu simulieren. Bisher war dies nur mit Hilfe aufwendiger Modellbauten und spezieller Aufnahmeapparaturen möglich und somit auf wenige spezialisierte Labors beschränkt (siehe Janssens und Küller 1986).

Bei der Produktion computergegestützter Animationen ist es zunächst erforderlich, die gewünschte „Gehrichtung" durch die modellierte Szene festzulegen. Bei Animationsprogrammen erfolgt dies meist durch die Definition bestimmter Schlüsselpositionen („Keyframes"); die Interpolation der dazwischenliegenden Aufnahmepunkte erfolgt sinnvollerweise durch das Programm selbst („In-Betweening"), eine interaktive Eingabe sämtlicher Aufnahmepositionen auf dem Bildschirm würde wohl einen recht unruhigen Verlauf der Kamerafahrt bewirken.

Um einen flimmerfreien „Film" zu erreichen, ist es notwendig, pro Sekunde etwa 20 Bilder vorzusehen, selbst für kurze Filmsequenzen ist daher eine sehr große Zahl an Einzelbildern erforderlich. Daraus ergibt sich, daß das gewählte Visualisierungsverfahren nicht zu aufwendig sein darf, da sonst die Rechenzeit für die Produktion einer Sequenz zu hoch wird. In der Praxis beschränken sich die eingesetzten Methoden meist auf Drahtmodelldarstellungen oder auf einfache Schattierungsmethoden ohne aufwendiges Mapping. Die Erstellung qualitativ hochwertiger Animationen mit Hilfe von Ray-Tracing ist nur auf spezialisierten Graphik-Workstations möglich.

Eine grundsätzliche Entscheidung stellt die Wahl des Ausgabemediums dar: Die Wiedergabe über das Computersystem selbst ist meist durch mehrere Faktoren begrenzt: Zum einen ist selbst ein hochwertiger PC ohne entsprechende Beschleunigerkarten nicht in der Lage, 20 verschiedene Bilder pro Sekunde von einer Platte auf den Bildschirm zu laden. Zum anderen ist der Bedarf an Speicherkapazität für Animationen enorm, vor allem dann, wenn Farbdarstellungen eingesetzt werden sollen (Faktor 24 zwischen SW-Bitmaps und 24 Bit True-Color).

Für Animationen, die am Computer abgespielt werden, wird daher sinnvollerweise auch eine andere Form der Datenspeicherung gewählt: Ausgehend vom Inhalt des ersten Bildes werden für die folgenden Bilder nur jene Partien abgespeichert, in welchen Unterschiede zum vorangegangenen Bild bestehen; auf diese Weise kann bei einfachen Bildern eine sehr große Einsparung an Speicherkapazität erfolgen. Auch aus diesem Grunde erscheint es sinnvoll, für Animationen auf detailreiche Darstellungen zu verzichten. Wenn zum Beispiel mit Texture Mapping gearbeitet wird, so ergeben sich auch bei nur geringen Unterschieden in der Kameraposition zwischen zwei Einzelbildern für nahezu den gesamten Bildschirminhalt erhebliche Differenzen, wodurch dann auch der Speicherbedarf signifikant zunimmt.

Aus den geschilderten Problemen ergibt sich, daß es weitaus sinnvoller erscheint, Animationen von Anfang an für die Wiedergabe über ein Video-System zu konzipieren. In diesem Fall ergeben sich durch die analoge Wiedergabe keine Engpässe mit dem Datendurchsatz zwischen Datenträger und Bildschirm, auch die Speicherkapazität einer Videokassette verursacht keine Probleme.

Einen Sonderfall stellt die Ausarbeitung einer Animation auf Basis eines Videofilms dar. Dabei werden die Einzelbilder einer zum Beispiel aus einem fahrenden Auto heraus gedrehten Videosequenz einzeln in ein Bildverarbeitungsprogramm geladen, dort überarbeitet und anschließend wieder in die Sequenz eingebaut.

Problematisch ist bei dieser Vorgehensweise in erster Linie die genaue geometrische Einpassung der veränderten Partien. Die Lageunterschiede von Objekten in zwei aufeinanderfolgenden Videobildern sind sehr gering, erst bei der Betrachtung der Abfolge in Echtzeit zeigt sich, ob sich die Objekte entsprechend der Kamerafahrt gleichmäßig mitbewegen oder ob sprunghafte Veränderungen vorgenommen wurden.

Zusammenfassend läßt sich feststellen, daß computergestützt produzierte Animationen derzeit in der Praxis vor allem im deutschsprachigen Raum erst relativ selten eingesetzt werden. Es ist allerdings zu erwarten, daß sich diese Situation in der nächsten Zeit verändern wird, da insbesondere im Bereich der Homecomputer die Bearbeitung von Videosequenzen zunehmend an Beliebtheit gewinnt und die entsprechenden Hard- und Softwareangebote heute bereits ein Preisniveau erreicht haben, das eine weitere Verbreitung erwarten läßt.

## 4.6 Exkurs: Zur Sinnhaftigkeit Realitätsnaher Visualisierungen

Die Verfeinerung computergestützter Visualisierungsmethoden wurde stets mit dem Ziel der Erreichung einer hohen Realitätsnähe vorangetrieben. Der Ehrgeiz der Entwickler besteht auch heute noch darin, virtuell modellierte Objekte in einer Weise darzustellen, daß das entstehende Bild dem einer Umsetzung in die Realität möglichst nahe kommt, oder, wie Jonas und Gröning (1990) formulieren, daß die Differenz zwischen „Bild" und „Abbild" möglichst klein wird. In vielen Anwendungsgebieten wurde dabei tatsächlich eine bemerkenswerte Leistung erzielt, in einigen anderen Bereichen, wie etwa auch in der Freiraum- und Landschaftsplanung sind die praktischen Einsatzmöglichkeiten aufgrund der in den vorangegangenen Kapiteln beschriebenen Probleme der Modellierung von Landschaftselementen teilweise noch begrenzt.

Unabhängig von der jeweils erreichbaren technischen Qualität der Visualisierungen sollte sich jeder Anwender jedoch auch die Frage stellen, ob das Ziel „Realitätsnähe" überhaupt in allen Fällen erstrebenswert ist, beziehungsweise, was unter diesem Begriff eigentlich verstanden werden soll.

Ein wesentlicher Aspekt liegt hiebei in der gewünschten Informationsvermittlung: In Kapitel 4.2. wurden digitale Photomontagen vorgestellt, deren Qualität so hoch ist, daß die vorgenommenen Manipulationen nur dann wahrzunehmen sind, wenn Original und überarbeitetes Bild nebeneinander betrachtet werden. Eine Photomontage gilt somit als „gelungen", wenn die Veränderungen gegenüber dam Ausgangsbild möglichst unauffällig durchgeführt wurden. Dadurch unterscheiden sich digitale (oder auch manuelle) Photosimulationen deutlich von den meisten anderen Methoden der Darstellung planerischer Vorhaben, bei welchen beabsichtigte Veränderungen im allgemeinen deutlich hervorgehoben werden, um den Betrachter darauf besonders aufmerksam zu machen. Ein verstärkter Einsatz perfekter Photosimulationen bei der Präsentation von Planungsprojekten könnte somit auch dazu führen, daß beabsichtigte Eingriffe in Landschaftsausschnitte von den Betrachtern, also den Planungsbetroffenen, eher als geringfügig eingestuft werden. Nicht umsonst werden ja gerade bei politisch umstrittenen Projekten, wie etwa bei Wasserkraftwerken, gerne hohe Geldbeträge dafür aufgewendet, um „schöne" Photosimulationen für die Öffentlichkeitsarbeit herstellen zu lassen.

Neben dem Problem der Verniedlichung darf auch nicht vergessen werden, daß es gerade bei technisch perfekten Simulationen oft auch länger dauern kann, bis ein Betrachter überhaupt einzelne Veränderungen wahrnimmt. Die Erkenntnisse der Wahrnehmungsforschung zeigen deutlich, daß der menschliche Sehsinn gegenüber linearen Strukturen weitaus empflindlicher ist als gegenüber flächigen. So werden etwa Kanten und Umrisse eines Objektes selektiv stärker und auch rascher wahrgenommen als dessen Oberflächeneigenschaften wie etwa die Farbwirkung. Eine manuelle Strichzeichnung (oder auch eine computergenerierte Vektordarstellung) kommt dieser Tatsache eher entgegen als eine vollflächige Darstellung. Die realistische Photosimulation kann somit in manchen Fällen trotz der hohen Qualität durchaus die Geschwindigkeit der Informationsvermittlung gegenüber einer abstrakteren Strichzeichnung herabsetzen.

Weiterhin sollte allen Planern klar sein, in welcher Detailgenauigkeit denn überhaupt Planungsabsichten dargestellt werden sollen. Visualisierungen zukünftiger Situationen können ja stets nur mögliche oder wahrscheinliche Erscheinungsbilder wiedergeben, die sich von den tatsächlichen Ergebnissen eines planerischen Eingriffes erheblich unterscheiden können. Gerade in einer Branche wie der Landschafts- und Freiraumplanung, in welcher viel mit lebendem Material gearbeitet wird, sind Entwicklungszustände oft nicht exakt prognostizierbar. Eine eindrucksvolle Computersimulation beispielsweise einer Gartengestaltung könnte somit bei den Auftraggebern Erwartungen schüren, welche sich in späterer Phase nicht erfüllen, woraus sich schließlich Enttäuschungen ergeben. Bei der Anwendung herkömmlicher Strichzeichnungen hingegen bewegt sich die Darstellung auf einem höheren Abstraktionsniveau, bei welchem ein direkter Vergleich mit realen Situationen nicht so augenfällig durchzuführen ist.

Zusammenfassend soll also festgestellt werden, daß computergestützte Visualisierungsmethoden zur Generierung realitätsnaher Bilder zwar eine sehr wichtige Ergänzung zu dem herkömmlichen Spektrum graphischer Darstellungsmöglichkeiten im Bereich der Planung bedeuten, andererseits diese aber nicht generell ersetzen oder ablösen können. Die Computersimulation ist somit ein Werkzeug unter vielen anderen, welches je nach dem konkreten Anwendungsfall mehr oder weniger sinnvoll eingesetzt werden kann. Die Entscheidung über die Auswahl richtet sich im Planungsalltag nach der darzustellenden Situation, nach dem Adressatenkreis der Darstellung und natürlich auch nach dem mit der Anwendung der einzelnen Werkzeuge verbundenen Aufwand.

# 5 Hardware-Erfordernisse

Das folgende Kapitel setzt sich mit den Anforderungen auseinander, welche sich aus den in den vorhergehenden Abschnitten beschriebenen fachspezifischen Anwendungen im Hinblick auf die Hardware-Ausstattung ergeben. Dabei wurde in erster Linie an die Bedürfnisse eines selbständigen Landschaftsplanungsbüros gedacht, bei welchem die kurz- bis mittelfristige Rentabilität der Anschaffungen einen sehr hohen Stellenwert aufweist.

Die Aufnahme dieses Kapitels in das vorliegende Buch erfolgte insofern mit gemischten Gefühlen, als sich gerade im Bereich der graphischen Datenverarbeitung, dem die meisten der beschriebenen Anwendungen ja zuzurechnen sind, laufend enorme Leistungssteigerungen bei gleichzeitigem Preisverfall ergeben, so daß manche Aussagen über die Preiswürdigkeit verschiedener Gerätetypen in kurzer Zeit überholt sein könnten. (Da alle im folgenden Kapitel erwähnten Gerätetypen im Glossar am Ende das Buches kurz beschrieben sind, wird hier auf nähere Erläuterungen verzichtet.)

Bei allen Komponenten eines EDV-Systems gilt es, zwischen der **Leistungsfähigkeit** und den **finanziellen Aufwendungen** zu optimieren, wobei ein Preis-Leistungs-Verhältnis oftmals nur schwer zu definieren ist: So wird zum Beispiel die Arbeit an leistungsschwachen Geräten sehr bald als nervenaufreibend empfunden, auch wenn die tatsächlich gemessene Zeitdauer etwa zum Aufbau einer Graphik am Bildschirm beim interaktiven Arbeiten nur einige Sekunden beträgt. Die Ungeduld gegenüber dem Rechner steigert sich erfahrungsgemäß mit der Fertigkeit des Benutzers. Neben diesen eher nur instinktiv faßbaren Effekten kann eine zu schwache Ausrüstung sich auch als unwirtschaftlich erweisen, wenn aufwendige Rechengänge nicht mehr interaktiv durchgeführt und eventuelle Fehler erst nach einer langen Rechenzeit erkannt werden können.

Umgekehrt kann die Installation einzelner sehr leistungsfähiger Komponenten ebenfalls unwirtschaftlich sein, nämlich dann, wenn sie ohne Rücksicht auf die Leistungsfähigkeit des gesamten Systems vorgenommen wird. Ein einfaches Beispiel dafür wäre etwa die Anschaffung eines Rechners mit großem Arbeitsspeicher und die Verwendung von Software, welche diese Kapazität gar nicht völlig ansprechen kann. Das Finden einer ausgewogenen Balance zwischen den einzelnen Hardware-Komponenten untereinander und der Software ist besonders bei graphischen Anwendungen oft schwierig, da diese sowohl im Hinblick auf die mathematische Rechnerleistung (Berechnung von Perspektiven aus CAD-Modellen) als auch in bezug auf die Bildschirmdarstellung (Farbtauglichkeit, rascher Datenfluß vom Rechner zum Bildschirm) hohe Ansprüche stellen.

## 5.1 Rechnertypen – PC oder Workstation ?

Für den professionellen Einsatz graphischer EDV-Anwendungen kommen sowohl Geräte aus dem oberen PC-Bereich als auch aus dem Workstation-Bereich in Frage. Die Grenzen zwischen diesen beiden Typen haben sich in der letzten Zeit in vielerlei Hinsicht aufgelöst: Die typischen Merkmale einer Workstation wie Multi-User- oder Multi-Tasking-Betriebssystem, Verwendung leistungsfähiger Prozessoren, hohe Arbeitsspeicherkapazität usw. werden auch schon für PCs der oberen Preisklassen angeboten. Es ist daher recht schwer, die Unterschiede zu definieren und daraus Empfehlungen für die Systemwahl zu erstellen. Für die Verwendung hochwertiger PCs anstelle von Workstations spricht, unabhängig von den heute nicht mehr so weit auseinanderliegenden Anschaffungskosten, einerseits die im allgemeinen leichtere Erlernbarkeit der Betriebssysteme, andererseits sollte auch in Betracht gezogen werden, daß die Software auf PC-Ebene oft deutlich billiger und im Angebot reichhaltiger ist als auf Workstation-Ebene. Letzteres trifft ganz besonders für den an sich sehr kleinen Markt zu, den die EDV in der Landschaftsplanung derzeit noch darstellt.

Der Einstieg in die EDV läßt sich im allgemeinen über die PC-Ebene leichter vollziehen: Mit der Anschaffung eines PCs der mittleren Leistungsklasse können viele Anwendungen prinzipiell erlernt und durchgeführt werden, über nachträgliche Aufrü-

| | GIS | 2D-CAD | 3D-CAD | 3D-Visualisierung | Bildverarbeitung | Standardbürosoftware |
|---|---|---|---|---|---|---|
| Rechnertypen | Workstation obere PC-Klasse *) | mittlere PC-Klasse | Workstation obere PC-Klasse | Workstation obere PC-Klasse | obere PC-Klasse | untere PC-Klasse |
| Massenspeicher | 200 MB | 100 MB | 100 MB | 150 MB | 200 MB | 50 MB |
| Bildschirmgröße | 16 Zoll | 19 Zoll | 19 Zoll | 19 Zoll | 13 Zoll | 13 Zoll |
| Farbtiefe | 4 bit (=16 Farben) | 1 bit (=SW) | 1 bit | 24 bit (=16 Millionen) | 24 bit | 1 bit |
| Eingabegeräte | Digitizer (Scanner) | Digitizer | Digitizer | | Scanner | |
| Ausgabegeräte | Stiftplotter, Laser-, Tintenstrahldrucker | Stiftplotter, Laser-, Tintenstrahldrucker | Stiftplotter, Laser-, Tintenstrahldrucker | (Diabelichter Lichtsatz) | (Diabelichter Lichtsatz) | Laserdrucker |
| Datentransport | Diskette ev. Band | Diskette | Diskette | Wechselplatte ev. Band | Wechselplatte ev. Band | Diskette |

*) untere PC-Klasse: Prozessor Intel 80286, Motorola 68000 mittlere PC-Klasse: 80386SX, 68020 obere PC-Klasse: 80386, 80486, 68030, 68040, Mathematik-Koprozessoren

*Abb. 241. Mindestanforderungen an die Hardware-Ausstattung in einem Landschaftsplanungsbüro in Abhängigkeit von den Anwendungen*

stungen kann das System dann entsprechend den Anforderungen und Erfahrungen schrittweise optimiert werden. Der direkte Einstieg auf Workstation-Niveau bedeutet demgegenüber einen sehr großen Anfangsaufwand.

Es ist recht schwierig, aus den jeweiligen Anwendungsbereichen heraus zu definieren, welche Prozessoren oder welche Arbeitsspeichergrößen erforderlich sind. So macht es zum Beispiel im Bereich des CAD einen sehr großen Unterschied, ob lediglich ein System zur Erstellung von 2D-Zeichnungen mit Schnittstellen zu einer Tabellenkalkulation benötigt wird oder eine komplette 3D-Solid-Modeling-Lösung mit aufwendigen Visualisierungsalgorithmen. Die in Abb. 241 enthaltenen Angaben sind daher nur als allgemeine Richtlinie zu verstehen. Es muß dabei zusätzlich berücksichtigt werden, daß diese Aussagen auf Basis der Preis-Leistungs-Verhältnisse erstellt wurden, wie sie zur Zeit der Abfassung des Manuskripts (Ende 1990) bestanden.

## 5.2 Massenspeicher

Es ist anzunehmen, daß die heute üblichen Magnetplatten als Massenspeicher in den kommenden Jahren vermutlich von den weitaus leistungsfähigeren opto-magnetischen Platten abgelöst werden. Dann werden auch die Diskussionen um beschränkte Speicherkapazitäten auf einem ganz anderen Niveau ablaufen. Derzeit sind die Anschaffungskosten für ein Grundgerät dieses Typs noch relativ hoch, so daß sich ein Preisvorteil gegenüber herkömmlichen Platten erst bei sehr großen Datenmengen ergibt (etwa ab 400 Megabyte). Andererseits hat sich gerade in diesem Bereich der Hardware in der jüngsten Vergangenheit ein Entwicklungsschub vollzogen, so daß sich auch der dazugehörende Preisrückgang recht bald einstellen müßte.

Von den besprochenen Anwendungen ergibt sich vor allem im Bereich der Bildverarbeitung ein enormer Bedarf an Speicherkapazität. Zu empfehlen ist für diesen Zweck daher eine Mindestausstattung von etwa 200 Megabyte. Mit dieser Kapazität kann ein größeres Projekt mit mehreren zu verändernden hochauflösenden Bildern (meist um 4 Megabyte) gerade gut bearbeitet werden, und nur so ist es möglich, mehrere Versionen eines Bildes zu speichern.

Zur dauernden Archivierung großer Bilddateien ist nur eine Auslagerung auf Magnetbänder oder Wechselplatten sinnvoll. Es ist zwar möglich, Bilddateien in mehreren Teilen auf Disketten abzulegen, doch nimmt dies sehr viel Zeit in Anspruch.

Wenn vorgesehen ist, Bilddateien auf hochwertigen Wiedergabegeräten (wie Dia-Schreiber, Druckfilmbelichter) in Dienstleistungsbetrieben auszugeben, so muß auch eine entsprechende Transportmöglichkeit berücksichtigt werden. Gerade für solche Zwecke sind Wechselplattensysteme, wie sie ja auch für opto-magnetische Bautypen erhältlich sind, vorteilhaft. Leider variiert jedoch die Formatierung der Platten oft von Hersteller zu Hersteller, woraus sich häufig Kompatibilitätsprobleme ergeben. Um dies zu vermeiden, sollte vor der Auswahl einer Marke Kontakt zu den lokalen Dienstleistungsunternehmen (Printshops) aufgenommen werden, die für eine Zusammenarbeit in Frage kommen.

Bei CAD-Anwendungen im Bereich der Freiraumgestaltung fallen vergleichsweise viel kleinere Datenmengen an, so daß auch die erforderliche Plattenkapazität für diesen Bereich geringer anzusetzen ist. Kahlen (1989) gibt als Minimum für den CAD-Einsatz in Architekturbüros etwa 100 Megabyte Speicherkapazität an; dieser Wert dürfte auch auf die Freiraum- und Landschaftsgestaltung übertragber sein, sofern nicht mit besonders aufwendigen 3D-Visualisierungen gearbeitet wird.

Für den GIS-Bereich lassen sich keine Angaben in dieser Richtung machen. Der Bedarf an Massenspeicher hängt hier in erster Linie davon ab, für welche Zwecke das System eingesetzt werden soll: Einfache Karten, in einem vektororientierten GIS gespeichert, nehmen nur wenig Speicherkapazität in Anspruch, deswegen kann auch mit einer relativ geringen Grundausstattung von etwa 100 Megabyte mit GIS-Projekten begonnen werden, anzustreben sind jedoch auch hier 200 Megabyte.

Anders liegt die Situation bei rasterorientierten Systemen, bei welchen meist höhere Datenmengen zur Speicherung anfallen als bei vektororientierten Systemen, sowie bei der Einrichtung umfangreicher regionaler Flächeninformationssysteme mit einer sehr hohen Zahl an abzuspeichernden Attributdaten.

Sowohl im Bereich CAD als im Bereich GIS ist zu beachten, daß bei der Ausgabe der Vektorgraphiken auf rasterorientierten Farbdruckern Plotfiles anfallen, deren Umfang oft mehr als das Zehnfache des Umfanges der ursprünglichen Vektordatei betragen kann. Da die Erstellung solcher Plotfiles oft auch große Rechenzeiten verursacht, muß daher geklärt werden, ob es günstiger ist, entweder mehr Speicherplatz für die Druckdateien vorzusehen, oder diese Dateien bei jedem einzelnen Ausdruck mit entsprechendem Rechenaufwand neu zu erstellen.

## 5.3 Datensicherung und Archivierung

Zum Thema Massenspeicher gehört auch der Fragenkreis der Datensicherung. Ein professionell arbeitendes Planungsbüro mit terminisierten Projekten kann es sich nicht leisten, im Falle eines Plattenabsturzes verlorengegangene Daten neu zu erarbeiten oder in mühsamer Kleinarbeit unter Zuhilfenahme von Hilfsprogrammen, wie sie im PC-Bereich in großer Zahl angeboten werden, zu rekonstruieren. Eine regelmäßige (tägliche !) Datensicherung ist daher unabdingbar, wird aber meist erst dann eingeführt, wenn sich einmal ein Schaden ereignet hat.

Falls nur mit geringen Datenmengen gearbeitet wird, kann es ausreichend sein, die Datensicherung auf Disketten durchzuführen. Im allgemeinen wird man aber auf leistungsfähigere Medien ausweichen müssen, auf Wechselplattensysteme oder gleich auf Magnetbandstationen.

Ein Grund dafür, daß Datensicherung bisweilen ungern durchgeführt wird, liegt im oft hohen Zeitaufwand für die Durchführung, besonders dann, wenn mit Disketten gearbeitet wird. Wechselplatten- oder Magnetbandsysteme werden meist mit Programmen geliefert, welche die Auswahl der zu sichernden Dokumente (z. B. nach dem Datum der letzten Sicherung) und die Abspeicherung selbst weitgehend selbsttätig durchführen. Dieser höhere Bedienungskomfort bewirkt dann auch eine größere Bereitschaft des Personals, die Datensicherung regelmäßig durchzuführen.

## 5.4 Bildschirme

Da Bildschirme derzeit noch eine sehr bestimmende Kostenkomponente darstellen, kommt der Auswahl eines geeigneten Gerätes besondere Bedeutung zu. Für alle graphischen Anwendungen sind natürlich großformatige Geräte vorteilhaft, insbesondere für den Bereich CAD. Gerade beim Entwerfen ist es sehr wichtig, sowohl den Überblick über die gesamte Zeichnung zu behalten, als auch im Detail die notwendige Genauigkeit zu erreichen. Deswegen sollte bei professionellem CAD-Einsatz stets eine maximale Bildschirmgröße angestrebt werden (19- oder 21-Zoll-Bilddiagonale). Demgegenüber sind für CAD-Arbeiten Farbtauglichkeit und Farbvielfalt weniger bedeutend. Ein großer Schirm mit Schwarzweiß-Darstellung oder wenigen Farben sollte deswegen einem kleinen Farbschirm mit großer Farbtiefe vorgezogen werden, zumal auch die Bildqualität (Schärfe, Flimmerfreiheit) bei Schwarzweiß- oder Graustufenschirmen oft besser ist als bei Farbschirmen, was sich wiederum auf die Ermüdung der vor dem Gerät arbeitenden Benutzer auswirkt.

Bei GIS-Anwendungen erscheint ein mittleres Format (16-Zoll-Schirm) ausreichend. Allerdings ist bei der Betrachtung mehrerer Ebenen und vor allem zur Darstellung flächenfüllender Signaturen, wie sie in thematischen Karten oft anfallen, Farbtauglichkeit erforderlich. Dabei reichen meist 8 oder 16 Farben aus.

Die höchsten Ansprüche an die Farbtauglichkeit erwachsen zweifellos bei der Anwendung von Visualisierungsmethoden. Realistische Bilder erfordern den Einsatz von True-Color-Videokarten mit 24-Bit-Farbtiefe; auf 8-Bit-Systemen lassen sich nur Schwarzweiß-Graphiken zufriedenstellend bearbeiten. Als notwendige Mindest-Bildschirmgröße für die beschriebenen Bildsimulationen kann eine Bilddiagonale von 13 Zoll angegeben werden.

Aus den unterschiedlichen Anforderungen der einzelnen Anwendungen ergibt sich, daß es nur schwer möglich ist, einen Bildschirm zu finden, der allen Ansprüchen gerecht wird, zumal 19-Zoll-Farbschirme mit 24-Bit-Videokarten heute fast genausoviel kosten wie das gesamte restliche Rechnersystem. Wenn daher beispielsweise beabsichtigt wird, auf einem System sowohl Bildsimulationen als auch CAD laufen zu lassen, so kann es billiger kommen, einen kleinen, voll farbtauglichen Farbschirm und daneben einen großen Schwarzweiß-Schirm anzuschaffen.

## 5.5 Digitalisiereinrichtungen

### Digitalisiertische

Sowohl bei GIS-, als auch bei CAD-Anwendungen ist eine Digitalisierstation notwendig. Für den professionellen Einsatz müssen entsprechend große Digitalisiertische vorgesehen werden, da beim nachträglichen Aneinanderfügen mehrerer getrennt digitalisierter Blattstücke stets viel Arbeitsaufwand und auch Genauigkeitsverluste anfallen. Als Mindestgröße muß daher das Format DIN A1 angesehen werden, wenn möglich, sollte gleich A0 angestrebt werden. Der Platzbedarf eines solchen Tisches ist dabei ebenfalls zu berücksichtigen.

### Scanner

Kleinformatige (A4-)Scanner sind einerseits unabdingbar für Arbeiten mit Bildverarbeitungsprogrammen, andererseits können sie auch vorteilhaft im Büroalltag zur direkten Übernahme von Abbildungen, Photographien usw. in Textdokumente eingesetzt werden. Die Anschaffung eines großformatigen Scanners als Eingabegerät für GIS- oder CAD-Anwendungen wird sich im Hinblick auf die in Kapitel 2.8.2. erwähnten Probleme nur in den seltensten Fällen lohnen.

## 5.6 Ausgabegeräte

### Stiftplotter

Für die Ausgabe großformatiger Pläne ist nach wie vor der Stiftplotter die günstigste Alternative, wobei im Hinblick auf Kosten und Platzbedarf wohl ausschließlich Trommelplotter in Frage kommen. Die Schwachstelle der Stiftplotter ist zweifelsohne die lange Bearbeitungszeit für das einzelne Blatt. Je nach den verwendeten Schraffuren kann das Auszeichnen einer A0-Karte mehrere Stunden dauern. Systemabstürze, schmutzende Plotterschreiber oder ein am Ende eines langen Zeichendurchganges auftretender Tintenmangel können dann bei Termindruck in der Schlußphase einer Projektbearbeitung zu erheblichem Streß im Büro führen. Aus diesem Grunde wird oft versucht, auf kleinformatige Geräte, wie sie nachfolgend beschrieben werden, auszuweichen, oder großformatige Ausgaben auf hochwertigen Ausgabegeräten (Elektrostatplotter) in Dienstleistungsbetrieben durchführen zu lassen. Als nachteilig erweist sich dann allerdings oft die mangelnde Kontrollmöglichkeit während des Ausdrucks, die beim Stiftplotter im eigenen Büro stets gegeben ist.

**Laserdrucker, Tintenstrahldrucker**

A4-Laserdrucker und Tintenstrahldrucker gehören heute eigentlich schon zur Standardausstattung eines Bürosystems. Für Kontrollausdrucke oder für die Darstellung von Details sind sie hervorragend geeignet. Bedingt durch die hohe Auflösung von 300 dpi eines durchschnittlichen Laserdruckers ist es durchaus möglich, Pläne ohne besonderen Qualitätsverlust nachträglich mit Hilfe eines (maßstabsgetreu arbeitenden) Photokopierers auf das Format A3 zu vergrößern. In dieser Hinsicht kann ein Laserdrucker eine wertvolle Ergänzung zu einem Stiftplotter darstellen und dessen Überlastung verringern. Wenn der Drucker über die Seitenbeschreibungssprache Postscript angesteuert werden kann, so ergeben sich daraus vielfältige Gestaltungsmöglichkeiten für Graphiken, die weit über das Leistungsspektrum eines Strichplotters hinausreichen.

**Farbmatrixdrucker, Thermotransferdrucker, Farb-Inkjet-Drucker**

Für die färbige Ausgabe kleinformatiger Darstellungen (A4 bis A3) wurden zahlreiche verschiedene Systeme auf den Markt gebracht. Aufgrund ihrer Auflösungsgenauigkeit (meist um 300 dpi) und Farbtauglichkeit eignen sie sich gut als Ausgabegeräte für Vektorgraphiken wie Karten oder kleinformatige Konstruktionspläne. Die Wiedergabequalität bei Rastergraphiken aus Visualisierungsprogrammen (Photosimulation, Ray-Tracing) ist meist eher unbefriedigend.

**Elektrostatplotter, Laserplotter**

Der Einsatz hochauflösender Ausgabegeräte für großformatige Pläne wird sich im Bereich der Landschaftsplanung wohl nur für einige wenige Büros rentieren, zumal neben den hohen Anschaffungskosten auch noch beträchtliche Kosten für die laufende Wartung anfallen. Sollte es nicht zu einem besonderen Preisverfall auch in diesem Bereich der Hardware kommen, bleibt für kleine und mittlere Büros als Alternative nur die Beauftragung von entsprechend ausgerüsteten Dienstleistungsunternehmen. Während Laserplotter fast ausschließlich nur bei kartographischen Betrieben installiert sind, können Elektrostatplotter immer öfter in großen Bauingenieurbüros gefunden werden; diese bieten bisweilen die Mitbenutzung ihres Gerätes zu relativ günstigen Konditionen an.

**Dia-Belichter, Farblaserkopierer**

Für die hochwertige Ausgabe von farbigen Rastergraphiken auf Diabelichtern oder über Schnittstellen zu Farblaserkopieren kommt ebenfalls in der Regel nur die Beauftragung von Dienstleistungsunternehmen in Frage, da die Anschaffungskosten im Verhältnis zu der zu erwartenden Auslastung viel zu hoch sind.

# 6 Wirtschaftlichkeit des EDV-Einsatzes im Landschaftsplanungsbüro

Die Anschaffung eines Computers für allgemeine Büroarbeiten wie Textverarbeitung oder die Erstellung von Präsentationsgraphiken stellt heute keine besondere finanzielle Belastung mehr dar.

Anders hingegen verhält es sich bei den im Hinblick auf die Rechnerleistung oder einzelne Peripheriegeräte anspruchsvolleren graphischen EDV-Anwendungen, wie sie im vorliegenden Buch beschrieben wurden. Ihre Einführung kann sowohl in bezug auf die anfallenden Kosten, aber auch, was genauso wichtig ist, in bezug auf die gesamte Organisation eines Büros einen erheblichen Einschnitt darstellen. Aus diesem Grunde ist es wichtig, von vornherein möglichst viele der Folgewirkungen zu bedenken, die sich ergeben können. Auch sollte es klar sein, aus welcher Motivation heraus eigentlich eine solche Investition vorgenommen wird: Der Begriff Wirtschaftlichkeit läßt sich im Zusammenhang mit EDV nicht immer leicht abgrenzen, weil hier viele Teilaspekte der Wirtschaftlichkeit nebeneinander berücksichtigt werden müssen:

**Produktivitätssteigerung**

Als wesentlichste Komponente einer Wirtschaftlichkeitsbeurteilung wird im Zusammenhang mit einer EDV-Installation meist die Reduktion des Aufwandes für die Erbringung bestimmter Leistungen herangezogen. Hierfür ist es zunächst notwendig, zu ermitteln, wie groß der Anteil jener Büroleistungen ist, die tatsächlich durch den EDV-Einsatz unterstützbar sind.

Da dem Autor dieses Buches darüber keine detaillierteren Untersuchungen aus dem Bereich der Landschafts- und Freiraumplanung bekannt sind, wird hier auf Beispiele aus der Architektur zurückgegriffen, die sich jeweils auf kleinere Büros mit wenigen Mitarbeitern beziehen, wie sie auch für den Bereich der Landschaftsplanung typisch sind.

Nach Kahlen (1989) können durch den CAD-Einsatz in der Architektur mindestens 30 bis 45 % der Leistungen, wie sie in der Honorarordnung dieses Berufsstandes definiert sind, unterstützt werden, der niedrigere Wert bezieht sich auf einfache 2D-CAD-Installationen, der obere auf den integrierten Einsatz von 3D-CAD- und AVA-Programmen. Bei Hasselmann und Spors (1987) wurden Werte um 50 % ermittelt.

Wenn nun ein gewisser Prozentsatz EDV-unterstützbarer Leistungen erfaßt ist, so gilt es, nun die tatsächliche Kostenersparnis gegenüber einer manuellen Bearbeitung zu bestimmen. Diese läßt sich sinnvollerweise nur in Abhängigkeit von der Zeit definieren: Während der Einführungsphase ergibt sich durch die notwendigen Einschulungen bzw. durch die fehlende Routine zunächst einmal eine Verringerung des Büro-Outputs. Nach den Kalkulationen von Hasselmann und Spors ist etwa im ersten Jahr nach der Umstellung eines Architekturbüros auf CAD mit keinerlei Produktivitätssteigerung zu rechnen. Ähnliches könnte auch für den Einsatz der GIS-Technologie angenommen werden. Selbst wenn durch gute (und meist auch sehr teure) Einschulungskurse das Grundwissen über die verschiedenen Funktionen eines Programmpaktes leicht erworben werden kann, so ist die Routine des raschen Arbeitens nur durch regelmäßiges Üben an praktischen Aufgabenstellungen zu gewinnen.

Neben dem Aufwand für das Kennenlernen eines Systems fällt auch ins Gewicht, ob mit der Zeit immer mehr digitale Dokumente anfallen, die mehrfach verwendet werden können, also etwa Symbol- oder Bauteilbibliotheken. Somit ist auch die Produktivitätssteigerung um so größer, je mehr gleichartige Aufträge bearbeitet werden. Die oben genannten Autoren geben in Abhängigkeit vom Wiederholungsgrad eine Produktivitätssteigerung zwischen 200 % und 500 % an.

Im Zusammenhang mit der Ermittlung der Produktivitätssteigerung ist auch zu berücksichtigen, auf welche Weise sich diese auf den Betrieb eines Büros auswirken kann. Bei günstiger Auftragslage kann sie dazu verwendet werden, zusätzliche Aufträge hereinzunehmen, in anderen Fällen führt sie eventuell zu einer Reduktion des Personalstandes. Während es allerdings für große Industriebetriebe einfach ist, auf Veränderungen des Arbeitsanfalles mit Aufnahme oder Abbau von Personal zu reagieren, kann dies in kleinen Büros oft nur in Sprüngen erfolgen.

**Erhöhung des Akquisitionspotentials**

Es ist schwierig zu klären, in welchem Maße ein Landschaftsplanungsbüro mit umfangreicher EDV-Ausstattung auch mehr Aufträge akquirieren kann. Hier sind zwei Faktoren zu berücksichtigen: Solange die Durchdringung einer Branche mit der EDV noch gering ist, gelten jene Büros, die sich darauf umstellen, als besonders innovativ. So kann mit gut gemachten EDV-Demonstrationen im Büro sicherlich oft ein günstiges Klima für die Akquisition von Aufträgen erreicht werden, selbst dann, wenn die zu bearbeitenden Aufgaben im Prinzip genausogut auch manuell erledigt werden können. Von diesem Effekt können natürlich nur die ersten Betriebe profitieren, die sich auf eine Umstellung einlassen.

Weitaus wichtiger ist die Frage, ob durch die Hereinnahme neuer Technologien nicht auch das Feld möglicher Bearbeitungen vergrößert werden kann. Dies betrifft in besonderem Maße den Einsatz Geographischer Informationssysteme, zu denen es ja kaum Alternativen im Bereich der manuellen Bearbeitung gibt. Die GIS-Technologie eröffnet Möglichkeiten für die Anwendung methodischer Ansätze, vor allem im Hinblick auf die Quantifizierung von Landschaftsmerkmalen, die bei herkömmlicher Bearbeitung entweder überhaupt nicht oder nur mit sehr großen Zeitaufwand durchführbar sind. In diesem Falle kann somit auch der Tätigkeitsbereich eines Büros insgesamt erheblich erweitert werden.

Daneben gibt es noch eine Vielzahl von Leistungen, die durch den EDV-Einsatz leichter angeboten werden können. Als Beispiel sei der Einsatz von Bildverarbeitungsmethoden zur Visualisierung von Landschaftsbildveränderungen genannt: Zwar lassen sich die meisten in Kapitel 4.2. beschriebenen Tätigkeiten auch mit herkömmlichen Dunkelkammermethoden bewerkstelligen, allerdings nur mit einem Aufwand, der ihre Anwendung auf wenige Ausnahmefälle beschränkt. Durch den Einsatz der Bildsimulationstechniken kann somit das Darstellungsmedium der Photomontage häufiger und mit geringerem finanziellen Aufwand eingesetzt werden. Ähnlich verhält es sich mit der Erstellung perspektivischer Ansichten: Beim Einsatz eines 3D-CAD-Systems macht es kaum einen Unterschied, ob von einer Szene eine oder zehn verschiedene Perspektiven erstellt werden. Wenn man bedenkt, daß im Planlesen ungeübte Personen, die oftmals aber Entscheidungskompetenzen innehaben (z. B. Politiker), Perspektiven oder Photomontagen besonders attraktiv wirken, so wird sich dies wahrscheinlich auch positiv bei der Auftragsakquisition auswirken.

**Kostenkomponenten**

Da bei der Anschaffung einer EDV-Ausstattung fast immer nur der Kaufpreis der Hardware in Betracht gezogen und die Vielfalt weiterer Kostenkomponenten übersehen wird, soll hier etwas näher darauf eingegangen werden.

Branchenspezifische Software wird oft nur in kleinen Stückzahlen verkauft und ist dann dementsprechend teuer. Da der Preisverfall im Bereich der Hardware in den letzten Jahre rapide vor sich gegangen ist, kann es heute durchaus passieren, daß die Kosten für die gewünschte spezifische Software höher sind als die Kosten für die Geräte, auf welchen die Software installiert werden soll, insbesondere dann, wenn für die aktuelle Installation eine individuelle Anpassung vorgenommen werden muß (Programmierung von Schnittstellen, Benutzermenüs usw.).

Sowohl für die Hardware als auch für die Software ist mit Wartungskosten zu rechnen. Bei der Hardware betrifft dies vor allem die Ausgabegeräte, bei der Software ergeben sich regelmäßige Kosten bei der Aktualisierung auf neuere Versionen. Die Preispolitik für das Updating von Software ist bei den einzelnen Herstellern stark unterschiedlich und sollte daher vor dem Erwerb einer Lizenz genauer erhoben werden.

Auf der Hardwareseite wird die tatsächliche Verwendungsdauer eines Gerätes oft überschätzt. Aufgrund der rasanten technischen Weiterentwicklung und den sich daraus bisweilen ergebenden Kompatibilitätsproblemen zwischen einzelnen Komponenten eines Systems wird sie in vielen Fällen kaum mehr als fünf Jahre betragen. Dementsprechend kurz muß auch der angestrebte Amortisationszeitraum sein, wobei hier vor zu optimistischen Schätzungen gewarnt werden muß (siehe Schaller 1986, Knoll und Ranneberg 1989).

# 7 Nachwort: Computer – Allheilmittel oder Fluch

Im vorliegenden Buch wurde versucht, einige aus der Sicht des Autors für die Landschafts- und Freiraumplanung wichtige Computeranwendungen im Hinblick auf ihre Struktur, ihre Wirkungsweise und ihre Einsatzbereiche zu beschreiben sowie auf einige organisatorische und wirtschaftliche Aspekte hinzuweisen.

Ganz bewußt am Ende des Buches und nicht in der Einleitung, unter der Annahme, daß die Leserinnen und Leser aus den dazwischenliegenden Kapiteln einiges an technischer Information mitgenommen haben, soll nun der Computereinsatz in der Landschaftsplanung in einem allgemeineren Kontext betrachtet werden, wobei dem Autor bewußt ist, daß der Einschub eines verhältnismäßig kurzen Kapitels auch als Alibiaktion kritisiert werden kann. Beabsichtigt ist es jedoch, Denkanstöße zu liefern, die zu einer weiteren Auseinandersetzung mit diesem Thema führen sollen.

In der „grünen" Branche der Landschafts- und Freiraumplanung ist der Anteil jener Personen relativ hoch, die dem technischen Fortschrittsglauben prinzipiell eher skeptisch gegenüberstehen, was sich leicht aus der Alltagsarbeit dieser Gruppe erklären läßt, die ja sehr oft aus einer Konfrontation mit den negativen Folgewirkungen technischer Neuerungen besteht. So ist wohl auch bei vielen Landschaftplanern und Landschaftsplanerinnen eine gewisse instinktive Abneigung gegenüber der elektronischen Datenverarbeitung gegeben (Lindhult 1988).

Das Unbehagen gegenüber der EDV rührt oft auch daher, daß uns „das Wissen, das wir bisher in Büchern, Plänen, Verzeichnissen archiviert haben, noch weiter entrückt wird: Auf Magnetbändern und Disketten ist es weder sichtbar noch (im engeren Sinn des Wortes) greifbar" (Bartelme 1989a).

Die „Computerisierung" unserer Gesellschaft ist ein Vorgang, der viele unterschiedliche Reaktionen provoziert hat, und es wurden zahlreiche Publikationen herausgegeben, die dieses Thema aus verschiedenen sozialwissenschaftlichen Fachrichtungen beleuchten. In der Mehrzahl dieser Veröffentlichungen überwiegen die warnenden Töne, wobei deren Argumente auf den unterschiedlichsten Ebenen der Diskussion ansetzen: Einschränkung der persönlichen Kreativität durch Monotonie, Verlust von Arbeitsplätzen durch Rationalisierung, Gesundheitsschäden durch Bildschirmarbeit, Computer als Mittel zu Machterhaltung und Unterdrückung, fehlende Überblickbarkeit für Durchschnittsbürger usw. Aus der großen Zahl einschlägiger Veröffentlichung soll hier vor allem auf Weizenbaum (1976), Turkle (1984) und Volpert (1985) verwiesen werden, eine interessante Aufarbeitung der speziellen Beziehung zwischen Computer und Ökologie findet sich bei Bossel und Simon (1986).

Ein kleinere Gruppe von Autoren vertritt die gegenteilige Meinung, daß gerade erst durch die Einführung neuer Technologien wie der Mikroelektronik ökologische und gesellschaftliche Probleme einer Lösung zugeführt werden können, etwa durch eine Optimierung des Resourceneinsatzes oder eine Verbesserung der Kommunikationsmöglichkeiten (z. B. Huber 1982), auch könnten z. B. computergesteuerte Roboter menschenunwürdige Tätigkeiten übernehmen und über eine dadurch ermöglichte Arbeitszeitverkürzung die menschliche Arbeitskraft frei machen für verstärktes soziales und politisches Engagement.

Den meisten dieser Veröffentlichungen gemeinsam ist eine gewisse Überhöhung der Bedeutung der EDV über die rationale Betrachtung hinaus. Von den Gegnern wird der Computer oftmals als etwas Angsterregendes beschrieben, ein böser Dämon, der bekämpft oder zumindest gezähmt werden muß. Auf der Seite der Befürworter erfolgt diese Überhöhung eher in die Richtung eines Allheilmittels, der Computer als Lösung der Menschheitsprobleme.

Es ist interessant zu beobachten, daß sich die Emotionalität der Auseinandersetzung um die gesellschaftliche Relevanz der Computeranwendung in den letzten Jahren etwas gelegt hat, der Computer wurde zunehmend zu einem Werkzeug wie viele andere „degradiert". Damit soll nicht gesagt werden, daß Bildschirmarbeit nicht auch unmenschliche Arbeit sein kann: Die Monotonie des Arbeitstages einer Datatypistin (hier muß aus der Realität heraus bewußt die weibliche Form gewählt werden) ist tatsächlich oft alles andere als angenehm, nur ist dies kein Spezifikum der elektronischen Datenverarbeitung, sondern eher einer extremen Arbeitsteilung, bei der, ähnlich wie bei der industriellen Fließbandarbeit Mitte dieses Jahrhunderts, auf viele Faktoren der menschlichen Psyche und ihrer Leistungsfähigkeit keine Rücksicht genommen wird.

Durch die weitgehende Durchdringung vieler Arbeitsbereiche mit der elektronischen Datenverarbeitung wurde auch die EDV-Arbeit selbst dezentralisiert, so daß, nicht zuletzt wegen der Preisentwicklung im PC-Bereich, heute in einem Büro eigentlich jeder Mitarbeiter über einen Computer zur Erledigung seiner allgemeinen Bürotätigkeiten (wie Korrespondenz, Berichterstellung, Ausarbeitung von Präsentationsgraphiken) verfügen kann. Hier beeinflußt die EDV den täglichen Arbeitsablauf relativ wenig, wenn man davon absieht, daß die gleiche Menge Arbeit an einem Computer rascher zu erledigen sein sollte als an einer Schreibmaschine oder mit einem Rechenschieber.

Anders verhält es sich hingegen bei der Installation leistungsfähiger Graphik-Arbeitsplätze in einem Landschaftsplanungsbüro: Wer den ganzen Tang lang vor einem großen CAD-Schirm sitzt (sitzen muß), ist nicht nur einer entsprechenden Strahlenbelastung ausgesetzt, deren arbeitsmedizinische Bedeutung erst in den letzten Jahren näher untersucht wurde, auch die psychische Beziehung zu diesem Arbeitsgerät bekommt eine andere Dimension. Ähnliches gilt etwa im GIS-Bereich für das Digitalisieren, eine äußerst monotone Arbeit, bei der für persönliche Kreativität wenig Raum bleibt.

Ein Weg zur Vermeidung der Monotonie im EDV-dominierten Arbeitsalltag ist die Verhinderung zu starker Arbeitsteilung: Die Einstellung von „Digitalisierknechten" zum Beispiel, die zu geringen Stundensätzen den ganzen Tag neben dem Bildschirm sitzen und GIS-Daten eingeben, ist zwar vielleicht kurzfristig kostengünstig; es besteht allerdings die Gefahr, daß durch mangelnde Identifikation mit dem jeweiligen Projekt und durch die Monotonie der Arbeit auch die Qualität der Ergebnisse leidet. In diesem Sinne erscheint es vorteilhafter, wenn jeder Projektmitarbeiter in der Lage ist, „seine" Daten in das System einzubringen, von denen er genau weiß, mit welchen Genauigkeitsansprüchen sie übertragen werden müssen.

Die Vorgehensweise, daß jeder seine EDV-Arbeiten selbst erledigt, erfordert natürlich einen höheren Ausbildungsaufwand für alle Mitarbeiter (wobei dieser mit der ständig zunehmenden Benutzerfreundlichkeit von Betriebssystemen und Programmen in Zukunft immer geringer werden sollte) und auch eine gute Organisation der Auslastung kostenintensiverer Geräte. Demgegenüber steht die Entwicklung einer besseren Kommunikation zwischen den einzelnen EDV-Anwendern mit gegenseitiger Unterstützung und der Möglichkeit, auftretende Probleme ohne Beiziehung externer Berater lösen zu können, sowie außerdem eine höhere Betriebssicherheit in Streßsituationen: Wenn zum Beispiel in einem Büro nur ein einziger Mitarbeiter in den Bereich der EDV-Kartographie eingeschult ist, so kann im Krankheitsfall eine Projektabgabe zu Fall gebracht werden.

So wie auch in der Schwerindustrie die Umstellung von der Erledigung einzelner Handgriffe am Fließband zur umfassenden Bearbeitung in einer Arbeitsgruppe nicht nur die Erhöhung des Wohlbefindens der Mitarbeiter, sondern auch der Qualität der Ergebnisse bewirkt hat, so sollte auch in einem Landschaftsplanungsbüro die Einführung der EDV in einer Weise erfolgen, daß die Spezialisierung einzelner Mitarbeiter nicht bis zur Monotonie führt. Das Ziel müßte daher sein, daß der Computer für jeden einzelnen einfach ein Werkzeug darstellt, welches er je nach den anfallenden Aufgabenstellungen in unterschiedlicher Weise einsetzen kann.

Auch wenn die Prophezeihung Schallers aus dem Jahr 1986, daß innerhalb von fünf Jahren ein Landschaftsplanungsbüro ohne EDV nicht konkurrenzfähig sein würde, (noch) nicht eingetreten ist, so ist klar, daß viele Teile einer Projektbearbeitung in Zukunft wirtschaftlich nur unter EDV-Einsatz durchzuführen sein werden, dies vor allem auch unter dem Gesichtspunkt der Konkurrenz verwandter Disziplinen, in welchen der Verbreitungsgrad der EDV heute bereits größer ist.

Durch diese Tatsache und die beschriebene Entmythologisierung des Computers sollte sich eigentlich auch die Frage erübrigen, ob der EDV-Einsatz in der Landschaftsplanung prinzipiell „gut" ist: Entscheidend für die Sinnhaftigkeit des Einsatzes eines Werkzeuges ist nicht seine Existenz an sich (abgesehen von den Umweltauswirkungen durch Produktion, Transport, Betrieb und Entsorgung), sondern die jeweilige Aufgabenstellung und die Arbeitsorganisation: Jeder Anwender sollte in der Lage sein, selbst abzuschätzen, in welchen Fällen der EDV-Einsatz für ihn günstig ist. Es ist zu hoffen, daß das vorliegende Buch einen kleinen Beitrag dazu leisten kann.

# 8 Anhang

## Glossar

Die folgende Zusammenstellung dient als Zusammenfassung der wichtigsten im Buchtext verwendeten Begriffe und enthält darüber hinaus auch kurze Definitionen zu allgemein gebräuchlichen Fachausdrücken der EDV.

Die Beschreibungen basieren nur zum Teil auf eigenen Definitionen, viele Erklärungen wurden aus ähnlichen Glossaren anderer Arbeiten übernommen (Bartelme 1989, Christ 1989, Purgathofer 1985, Schwaiger 1988). Auf eine genaue Herkunftsangabe der einzelnen Zitate wurde verzichtet, da bei den genannten Autoren meist ebenfalls keine diesbezüglichen Hinweise gegeben sind, andererseits aber angenommen werden kann, daß es sich auch dort nicht immer um Originalzitate handelt.

**Abstandstransformierte**
Verbindungslinie aller Punkte, welche von einem bestimmten Objekt den gleichen Abstand aufweisen („Pufferfläche").

**Additives Farbmodell**
Farbmodell, bei welchem die Definition von Farben durch die Überlagerung unterschiedlich gefärbten Lichtes (meist Rot, Grün und Blau) erfolgt. Grundlage für die Farbdarstellung auf Bildschirmen.

**Adjazenz**
Nachbarschaft im Sinne der Topologie. Zwei Flächen sind adjazent, wenn sie gemeinsame Grenzen aufweisen.

**AI**
Artificial Intelligence, → KI.

**Algorithmus**
Schema für die rechentechnische Lösung einer Aufgabe.

**Alphanumerisch**
Aus Buchstaben und Ziffern bestehend. Als alphanumerische Bildschirme werden Geräte bezeichnet, welche nur die genannten Zeichen, aber keine darüber hinaus gehenden Graphiken darstellen können.

**Analog**
Ähnlichkeit besitzend, übereinstimmend; in Geodäsie und Kartographie: gezeichnete Karten bzw. Pläne, Plandrucke, Photographien, Fernsehbilder (Gegenteil: → digital).

**Animation**
Abfolge von Bildern zur Simulation von Bewegungen (Trickfilm).

**ANSI**
American National Standards Institute, Normungsinstitut der USA. Setzt u. a. Standards für EDV-Systeme.

**Äqualisation**
Manipulation eines digitalen Bildes, bei welcher die Farb- und Grauwerte so definiert werden, daß sie über das gesamte darstellbare Spektrum verlaufen.

**Arbeitsspeicher**
Interner Speicher eines Rechners, in den die aktuell zu verarbeitenden Daten und Programme geladen und zur Abarbeitung im Prozessor bereitgestellt werden. Die Größe des Arbeitsspeichers ist ein Kriterium für die Rechengeschwindigkeit des Systems.

**ASCII**
American Standard Code for Information Interchange. Einfacher Kode zur digitalen Speicherung alphanumerischer Daten, der von fast jedem Computersystem gelesen werden kann; umfaßt maximal 256 (=28) Zeichen, für ein Zeichen werden dann 8 Bit = 1 Byte benötigt. Manche Systeme können nur einen reduzierten Satz von 128 Zeichen lesen (= 7 Bit ASCII).

**ATKIS**
Amtliches topographisch-kartographisches Informationssystem. Im Aufbau befindliches Informationssystem der Vermessungsverwaltungen der BRD

als Pendant zu den analog gedruckten Landeskarten.

**Attribut**
In der graphischen Datenverarbeitung: Information, die an Objekte eines GIS- oder CAD-Systems gekoppelt ist und deren geometrische oder thematische Eigenschaften beschreibt (Flächeninhalt, Volumen).

**B-Spline**
Spezieller Typ einer gekrümmten Linie oder Fläche (Freiformlinie, -fläche).

**B-Rep, Boundary-Representation**
→ Flächenbegrenzungsmodell.

**Batch**
„Stapel". Im Batch-Betrieb werden Programme oder Befehle von Rechner ohne weitere Einflußnahme des Benutzers ausgeführt (Gegenteil: interaktiver Betrieb). Batch-Betrieb ist dann sinnvoll, wenn bestimmte Arbeitsschritte sehr viel Rechenzeit benötigen, aber ohne Kontrolle des Benutzers im → Hintergrund ablaufen können, während am Bildschirm selbst andere Arbeiten durchgeführt werden.

**Baud**
Einheit für die Geschwindigkeit der Datenübertragung (Bits pro Sekunde); übliche Werte sind z. B. 300 Baud für Akustikkoppler, 9600 Baud für Standardmodems, 19 200 Baud für die Kommunikation zwischen Terminal und Großrechner etc.

**Benutzeroberfläche, Benutzerschnittstelle**
Teil eines EDV-Systems, welcher die Kommunikation zwischen der Maschine und dem Benutzer ermöglicht (z. B. Menüsteuerung, gesprochene Eingabe, akustische Signale).

**Beta-Spline**
Spezieller Typ einer gekrümmten Linie oder Fläche (Freiformlinie, -fläche).

**Betriebssystem**
Gesamtheit der Programme, die im Rechnersystem zur Steuerung, Koordination und Verwaltung der einzelnen Komponenten sowie der Programmabläufe zur Verfügung stehen. Anwenderprogramme sind in der Regel auf bestimmte Betriebssysteme hin entworfen, weswegen ein Austausch von Programmen meist nur zwischen Rechnern mit gleichem Betriebssystem möglich ist.

**Beziér-Kurve**
Approximierende Ausgleichskurve zwischen Punkten eines Polygons. Mit Hilfe von Beziér-Kurven können frei schwingende Linien generiert werden, die freihändig oder mit Kurvenlineal gezeichneten Linien nahekommen.

**Beziér-Fläche**
Analogon zur Beziér-Kurve im dreidimensionalen Raum.

**Binarisierung**
Umwandlung einer Datei, z. B. eines digitalen Bildes, in eine Form, bei der alle Elemente nur zwei Werte annehmen können (0 oder 1).

**Binärsystem**
Zahlensystem auf der Basis 2, zusammengesetzt aus nur zwei Ziffern. Vergleich Binärsystem – Dezimalsystem: 0 = 0, 1 = 1, 10 = 2, 11 = 3, 100 = 4, 101 = 5, 110 = 6, 111 = 7, 1000 = 8 etc.; Basis der digitalen Informationsspeicherung.

**Bit**
Binary Digit, Binärziffer. Kann nur die Werte 0 oder 1 annehmen; kleinste Einheit einer digital gespeicherten Information.

**Bitmap, Bitmuster**
Rasterförmige Beschreibung eines Bildes aus schwarzen und weißen Punkten, jedes → Pixel erhält entweder den Wert 0 oder 1.

**Blurring**
→ Tiefpaßfilter.

**bpi**
Bit per inch, Maßeinheit für die Schreibdichte auf einem Magnetband; üblich sind 1600 oder 6250 bpi.

**Byte**
Gruppe von 8 Bit (=1 ASCII-Zeichen), Maßeinheit für die Größe einer Datei (→ kB).

**Bytemap, Bytemuster**
Rasterförmige Beschreibung eines Bildes, wobei im Gegensatz zur → Bitmap jedes → Pixel 256 Werte (z. B. Farben) annehmen kann.

**CAC**
Computer Assisted Cartography, Computergestütze Kartographie.

**CAD**
Computer Aided Design, Computerunterstütztes Entwerfen.

**CAE**
Computer Aided Engeneering, Computergestütztes Ingenieurwesen. Allgemeine Bezeichnung für Computeranwendungen im Ingenieurwesen; Integration von CAD und CAM.

**CAM**
Computer Aided Manufacturing, Computergestützte Fertigung. Wurde bisweilen auch als Kürzel für Computer Aided Mapping (computergestützte Kartenerzeugung) verwendet.

**CCD**
Charge-Coupled Device. Sensor aus rasterförmig angeordneten lichtempfindlichen Elementen zur Umwandlung von Lichtsignalen in elektronische Signale, der in Video-Kameras Verwendung findet.

**CD-ROM**
Compact Disk Read Only Memory. Anwendung der aus der Schallplattenindustrie stammenden CD-Technik für die Datenspeicherung. Eine CD-ROM kann vom Benutzer nur gelesen, nicht beschrieben werden. Auf einer einzigen Platte können über 500 MB Daten gespeichert werden; wird vor allem zur Abspeicherung sehr großer Datenmengen verwendet (Bibliographien, Bilddateien).

**CD-WORM**
Compact Disk Write Once Read Multiple. CD, die im Gegensatz zur CD-ROM vom Benutzer selbst über ein Laser-Gerät einmalig beschrieben werden kann.

**CIM**
Computer-Integrated Manufacturing. Integrierter Rechnereinsatz vom Entwurf eines Produkts bis zur Fertigung und Qualitätskontrolle.

**CMY**
Cyan, Magenta, Yellow. Farbsystem zur subtraktiven Farbmischung, verwendet vor allem zur Datenausgabe auf Farbdruckern bzw. zur Erstellung von Farbauszügen für den Kartendruck.

**CMYB, CMYK**
Cyan, Magenta, Yellow, Black. Erweiterung des CMY-Systems um die Farbe Schwarz. Günstig, wenn eine Karte viele schwarze Elemente (Texte) enthält, weil einerseits die Texte schärfer herauskommen, andererseits schwarze Druckfarben auch kostengünstiger sind.

**Compiler**
Programm, das ein in einer höheren Programmiersprache (FORTRAN, PASCAL, C) geschriebenes Programm in die Maschinensprache des Prozessors übersetzt und ggf. auch Abweichungen von den jeweiligen Programmierregeln anzeigt.

**Coons-Fläche, Coons-Patch**
Gekrümmte Fläche (Freiformfläche), welche durch vier annähernd rechtwinkelig zu einander stehende Kurven beschrieben wird.

**Coprocessor**
Zusätzlicher Prozessor mit speziellen Aufgaben zur Entlastung der → CPU; dient zur Beschleunigung von Rechenoperationen, wichtig z. B. für Bildverarbeitung oder CAD.

**CPU**
Central Processing Unit. Zentrale Recheneinheit des Computers, welche die meisten Operationen eines Programms durchführt.

**CRT**
Cathode Ray Tube, Kathodenstrahlröhre. Früher gebräuchliche Bezeichnung für Bildschirme.

**CSG, Constructive Solid Geometry**
→ Vollkörpermodellierung.

**Cursor**
Lichtmarke auf dem Bildschirm, die anzeigt, an welcher Stelle Elemente ausgewählt bzw. neue Eingaben plaziert werden. Die Steuerung des Cursors kann über Tasten, Maus, Rollball, Drehregler, Digitizer etc. erfolgen. Die Fadenkreuzlupe eines Digitizers wird meist auch als Cursor bezeichnet.

**Cut and Paste**
„Ausschneiden und Einsetzen". In der Bildverarbeitung Bezeichnung für Teiloperationen digitaler Photomontagen.

**Datei**
Zusammenfassung von Daten zu einer Einheit.

**Dateiformat**
Jedes Programm ordnet die einzelnen Daten einer Datei nach bestimmten Regeln und speichert sie dementsprechend ab. Um Dateien zwischen verschiedenen Programmen oder Computern austauschen zu können, wurden Standard-Formate definiert. Bei Text-Dateien ist die Abspeicherung als reiner → ASCII-Code die einfachste Möglichkeit des Datenaustausches, bei graphischen Daten existieren viele Formate nebeneinander, die untereinander oft kaum konvertierbar sind.

**Datenbank**
Informationsmengen, die nach einem vorgegebenen Schema gespeichert und verwaltet werden.

**DBMS**
Datenbank-Management-System.

**Diabelichter**
Fix montierte Kombination eines Computer-Displays mit einer Photokamera zur Ausgabe hochwertiger Farbdarstellungen (meist 4000 Linien auf einem Kleinbilddiafilm).

**Digital**
Darstellung einer Größe in diskreten Schritten, d. h. eine Variable kann nur bestimmte, vorgegebene Werte annehmen. Durch die Vergrößerung der Zahl der vorgegebenen Möglichkeiten kann die Darstellungsgenauigkeit an eine kontinuierliche Beschreibung angenähert werden. Die digitale Darstellung von Daten ist eine Grundvoraussetzung für die Verarbeitung in Computersystemen.

**Digitale Karte**
Karte, die in digitaler Form in einem Computersystem gespeichert ist. Zu einer digitalen Karte gehören neben den geometrischen Daten auch Attribute, die bestimmte Eigenschaften der Kartenelemente definieren (Strichbreite, Farbe).

**Digitale Bildverarbeitung, Digital Image Processing**
Analyse (Bildauswertung, Mustererkennung) und Veränderung bestimmter Eigenschaften von Bildern (Größe, Proportion, Farbwerte, Helligkeit) bzw. Überlagerung mehrerer Bilder (Photomontagen, Blickwinkelveränderungen) mit Hilfe der graphischen Datenverarbeitung.

**Digitales Geländemodell (DGM), Digitales Höhenmodell (DHM), Digital Terrain Model (DTM), Digital Elevation Model (DEM)**
Digitale Speicherung der Höhendaten eines Geländes in Form eines unregelmäßigen Dreiecknetzes (→ TIN) oder von Rasterpunkten mit konstanten Abständen. Neuere Modelle berücksichtigen zusätzlich markante Hoch- oder Tiefpunkte, die zwischen den Gitterpunkten des Rasters liegen, sowie Bruchlinien, Terrassenkanten usw.

**Digitalisiertisch, Digitizer**
Gerät zur digitalen Erfassung von Koordinaten analoger Vorlagen (Karten). Die Elemente der Vor-

lage werden mit einem Stift oder einer Fadenkreuzlupe (Cursor) nachgefahren. Die Position des Cursors wird auf Knopfdruck oder in regelmäßigen Zeitintervallen dem Computer übergeben.

**Diskette**
Magnetisch beschichtete Kunststoffscheibe, die als Speichermedium für kleinere Datenmengen verwendet wird. Je nach Qualität der Diskette und Betriebssystem können bis zu 2 MB Daten auf einer Diskette gespeichert werden.

**Display**
Allgemeine Bezeichnung für Bildschirme und ähnliche Ausgabegeräte (z. B. Leuchtdiodenfelder).

**Distance Mode**
Abspeicherung der Position der Fadenkreuzlupe beim Digitalisieren, sobald eine bestimmte Mindestdistanz seit der letzten Abfrage zurückgelegt wurde.

**Dithering**
„Zittern"; → Halbtondarstellung.

**DLG**
Digital Line Graph. Dateiformat zur Speicherung digitaler Karten.

**dpi**
Dots per Inch. Maß für die Auflösungsgenauigkeit einer digitalen Darstellung. Gute Bildschirme stellen Bilder mit über 70 dpi dar, Matrixdrucker mit 70 bis 200 dpi; Laserdrucker erreichen zwischen 300 und 600 dpi, Lichtsatzgeräte über 1000 dpi. Auch die Abtastgenauigkeit eines Scanners wird in dpi angegeben (300–1200 dpi).

**Drahtmodell**
→ Kantenmodell.

**DTP**
Desk-Top Publishing. Gestaltung von Druckvorlagen für Publikationen aller Art auf dem Bildschirm: Plazierung von Texten und Graphiken, Layout, Herstellung von Farbauszügen.

**DXF**
Drawing Exchange Format. Austauschformat für zwei- oder dreidimensionale Vektordaten.

**Editieren**
Eingabe und Datenveränderung am Bildschirm.

**Editor**
Programm oder Programmteil zur Eingabe und Veränderung von Daten.

**Emulation**
Programm, durch das ein Rechner ein anderes System nachahmen kann. So kann etwa mit Hilfe einer Terminalemulation ein PC an einen Großrechner angeschlossen werden, wobei der Bildschirm des PCs dann genauso reagiert wie ein Terminal des Rechners. Betriebssystem-Emulationen können vorteilhaft eingesetzt werden, wenn ein Programm auf zwei Rechnern mit unterschiedlichen Betriebssystemen verwendet werden soll.

**Expertensystem**
Programm, das die Kenntnisse und Erfahrungen eines Experten in Regeln und Algorithmen umwandelt, um auf bestimmte Fragestellungen entsprechend reagieren zu können. Expertensysteme können in der Lage sein, selbständig aus ihren Erfahrungen zu lernen und stellen dann einen Anwendungsfall der künstlichen Intelligenz (KI; Artificial Intelligence, AI) dar.

**Farbauszug**
Zerlegung eines Farbbildes in monochrome Teilbilder für den Farbdruck. Beim Übereinanderdrucken der einzelnen Farbauszüge ergibt sich wieder das ursprüngliche Bild.

**Flächenbegrenzungmodell**
Möglichkeit der digitalen Beschreibung eines geometrischen Körpers nach dem → Volumenmodell. Beim Flächenbegrenzungsmodell werden die Teiloberflächen eines Körpers zusammengefaßt und mit Materialvektoren versehen, die definieren, auf welcher Seite der Flächen sich jeweils das „Innere" des Körpers befindet.

**Flächenmodell**
Digitale Beschreibung eines geometrischen Körpers durch seine Oberfläche; gebräuchliche Datenstruktur in einfacheren CAD-Systemen. Die Anwendung des Flächenmodells ermöglicht keine Aussagen zum Volumen eines Körpers.

**Flat-Shading**
→ Lambert-Shading.

**Festplatte**
In einem Gerät fix installierte Magnetplatte zur Speicherung größerer Mengen digitaler Daten. Kapazität von etwa 20 MB bis mehrere GB.

**Filterung**
In der Bildverarbeitung Bezeichnung für Operationen, welche die Farb- bzw. Grauwerte der einzelnen → Pixel entsprechend ihrer Nachbarschaft verändern.

**Fraktale Geometrie**
Teilgebiet der Geometrie, das auf dem Prinzip der „Selbstähnlichkeit" aufbaut. Fraktale Objekte bestehen aus Teilelementen, welche ihrerseits die gleiche Struktur aufweisen wie die übergeordneten Elemente.

**Framegrabber**
Vorrichtung zur Umwandlung eines analogen Videosignales in ein digitales Rasterbild.

**Freihandlinie**
Linie, die vom Benutzer eines graphischen Systems ohne Zuhilfenahme von Führungswerkzeugen erzeugt wird. Die Eingabe von Freihandlinien am Computer erfolgt meistens mit Hilfe einer Maus oder eines Digitalisiertabletts.

**GB**
1 Gigabyte entspricht $2^{30}$ (= etwa 1 Mrd.) Byte oder 1024 MB.

**Generalisierung**
In der digitalen Kartographie: Vorbereitungsarbeiten (z. B. Weglassen von Details) bei der Erstellung kleinmaßstäblicher Karten aus großmaßstäblichen Vorlagen.

**Geocoding, geometrische Korrektur**
Zuordnung von digitalen (Luft- oder Sateliten-) Bildern zu geographischen Gitternetzen.

**GIS**
Geographisches Informationssystem oder Geo-Informationssystem. Computersystem zur Erfassung, Verwaltung, Analyse, und Darstellung großer Mengen räumlich verorteter Daten und darauf bezogener thematischer Attribute.

**GKS**
Graphisches Kernsystem. Genormtes, geräteunabhängiges Basissystem zur Generierung graphischer Anwenderprogramme, vor allem auf Workstationniveau. Mit GKS erzeugte Programme sollten auf allen GKS-fähigen Gerätetypen in gleicher Weise laufffähig sein.

**Gouraud-Shading**
Schattierungsmodell zur flächigen Darstellung gekrümmter dreidimensionaler Oberflächen aus der Interpolation ebener Facetten.

**GPS**
Global Positioning System. Verbund von zahlreichen Satelliten, aus deren Signalen die genaue Position eines Empfängers auf der Erdoberfläche ermittelt werden kann. In Zukunft wesentliches Hilfsmittel für Landvermessung und Fahrzeugnavigationssysteme.

**Graph**
Allgemeine Bezeichnung für eine Verbindung von Punkten und Linien. Die Graphentheorie liefert die Grundlage für zahlreiche GIS-Operationen (z. B. Verschneidung).

**Grid**
Gitter, das die Grundstruktur einer Rasterdarstellung bildet.

**Halbtondarstellung**
Grundlage für die Wiedergabe von Graustufenbildern in der Drucktechnik. Die Anordnung kleinster einfarbiger, meist schwarzer Rasterpunkte oder ähnlicher Elemente in geringen Abständen ergibt bei der Betrachtung aus einer gewissen Distanz den Eindruck einer grauen Fläche. Analog dazu ergeben sich die Möglichkeiten des Farbdruckes aus mindestens drei verschiedenfarbigen Halbtonrastern.

**Hard Copy**
Im engeren Sinne Kopie einer Bildschirmdarstellung auf Papier, im weiteren Sinne allgemeine Bezeichnung für Ausdrucke.

**Hardware**
Ursprünglich englische Bezeichnung für Eisenwaren, heute für alle physischen Teile eines Computers (Recheneinheit, Bildschirm, Ausgabegeräte).

**Hierarchisches Datenbankmodell**
Datenbankmodell, in welchem die einzelnen Gruppen in einer hierarchischen Beziehung zu einander stehen; jedem Element einer hierarchisch tieferen Ebene entspricht genau ein Element einer hierarchisch höheren Ebene.

**Hintergrundverarbeitung**
Betriebsart eines Systems, bei der Programmabläufe, für die keine regelmäßigen interaktiven Eingaben notwendig sind, im Hintergrund ablaufen, während am Bildschirm ein anderer Arbeitsschritt interaktiv durchgeführt wird. Voraussetzung dafür ist ein Betriebssystem, das die gleichzeitige Bearbeitung mehrerer verschiedener Programmabläufe ermöglicht.

**HLS**
Hue, Lightness, Saturation. Farbsystem zur Definition von Farben nach Farbwert, Helligkeit und Sättigung.

**Host**
„Gastgeber". Mittlerer oder Großrechner, der für einen peripheren Rechner bestimmte aufwendige Operationen durchführt.

**HTS**
Helligkeit, Ton, Sättigung. Farbsystem zur Definition von Farben, ähnlich HLS.

**HVC**
Hue, Value, Chroma. Farbsystem zur Defintion von Farben, ähnlich HLS.

**Hybrid-System**
In der graphischen Datenverarbeitung: System, das sowohl vektor- als auch rasterorientiert arbeiten kann.

**IGES**
Initial Graphics Exchange Specification. Austauschformat für graphische Daten, vor allem zur Kommuniaktion zwischen unterschiedlichen CAD-Systemen.

**Implementation**
Einbettung neuer Lösungskonzepte (Funktionen, Programmteile) in ein bestehendes EDV-System.

**Inkjet-Drucker**
Tintenstrahl-Drucker. Ausgabegerät, das Farbtinten aus feinen Düsen auf ein Druckerpapier spritzt; farbige oder Schwarzweiß-Darstellungen, Auflösung um 300 dpi.

**Integer**
In der EDV: Format für die Abspeicherung einer ganzen Zahl zwischen –32 768 und +32 767 ($2^{16}$ Möglichkeiten).

**Interaktiv**
Betriebsart eines Systems, bei der während des Programmablaufes Dateneingaben und Ablaufsteuerungen vom Benutzer vorgenommen werden können.

**Interface**
→ Schnittstelle.

**Interpreter**
Programm, das ein in einer höheren Programmiersprache (wie BASIC, PASCAL, C) geschriebenes

Programm in die Maschinensprache des Prozessors übersetzt und ggf. auch Abweichungen von den jeweiligen Programmierregeln anzeigt. Im Gegensatz zu einem → Compiler erfolgt beim Interpreter die Übersetzung nicht vollständig, sondern zeilenweise während das Ablaufs des Programmes. Während compilierte Programme unabhängig vom Compiler laufen können, müssen Programme, die von einem Interpreter übersetzt werden, stets gemeinsam mit diesem geladen werden.

**Kantenmodell (Linienmodell, Drahtmodell)**
Digitale Beschreibung eines geometrischen Körpers durch seine Begrenzungskanten; gebräuchliche Datenstruktur in einfacheren CAD-Systemen. Die Abspeicherung nach dem Kantenmodell läßt meist keine Aussagen zu Oberfläche und Volumen eines Körpers zu.

**Kanten-Knoten-Struktur**
Datenstruktur zur Abspeicherung von → Vektorgraphiken unter Berücksichtigung der topologischen Verhältnisse (Nachbarschafts- und Formbeziehungen).

**kB**
1 Kilobyte entspricht 1024 (=$2^{10}$) Bytes.

**KI**
Künstliche Intelligenz. Simulation menschlicher Intelligenz, insbesondere der Lernfähigkeit, durch Computer.

**Knoten**
In der Topologie: nulldimensionales Objekt, das einen Anfangs-, End- oder Verbindungspunkt von Linienelementen darstellt.

**Kompatibilität**
Austauschbarkeit, Kombinierbarkeit und Integrierbarkeit verschiedener Systemkomponenten (Hard- oder Software); meistens in bezug auf eine bestimmte Produktlinie oder ein bestimmtes Betriebssystem verwendet.

**Kontur-Kodierung**
Möglichkeit der Datenkomprimierung bei Rastergraphiken. Für Bildteile, welche den gleichen Farbwert aufweisen, werden nur die am Rande dieser Fläche gelegenen → Pixel abgespeichert.

**Konvertieren**
Übersetzung einer Datei in ein anderes → Dateiformat. Voraussetzung für die Verarbeitung von Dateien, die an unterschiedlichen Systemen erstellt worden sind. Die Fähigkeit, zahlreiche verschiedene Dateiformate einlesen zu können, ist ein wesentliches Beurteilungskriterium für Systeme, die mit graphischen Daten arbeiten (z. B. GIS).

**L-System**
Beschreibungssystem für die Simulation der Entwicklung graphischer Strukturen, wird insbesondere für die Generierung von Pflanzenbildern angewendet.

**Lambert-Shading**
Anwendung des Lambertschen Cosinussatzes bei der flächigen Darstellung dreidimensionaler Objekte; die Helligkeit einer Oberfläche wird in Abhängigkeit von der Richtung des einstrahlenden Lichtes wiedergegeben.

**LAN**
Local Area Network. Lokal begrenztes Netzwerk von (Personal-)Computern.

**Landsat-TM**
Thematic Mapper. Scanner der jüngeren Landsat-Satelliten; 6 Farbkanäle im sichtbaren bzw. nahen Infrarot-Bereich (Pixelgröße 30x30 m) sowie einer im thermischen IR (120 x 120 m).

**Laser-Rasterplotter**
Hochwertiges Ausgabegerät zur Herstellung von Druckfilmen für den Kartendruck.

**Laserdrucker**
Ausgabegerät für kleinformatige (meist DIN A4), in der Regel einfärbige Darstellungen mit hoher Auflösung (um 300 dpi); über die Seitenbeschrei-

bungssprache Postscript können auch komplizierteste Graphiken erstellt werden.

**Lauflängen-Kodierung**
Möglichkeit zur Komprimierung von → Rasterdaten, bei der in einer Zeile benachbarte → Pixel gleicher Attributausprägung zu einer Einheit zusammengefaßt werden.

**Layer**
Schicht. In der graphischen Datenverarbeitung: Abspeicherung von Objekten, die den gleichen räumlichen Bezug aufweisen, in getrennten Einheiten, mit der Möglichkeit der gleichzeitigen Darstellung am Bildschirm. Bei CAD-Programmen kann z. B. die Bepflanzung einer Grünanlage in einem Layer bearbeitet werden, die Bewässerungsleitungen in einem anderen. Je nach Bedarf werden beide getrennt oder gemeinsam wiedergegeben. In GIS-Programmen können so verschiedene thematische Ebenen überlagert werden.

**Linienmodell**
→ Kantenmodell.

**Link**
In der computergestützten Kartographie: Verbindung zwischen Objekten, die in verschiedenen digitalen Karten abgespeichert sind. Directed Links sind gerichtete Verbindungen, die angeben, in welcher Weise die eine Karte verzerrt werden muß, damit die beiden verbundenen Objekte paßgenau übereinanderliegen (→ Rubbersheeting).

**LIS**
Landinformationssystem. Oft synonym für GIS verwendet; bezieht sich meist eher auf Projekte der öffentlichen Verwaltung zur Speicherung und Verwaltung räumlich verorteter Daten für größere Gebietseinheiten.

**Magnetband**
Speichermedium für größere Datenmengen im Bereich um 100 MB. Verwendung vor allem für Archivierung, Datensicherung und Transport größerer Dateien.

**Magneto-optische Platte**
Magneto-optical disc, MOD.
Optische Speicherplatte, die durch eine spezielle Magnetisierung des optisch wirksamen Bereiches beliebig oft beschrieben und gelesen werden kann; Speicherkapazität meist um 650 MB.

**Magnetplatte**
Speichermedium für größere Datenmengen im Bereich von 20 MB bis mehrere GB. Wichtigster Massenspeicher für raschen Datenzugriff.

**Mainframe**
Großrechner.

**Makro**
Zusammenfassung mehrerer Arbeitsschritte unter einem Befehl, wodurch der Aufwand für die Eingabe einzelner Befehle reduziert wird.

**Mapping**
In Visualisierungsprogrammen: Zuweisung von Oberflächeneigenschaften (Farbe, Transparenz) zu dreidimensionalen Objekten durch die Projektion eines digitalen Bildes.

**Maschinensprache**
Programmiersprache, deren Befehle unmittelbar von der zentralen Recheneinheit (CPU) ausgeführt werden können; jeder Prozessortyp hat seine spezifische Maschinensprache. Da das Programmieren in einer Maschinensprache sehr aufwendig ist, werden die einzelnen Befehle eines Programms meist in symbolischer Darstellung (Assembler) oder, im Regelfall, in einer höheren Programmiersprache geschrieben und anschliessend in die eigentliche Maschinensprache übersetzt.

**Massenspeicher**
Speichereinheit zur Ablage großer Datenmengen (Magnetplatte, Magnetband).

**Matrixdrucker**
Ausgabegerät, das graphische oder alphmunerische Darstellungen aus Punktmustern generiert.

Die Qualität der Wiedergabe ergibt sich in erster Linie aus der Größe der Einzelpunkte.

**Maus**
Kleines Steuergerät zur Festlegung der Position des Cursors auf einem Bildschirm. Die vom Benutzer vorgenommenen Bewegungen der Maus auf dem Arbeitstisch werden über eine Kugel, welche zwei Laufräder antreibt, an den Rechner weitergegeben.

**MB**
1 Megabyte entspricht 1024 ($=2^{10}$) KB oder 1 048576 ($=2^{20}$) Byte.

**Megaflops**
Million floating point operations per second. Maßeinheit für die Rechengeschwindigkeit eines Computers bei bestimmten mathematischen Operationen.

**Menü**
Einrichtung zur Benutzerführung auf einem Bildschirm. Ein Menu stellt meist einen bestimmten Satz an Befehlen zur Auswahl, welche durch Anklicken mit einer Maus oder durch Eintippen von Zeichen über die Tastatur aufgerufen werden. Menügesteuerte Programme erleichtern die Arbeit erheblich. Viele Programmsysteme erlauben es, benutzerspezifische Menüs zu gestalten, wodurch auch Ungeschulte bestimmte Arbeiten, unter Umständen mit einem beschränkten Befehlsumfang, durchführen können.

**Mips**
Million instructions per second. Maßeinheit für die Geschwindigkeit eines Rechners.

**Modem**
Modulator-Demodulator. Gerät zur Datenkommunikation, in dem digitale Signale in analoge umgewandelt werden, um eine Übertragung in öffentlichen Netzen (Telefon) zu ermöglichen. Am anderen Ende der Leitung erfolgt in einem zweiten Modem die Rückführung in das digitale Datensignal.

**Moiré-Muster**
Auffallende regelmäßige Musterbildung bei der Überlagerung zweier unterschiedlich ausgerichteter Rasterbilder. Kann in der Bildverarbeitung auftreten, wenn ein Bild zweimal gerastert wird.

**Monitor**
Bildschirm.

**MS-DOS**
Microsoft Disk Operating System. Weit verbreitetes Betriebssystem für PCs der Firma IBM oder dazu kompatible.

**Multitasking-Betrieb**
Gleichzeitige Ausführung mehrerer Programme durch einen Computer.

**Multiuser-Betrieb**
Gleichzeitige Benutzung eines Computers durch mehrere Nutzer; üblicherweise nur bei Workstations oder größeren Systemen möglich.

**Mustererkennung**
Automatische Erkennung und Identifikation von Objekten oder Objekteigenschaften aus digitalen Rasterdaten, z. B. Klassifikation der Landnutzung aus Satellitenbildern.

**Netzwerk**
1. Hard- und softwaremäßige Kopplung von Rechnersystemen, 2. Typ eines Datenbanksystems, bei dem Daten nach einer hierarchischen Netzstruktur angeordnet sind. Im Gegensatz zu einer streng hierarchisch organisierten Datenbank (Baumstruktur) können beim Netzwerkmodell von einem Element einer hierarchisch untergeordneten Ebene Verbindungen zu mehreren Elementen der nächsthöheren Ebene bestehen.

**NURBS**
Non-Uniform Rational B-Spline. Spezieller Typ einer gekrümmten Linie oder Fläche (Freiformlinie, -fläche).

**Off-Line**
Betriebszustand eines Gerätes, bei dem keine Verbindung zu einem anderen Gerät besteht.

**On-Line**
Betriebszustand eines Gerätes, bei dem eine Verbindung zu einem anderen besteht.

**Optical Disk**
Optische Speicherplatte, → CD.

**Orientierungsraster**
Am Bildschirm eines graphischen Systems dargestelltes Hilfsraster, das zur maßstabsunabhängigen Abschätzung räumlicher Dimensionen sowie zur Orientierung bei der Eingabe dient. Orientierungsraster oder auch einzelne Orientierungslinien können mit Schnappfunktionen gekoppelt werden, wodurch bewirkt wird, daß alle Eingaben entsprechend dem Raster ausgerichtet werden.

**OS/2**
Weiterentwicklung von → MS-DOS, ermöglicht → Multitasking-Betrieb

**Panning**
(„Schwenken einer Pfanne") Verschieben des Bildschirmausschnittes zur Betrachtung von Teilen einer Darstellung, die aufgrund der Größe und des Darstellungsmaßstabes nicht zur Gänze am Bildschirm wiedergegeben werden kann.

**PC**
Personal Computer. Im weiteren Sinne Bezeichnung für schlüsselfertige, kleinere Einplatzsysteme; im engeren Sinne alle Geräte, die mit der ursprünglichen Serie PC der Firma IBM kompatibel sind.

**PHIGS**
Programmer's Hierarchical Interactive Graphics Standard; genormtes, geräteunabhängiges Basissystem zur Generierung graphischer Anwenderprogramme, vor allem auf Workstationniveau.

**Phong-Shading**
Schattierungsmodell zur flächigen Darstellung gekrümmter dreidimensionaler Oberflächen aus der Interpolation ebener Facetten.

**Pixel**
Picture Element, kleinstes Bildelement eines Rasterbildes. Bei Satellitenbildern ergibt die Größe eines Pixels an der Erdoberfläche ein Maß für die Auflösungsgenauigkeit des Bildes.

**Plotter**
Elektronisch gesteuerte Zeichenmaschinen unterschiedlichster Bauweisen.

**Plotfile**
Datei, welche die Steuerbefehle zur Erstellung von Graphiken auf einem Ausgabegerät enthält.

**Polylinie**
Darstellungselement in graphischen Systemen; Abfolge von Einzelpunkten, die durch Strecken miteinander verbunden werden (offenes oder geschlossenes Polygon).

**Portabilität**
Übertragbarkeit von Programmen von einem Rechnersystem auf ein anderes.

**Postscript**
Programmiersprache zur Beschreibung komplizierter graphischer Darstellungen (z. B. Verlauf von Texten entlang von gekrümmten Linien).

**Printer**
Ursprünglich Bezeichnung für ein Ausgabegerät, das (im Gegensatz zu Plottern) nur alphanumerische Zeichen ausgeben kann. Heute gebräuchlich für alle kleinformatigen Ausgabegeräte.

**Prozessor**
Bauteil zur Durchführung von Rechenoperationen.

**Quadtree**
„Viererbaum". Datenstruktur zur Komprimierung von Rasterdaten, bei der benachbarte Elemente

mit gleichen Attributausprägungen zu größeren Gruppen nach einem übergeordneten Quadratraster zusammengefaßt werden.

**RAM**
Random Access Memory. → Arbeitsspeicher eines Rechners, der beliebig beschrieben, gelesen und gelöscht werden kann.

**Rasterdaten**
In der graphischen Datenverarbeitung: Abspeicherung einer graphischen Darstellung über die Zerlegung der Graphik in gleich große und regelmäßig angeordnete Bildelemente (Pixel); wichtigstes Datenformat für die Speicherung von digitalisierten photographischen Bildern.

**Raster-Digitizer**
→ Scanner.

**Ray-Tracing**
Strahlverfolgung. Visualisierungsmethode für realitätsnahe 3D-Darstellungen, bei der auch Schlagschatten von Objekten ermittelt werden können.

**Relationales Datenbanksystem**
Nicht-hierarchische Strukturierung von Daten innerhalb einer Datenbank. Die Daten werden in Tabellen angeordnet, die untereinander über gemeinsame Merkmale verbunden sind. Relational strukturierte Datenbanken sind sehr flexibel und leicht erweiterbar.

**RGB**
Rot-Grün-Blau. Farbmodell zur additiven Erstellung von Farbmischungen aus den drei Grundfarben Rot, Grün und Blau; Grundlage für die Farbdarstellung auf Bildschirmen („RGB-Monitor").

**ROM**
Read Only Memory. Speicher eines Computers, dessen Inhalt vom Benutzer nicht verändert werden kann; dient in erster Linie zur Speicherung grundlegender Programmkomponenten für den Betrieb des Rechners.

**Rubbersheeting**
Lokale Verzerrung graphischer Daten (z. B. Kartendarstellungen), um sie mit anderen Darstellungen zur Deckung zu bringen.

**Scanner**
Eingabegerät zur zeilenweisen Abtastung von graphischen Darstellungen und deren Umsetzung in digitale Signale. In Fernerkundungssatelliten werden Scanner zur Abtastung der Erdoberfläche verwendet.

**Schattierungsmodell, Shading**
Visualisierungsmethode zur flächigen Darstellung dreidimensionaler Objekte in Abhängigkeit von den Beleuchtungsverhältnissen einer Szene.

**Schnittstelle**
Verbindung zweier oder mehrerer Komponenten eines EDV-Systems. Über die Definition von Schnittstellen können die wichtigsten Parameter zur Übertragung von Daten zwischen den Komponenten spezifiziert werden (Übertragungsgeschwindigkeit, Form der Stecker, Kabelverbindungen usw.). Als Mensch-Maschine-Schnittstelle werden alle Teile des Systems bezeichnet, mit denen der Benutzer in Kontakt steht (Tastatur, Bildschirmdarstellung usw.).

**Software**
Computerprogramme.

**Solid Modeler**
Graphisches EDV-System, das geometrische Körper nach dem → Volumenmodell beschreibt.

**SQL**
Structured Query Language. Gebräuchliche Kommandosprache zur Programmierung und Abfrage von Datenbanken.

**Spaghetti**
Topologisch nicht strukturierte Linienelemente, wie sie als Rohdaten bei der Digitalisierung von Karten anfallen.

**Spline**
Ausgleichskurve (bei dreidimensionaler Betrachtung Ausgleichsfläche) zwischen gegebenen Punkten eines Polygons. Die Interpolation oder Approximation zwischen je zwei benachbarten Punkten erfolgt derart, daß die beiden Kurvenstücke, die sich in jedem Stützpunkt treffen, in diesem Punkt die gleiche erste und zweite Ableitung aufweisen.

**Spool**
Simultaneous Peripheral Operation On-Line. Arbeitsweise zur Abarbeitung langsamer Ausgabebefehle (z. B. Drucken von Darstellungen) im Hintergrund. Die Ausgabedateien werden in einem Zwischenspeicher abgelegt und je nach der zur Verfügung stehenden Arbeitskapazität der betroffenenen Geräte abgearbeitet.

**SPOT**
Französisch-belgisch-schwedischer Fernerkundungssatellit mit einer Bodenauflösung von bis zu 10x10 m.

**Still-Video**
Kleine Videokamera zur Aufnahme von Standbildern.

**Strahlverfolgung**
→ Ray-Tracing.

**Subtraktives Farbmodell**
Farbmodell, bei welchem durch die Zugabe von Pigmenten die Helligkeit vermindert wird. Bei maximaler Konzentration aller Mischungskomponenten ergibt sich Schwarz. Subtraktive Farbmischungen bilden die Grundlage des Farbdrucks.

**Surface Modeler**
Graphisches EDV-System, das geometrische Körper nach dem → Flächenmodell beschreibt.

**Taktfrequenz**
Über die Taktfrequenz wird gesteuert, wie viele Operationen ein Rechner in der Zeiteinheit durchführen kann. Gebräuchliche Taktfrequenzen im PC-Bereich liegen zwischen 10 und 44 MHz.

**Terminal**
Bildschirmarbeitsplatz für größere Rechneranlagen; je nach Ausführung auch mit eigener Rechnerleistung versehen, um bestimmte, häufig notwendige Operationen unabhängig vom → Host durchführen zu können (z. B. Vergrößern oder Verschieben des Bildschirmausschnittes bei graphischen Darstellungen).

**Tesselation**
Zerlegung einer Graphik in gleich große, regelmäßig angeordnete geometrische Grundbausteine (Pixel), in der Regel Quadrate.

**Tiefpaßfilterung**
Erzeugen von Unschärfen in einem digitalen Bild, z. B. um das Bild zu Glätten oder harte Übergänge zwischen zwei Teilen einer Photomontage zu verwischen.

**TIFF, Tag Image File Format**
Datenformat zur Abspeicherung digitalisierter Bilder, als Austauschformat im PC-Bereich verbreitet.

**TIN**
Trianguliertes irreguläres Netzwerk. Möglichkeit der Verbindung einzelner Punkte eines digitalen Höhenmodells. Es werden die jeweils am nächsten zueinander liegenden Punkte zu unregelmäßigen Dreiecken vereint; die dadurch entstehenden Flächen können als 3D-Darstellung ausgegeben werden.

**Tintenstrahldrucker**
→ Ink-Jet-Drucker.

**Topologie**
Lehre von der Lage und Anordnung geometrischer Gebilde im Raum.

**Topologische Datenstruktur**
Abspeicherung graphischer Daten in einer Weise, daß die topologischen Verhältnisse (z. B. Nachbarschaftsverhältnisse) zwischen einzelnen Objekten ermittelt werden können. Wichtigste Form der

Datenspeicherung in vektororientierten GIS-Programmen.

**Treiber**
Programm zur Steuerung einzelner Komponenten eines EDV-Systems, vor allem von Ein- und Ausgabegeräten; Treiber sorgen insbesondere für die Übertragung der benötigten Daten zu und von den betroffenen Geräten.

**UNIX**
Betriebssystem für → Multi-User- und → Multi-Tasking-Betrieb, vor allem auf Workstation-Niveau weit verbreitet, aber auch im oberen Sektor des PC-Bereiches.

**Vektorgraphik**
Abspeicherung graphischer Daten auf der Basis der Koordinaten einzelner Punkte bzw. von Strecken oder geometrischen Kurven, welche aus den Koordinaten einzelner Punkte definiert werden können. Wichtigster graphischer Datentyp im CAD-, aber auch im GIS-Bereich.

**Video-Imaging**
Geläufige Bezeichnung für die Anwendung der digitalen Bildverarbeitung für Visualisierungszwecke (Photomontagen, Retuschen).

**Virtuelle Speicherverwaltung**
Zuweisung von Daten an den Arbeitsspeicher eines Rechners ohne reale Speicheradresse, sondern mit mittelbar wirksamen Adressen. Über eine virtuelle Speicherverwaltung können mehr Daten verfügbar gemacht werden, als tatsächlich im Arbeitsspeicher abgelegt werden können. Wichtig im Zusammenhang mit der Verarbeitung sehr großer Dateien, wie sie etwa bei der Bildverarbeitung anfallen.

**Vollkörpermodellierung**
Anwendungsfall des → Volumenmodells. Beim Vollkörpermodell werden dreidimensionale Körper durch die logische Verknüpfung einfacher Grundelemente (Quader, Zylinder, Kegel) zusammengesetzt.

**Volumenmodell**
Digitale Beschreibung eines geometrischen Körpers mitsamt seiner dreidimensionalen Eigenschaften (Volumen). Gebräuchliche Datenstruktur in aufwendigeren CAD-Systemen.

**Voxel**
Kleinstes Element einer dreidimensionalen Rasterdarstellung analog zum → Pixel einer 2D-Graphik.

**Wechselplatte**
Magnetplatteneinheit, die aus dem Plattenlaufwerk entnommen werden kann. Sie erweitert die Einsatzmöglichkeiten des Mediums Magnetplatte auf die Bereiche Transport und Archivierung.

**Wireframe-Modeler**
Graphisches EDV-System, das geometrische Körper nach dem → Kantenmodell beschreibt.

**Workstation**
Leistungsfähiger Rechner, meist mit Betriebssystem für Multi-Tasking- und Multi-User-Betrieb und graphikfähigem Bildschirm ausgestattet. Die Übergänge zwischen hochwertigen PCs und Workstations sind nicht eindeutig zu definieren.

**Z-Puffer**
Methode zur Sichtbarkeitsermittlung bei der Darstellung dreidimensionaler Objekte. Für jeden Punkt des Bildschirmrasters wird ein Sehstrahl in den Objektraum gelegt und der Abstand der darzustellenden Flächen von der Bildebene ermittelt. Jedesmal, wenn eine Fläche näher zur Betrachtungsebene liegt als die vorhergehende, wird der im Z-Puffer gespeicherte Wert überschrieben. Der im Z-Puffer zuletzt verbliebene Wert definiert das im Bereich des Pixels sichtbare Objekt.

# Literaturverzeichnis

## Empfehlenswerte Lektüre

Das vorliegende Buch ist unter anderem auch aus der Tatsache entstanden, daß es derzeit am deutschsprachigen Markt zumindest nach Wissen des Autors keine Publikation gibt, welche die für die Landschafts- und Freiraumplanung relevanten Teilbereiche der EDV abdeckt.

Dementsprechend wurde versucht, möglichst viele Aspekte in diesen Text einzubringen, was zur Folge hat, daß manches vielleicht etwas zu kurz behandelt wurde.

Die folgende Auflistung empfehlenswerter Lektüre für die Vertiefung in einzelne Fachgebiete stellt eine sehr persönliche Auswahl des Autors dar.

## Geographische Informationssysteme

### Bücher

Bartelme, N. (1989): GIS-Technologie. Springer, Berlin, Heidelberg (allgemeine Einführung)

Burrough, P.A. (1987): Principles of Geographical Information Systems for Land Resources Assessment. Clarendon Press, Oxford (allgemeine Einführung mit vielen Bezügen zur Landschaftsplanung)

Göpfert (1987): Raumbezogene Informationssysteme. Wichmann, Karlsruhe (Schwerpunkt rasterorientiertes GIS)

Samet, H. (1990): The Design and Analysis of Spatial Structures. Addison-Wesley, Reading

Samet, H. (1990): Applications of Spatial Data Structures. Addison-Wesley, Reading (zur Vertiefung in theoretische Aspekte)

### Tagungsberichte

Conference-Proceedings sind zwar über den Buchhandel oft nicht leicht zu beschaffen, bieten aber in konzentrierter Form einen Überblick über den aktuellen Stand der Entwicklung. Sie bilden wohl die beste Informationsquelle für alle, die sich über die praktische Anwendung hinaus am laufenden halten wollen.

Auto-Carto
(alle 2 Jahre; umfaßt Theorie, Methodik und Praxis)

GIS/LIS
(jährlich; Schwerpunkt praktische Anwendungen)

Symposion on Spatial Data Handling
(alle 2Jahre; Schwerpunkt Theorie und Algorithmen)

### Fachzeitschriften

International Journal of Geographical Information Systems

GIS – Geo-Informations-Systeme (deutsch und englisch)

Photogrammetrical Engineering and Remote Sensing (Schwerpunkt Fernerkundung; einmal jährlich ein Spezialheft zum Thema GIS)

## Computer-Aided Design

In diesem Bereich fällt es besonders schwer, Empfehlungen abzugeben: Die meisten leicht verständlichen Einführungen gehen nicht weit über den Inhalt des vorliegenden Buches hinaus; die Fachliteratur, die über den laufenden Stand der Entwicklung berichtet, ist für Anwender aus der Praxis der Landschaftsplanung wohl kaum mehr verständlich.

Empfehlenswert erscheint daher in erster Linie Literatur, die für verwandte Fachdisziplinen geschrieben wurde (Architektur, Bauingenieurwesen,.), z. B.: Pfeiffer, T. (1989): CAD für Bauingenieure. Vieweg, Braunschweig.

Neben den eher theoretisch orientierten wissenschaftlichen Zeitschriften werden am Markt zahlreiche Journale angeboten, die sich an Anwender bestimmter Systemkonfigurationen richten und daher für diese Zielgruppe auch sehr konkrete Informationen bieten.

## Digitale Visualisierungstechniken

Einen sehr guten und leicht lesbaren Überblick über die kreativen Möglichkeiten bei der Anwendung von Visualisierungsprogrammen bieten die zwei folgenden, aufwendig illustrierten Bücher:

Friedhoff, R.M., W.Benzon (1989): Visualization – the second computer revolution. Harry N.Abrams, New York.

Norman, R.B. (1990): The Art of Color Applied to Graphic Computing. Van Nostrand Reinhold, New York.

Die beeindruckensten Ergebnisse laufender Forschungsprojekte aus dem Bereich der 3D-Visualisierung, vermischt mit Darstellungen professioneller Anwender aus der Unterhaltungsindustrie, werden in einem jährlich erscheinenden Konferenzbericht veröffentlicht:

SIGGRAPH Conference

(publiziert im Rahmen der Zeitschrift ACM Computer Graphics)

Für alle, die sich mehr mit Photobearbeitung auseinandersetzen wollen, kann ein an sich fachfremdes Buch empfohlen werden, welches die propagandistische Verwendung manipulierter Bilder in autoritären Regimen dokumentiert:

Jaubert, A. (1989): Fotos, die lügen. Athenäum, Frankfurt a.M.

Fachbücher über digitale Bildverarbeitung sind bisweilen für Anwender ohne Vorkenntnisse aus dem Bereich der Nachrichtentechnik zumindest in Teilen nicht leicht verständlich. Die drei nachfolgend erwähnten deutschsprachigen Bücher bieten dennoch viele Informationen für praktische Anwendungen:

Jähne, B. (1989): Digitale Bildverarbeitung. Springer, Berlin, Heidelberg.

Haberäcker, P. (1989): Digitale Bildverarbeitung. Hanser, München, Wien.

Zamperoni, P. (1989): Methoden der digitalen Bildsignalverarbeitung. Vieweg, Braunschweig, Wiesbaden.

**Spezielle Informationen für Landschaftsplaner**

In der Zeitschrift „Garten und Landschaft" erscheinen in unregelmäßigen Abständen Schwerpunkthefte zum Thema EDV, außerdem wird im redaktionellen Teil dieser Zeitschrift laufend über aktuelle Veranstaltungen und sonstige Aktivitäten einzelner Landschaftsarchitekten bzw. des Berufsverbandes berichtet.

## Verwendete Literatur


Allder, W. R., V. M. Caruso, R. A. Pearsall, M. I. Troup (1982): An Overview of Digital Elevation Model Production at the United States Geological Survey. Proc. Auto-Carto 5, S. 23–32.

Arnberger, E. (1966): Handbuch der thematischen Kartographie. Deuticke, Wien.

Arnold, F., H. W.Koeppel, W. Mrass, A. Winkelbrandt, M.Sinz, O.Rosenkranz, O. v. Kunowski (1977): Gesamtökologischer Bewertungsansatz für den Vergleich von zwei Autobahntrassen. Schriftenreihe-Landschaftspflege und Naturschutz; Bonn – Bad Godesberg 16.

Bachfischer, R. (1978): Die ökologische Risikoanalyse, eine Methode zur Integration natürlicher Umweltfaktoren in die Raumplanung. Diss.Univ.München.

Bähr, H. P., J. Baumgart (1989): Satellitenfernerkundung als Grundlage für Raumplanung und Umweltüberwachung. in: A. Jaeschke, W. Geiger, B. Page (Hg.): Informatik im Umweltschutz. Springer, Berlin, Heidelberg; (Informatik-Fachberichte 228) S. 34–42.

Bartelme, N. (1989): GIS-Technologie. Springer, Berlin, Heidelberg.

Bartelme, N. (1989a): Schwerpunkte der GIS-Technologie: Modellbildung, Konsistenz, Ergonomie. in: G.Gerstbach (Hg.): Beiträge zur GeoLIS II Tagung. Wien; (Geowissenschaftliche Mitt. TU Wien 33) S. 214–223.

Bartels, R. H., J. C. Beatty, B. A. Barsky (1987): Splines for Use in Computer Graphics. Morgan Kaufmann, Los Altos.

Bechmann, A. (1978): Nutzwertanalyse – Bewertungstheorie und Planung. Vlg. Paul Haupt, Bern, Stuttgart.

Beckel, L. (1989): SPOT- und Landsat TM-Daten für den Einsatz in der Kartographie. in: F.Mayer (Hg.): Digitale Technologie in der Kartographie – Symp. 1988. Inst.f.Geographie, Univ.Wien; S. 54–-65.

Bedard, Y. (1987): Uncertainties in Land Information Systems Databases. Proc. Auto-Carto 8, S. 175–184.

Behr, O. (1989): Digitales Modell des Oberflächenentwässerungssystems von Österreich. Forschungsbericht Nr. 11 Inst. f. Hydraulik, Gewässerkunde und Wasserwirtschaft TU Wien.

Beziér, P.E. (1972): Numerical Control – Mathematics and Applications. J.Wiley, New York.

Bloomenthal, J. (1985): Modeling the Mighty Maple. Computer Graphics 19, S. 305–311.

Bobek, H., J. Schmithüsen (1949): Die Landschaft im logischen System der Geographie. Erdkunde 3 (2/3), S. 112–120.

Bock, M. (1989): Umweltatlas Berlin – Aufbau eines ökologischen Planungsinstruments. in: M.Schilcher, D. Fritsch (Hg.): Geo-Informationssysteme. Wichmann, Karlsruhe; S. 191–207.

Bogner, W. (1989): Überblick über das Landes-Umweltinformations-System Steiermark (LUIS). in: F. Dollinger, J. Strobl (Hg.): Angewandte Geographische Informationstechnologie. (Salzbuger Geographische Materialien 13) S. 185–191.

Bossel, H., K. H. Simon (Hg.) (1986): Computer und Ökologie. C. F. Müller, Karlsruhe.

Burrough, P. A. (1987): Principles of Geographical Information Systems for Land Resources Assessment. Clarendon Press, Oxford.

Carter, J. R. (1988): Digital Representations of Topographic Surfaces. Photogrammetric Engeneering and Remote Sensing 54, S. 1577–1580.

Chen, Z.-T., J. A. Guevara (1987): Systematic Selection of Very Important Points (VIP) from Digital Terrain Model for Constructing Triangular Irregular Networks. Proc. Auto-Carto 8, S. 50–56.

Chrisman, N.R. (1982): A Theory of Cartographic Error and its Measurement in Digital Data Bases. Proc. Auto-Carto 5, S. 159–168.

Christ, F. (1989): Begriffe der rechnergestützen Kartographie. in: F. Mayer (Hg.): Digitale Technologie in der Kartographie – Symp. 1988. Inst. f. Geographie, Univ.Wien, Wien; S. 241–261.

Christensen, A. H. J. (1987): Fitting a Triangulation to Contour Lines. Proc. Auto-Carto 8, S. 57–67.

Clarke, A. L., A. Gruen, J. C. Loon (1982): The Application of Contour Data for Generation of High Fidelity Grid Digital Elevation Models. Proc. Auto-Carto 5, S. 213–222.

Codd, E.F. (1970): A Relational Model of Data for Large Shared Data Banks. Comm.ACM 13 (6), S. 377–387.

Coons, S. A. (1967): Surfaces for Computer-Aided Design. Design Division, Mechanical Engineering, MIT, Cambridge, Mass.

Cowen, D.J., M.Hogsdon, L.Santure, T.White (1986): Adding topological Strucutre to PC-based CAD databases. Proc. 2nd Int.Symp.Spatial Data Handling S. 132–141.

Cromley, R. G. (1988): A Vertex Substitution Approach to Numerical Line Simplification. Proc. 3rd Int. Symp. Spatial Data Handling S. 57–64.

Davis, W. A., C.H.Hwang (1986): Organizing and Indexing of Spatial Data. Proc. 2nd Int.Symp.Spatial Data Handling S. 5–14.

De Floriani, L., B. Falcidieno, C. Pienovi, D. Allen, G. Nagy (1986): A visibility-based model for terrain features. Proc. 2nd Int. Symp. Spatial Data Handling S. 235–250.

De Gree, M. (1985): Digital Elevation Model: Image Display and Editing. Proc.Auto-Carto 7, S. 142–151.

Didinger, O. (1989): Die Automatisierte Liegenschaftskarte (ALK) in Rheinland-Pfalz. in: M. Schilcher, D. Fritsch (Hg.): Geo-Informationssysteme. Wichmann, Karlsruhe; S. 31–48.

Dollinger, F. (1989): Wie kam die Geographie zum GIS? Über die Entwicklung des GIS-Konzeptes in der Landschaftsforschung. in: F. Dollinger, J. Strobl (Hg.): Angewandte geographische Informationstechnologie. (Salzburger Geographische Materialien 13) S. 11–26.

Dollinger, F., J. Strobl (1989): GIS- Begriff und Bedeutung. in: F. Dollinger, J. Strobl (Hg.): Angewandte Geographische Informationstechnologie. (Salzburger Geographische Materialien 13) S. 7–10.

Douglas, D., T. Peucker (1973): Algorithms for the reduction of the number of points required to represent a digitized line or its caricature. Canadian Cartographer 10, S. 112–122.

Downing, J. A., S. Zoraster (1982): An Adaptive Grid Contouring Algorithm. Proc. Auto-Carto 5, S. 249–256.

Durwen, K. J., R. Genkinger, J. Graf, K. F. Schreiber, R. Thöle (1978): Ansätze zur Formulierung und Aufbereitung ökologischer Determinanten für die räumliche Planung. Landschaft+Stadt 110, S. 97–107.

Egenhofer, M. J., A. U. Frank (1988): Designing object-oriented query languages for GIS: Human interface aspects. Proc. 3rd Int.Symp.Spatial Data Handling S. 79–96.

Eichhorn, G., E.Wieser (1988): Die Bedeutung von Landinformationssystemen für Kommunal- und Landesverwaltungen und für die allgemeine Volkswirtschaft. Zeitschrift für Vermessungswesen 113, S. 531–539.

Farin, G. (1988): Curves and Surfaces for Computer Aided Geometric Design. Academic Press, London.

Finke, L. (1986): Landschaftsökologie. Höller und Zwick (Das geographische Seminar), Braunschweig.

Foley, J. D., A. van Dam (1982): Fundamentals of interactive computer graphics. Addison-Wesley, Reading.

Finsterwalder, R. (1975): Überlegungen zur Ableitung eines digitalen Geländemodells aus Höhenlinien. Zeitschrift für Vermessungswesen (H.9), S. 458–461.

Frank, A. (1983): Datenstrukturen für Landinformationssysteme – Semantische, topologische und räumliche Beziehungen in Daten der Geo-Wissenschaften. Mitt. Inst.f.Geodäsie und Photogrammetrie ETH Zürich.

Frank, A. (1988): Requirements for a Database Management System for a GIS. Photogrammetric Eng. and Remote Sensing 54, S. 1557–1564.

Freeman, H. (1961): On the encoding of arbitrary geometric configurations. IEEE Trans. EC-10, S. 260–268.

Freeman, H., J. Ahn (1984): Autonap – An Expert System for Automatic Map Name Placement. Proc. Int. Symposium on Spatial Data Handling Zürich 2, S. 544–768.

Friedhoff, R. M., W. Benzon (1989): Visualization – the second computer revolution. Harry N. Abrams, New York.

Gersmehl, P. J., C. A. Gersmehl (1982): The Graphic Display of Inventory Data. Proc. Auto-Carto 5, S. 317–326.

Gerstbach, G. (1989): Die Vielfalt geowissenschaftlicher Datenbanken in Österreich. in: G. Gerstbach (Hg.): Beiträge zur GeoLIS II. Wien; (Geowissenschaftliche Mitteilungen TU Wien 33) S. 1–9.

Gillman, D.W. (1985): Triangulation for Rubber-Sheeting. Proc. Auto-Carto 7, S. 191–199.

Gimblett, R. (1990): Linking Perception Research, Visual Simulation and dynamic modeling within a GIS framework: the Ball State experience. Computers, Environment and Urban Systems 13, S. 109–123.

Goodchild, M. F. (1988): Modeling error in raster-based spatial data. Proc. 3rd Int. Symp. Spatial Data Handling S. 97–106.

Göpfert, W. (1987): Raumbezogene Informationssysteme. Wichmann, Karlsruhe.

Gouraud, H. (1971): Computer Display of curved surfaces. IEEE Trans. Comput. C-20, S. 623–629.

Green, S. A., D. J. Paddon (1990): A highly flexible multiprocessor solution for ray tracing. The Visual Computer 6, S. 62–73.

Greene, N. (1986): Environment Mapping and Illumination Models. ACM Computer Graphics 6 (11), S. 108–114.

Guptill, S. C. (1988): A Process for Evaluating Geographic Information Systems. U. S. Geological Survey Open-File Report 88–105.

Haase, G. (1967): Zur Methodik großmaßstäblicher landschaftsökologischer Erkundung. Abhandl. Geographische Ges. d. DDR 5, S. 35 -128.

Haberäcker, P. (1989): Digitale Bildverarbeitung. Hanser, München, Wien.

Hadrian, D. R., I. D. Bishop, R. Mitcheltree (1988): Automated mapping of visual impacts in utility corridors. Landscape and Urban Planning 16, S. 261–282.

Harbeck, R. (1989): Digitale und analoge Technologien in der topographischen Landeskartographie. in: F. Mayer (Hg.): Digitale Technologie in der Kartographie – Symp. 1988. Inst.f.Geographie, Univ.Wien; S. 89–100.

Haslinger, K. (1989): Das kommunale Informationssystem Linz. in: Beiträge zur GeoLIS II-Tagung. Wien; (Geowissenschaftliche Mitt. TU Wien 33) S. 22–31.

Hasselmann, W., K.Spors (1987): Ist ein CAD-Einsatz im Architekturbereich heute wirtschaftlich möglich? in: M. Pawelski, J. Winke (Hg.): CAD-Leitfaden für Architekten. C.F.Müller, Karlsruhe; S. 57–62.

Heller, M.(1986) Interaktive Modellierung in der Geologie. in: C.Hermann, H.Kern (Hg.): Kartenverwandte Darstellungen. (Karlsruher Geowiss. Schriften, Reihe A 4) S. 173–183.

Hettner, A. (1927): Die Geographie. Ihre Geschichte, ihr Wesen, ihre Methoden. Breslau.

Hilger, S. (1990) Anwendungsaspekte von GIS und UVP. Der Einsatz des digitalen Geländemodells für die Sichtbarkeitsanalyse. in: F. Dollinger, J. Strobl (Hg.): Angewandte Geographische Informationstechnologie II. (Salzburger Geographische Materialien 15) S. 85–95.

Hofmann, G. R. (1990): Who invented ray-tracing ? The Visual Computer 6, S. 120–124.

Höllriegl, H.P. (1989): Datenbank-Konzepte. in: Beiträge zur GeoLIS II-Tagung. Wien; (Geowissenschaftliche Mitt. TU Wien 33) S. 180–190.

Horn, E. K. van (1985): Generalising Cartographic Data Bases. Proc.Auto-Carto 7, S. 532–540.

Huber, J. (1982): Die verlorende Unschuld der Ökologie. Neue Technologien und superindustrielle Entwicklung. Frankfurt a.M.

Hutchinson, M.F. (1988): Calculation of hydrologically sound digital elevation models. Proc. 3rd Int.Symp.Spatial Data Handling S. 117–133.

Imhof, E. (1972): Thematische Kartographie. Lehrbuch der Allgemeinen Geographie, Bd. 10. De Gruyter, Berlin, New York.

Ingram, K. J., W.W.Phillips (1987): Geographic Information Processing Using a SQL-Based Query Language. Proc. Auto-Carto 8, S. 326–335.

Isaacson, D. L., W.J.Ripple (1990): Comparison of 7.5-Minute and 1-Degree Digital Elevation Models. Photogrammetric Engeneering and Remote Sensing 56, S. 1523–1527.

Jähne, B. (1989): Digitale Bildverarbeitung. Springer, Berlin, Heidelberg.

Jakle, J. A. (1987): The Visual Elements of Landscape. University of Massachusetts Press.

Janssens, J., R. Küller (1986): Utilizing an Environmental Simulation Laboratory in Sweden. in: R.C.Smardon, J. F. Palmer, J. P. Felleman (Eds.): Foundations for Visual Project Analysis. J. Wiley, New York; S. 265–275.

Jaubert, A. (1989): Fotos, die lügen. Athenäum, Frankfurt a. M.

Jonas, W., G. Gröning (1990): Der Zi-Baum und die ästhetische Praxis. CAD-CAM-Report (4,5), S. 43–45, 64–70.

Jones, C.B. (1990): Conflict resolution in cartographic name placement. Computer-Aided Design 22, S. 173–183.

Jungnickel, D. (1987): Graphen, Netzwerke und Algorithmen. Bibliographisches Institut, Mannheim.

Kahlen, H. (1989): CAD-Einsatz in der Architektur. Kohlhammer, Stuttgart.

Kainz, W. (1988): Application of Lattice Theory in Geography. Proc. 3rd Int.Symp. Spatial Data Structures. Sydney; S. 135–142.

Kavouras, M., S. E. Masry (1987): An Information System for Geosciences: Design Considerations. Proc. Auto-Carto 8, S. 336–345.

Kennedy, E. L. (1986): CAD Drawing, Design, Data Management. Whitney Library of Design, New York.

Kerl, I. (1989): Flächendeckende Vegetationserfassung der Stadt München mit Hilfe von Satellitendaten. in: M. Schilcher, D. Fritsch (Hg.): Geo-Informationssysteme. Wichmann, Karlsruhe; S. 219–229.

Kias, U. (1989): REGIOLÄRM, ein Computermodell zur integralen Ermittlung von Lärmemissionen aus Strassen- und Schienenverkehr für eine ganze Region – ein Beitrag zum Methodenpool eines GIS. in: F. Dollinger, J. Strobl (Hg.): Angewandte Geographische Informationstechnologie. Salzburg; (Salzburger Geographische Materialien 13)

Kiemstedt, H. (1967): Zur Bewertung natürlicher Landschaftselemente für die Planung von Erholungsgebieten. Diss. Hannover.

Klaedtke, H. G., Q. Li, H.Ziemann (1989): Großflächige Landnutzungsbestimmung aus Landsat-5-TM-Daten. in: A. Jaeschke, W. Geiger, B. Page (Hg.): Informatik im Umweltschutz. Springer, Berlin, Heidelberg; (Informatik Fachberichte 228) S. 62–72.

Klingler, A., C. R. Dyer (1976): Experiments in Picture Representation Using Regular Decomposition. Computer Graphics Image Processing 5, S. 68–105.

Klitzing, F. v., E. Irmen (1989): Digitale geometrische Daten II – Teilergebnisse der Voruntersuchung zum Aufbau eines Statistischen Informationssystems zur Bodennutzung. Schriftenreihe Bundesforschungsanstalt f.Landeskunde u.Raumordnung 35.

Knoll, S., T. Ranneberg (1989): Digitale Kartographie in der Landschafts- und Umweltplanung. Garten und Landschaft 99 (10), S. 33–38.

Koeppel, H.W. (1975): Konzeption für ein Landschaftsinformationssystem. Natur und Landschaft 50, S. 329–226.

Koller, R. (1989): CAD – Automatisiertes Zeichnen, Darstellen und Konstruieren. Springer, Berlin, Heidelberg.

Konecny, G. (1989): Stand und Entwicklung der Fernerkundung durch Satelliten und deren Einsatz in der Kartographie. in: F.Mayer (Hg.): Digitale Technologie in der Kartographie – Symp. 1988. Inst.f.Geographie, Univ.Wien; S. 12–27.

Kraus, K. (1987): Photogrammetrie. Bd. 2 Theorie und Praxis der Auswertesysteme. Dümmler, Bonn.

Kraus, K., W. Schneider (1988): Fernerkundung. Bd. 1 Physikalische Grundlagen und Aufnahmetechniken. Dümmler, Bonn.

Krause, C. L., E. Buhmann (1989): Bildsimulation für Projektanalysen. Garten und Landschaft 99 (10), S. 44–47.

Kusche, W. (1988): EDV im GaLaBau. Patzer, Berlin.

Lammersdorf, W. (1985): Semantische Repräsentation komplexer Objektstrukturen. Springer, Berlin, Heidelberg.

Leberl, F., D. Olson (1982): Raster Scanning for Operational Digitizing of Graphical Data. Photogrammetric Engeneering and Remote Sensing 48, S. 615–627.

Leser, H. (1978): Landschaftsökologie. Ulmer, Stuttgart.

Lichtner, W. (1985): Pattern Recognition Procedures for Automatic Digitizing of Cadastral Maps. Proc.Auto-Carto 7, S. 337–341.

Lichtner, W., A. Illert (1989): Entwicklungen zur kartographischen Mustererkennung. in: M. Schilcher, D. Fritsch (Hg.): Geo-Informationssysteme. Wichmann, Karlsruhe; S. 283–292.

Lindenmeyer, A., P. Prusinkiewicz (1988): Development Models of Multicellular Organisms: A Computer Graphics Perspective. in: E. C. Langton (Ed.): Artificial Life. Addison Wesley, Reading; S. 221-253.

Lindhult, M. S. (1988): The Road Beyond CAD. Landscape Architecture 78 (5), S. 40–45.

Lischinski, D., J. Gonczarowski (1990): Improved techniques for ray-tracing parametric surfaces. The Visual Computer 6, S. 134–151.

Lockemann, P. C., H. R. Mayr (1978): Rechnergestützte Informationssysteme. Springer, Heidelberg.

Lohmann, F., K. Neumann, H. D. Ehrlich (1989): Entwurf eines Datenbank-Prototyps für geowissenschaftliche Anwendungen. in: T. Härder (Hg.): Datenbanksysteme in Büro, Technik und Wissenschaft. Springer, Berlin, Heidelberg; S. 43–57.

Lorber, G. (1989): Digitaler Stadtplan – Teilkomponente eines kommunalen ortsbezogenen Grafiksystems für die Stadt Graz. in: M.Schilcher, D. Fritsch (Hrsg.): Geo-Informationssysteme: Anwendungen – Neue Entwicklungen. Wichmann, Karlsruhe; S. 143–154.

Lupien, A. E., W. H. Moreland (1987): A General Approach to Map Conflation. Proc. Auto-Carto 8, S. 630–639.

Lupien, A. E., W. H. Moreland, J. Dangermond (1987): Network Analysis in Geographic Information Systems. Photogrammetric Engineering and Remote Sensing 53, S. 1417–1421.

Mackaness, W. A., P. F. Fisher (1987): Automatic Recognition and Resolution of Spatial Conflicts in Cartographic Symbolisation. Proc. Auto-Carto 8, S. 709–718.

Mandelbrot, B. (1982): The fractal geometry of nature. W.H.Freeman, San Francisco.

Mazzola, G., D. Krömker, G. R. Hofmann (1987): Rasterbild – Bildraster. Anwendung der graphischen Datenverarbeitung zur geometrischen Analyse eines Meisterwerkes der Renaissance: Raffaels „Schule von Athen". Springer, Berlin, Heidelberg.

Mc Keown, D. M., R. C. T. Lai (1987): Integrating Multiple Data Representations For Spatial Databases. Proc. Auto-Carto 8, S. 754–763.

McPherson, E. G., R. A. Rowntree (1988): Geometric solids for simulation of tree crowns. Landscape and Urban Planning 1988, S. 79–83.

Miklau, W. (1989): Die Digitale Katastralmappe Österreichs. in: Beiträge GeoLIS II-Tagung. Wien; (Geowissenschaftliche Mitt. TU Wien 33), S. 16–21.

Mitchell, A. P. (1985): An Approach to Microcomputer-Based Cartographic Modeling. Proc.Auto-Carto 7, S. 377–386.

Moreland, W. H., A. E. Lupien (1987): Realistic Flow Analysis Using a Simple Network Model. Proc. Auto-Carto 8, S. 122–128.

Mounsey, H., D. Briggs (1988): CORINE: An environmental database for the European Community. Proc. 3rd Int.Symp.Spatial Data Handling S.387–406.

Mower, J.E. (1986): Name placement of point features through constraint propagation. Proc. 2nd Int.Symp.Spatial Data Handling S. 65–73.

Muller, J.-C. (1987): Optimum Point Density and Compaction Rates for the Representation of Geographic Lines. Proc. Auto-Carto 8, S. 221–230.

Murch, G. (1987): Color Displays and Color Science. in: H. J. Durett (Ed.): Color and the Computer. Academic Press, London; S. 1–25.

Newell, R. G., T. L. Sancha (1990): The difference between CAD and GIS. Computer-Aided Design 22, S. 131–135.

Nickerson, B. G., H. Freeman (1986): Development of a rule-based system for automatic map generalization. Proc. 2nd Int.Symp.Spatial Data Handling S. 537–556.

Nimmann, H. (1970): Flächen- und Erdmassenberechnungen. P. Parey, Berlin.

Norman, R. B. (1990): The Art of Color Applied to Graphic Computing. Van Nostrand Reinhold, New York.

Orland, B (1988): Video-Imaging: A Powerful Tool for Visualization. Landscape Architecture 78 (5), S. 78–88.

Pavlidis, T. (1982): Algorithms for graphics and imageprocessing. Springer, Berlin, Heidelberg.

Peitgen, H. O., P. H. Richter (1986): The Beauty of Fractals. Springer, Berlin, Heidelberg.

Peuquet, D. J. (1988): Toward the definition and use of complex spatial relationships. Proc. 3rd Int. Symp.Spatial Data Handling S. 211–223.

Pfeiffer, T. (1989): CAD für Bauingenieure. Vieweg, Braunschweig.

Phong, B. T. (1975): Illumination for computer-generated images. Communcations ACM 18, S. 311–317.

Pratt, W. K. (1978): Digital Image Processing. J. Wiley, New York.

Prusinkiewicz, P., J. Hanan (1989): Lindenmeyer Systems, Fractals and Plants. Springer, New York, Berlin.

Purgathofer, W. (1985): Graphische Datenverarbeitung. Springer, Wien, New York.

Rampy, P., L. Haggerty (1988): Visualizing Landscape Change with Image Processing. Landscape Architecture 78 (8), S. 130–132.

Rhind, D. W., B. Wyatt, D. Briggs (1986): The Creation of an Environmental Information System for the EC. Nachrichten aus dem Karten- und Vermessungswesen 44.

Riedler, W. (1989): Projekterfahrungen mit SAGIS aus der Sicht der Salzburger Landesplanung. in: F. Dollinger, J. Strobl (Hg.): Angewandte Geographische Informationstechnologie. (Salzburger Geographische Materialien 13) S. 61–64.

Rip, F. I. (1987): Computer-aided landscape planning: the medium is the message. Landscape and urban planning 14, S. 79–83.

Ripple, W. (Ed., 1989) Geographic Information Systems for Resource Management: A Compendium. American Society for Photogrammetry and Remote Sensing, and American Congress on Surveying and Mapping., Falls Church, VA.

Robinson, G., M. Jackson (1985): Expert Systems in Map Design. Proc. Auto-Carto 7, S. 430–439.

Robinson, V. B., A. U. Frank (1985): About Kinds of Uncertainty in Collections of Spatial Data. Proc. Auto-Carto 7, S. 440–449.

Roessel, J. W. van (1988): Conversion of Cartesian Coordinates from and to Generalized Balanced Ternary Addresses. Photogrammetric Eng. and Remote Sensing 54, S. 1565–1570.

Roessel, J. W. van, E. A. Fosnight (1985): A Relational Approach to Vector Data Structure Conversion. Proc.Auto-Carto 7, S. 541–551.

Rosen, B., A. Saalfield (1985): Match Criteria for Automatic Alignment. Proc. Auto-Carto 7, S. 456–462.

Roubal, J., T. K. Poiker (1985): Automated Contour Labelling and the Contour Tree. Proc. Auto-Carto 7, S. 472.

Saito, T., T. Takahashi (1990): Comprehensible Rendering of 3D-Shapes. ACM Computer Graphics 24 (4 (SIGGRAPH 90)), S. 197–206.

Samet, H. (1990): The Design and Analysis of Spatial Structures. Addison-Wesley, Reading.

Samet, H. (1990): Applications of Spatial Data Structures. Addison-Wesley, Reading.

Samet, H. (1984): The quad-tree and related hierarchical data structures. ACM Computing Surveys 16, S. 187–260.

Samet, H., C. Shaffer, R. Webber (1986): Using linear quadtrees to store vector data. in: L. Kessner, F. Peters, M. van Lierop (Ed.): Data structures for raster graphics. Springer, Berlin, Heidelberg.

Schaller, J. (1986): Grafische Datenverarbeitung – eine betriebswirtschaftliche Perspektive. Garten und Landschaft 96 (9), S. 24–28.

Schaub, M. (1989): Kreative Entwurfsarbeit am Computer. DuMont Buchverlag, Köln.

Schek, H. J., P. Pistor (1982): Data Structures for an Integrated Data Base Management and Information Retrieval System. Proc. 8th Int. Conference Very Large Data Bases S. 197–207.

Schneider, S. (1974): Luftbild und Luftbildinterpretation. de Gruyter, Berlin, New York.

Schrefl, M. (1989): Zur Auswahl von Datenbank-Systemen. in: G. Gerstbach (Hg.): Beiträge zur GeoLIS II-Tagung. (Geowissenschaftl. Mitt. TU Wien 33) S. 191–199.

Schwaiger, L. (1988): CAD-Begriffe. Springer, Berlin, Heidelberg.

Seydich, W. (1989): Aufbau eines universellen Geo-Informationssystems für die Gesamtverwaltung der Stadt Hamm. in: M. Schilcher, D. Fritsch (Hrsg.): Geo-Informationssysteme: Anwendungen – Neue Entwicklungen. Wichmann, Karlsruhe; S. 165–168.

Shaffer, C. A., H. Samet, R. C. Nelson (1990): QUILT: a geographic information system based on quadtress. Int. Journal Geographical Information Systems 4, S. 103–131.

Shea, K.S. (1987): Cartographic Data Entry through Automatic Feature Tracking. Proc. Auto-Carto 8, S. 660–669.

Siebert, A., F. W. Strathmann (1990): Kosmos-KFA-1000. Ein hochauflösender Sensor zur Dokumentation von Raum- und Umweltveränderungen. Die Geowissenschaften 8, S. 347–354.

Sonne, B. (1990): Hybrid geo-information system: A new instrument for applications using image data. Geo-Informations-Systeme 3, S. 28–34.

Spiess, E. (1989): Digitale Herstellung und Nachführung amtlicher Karten. in: F. Mayer (Hg.): Digitale Technologie in der Kartographie – Symp. 1988. Inst. f. Geographie, Univ.Wien, Wien; S. 76–88.

Stein, W., W. Flacke (1988): Ein computergestütztes Konzept zur Planung und flächendeckenden Auswertung ökologischer Untersuchungen anhand punktueller Daten. Landschaft+Stadt 4, S. 156–164.

Steinitz, C., P. Parker, L.Jordan (1976): Hand-drawn overlays: Their history and prospective uses. Landscape Architecture 56, S. 146–157.

Troll, C. (1966): Landschaftsökologie als geographisch-synoptische Naturbetrachtung. Erdkundliches Wissen 11, S. 1–13.

Tschemernig, P. (1991): Ermittlung von Einzugsbereichen städtischer Grünanlagen mit Hilfe digitaler Netzwerkanalyse. Diplomarbeit, Univ.f.Bodenkultur, Wien.

Turkle, S. (1984): Die Wunschmaschine. Vom Entstehen der Computerkultur. Rowohlt, Reinbeck.

Ulicheny, R. (1987): Digital Halftoning. The MIT Press, Cambridge, London.

Volpert, W. (1985): Zauberlehrlinge. Die gefährliche Liebe zum Computer. Beltz, Weinheim.

Vonderohe, A. P., M. M. Clark (1982): Maps of Shadows for Solar Access Considerations. Proc. AutoCarto 5, S. 201–212.

Wagner, K. (1970): Graphentheorie. BI, Mannheim.

Wang, S. (1988): An analysis of urban tree communities using Landsat Thematic Mapper data. Landscape and Urban Planning 15, S. 11–22.

Ware, C., W. Cowan (1990): The RGYB Color Geometry. ACM Transactions on Graphics 9, S. 226–232.

Watt , M. (1990): Light-Water Interaction using Backward Beam-Tracing. ACM Computer Graphics 24 (4 (SIGGRAPH 90)), S. 377–385.

Weber, R., G. Gerstbach (1989): Geowissenschaftliche/geotechnische Datenbanken bzw. EDV-gestützte Datensammlungen in Österreich. in: Beiträge GeoLIS II-Tagung. Wien; (Geowissenschaftliche Mitt. TU Wien 33)

Weizenbaum, J. (1977): Die Macht der Computer und die Ohnmacht der Vernunft. Suhrkamp, Frankfurt a.M.

Wilmersdorf, E. (1988): Grafische Datenerfassung von Plänen mittels Mustererkennung. in: A. Clauer, W. Purgathofer (Hg.): Austrographics 88. Springer, Berlin, Heidelberg; (Informatik-Fachberichte 183) S. 121–135.

Wise, S. (1988): Using Contents Addressable Filestore for rapid access to a large cartographic data set. Int. Journal Geographical Information Systems 2, S. 111–120.

Woess, F. (1962): Grundlagen des baumförmigen Wuchses. Habilitationsschrift Univ. f. Bodenkultur, Wien.

Wolf, G. W. (1988): Generalisierung topographischer Karten mittels Oberflächengraphen. Diss. Univ. Klagenfurt.

Youngman, C. (1988): Spatial data structures for modeling subsurface features. Proc. 3rd Int.Symp.Spatial Data Handling S. 337–340.

Zamperoni, P. (1989): Methoden der digitalen Bildsignalverarbeitung. Vieweg, Braunschweig, Wiesbaden.

Zehnder, C. A. (1987): Informationssysteme und Datenbanken. Teubner, Stuttgart.

Zeiller, M. (1990): Paralleles Ray-Tracing mit Transputern. CAD und Computergraphik 13, S. 35–45.

Zimmermann, E. (1989): Die Digitale Katastermappe. in: F.MAYER (Hg.): Digitale Technologie in der Kartographie – Symp. 1988. Inst.f.Geographie, Univ. Wien, Wien; S. 101–105.

Zoraster, S. (1987): Practical Experience with a Map Label Placement Program. Proc. Auto-Carto 8, S. 701–708.

## Bildquellen

Abb. 5, 232: Bundesamt für Eich- und Vermessungswesen (Landesaufnahme), Wien, Vervielfältigung genehmigt mit Zl. L 72 937/90

Abb. 49: Andreas Siebert, Gesellschaft für angewandte Fernerkundung, München; abgedruckt mit freundlicher Genehmigung des Verlags VCH

Abb. 85, 95: Institut für Landschaftspflege und Umweltschutz, Uster, Schweiz

Abb. 88: Peter Tschemernig, Institut für Landschaftsgestaltung, Unversität für Bodenkultur, Wien

Abb. 94: Detlev Günther-Diringer, WWF-Auen-Institut Rastatt

Abb. 101: Peter Petschek, Landschaftsarchitekturbüro Knoll, Sindelfingen

Abb. 171: Premyslaw Prusinkiewicz, J. Hanan, University of Regina, Regina, Saskatchewan, Kanada

Abb. 176, 177, 182, 185, 186, 187, 189, 191, 193, 201, 208, 210: Lukas Weber, Inst.f.Landschaftsgestaltung, Univ. f. Bodenkultur Wien (Überarbeitung durch den Autor)

Abb. 203: Christine Stadler, Salzburg

Abb. 211: Gerhard Aigner, Amt der Oberösterreichischen Landesregierung, Luftbildstelle; freigegeben vom Bundesministerium für Landesverteidigung (Überarbeitung durch Lukas Weber)

Abb. 222: Bernd Sonne, Fa.Siemens, München (reproduziert mit Genehmigung des Wichmann Verlags, Karlsruhe)

Abb. 224: Graphische Sammlung Albertina, Wien

Abb. 228: Stephen Dedalus Inc., Cary, North Carolina, USA (erschienen in Computer Graphics World, Juni 1990, reproduziert mit Genehmigung des Verlags Pennwell)

Abb. 239: Deborah R. Fowler, Norma Fuller, James Hanan, Allan Snider, University of Regina, Regina, Saskatchewan, Canada

Alle anderen Abbildungen und Illustrationen stammen vom Autor.

## Register